海洋生物统计

主　编　李盛德

副主编　孔令花　于　滨　杜俊甫

科学出版社

北　京

内 容 简 介

　　本书包括在生物科学领域常用的数理统计基本概念、参数估计与假设检验、方差分析与试验设计、回归分析、协方差分析以及常用的多元统计分析. 本书着重基本概念的阐释及试验设计与统计分析方法的基本原理及其应用,并在当前生物类本科生可接受的数学程度内,力求做到论证严谨.

　　本书可作为有关生物类专业研究生教材与本科生的选修课教材,也可供有关生物科技工作者参考阅读.

图书在版编目(CIP)数据

海洋生物统计/李盛德主编. —北京：科学出版社, 2020.9
ISBN 978-7-03-063690-4

I. ①海…　II. ①李…　III. ①海洋生物-生物统计　IV. ①Q178.53

中国版本图书馆 CIP 数据核字(2019) 第 281574 号

责任编辑: 王胡权　王　静　李香叶 / 责任校对:杨聪敏
责任印制: 张　伟 / 封面设计: 陈　敬

科学出版社 出版
北京东黄城根北街 16 号
邮政编码: 100717
http://www.sciencep.com

北京中科印刷有限公司 印刷
科学出版社发行　各地新华书店经销

*

2020 年 9 月第　一　版　开本: 720×1000　1/16
2021 年 3 月第二次印刷　印张: 20 1/2
字数: 413 000

定价: 79.00 元
(如有印装质量问题, 我社负责调换)

前　言

开设本课程的基本目的是使学生掌握常用试验设计及统计分析方法的同时, 正确地把握和深刻理解有关统计的思想与概念, 培养用正确的统计观点去观察和研究生物领域中有关问题的能力与习惯.

基于上述考虑, 我们在编写本书时力求体现以下特点:

(1) 对于基本概念尽力阐释其统计意义与实际背景. 对于统计分析方法力求通过直观分析讲清其基本思路及实现途径, 以理解方法的基本原理, 并对有利于理解统计概念及方法实现的理论进行适当的证明, 但不追求纯形式的理论推演.

(2) 努力体现实用性. 选材上包括数理统计、试验设计及多元统计分析, 以及生物科技领域的常用方法, 且尽力阐述各种方法在应用中的一般性问题及其适用范围, 以便依据实际问题的需要选用适当的方法, 并分析、解释所得结论的统计意义与实际意义.

(3) 在注意实用性的同时, 注意思维的启迪. 依据实际问题的需要, 建立概念与方法的过程, 尽力阐述以数学思维方式观察、认识、描述、分析与解决问题的特征. 并尽力从中提炼出具有一般意义的规律, 以利于学生理解、掌握本书未包含的统计分析方法.

(4) 生物统计类的教材, 统计计算原理复杂, 涉及具体例题统计计算的实现, 对于读者是个困难, 本书力图根据读者认知的特点, 让读者能够通过计算过程细节、计算的具体实践体验来把握计算过程, 更好地理解整体原理、方法, 做到思维的下沉, 避免形式化的空虚.

(5) 书中对一些例题, 增加了统计软件 SPSS 的实现过程, 其输出以及解释均按 SPSS 格式进行.

查健禄老师于 1995 年编写了生物数学讲义, 之后, 形成了《生物统计》, 并作为大连海洋大学水产类研究生教材. 在此基础上, 又经历若干年教学实践和后续团队的传承, 形成了本书.

一本好的教材, 需要编者的坚守、团队的传承以及长时间的反复锤炼. 在本书即将出版之际, 特此感谢大连海洋大学理学院查健禄老先生, 本书凝聚了其一生的心血. 其在教学、科研上 50 余年始终如一的精心严谨的耕耘与坚守传承, 得到无数师生尊敬.

本书由李盛德任主编, 孔令花、于滨、杜俊甫任副主编, 李玮、王显昌、马永刚老师参加本次编写工作, 其中, 前言、绪论、第 4 章、第 6 章以及所有 SPSS 例题实现部分由李盛德负责, 第 5 章由孔令花负责, 第 7 章的 7.1~7.3 节、附表 1~9 由杜俊甫负责, 第 7 章 7.4~7.6 节、附表 10~18、习题 7、习题参考解答由于滨负责, 第 1 章、第 3 章习题由马永刚负责, 第 2 章由王显昌负责, 第 3 章 3.1~3.6 节由李玮负责.

　　本书是在大连海洋大学有关部门的帮助、支持和资助下才得以完成的, 同时, 科学出版社王胡权、王静在本书编辑出版过程中给予了帮助、支持, 在此一并感谢!

　　限于编者水平, 不妥与疏漏之处在所难免, 恳请读者批评指正.

编   者
2019 年 12 月

目　录

绪　论

实践是认识的来源，但认识并不是实践的直接产物. 因此，常通过观察与试验来探索客观规律，这首先应根据需要通过观察或试验收集必要的数据，这些数据常受到随机因素的影响. 下一步就是对收集到的数据进行整理、分析，以透过随机干扰对所研究问题中的规律作出具有某种意义的结论. 这个过程中就存在许多数学问题，解决这些问题的理论与方法，就构成了数理统计的内容，故一般地可以说：

数理统计学是研究怎样用有效的方法去收集和使用带有随机性影响数据的一个数学分支. 这里说明了数理统计的研究对象、研究内容与研究特点.

(1) 数据必须带有随机性的特点，才能成为数理统计的研究对象.

这里所说的随机性的来源有二. 一是问题中所涉及的对象数量很大，不可能对其全面研究，只能用 "一定的方式" 取其一部分进行观察. 例如养殖扇贝六个月后，欲知其增重状况，我们不能将养殖的扇贝全部取出计量，只能取其中部分如十笼，用这十笼的计量结果，去估计所有扇贝的增重状况，在这里，随机性就表现在那十笼被取出是随机的 (偶然的)，随机选取还保证了选取出的数据具有代表性. 二是试验的随机误差，这是指那些在试验过程中未加控制、无法控制，甚至还不了解的因素对试验结果的影响. 例如，某药物对真鲷育苗有作用，欲通过试验来观察作用的程度，并选出适当的剂量供今后使用. 而真鲷人工育苗状况除与该药物剂量有关外，还受到种鲷状况、水温、pH、操作水平等其他因素的影响，若在试验时对此未加控制或无法控制，必对试验结果产生随机性影响. 若从试验结果来看，使用剂量 t_1 较 t_2 好，则这个表现在试验数据上的优势究竟是本质的，还是仅为随机误差的偶然性表现？这就需用数理统计的方法去分析.

如果由观察或试验所得数据根本不存在随机性影响，例如，在前述问题中，若将所有养殖扇贝均取出观察其增重状况；将与真鲷人工育苗有关的所有因素均控制得如此严格 (且以后推广也能如此)，以致使真鲷的育苗状况完全取决于该药物剂量 (但这常常又是不可能的)，那么就无须数理统计的分析方法了.

总之，所收集的数据是否有随机性影响，是区别数理统计方法和其他数据处理方法的根本点. 而且这里所说的带有随机性影响的数据是扬弃它们的实际意义，经数学抽象的结果.

(2)"用有效的方式收集数据" 是指能建立一个数学上可以处理并尽可能简便的模型来描述所得数据，且数据中包含尽可能多的与研究问题有关的信息.

例如，为研究养殖虾的生长状况，从中取若干尾测其体长，抽取时若刻意选取较大的, 那所得数据就没有代表性, 更谈不上有效了. 若用一种纯随机方法抽取, 则测得的体长大小分布状况反映了所有养殖虾体长的概率分布, 从而可由此概率模型来描述所得数据.

又如在通过试验观察一些因素对某指标的影响时, 处理与试验单元之间应如何搭配? 当条件不允许做全面试验时, 应如何选取部分试验以使收集到的试验数据更有代表性, 且可建立简便又便于分析的模型.

这都是用有效方式收集数据所要研究的内容. 这构成了数理统计的两个分支: 抽样理论与试验设计.

(3)"有效地使用数据" 是指使用有效的方式去集中和提取所得数据的有关信息, 以对所研究问题作出尽可能精确和可靠的推断. 这里, 之所以只能做到 "尽可能" 而非绝对的精确和可靠的推断, 是数据受到随机性因素的影响, 这种影响只能通过统计方法去估计或缩小其干扰作用, 并不能完全消除. 而我们所作的推断又是对所研究问题的一个回答, 并不仅限于所得数据的范围之内.

由前述分析可知, 作为数理统计研究对象的带有随机性影响的数据已从其实际意义中超脱出来. 因此, 对它们有效地收集与使用的方法具有广泛的应用性. 例如, 一组试验数据只要其所受的随机性影响符合某个数学模型 (如服从正态分布), 就可用相应的统计分析方法分析, 而不管这些数据的实际意义如何. 但在将统计方法用于实际问题时, 又必须对所论问题的专业知识有一定了解. 选用适当的统计方法, 对分析随机性数据所得结论的恰当解释都离不开所论问题的专业知识.

数理统计在应用中的作用在于通过事物的外在数量上的表现, 透过其中的随机性干扰, 去探索、揭示事物的潜在规律性. 但对事物为什么存在这样或那样的规律性的确认与解释, 数理统计无能为力, 只能依靠所论问题的专业知识. 但这并不降低它的意义, 由于事物的本质规律性往往隐藏很深, 不易为人们觉察. 而其外在数量上的表现则易于引起人们的注意, 因此, 在人们对事物的内在机理认识尚不充分时, 探索其规律性的过程中, 数理统计常能起到引导人们由事物外在的数量规律性去探究其内在规律性的先导作用.

在有了一定的理论用于生产实践时, 为了探究对一种产品的某质量指标有影响的有哪些因素, 哪些是主要的, 影响有多大, 何种因素状态水平是该产品的最优生产条件时, 这些都要通过试验, 就是把有关因素固定在若干水平上做试验, 去观察感兴趣的指标值. 所得试验结果必然受到大量随机性因素的影响, 只有运用统计分析方法才能回答前述问题.

在生物科学的有关领域中, 由于生命现象常以大量重复的形式出现, 又受到多种外界环境和内在因素的随机性干扰. 因此, 不仅各种统计分析方法必然成为生物科学领域的研究工作和生产实践中的常规手段, 而且一些统计分析方法即源于生物科学领域的实际问题. 例如, 遗传学中的孟德尔 (Mendel) 遗传定律就是根据观察资料提出的. 一些水产养殖物的生长问题也要通过试验来确定其最适宜的生长条件. 而分析试验数据的一种极重要的方法——方差分析法, 就是费希尔 (R. A. Fisher) 等在 1923~1926 年, 从田间试验中开始发展起来的. 因此, 在近年发展起来的生物数学中, 最早的一个分支就是生物统计, 而生物统计实质上就是数理统计的分析方法在生物领域中的应用.

第1章　基本概念

1.1　总体与样本

如果要了解以某新技术养殖虾苗六个月后虾的生长状况, 我们不能将所有虾取出进行观察, 只能依一定方式从中取出部分虾对某些指标进行观察 (测量出数值结果), 并依观察结果, 推断由此技术养殖的所有虾的生长状况. 若又知由原技术养殖的所有虾的生长状况, 即可推断两种养殖技术对于虾生长状况影响的差异.

在数理统计中, 将研究的问题所涉及对象的全体构成的集合, 称为总体. 总体中的每个成员称为个体. 从总体中抽取一些个体的行为, 称为抽样. 抽得的每个个体称为样品, 抽得的个体的集合称为样本. 样本中所含个体的个数称为样本容量. 容量为 n 的样本常简称 n 样本.

不难知道这些概念在前述问题中的具体意义.

关于数理统计中的总体与样本可以做如下几点解释.

1. 数理统计研究的总体

数理统计研究的总体并不是指研究涉及的实际对象 (比如虾) 的集合, 而是依研究目的确定的对象在某些特征或指标上表现值的全体. 例如, 研究虾的生长状况, 我们关心的是虾的体长 X(作为对象虾的一个指标), X 的取值的全体, 就构成了我们研究的总体. 显然, 虾的生长状况的优劣, 并不在于 X 的取值区间 $(0, L)$ 本身, 而应由 X 在其取值范围内取值的分布情况确定, X 取值的获得, 是通过对总体随机抽样观测得到的, 因此, X 是一个随机变量, 总体的本质是该随机变量 X 的概率分布. 因此, 我们总是将总体与随机变量 X 及其概率分布等同起来, 常称为总体 X, 或依其分布称为正态总体 X 等.

可见, 随机变量 X 的取值范围无关紧要, 虾的体长 X 的取值范围我们可认为是 $(0, +\infty)$ 甚至 $(-\infty, +\infty)$.

当然, 我们根据研究目的, 来研究总体 X 或总体 (X, Y) 等. 依据随机变量的维数分别称为一维总体, 二维总体, $\cdots$, p 维总体.

2. 总体的大小依据我们的研究目的确定

在前述问题中, 如果我们只是针对一个养虾场, 就其各种条件, 研究该新技术在养虾场的养虾状况, 那么总体就是这个养虾场运用该新技术养殖的所有虾的某项指标对应的取值的全体; 如果我们要研究的是该新技术的推广, 那么总体就是今后推广范围的所有养殖虾对应的指标取值的全体.

我们又依据总体所含个体的多少, 将总体分为有限总体与无限总体, 离散型总体与连续型总体.

3. 样本的二重性

在总体 X 中抽取一个个体为样本时, 由于抽样前不能预言该样本的取值, 所以样本是随机变量, 在抽样后, 得到该随机变量的一次实现, 即随机变量的一个观测值, 也就是得到样本的一次观测值, 这称为样本的二重性. 在总体 X 中抽取 n 样本 $X_1, X_2, \cdots, X_n$ 后, 得到 $X_1, X_2, \cdots, X_n$ 的实现, 记为 $x_1, x_2, \cdots, x_n$.

4. 简单随机样本

在总体 X 中抽样, 目的是通过样本 $X_1, X_2, \cdots, X_n$ 来研究总体, 自然要求样本应很好地反映总体信息, 为此对抽样应有一定的要求, 最常见的是简单随机抽样, 它要求抽取的样本满足如下的要求:

(1) 要有代表性, 即要求每一个体都有同等的机会被抽入样本, 这便意味着每一样本 X_i 与总体 X 有相同的分布.

(2) 要有独立性, 即每次抽取的结果不受其他各次抽取的影响, 也不影响其他各次的抽取, 这便意味着 $X_1, X_2, \cdots, X_n$ 相互独立.

由简单随机抽样获得的样本, 叫做简单随机样本. 今后, 只讨论简单随机样本, 也简称为样本. 这时, 样本 $X_1, X_2, \cdots, X_n$ 是相互独立的具有同一分布的随机变量, 简称为独立同分布样本.

由此可知, 若总体 X 的分布函数是 $F(x)$, 则其独立同分布样本 $X_1, X_2, \cdots, X_n$ 的联合分布函数为 $F(x_1, x_2, \cdots, x_n) = \prod\limits_{i=1}^{n} F(x_i)$.

若总体 X 有分布密度函数 $f(x)$, 则 $X_1, X_2, \cdots, X_n$ 的联合分布密度函数为

$$f(x_1, x_2, \cdots, x_n) = \prod_{i=1}^{n} f(x_i).$$

1.2　总　体　分　布

由 1.1 节知, 总体 X 的本质特性由 X 的概率分布刻画, 下面介绍在海洋生物领域中最常见的总体分布.

1.2.1　两点分布

在许多问题中常只关心总体中的个体是否具有某一特征 A, 例如, 一批鱼苗放

养一定时期后, 其中鱼苗是否成活或是否患病. 这时, 常可定义

$$\text{随机变量 } \chi = \begin{cases} 1, & \text{具有特征 } A, \\ 0, & \text{不具有特征 } A. \end{cases}$$

总体 X 的概率分布 $f(x) = P\{\chi = x\} = p^x q^{1-x}$, $x = 0, 1$, 其中 $p + q = 1$, $0 \leqslant p \leqslant 1$, 叫做两点分布总体或 0-1 总体. 也常记为 $\chi \sim \begin{pmatrix} 1 & 0 \\ p & q \end{pmatrix}$ 或 $\chi \sim B(1, p)$.

例如, 在鱼病试验中, 在两个水箱分别放置 40 尾鱼, 其中均有 20 尾病鱼. 在其中一个水箱施用某种药物治疗, 一定时间后, 该水箱仅剩 5 尾病鱼. 另一水箱中仍有 20 尾病鱼. 可定义随机变量

$$\chi = \begin{cases} 1, & \text{病愈}, \\ 0, & \text{未愈}, \end{cases}$$

则用某药物治疗的总体 $\chi \sim \begin{pmatrix} 1 & 0 \\ \dfrac{1}{8} & \dfrac{7}{8} \end{pmatrix}$, 未用某药物治疗的总体 $\chi \sim \begin{pmatrix} 1 & 0 \\ \dfrac{1}{2} & \dfrac{1}{2} \end{pmatrix}$.

可见, 虽两总体均是 0-1 总体, 但概率分布中的参数 p 不同, 这反映了两总体间的差异.

1.2.2　二项分布

在许多问题中, 常关心由 0-1 总体 $\chi \sim \begin{pmatrix} 1 & 0 \\ p & q \end{pmatrix}$, 得到的独立同分布的 n 样本 $\chi_1, \chi_2, \cdots, \chi_n$, 其中性状 A 出现的次数 $X = \sum\limits_{i=1}^{n} \chi_i$, 这是由 0-1 总体派生出的一个总体, 常称为二项总体 X, 记为 $X \sim B(n, p)$.

显然二项总体 X 的概率分布是 $f(x) = P\{X = x\} = \mathrm{C}_n^x p^x q^{n-x}$, $x = 0, 1, 2, \cdots$, n, $0 \leqslant p \leqslant 1$, $p + q = 1$.

易知 $EX = np$, $DX = npq$.

例 1.1　已知豌豆的颜色受一对等位基因 y(黄)、g(绿) 的控制, 且 y 显于 g. 现两纯合亲本 yy, gg 杂交的 F_1 代自交, 得到 556 粒 F_2 代豌豆, 求其中黄色豌豆数的概率分布.

解 定义 $\chi = \begin{cases} 1, & F_2 \text{ 代豌豆呈黄色}, \\ 0, & F_2 \text{ 代豌豆呈绿色}, \end{cases}$ 则由孟德尔遗传定律知

$$\chi \sim \begin{pmatrix} 1 & 0 \\ 0.75 & 0.25 \end{pmatrix}.$$

所以, 556 粒 F_2 代豌豆中黄色豌豆数 $X \sim B(556, 0.75)$, 即

$$P\{X = x\} = C_{556}^x 0.75^x \times 0.25^{556-x}, \quad x = 0, 1, 2, \cdots, 556.$$
$$EX = 556 \times 0.75 = 417, \quad DX = 556 \times 0.75 \times 0.25 = 104.25.$$

例 1.2 N 个生物个体在体积 V 的空间分布.

设生物个体不群居, 且每个个体以相同的概率出现在空间的任一体积相同的部分, 求在体积为 D 的样方中出现的生物个体数 X 的概率分布.

解 由题知, 任一个体出现在体积为 D 的样方中的概率 $p = \dfrac{D}{V}$. 若定义

$$\chi = \begin{cases} 1, & \text{个体在样方中}, \\ 0, & \text{个体不在样方中}, \end{cases} \quad \text{则} \quad \chi \sim \begin{pmatrix} 1 & 0 \\ \dfrac{D}{V} & 1 - \dfrac{D}{V} \end{pmatrix},$$

从而, N 个个体在此样方中的个数 $X \sim B\left(N, \dfrac{D}{V}\right)$.

$$EX = N\frac{D}{V} = \frac{N}{V}D, \quad DX = \frac{ND}{V}\left(1 - \frac{D}{V}\right).$$

例如, 用显微镜检查某溶液中的细菌数, 在 118 个格子中共有 352 个细菌, 则一个格子内的细菌数 $X \sim B\left(352, \dfrac{1}{118}\right)$, 而在 118 个格子中, 格子内有 x 个细菌的理论数应为

$$118P\{X = x\} = 118C_{352}^x \left(\frac{1}{118}\right)^x \left(\frac{117}{118}\right)^{352-x}.$$

1.2.3 泊松分布

若总体 X 的概率分布 $f(x) = P\{X = x\} = \dfrac{e^{-\lambda}\lambda^x}{x!}$, $x = 0, 1, 2, \cdots$, 则称 X 为泊松 (Poisson) 总体. 记为 $X \sim \pi(\lambda)$.

易知 $EX = \lambda, DX = \lambda$.

由概率知识可知, 当二项总体 $X \sim B(n, p)$ 的 n 很大, p 很小时,

$$C_n^x p^x (1-p)^{n-x} \doteq \frac{e^{-\lambda}\lambda^x}{x!}, \quad x = 0, 1, 2, \cdots, n,$$

其中 $\lambda = np$, 这个关系可记为 $X \dot{\sim} \pi(np)$.

这表明泊松分布是描述小概率事件 A 在大量独立重复试验中, 出现次数 X 的概率分布.

在例 1.2 中, $n = 352$, $p = \dfrac{1}{118}$, $\lambda = \dfrac{352}{118} = 2.983$, 可认为在一个格子中的细菌数 $X \sim \pi(2.983)$. 由此计算 $P\{X = x\} = \dfrac{\mathrm{e}^{-\lambda}\lambda^x}{x!}$, 要比由二项分布计算简单得多, 特别地, $P\{X = x+1\} = P\{X = x\}\dfrac{\lambda}{x+1}$, 再依次计算 $P\{X = x\}$, 当 $x = 0, 1, 2, 3, \cdots, n$ 时, 更为简便.

例 1.3　已知经辐射处理, 种子的突变率 $p = 0.005$, 现观察 100 粒种子, 有 2 粒种子发生突变的概率是多少? 又欲观察到至少 1 粒种子发生突变的概率为 90%, 至少应观察多少粒种子?

解　由 $p = 0.005$ 很小, $n = 100$ 很大, $\lambda = np = 0.5$, 故在 100 粒种子中的突变数 $X \sim \pi(0.5)$,

$$P\{X = 2\} = \frac{\mathrm{e}^{-0.5}0.5^2}{2!} = 0.0758.$$

由 $P\{X \geqslant 1\} = 1 - P\{X = 0\} = 1 - \mathrm{e}^{-np} = 0.9$. 得

$$n = \frac{\ln(1 - 0.9)}{-p} = -\frac{\ln 0.1}{0.005} = 460.517 \doteq 461.$$

由上述可知 0-1 总体、二项总体、泊松总体三者之间有着密切的联系. 其中二项总体、泊松总体都是由 0-1 总体派生出的总体. 二项总体 $B(n, p)$、泊松总体 $\pi(\lambda)$, 其中的参数 $n, p, \lambda = np$, 都与它们对应的 0-1 总体有关. 因此, 在讨论二项总体 $B(n, p)$ 与泊松总体 $\pi(\lambda)$ 时, 必须认清它们对应的 0-1 总体.

1.2.4　正态分布

若总体 X 的概率密度 $f(x) = \dfrac{1}{\sqrt{2\pi}\sigma}\mathrm{e}^{-\frac{(x-\mu)^2}{2\sigma^2}}$, $-\infty < \mu < +\infty$, $-\infty < x < +\infty$, $\sigma > 0$, 则称 X 服从正态分布, 记为 $X \sim N(\mu, \sigma^2)$, 或称 X 为正态总体 $N(\mu, \sigma^2)$. 其概率分布函数

$$F(x) = P\{X \leqslant x\} = \int_{-\infty}^{x} f(x)\mathrm{d}x.$$

易知 $EX = \mu$, $DX = \sigma^2$. 经分析后可知正态总体的概率密度 $f(x)$ 具有下述特征:

(1) 当 $x = \mu$ 时, $f(x)$ 的值最大, $f(\mu) = \dfrac{1}{\sqrt{2\pi}\sigma}$.

(2) $f(x)$ 随 $\left|\dfrac{x-\mu}{\sigma}\right|$ 单调减.

(3) 曲线 $f(x)$ 关于直线 $x=\mu$ 对称, 且以 x 轴为渐近线.

(4) 曲线 $f(x)$ 在 $x=\mu\pm\sigma$ 处, 各有一拐点.

$f(x)$ 的图形见图 1.1.

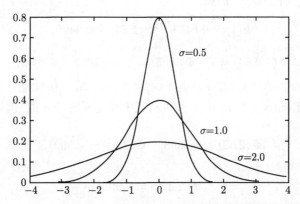

图 1.1　$\mu=0, \sigma=0.5, 1.0, 2.0$ 时的正态总体概率密度函数曲线图形

当 $\mu=0$, $\sigma^2=1$ 时, 对应的正态分布 $N(0,1)$ 叫做标准正态分布, 记为 $U\sim N(0,1)$.

概率密度函数　$\varphi(x)=\dfrac{1}{\sqrt{2\pi}}\mathrm{e}^{-\frac{x^2}{2}}$.

分布函数　$\varPhi(u)=P\{U\leqslant u\}=\dfrac{1}{\sqrt{2\pi}}\displaystyle\int_{-\infty}^{u}\mathrm{e}^{-\frac{x^2}{2}}\mathrm{d}x$.

两者的图形见图 1.2.

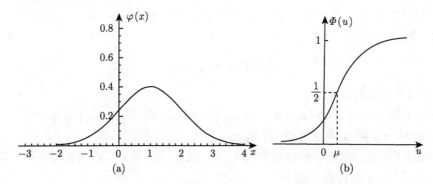

图 1.2　正态分布概率密度函数、分布函数示意图

显然, 标准正态分布具有下述性质:

$$\varphi(x)=\varphi(-x), \quad \varPhi(-u)=1-\varPhi(u).$$

若 $X \sim N\left(\mu, \sigma^2\right)$, 则 $U = \dfrac{X - \mu}{\sigma} \sim N(0, 1)$. 并称对 X 的这一变换为标准化变换.

由此可见, 标准正态分布函数 $\varPhi(u)$ 是正态分布计算的基础, 且由对称性, 只要已知当 $u > 0$ 时 $\varPhi(u)$ 的值 (通过数值方法) 即可, 因此人们编制了 $u > 0$ 时的 $\varPhi(u)$ 函数值表 (见附表 1). 例如

$$\varPhi(1) = 0.8413, \quad \varPhi(1.64) = 0.9495,$$

$$\varPhi(-0.83) = 1 - \varPhi(0.83) = 1 - 0.7967 = 0.2033.$$

这样, $P\{-0.83 < U < 1.64\} = \varPhi(1.64) - \varPhi(-0.83) = 0.7462$.

反之, 若给定概率 p, $\varPhi(u) = p$, 亦可从表中获得相应的 u 值, 例如, $\varPhi(u) = 0.99$, 查表得

$$\varPhi(2.32) = 0.9898, \quad \varPhi(2.33) = 0.9901,$$

用线性内插法可得

$$\varPhi(2.327) = 0.99,$$

故 $u = 2.327$.

又如 $P\{U > u\} = 0.05$, 由 $P\{U > u\} = 1 - P\{U \leqslant u\} = 1 - \varPhi(u) = 0.05$, 得 $\varPhi(u) = 0.95$, 查表可得: $u = 1.645$. 此值常称为标准正态分布的 (上) 0.05 分位点.

一般地, 若总体 X 的分布函数 $F(x)$ 连续单调, 对给定的 $\alpha \in (0, 1)$ 满足 $P\{X > x\} = \alpha$ 的 x 的值叫做 X 的 (上) α 分位点, 记为 x_α, 即

$$P\{X > x_\alpha\} = \alpha.$$

当 $\alpha = 0.5$ 时, 称 $x_{0.5}$ 为 X 的中位点, 记为 MX.

当总体 X 的概率密度 $f(x)$ 为偶函数时, 满足 $P\{|X| > x\} = \alpha$ 的值 x, 叫做 X 的双侧 α 分位点, 记为 $x_{\frac{\alpha}{2}}$, 即

$$P\{|X| > x_{\frac{\alpha}{2}}\} = \alpha.$$

下列性质显然成立:

(1) $P\{X < x_\alpha\} = 1 - \alpha$, $P\{|X| < x_{\frac{\alpha}{2}}\} = 1 - \alpha$, $P\{X < x_{1-\alpha}\} = \alpha$.

(2) x_α, $x_{\frac{\alpha}{2}}$ 随 α 单调减少, 且 $x_{\frac{\alpha}{2}} > x_\alpha$.

对标准正态总体的分位点通常用 z_α, $z_{\frac{\alpha}{2}}$ 或 u_α, $u_{\frac{\alpha}{2}}$ 表示. 经查表可求得标准正态总体常用的 α 分位点, 如

$$z_{0.05} = z_{\frac{0.1}{2}} = 1.645, \quad z_{0.005} = z_{\frac{0.01}{2}} = 2.576,$$

$$z_{0.01} = 2.326, \quad z_{\frac{0.05}{2}} = 1.96.$$

这里要注意 $z_{0.05}$ 与 $z_{\frac{0.1}{2}}$ 在意义上的差别.

当 $X \sim N\left(\mu, \sigma^2\right)$ 时, 经标准化得 $U = \dfrac{x-\mu}{\sigma} \sim N(0,1)$ 即可查表得所需的值. 例如 $X \sim N\left(4, 100^2\right)$,

$$
\begin{aligned}
&P\{-192 < X \leqslant 200\} \\
&= P\left\{\frac{-192-4}{100} < \frac{X-4}{100} \leqslant \frac{200-4}{100}\right\} \\
&= P\left\{-1.96 < \frac{X-4}{100} \leqslant 1.96\right\} \\
&= \Phi(1.96) - \Phi(-1.96) \\
&= 2\Phi(1.96) - 1 \\
&= 2 \times 0.975 - 1 \\
&= 0.95.
\end{aligned}
$$

一般情况下, 可求得

$$
\begin{aligned}
&P\{\mu - 1.96\sigma < X < \mu + 1.96\sigma\} = 0.95; \\
&P\{\mu - 2.58\sigma < X < \mu + 2.58\sigma\} = 0.99; \\
&P\{\mu - 3\sigma < X < \mu + 3\sigma\} = 0.9973.
\end{aligned}
$$

这表明对正态总体 $N\left(\mu, \sigma^2\right)$ 在抽样前不能预言 X 的取值, 但可知 X 的取值 x 在区间 $(\mu - 1.96\sigma, \mu + 1.96\sigma)$ 内的概率为 95%.

由概率知识知, 正态总体具有良好的性质, 主要有如下结论.

定理 1.1 若 $X_i \sim N\left(\mu_i, \sigma_i^2\right)$, 且相互独立, $i = 1, 2, \cdots, n$, 则

$$
X = \sum_{i=1}^{n} c_i X_i \sim N\left(\sum_{i=1}^{n} c_i \mu_i, \sum_{i=1}^{n} c_i^2 \sigma_i^2\right), \quad c_i \text{ 是常数}.
$$

推论 1.1 若 $X_1 \sim N\left(\mu_1, \sigma_1^2\right), X_2 \sim N\left(\mu_2, \sigma_2^2\right)$ 且相互独立, 则

$$
X_1 - X_2 \sim N\left(\mu_1 - \mu_2, \sigma_1^2 + \sigma_2^2\right).
$$

推论 1.2 若 $X_i \sim N\left(\mu, \sigma^2\right)$, $i = 1, 2, \cdots, n$, 且相互独立, 则 $\dfrac{1}{n}\sum\limits_{i=1}^{n} X_i \sim N\left(\mu, \dfrac{\sigma^2}{n}\right)$.

定理 1.2 (独立同分布的中心极限定理) 若 $X_i(i = 1, 2, \cdots, n)$ 为独立同分布的随机变量, 且 $EX_i = \mu, DX_i = \sigma^2 \neq 0$, 则 $Y_n = \dfrac{\sum\limits_{i=1}^{n} X_i - n\mu}{\sqrt{n}\sigma}$ 的分布函数 $F_n(x)$

对任意的 x, 满足

$$\lim_{n \to \infty} F_n(x) = \lim_{n \to \infty} P\left\{\frac{\sum_{i=1}^{n} X_i - n\mu}{\sqrt{n}\sigma} < x\right\} = \Phi(x),$$

其中, $\Phi(x)$ 是标准正态分布 $N(0,1)$ 的分布函数. 这时, 常称 $\dfrac{\sum X_i - n\mu}{\sqrt{n}\sigma}$ 渐近服从标准正态分布.

上述定理表明, 不仅若干个相互独立的正态随机变量的线性组合仍是正态随机变量, 而且具有相同期望与方差的 n 个独立同分布的随机变量的和渐近服从正态分布. 甚至这些随机变量有不同的期望与方差, 这个结论仍在一定条件下成立. 这就是说, 无论各个独立的随机变量 $X_i(i = 1,2,3,\cdots,n)$ 服从什么分布, 在定理的条件下, 当 n 很大时, 它们的和 $\sum_{i=1}^{n} X_i$ 就近似服从正态分布, 这是正态分布在理论与应用中都占有重要地位的根本原因. 在生物科学领域的应用中正态分布尤为重要.

(1) 许多量所受的随机影响, 都是由大量彼此独立的随机影响叠加而成的, 且每个随机因素的影响均很小, 故这种随机误差近似地服从正态分布. 例如, 鱼池中同一种鱼的体长、体重等都良好地服从正态分布.

(2) 一些非正态量, 在一定条件下可逼近于正态量. 例如, $X \sim B(n,p)$, 由于 $X = \sum_{i=1}^{n} X_i$, $X_i \sim \begin{pmatrix} 1 & 0 \\ p & q \end{pmatrix}$ 且相互独立, $i = 1,2,\cdots,n$, 因此, 当 $n \to \infty$ 时, $\dfrac{X - np}{\sqrt{npq}}$ 渐近服从 $N(0,1)$. 当 n 很大时, 有 $\dfrac{X - np}{\sqrt{npq}} \dot{\sim} N(0,1)$.

(3) 正态随机变量的一些函数的概率分布, 也在理论与应用中有重要的地位. 例如, 在计算毒性试验的半致死剂量中用到的对数正态分布、数理统计中最常用的 χ^2 分布、t 分布、F 分布等.

例 1.4 设 $X \sim N(\mu, \sigma^2)$, 求随机变量函数 $Y = \mathrm{e}^X$ 的概率密度.

解 由 Y 的分布函数 $F_Y(y)$, 当 $y \leqslant 0$ 时, 有 $F_Y(y) = 0$; 当 $y > 0$ 时, 有

$$F_Y(y) = P\{Y \leqslant y\} = P\{\mathrm{e}^X \leqslant y\} = P\{X \leqslant \ln y\} = \int_{-\infty}^{\ln y} \frac{1}{\sqrt{2\pi}\sigma} \mathrm{e}^{-\frac{(x-\mu)^2}{2\sigma^2}} \, \mathrm{d}x.$$

于是, Y 的概率密度为

$$f_Y(y) = \frac{\mathrm{d}}{\mathrm{d}x} F_Y(y) = \begin{cases} \dfrac{1}{\sqrt{2\pi}\sigma y} \mathrm{e}^{-\frac{(\ln y - \mu)^2}{2\sigma^2}}, & y > 0, \\ 0, & y \leqslant 0. \end{cases}$$

称此分布为对数正态分布 (图形见图 1.3), 记为 $Y \sim \mathrm{LN}\left(\mu, \sigma^2\right)$.

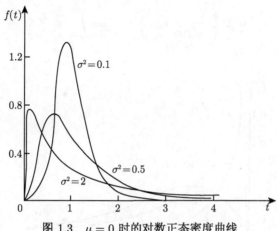

图 1.3　$\mu = 0$ 时的对数正态密度曲线

可以求得

$$EY = \mathrm{e}^{\mu + \frac{\sigma^2}{2}}, \quad DY = \mathrm{e}^{2\mu + \sigma^2}\left(\mathrm{e}^{\sigma^2} - 1\right), \quad MY = \mathrm{e}^{\mu}.$$

类似可证: 若 $\ln X \sim N\left(\mu, \sigma^2\right)$, 则 $X \sim \mathrm{LN}\left(\mu, \sigma^2\right)$.

1.2.5　由正态总体导出的重要分布

1. χ^2 分布

定义 1.1　若 $X_i \sim N(0,1)$ 且相互独立, $i = 1, 2, \cdots, n$, 则称 $\chi^2 = \sum\limits_{i=1}^{n} X_i^2$ 为服从自由度为 n 的 χ^2 分布, 记为 $\chi^2 = \sum\limits_{i=1}^{n} X_i^2 \sim \chi^2(n)$. 自由度 (degree freedom) 常记为 df, 是指其中独立正态分布变量的个数.

其概率密度 $f(x)$ 需用 Γ 函数表示, 本书从略, 图形见图 1.4.

对给定的 $\alpha(0 < \alpha < 1)$ 值, χ^2 分布的上 α 分位点 $\chi_{\alpha}^2(n)$ 可由自由度 n 及 α 值查附表 3 得, 例如, $\chi_{0.1}^2(10) = 15.987, \chi_{0.9}^2(10) = 4.865$.

χ^2 分布具有下列性质:

(1) $E\chi^2 = n, D\chi^2 = 2n$;

(2) χ^2 分布的可加性.

若 $\chi_1^2 \sim \chi^2(n_1), \chi_2^2 \sim \chi^2(n_2)$ 且相互独立, 则

$$\chi_1^2 + \chi_2^2 \sim \chi^2\left(n_1 + n_2\right).$$

可由 χ^2 分布的定义直观理解.

(3) 若 $X \sim \chi^2(n)$, 则对任意的 x, 有

$$\lim_{n \to \infty} P\left\{ \frac{X-n}{\sqrt{2n}} \leqslant x \right\} = \frac{1}{\sqrt{2\pi}} \int_{-\infty}^{x} e^{-\frac{t^2}{2}} \, dt.$$

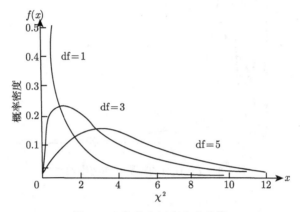

图 1.4 χ^2 分布概率密度曲线

只要将 X 视为 n 个相互独立服从同一分布 $\chi^2(1)$ 的和, 由定理 1.2 即可证明. 此性质说明当 n 很大时, $\frac{X-n}{\sqrt{2n}} \dot\sim N(0,1)$, 由此, 当 n 很大 (如 $n > 45$) 时, $\frac{\chi_\alpha^2(n)-n}{\sqrt{2n}} \doteq z_\alpha$, 解得 $\chi_\alpha^2(n) \doteq n + \sqrt{2n}z_\alpha$.

例如, $\chi_{0.05}^2(120) \doteq 120 + \sqrt{2 \times 120} \times 1.645 = 145.5$.

2. t 分布

定义 1.2 若 $X \sim N(0,1)$, $Y \sim \chi^2(n)$ 且相互独立, 则称 $t = \dfrac{X}{\sqrt{Y/n}}$ 为服从自由度是 n 的 t 分布, 记为 $t \sim t(n)$, 其概率密度用 Γ 函数表示, 本书从略, 图形见图 1.5.

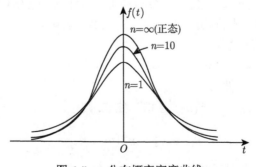

图 1.5 t 分布概率密度曲线

由图 1.5 可见, t 分布的概率密度关于纵轴对称, 且当 n 很大时, $t \dot\sim N(0,1)$. 可求得

$$Et = 0 \ (n > 1), \quad Dt = \frac{n}{n-2} \ (n > 2).$$

t 分布的 α 分位点 $t_\alpha(n)$, 可由附表 2 依 $df = n$ 及 α 查得. 当 n 很大时, 可取 $t_\alpha(n) \doteq z_\alpha$. 由于 t 分布对称于纵轴, 故 t 分布有 α 双侧分位点 $t_{\frac{\alpha}{2}}(n)$ 的概念. 可由附表 2 查得.

3. F 分布

定义 1.3 若 $X \sim \chi^2(n_1), Y \sim \chi^2(n_2)$ 且相互独立, 则称 $F = \dfrac{X/n_1}{Y/n_2}$ 的分布为服从自由度为 (n_1, n_2) 的 F 分布, 记为 $F \sim F(n_1, n_2)$, 其概率密度用 Γ 函数表示, 本书从略. 图形见图 1.6.

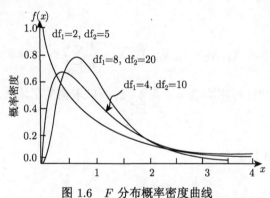

图 1.6 F 分布概率密度曲线

由 F 分布的定义, 可知:

(1) 若 $F \sim F(n_1, n_2)$, 则 $\dfrac{1}{F} \sim F(n_2, n_1)$;

(2) 若 $t \sim t(n)$, 则 $t^2 \sim F(1, n)$.

F 分布的 α 分位点 $F_\alpha(n_1, n_2)$ 可依 α, n_1, n_2 在附表 4 中查得. 一般附表 4 中只有 $\alpha = 0.10, 0.05, 0.01$ 的 $F_\alpha(n_1, n_2)$ 值, 欲求得 $\alpha = 0.9, 0.95, 0.99$ 的 $F_\alpha(n_1, n_2)$, 由 F 分布的性质, 有 $F_{1-\alpha}(n_1, n_2) = \dfrac{1}{F_\alpha(n_2, n_1)}$.

例如, $F_{0.95}(15, 12) = \dfrac{1}{2.48} = 0.403$.

上述三个概率分布是数理统计分析方法的理论基础. 对我们重要的是清楚它们之间的导出关系.

1.3　统　计　量

为有效地使用总体 X 的 n 样本 $X_1, X_2, \cdots, X_n$, 首先应将其中所含的总体信息加以集中、提取出来, 提取的方法之一就是确定一个映射 g, 使 $g(X_1, X_2, \cdots, X_n)$ 能集中 n 样本中所含总体的某一信息.

定义 1.4　样本 $X_1, X_2, \cdots, X_n$ 的函数 $g(X_1, X_2, \cdots, X_n)$ 叫做统计量.

统计量只依赖于样本, 其中不含任何未知参数. 由样本的二重性, 可知统计量亦有二重性, 当样本是随机变量时, 统计量 $g(X_1, X_2, \cdots, X_n)$ 也是随机变量, 这时应研究其概率分布. 当样本已实现为观察值 $x_1, x_2, \cdots, x_n$ 时, $g(x_1, x_2, \cdots, x_n)$ 就是该统计量的对应观察值. 统计量也常称为样本数字特征. 最常用的统计量介绍如下.

1.3.1　样本均值

设总体 X 有样本 $X_1, X_2, \cdots, X_n$, 称 $\overline{X} = \dfrac{1}{n} \sum\limits_{i=1}^{n} X_i$ 为样本均值. 当有样本观察值 $x_1, x_2, \cdots, x_n$ 时, 样本均值 $\overline{x} = \dfrac{1}{n} \sum\limits_{i=1}^{n} x_i$ 反映取值的平均水平. 其中包含总体期望的信息.

(1) $\sum\limits_{i=1}^{n} (x_i - \overline{x}) = 0$;

(2) 当 $\overline{x} = a$ 时, $\sum\limits_{i=1}^{n} (x_i - a)^2 = \min$;

(3) 若有 n_1 样本的均值 $\overline{X}_1$, n_2 样本的均值 $\overline{X}_2$, 则 $(n_1 + n_2)$ 样本的均值为

$$\overline{X} = \frac{n_1 \overline{X}_1 + n_2 \overline{X}_2}{n_1 + n_2}.$$

1.3.2　样本方差

设总体 X 有 n 样本 $X_1, X_2, \cdots, X_n$, 称

$$S^2 = \frac{1}{n-1} \sum_{i=1}^{n} \left(X_i - \overline{X} \right)^2$$

为样本方差. S 叫做样本标准差, $S > 0, n-1$ 为样本方差的自由度. 其中 $Q = \sum\limits_{i=1}^{n} \left(X_i - \overline{X} \right)^2$ 称为离差平方和.

显然有 $S^2 = \dfrac{1}{n-1}\left[\displaystyle\sum_{i=1}^{n} X_i^2 - \dfrac{1}{n}\left(\displaystyle\sum_{i=1}^{n} X_i\right)^2\right] = \dfrac{1}{n-1}\left[\displaystyle\sum_{i=1}^{n} X_i^2 - n\overline{X}^2\right].$

当样本有观察值 $x_1, x_2, \cdots, x_n$ 时, 样本方差 $s^2 = \dfrac{1}{n-1}\displaystyle\sum_{i=1}^{n}(x_i - \overline{x})^2$ 反映了样本取值分散与集中的程度, 集中了其中所含总体方差的信息.

反映这方面信息的统计量还有:

(1) 修正样本方差 $S_n^2 = \dfrac{1}{n}\displaystyle\sum_{i=1}^{n}\left(X_i - \overline{X}\right)^2$;

(2) 变异系数 $\mathrm{CV} = \dfrac{S}{\overline{X}}$;

(3) 样本均值标准误 $S_{\overline{X}} = \dfrac{S}{\sqrt{n}}$;

(4) 极差 $D = \max\limits_{i}\{X_i\} - \min\limits_{i}\{X_i\}$.

1.3.3 样本协方差

设总体 $\begin{pmatrix} X \\ Y \end{pmatrix}$ 有 n 样本 $\begin{pmatrix} X_1 \\ Y_1 \end{pmatrix}, \begin{pmatrix} X_2 \\ Y_2 \end{pmatrix}, \cdots, \begin{pmatrix} X_n \\ Y_n \end{pmatrix}$, 称

$$\mathrm{Cov}\,(X, Y) = \frac{1}{n-1}\sum_{i=1}^{n}\left(X_i - \overline{X}\right)\left(Y_i - \overline{Y}\right)$$

为 X, Y 的样本协方差; $r = \dfrac{\mathrm{Cov}\,(X,Y)}{S_x S_y}$ 为样本相关系数.

它们提取了样本中所含总体协方差、相关系数的信息. 反映了样本 $\begin{pmatrix} x_i \\ y_i \end{pmatrix}$ $(i = 1, 2, \cdots, n)$ 的两分量 x_i 与 y_i 间具有线性关系的紧密程度. 其中 $L = \displaystyle\sum_{i=1}^{n}(x_i - \overline{x}) \cdot (y_i - \overline{y})$ 常称为离差乘积和.

显然有 $L = \displaystyle\sum_{i=1}^{n} x_i y_i - \dfrac{1}{n}\left(\displaystyle\sum_{i=1}^{n} x_i\right)\left(\displaystyle\sum_{i=1}^{n} y_i\right) = \displaystyle\sum_{i=1}^{n} x_i y_i - n\overline{x}\,\overline{y}.$

利用计算器的 SD, LR 功能, 可以方便地求出样本均值、方差、协方差.

一般地, 有

样本 k 阶矩 $A_k = \dfrac{1}{n}\displaystyle\sum_{i=1}^{n} X_i^k, k = 1, 2, 3, \cdots$;

样本 k 阶中心矩　$B_k = \dfrac{1}{n} \sum\limits_{i=1}^{n} \left(X_i - \overline{X} \right)^k, k = 1, 2, 3, \cdots.$

1.4　正态总体的抽样分布

本节讨论与正态总体的统计量 $\overline{X}$, S^2 有关的分布. 这些分布是统计分析方法的理论基础.

定理 1.3　设总体 $X \sim N\left(\mu, \sigma^2\right)$, 有 n 样本 X_i, $i = 1, 2, \cdots, n$, 则 $\overline{X}$ 与 S^2 相互独立, 且

(1) $\overline{X} \sim N\left(\mu, \dfrac{\sigma^2}{n}\right)$, $E\overline{X} = \mu$, $D\overline{X} = \dfrac{\sigma^2}{n} \triangleq \sigma_{\overline{X}}^2$;

(2) $\dfrac{(n-1)S^2}{\sigma^2} \sim \chi^2(n-1)$;

(3) $\dfrac{\overline{X} - \mu}{S_{\overline{X}}} \sim t(n-1)$.

证　仅证 (3), 其他从略.

由于 $X_i \sim N\left(\mu, \sigma^2\right), i = 1, 2, \cdots, n$, 且相互独立, 由定理 1.2 即有

$$\overline{X} = \frac{1}{n} \sum_{i=1}^{n} X_i \sim N\left(\mu, \frac{\sigma^2}{n}\right).$$

经标准化 $\dfrac{\overline{X} - \mu}{\sigma_{\overline{X}}} \sim N(0, 1)$ 及 (2), 依 t 分布的定义, 有

$$t = \frac{\overline{X} - \mu}{S_{\overline{X}}} \sim t(n-1).$$

定理 1.4　设正态总体 $N\left(\mu_1, \sigma_1^2\right)$, $N\left(\mu_2, \sigma_2^2\right)$ 相互独立, 分别是 n_1, n_2 样本且独立, 其均值与方差分别为 $\overline{X}_1$, $\overline{X}_2$ 与 S_1^2, S_2^2, 则:

(1) $\dfrac{(\overline{X}_1 - \overline{X}_2) - (\mu_1 - \mu_2)}{\sigma_{\overline{X}_1 - \overline{X}_2}} \sim N(0, 1)$, 其中 $\sigma_{\overline{X}_1 - \overline{X}_2}^2 = \dfrac{\sigma_1^2}{n_1} + \dfrac{\sigma_2^2}{n_2} = \sigma_{\overline{X}_1}^2 + \sigma_{\overline{X}_2}^2$;

(2) $\dfrac{(n_1 - 1)S_1^2}{\sigma_1^2} + \dfrac{(n_2 - 1)S_2^2}{\sigma_2^2} \sim \chi^2(n_1 + n_2 - 2)$;

(3) 当 $\sigma_1^2 = \sigma_2^2 = \sigma^2$ 时, $\dfrac{(\overline{X}_1 - \overline{X}_2) - (\mu_1 - \mu_2)}{S_{\overline{X}_1 - \overline{X}_2}} \sim t(n_1 + n_2 - 2)$, 其中

$$S_{\overline{X}_1 - \overline{X}_2}^2 = \frac{(n_1 - 1)S_1^2 + (n_2 - 1)S_2^2}{n_1 + n_2 - 2}\left(\frac{1}{n_1} + \frac{1}{n_2}\right),$$

特别地, 当 $n_1 = n_2 = n$ 时 $S^2_{\overline{X}_1 - \overline{X}_2} = \dfrac{S^2_1 + S^2_2}{n} = S^2_{\overline{X}_1} + S^2_{\overline{X}_2}$;

(4) $\dfrac{S^2_1 / S^2_2}{\sigma^2_1 / \sigma^2_2} \sim F(n_1 - 1, n_2 - 1)$.

证 由定理 1.3, 知 $\overline{X}_1 \sim N\left(\mu_1, \dfrac{\sigma^2_1}{n_1}\right), \overline{X}_2 \sim N\left(\mu_2, \dfrac{\sigma^2_2}{n_2}\right)$, 于是 $\overline{X}_1 - \overline{X}_2 \sim$

$N\left(\mu_1 - \mu_2, \dfrac{\sigma^2_1}{n_1} + \dfrac{\sigma^2_2}{n_2}\right)$, 经标准化, $\dfrac{(\overline{X}_1 - \overline{X}_2) - (\mu_1 - \mu_2)}{\sigma_{\overline{X}_1 - \overline{X}_2}} \sim N(0,1)$.

由定理 1.3 可得 $\dfrac{(n_1 - 1) S^2_1}{\sigma^2_1} \sim \chi^2(n_1 - 1), \dfrac{(n_2 - 1) S^2_2}{\sigma^2_2} \sim \chi^2(n_2 - 1)$, 于是依

χ^2 分布的可加性有 $\dfrac{(n_1 - 1) S^2_1}{\sigma^2_1} + \dfrac{(n_2 - 1) S^2_2}{\sigma^2_2} \sim \chi^2(n_1 + n_2 - 2)$, 依 F 分布的定义,

有

$$\frac{S^2_1 / S^2_2}{\sigma^2_1 / \sigma^2_2} \sim F(n_1 - 1, n_2 - 1).$$

当 $\sigma^2_1 = \sigma^2_2 = \sigma^2$ 时, 依 (1), (2) 两结果有 $\dfrac{(\overline{X}_1 - \overline{X}_2) - (\mu_1 - \mu_2)}{\sqrt{\dfrac{1}{n_1} + \dfrac{1}{n_2}}} \sim N(0,1)$,

$$\frac{(n_1 - 1) S^2_1 + (n_2 - 1) S^2_2}{\sigma^2} \sim \chi^2(n_1 + n_2 - 2).$$

由 t 分布的定义, 即有

$$\frac{(\overline{X}_1 - \overline{X}_2) - (\mu_1 - \mu_2)}{S_{\overline{X}_1 - \overline{X}_2}} \sim t(n_1 + n_2 - 2).$$

1.5 数据的整理与处理

1.4 节就样本及统计量的随机变量意义, 讨论了有关的概率分布. 本节就样本的实现, 即观察值或数据的意义, 讨论对样本的整理, 以利于表现所得样本中含有的总体信息.

1.5.1 离散型总体

设总体 X 只取 N 个不同的数值, 依由小到大的顺序排列为 $x_1, x_2, \cdots, x_N$, 若所得 n 样本观察值中, 它们分别出现 $f_1, f_2, \cdots, f_N$ 次, 且 $\sum\limits_{i=1}^{N} f_i = N$; 由此, 可计算它们在 N 次观察 (或试验) 中出现的频率 $w_i = \dfrac{f_i}{N}, i = 1, 2, \cdots, N$, 显然, $\sum\limits_{i=1}^{N} w_i = 1$,

累积频率 $\sum\limits_{i=1}^{k} w_i, k = 1, 2, \cdots, N$.

并由计算结果, 做出频率分布表 (表 1.1).

表 1.1　频率分布表

观察值	频数	频率	累积频率
x_1	f_1	w_1	w_1
x_2	f_2	w_2	$w_1 + w_2$
$\vdots$	$\vdots$	$\vdots$	$\vdots$
x_N	f_N	w_N	1
合计	N	1	

由此可计算 $\overline{x} = \dfrac{1}{N}\sum\limits_{i=1}^{N} f_i x_i, s^2 = \dfrac{1}{N-1}\sum\limits_{i=1}^{N} f_i(x_i - \overline{x})^2$.

一般计数数据均应依上述方法进行整理.

例 1.5　对 43 窝小鼠, 每窝 4 只, 做某毒性试验, 得到每窝死亡数的 43 个观察值, 经整理得到表 1.2.

表 1.2　死亡频率分布表

死亡数	窝数	频率	累积频率
0	13	0.3023	0.3023
1	20	0.4651	0.7674
2	7	0.1628	0.9302
3	3	0.0698	1.0000
4	0	0.0000	1.0000
合计	43	1.0000	

求得

$$\overline{x} = \frac{1}{43} \times (0 \times 13 + 1 \times 20 + 2 \times 7 + 3 \times 3 + 4 \times 0) = 1.$$

$$s^2 = \frac{1}{43-1} \times [13 \times (0-1)^2 + 20 \times (1-1)^2 + 7 \times (2-1)^2 + 3 \times (3-1)^2$$
$$+ 0 \times (4-1)^2] = 0.8729^2.$$

本例的数据是二项总体 $X \sim B(4, p)$ 的容量为 43 的样本, 其中 p 应是该毒性试验小鼠的死亡率. 对每窝而言, 每只小鼠只有死亡与否两种情况, 可定义

$$X = \begin{cases} 1, & 死亡, \\ 0, & 否, \end{cases} \quad X \sim \begin{pmatrix} 1 & 0 \\ p & q \end{pmatrix}.$$

各只小鼠死亡与否设为 $X_i, i = 1, 2, 3, 4$, 且是此 0-1 分布总体容量为 4 的样本. 正是由此 0-1 总体派生出二项总体 $X = \sum_{i=1}^{4} X_i \sim B(4, p), X = 0, 1, 2, 3, 4.$

这是在诸小鼠死亡与否相互独立的条件下的分析. 至于这次试验每窝死亡数是否符合二项分布 $B(4, p)$, 可以死亡频率 $\dfrac{43}{4 \times 43} = \dfrac{1}{4}$ 作为死亡概率 p, 由 $B\left(4, \dfrac{1}{4}\right)$ 计算诸死亡数的概率, 对比对应的死亡频率的差异, 做出推断. 推断方法在第 3 章介绍.

1.5.2 连续型总体

设连续型总体 X 的取值范围为区间 $[a, b]$ 或 $(-\infty, +\infty)$, 应将其分组, 使所得 n 样本 $x_1, x_2, \cdots, x_n$ 均归且只归其中一组, 就每组计算其出现的频数、频率, 得到频率分布表.

在分组时, 组数、组距可依下述方法大致确定, 再由实际情况加以调整.

组数 $\quad N \doteq 1 + 3.3 \lg n,$

组距 $\quad d = \dfrac{\max_j \{x_j\} - \min_j \{x_j\}}{N},$

组限 $\quad [a_i, b_i),$

$$a_i = \min_j \{x_j\} - \frac{d}{2}, \quad a_i = a_{i-1} + d, \quad i = 2, 3, \cdots, N,$$

$$b_i = a_{i+1}, \quad i = 1, 2, \cdots, N-1, \quad b_N = \max_j \{x_j\} + \frac{d}{2},$$

组中值 $\quad m_i = \dfrac{1}{2}(a_i + b_i), \quad i = 1, 2, \cdots, N.$

例 1.6 为研究池养对虾生长情况, 从中随机地抽取 100 尾, 测得体长 (mm) 如下:

127	102	114	114	72	111	94	129	115	134
118	118	97	129	128	142	94	121	126	120
107	144	121	138	97	145	127	127	91	134
128	118	108	103	119	113	111	118	94	95
89	111	114	122	136	119	125	73	93	111
137	118	128	112	104	88	76	115	109	126
134	94	121	158	129	150	111	104	93	86
108	141	102	88	86	98	105	87	112	84
113	108	114	131	125	107	107	101	101	94
117	123	124	113	89	103	121	117	94	94

由 $n = 100, X_{\max} = 158, X_{\min} = 72$, 得

按组数　$N = 1 + 3.3\lg 100 \doteq 8$,

组距　$d = \dfrac{158 - 72}{8} = 10.7$, 取 $d = 10$,

组限　$a_1 = 72 - 5 = 67 \doteq 70, b_1 = a_2 = 80, \cdots, b_8 = a_9 = 150, b_9 = 160$.

经计数后, 得对虾体长的频率分布表 (表 1.3).

表 1.3　对虾体长频率分布表

序号	组限	组中值	频数	频率	累积频数	累积频率
1	70~80	75	3	0.03	3	
2	80~90	85	9	0.09	12	
3	90~100	95	13	0.13	25	
4	100~110	105	16	0.16	41	
5	110~120	115	26	0.26	67	
6	120~130	125	20	0.20	87	
7	130~140	135	7	0.07	94	
8	140~150	145	4	0.04	98	
9	150~160	155	2	0.02	100	
合计			100	1.00		

为明确, 对各组计数时不含上限 b_i, 目前常在组限一栏只写下限 $a_i \sim$, 不写上限.

当分组资料计算样本均值与方差时, 可取组中值 m_i 代替样本值

$$\overline{x} = \frac{1}{n} \sum_{i=1}^{N} f_i m_i = \sum_{i=1}^{N} w_i m_i, \quad s^2 = \frac{1}{n-1} \sum_{i=1}^{N} f_i (m_i - \overline{x})^2,$$

有 $\overline{x} = 112.30, s^2 = 17.57^2$.

依频率分布表中频率与累积频率, 常画出频率分布图及累积频率分布图, 可以更直观地表达出样本资料的特征. 这些图的画法, 由图 1.7 和图 1.8 所示例 1.6 的频率分布图及累积频率分布图即可看出.

将累积频率写为分段函数 $F_n(X)$, 称为经验分布函数, 随样本观察值不同, 经验分布函数 $F_n(X)$ 也不同, 直观上可知, 当样本容量 n 增大, $F_n(X)$ 将 "靠近" 总体分布函数 $F(x)$. 对此, 不加证明地给出如下定理.

定理 1.5(Glivenko 定理)　对已给的自然数 n, $x_1, x_2, \cdots, x_n$ 是取自总体分布函数 $F(x)$ 的样本观测值, $F_n(X)$ 为其经验分布函数, 又记

$$D_n = \sup_{-\infty < x < \infty} |F_n(x) - F(x)|,$$

则有 $P\{\lim_{n \to \infty} D_n = 0\} = 1$.

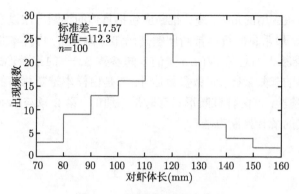

图 1.7 对虾体长频率分布图

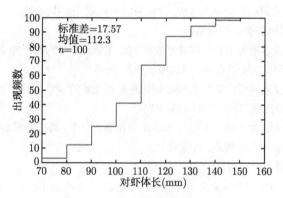

图 1.8 对虾体长累积频率分布图

1.6 统 计 推 断

由总体中抽样得到样本, 目的在于依据样本信息来推断总体的特征, 简单地说就是由样本推断总体, 这叫做统计推断. 例如, 在一批产品中抽出 100 件来估计整批产品的合格率.

推断, 通常是指从一定的条件和假定出发, 按照一定的方法或规则, 而得到对未知事物的某种结论. 例如, 在几何学中从等腰三角形出发, 按照几何学定理, 推断出该三角形的底角相等. 推断的结论是确切的, 而统计推断则不然. 由于统计推断是由样本推断总体, 即由部分推断整体, 这是在掌握知识不完全的情况下, 所做的一种推断, 虽然样本通过概率方式与总体相联系, 但这只能用概率的方法, 给出种种有意义的指标, 去衡量推断结论的正确程度, 并不能保证统计推断的结论不错, 这是统计推断的特点. 尽管如此, 在各领域中都常有掌握的知识不完全, 又需要作结论的这类问题.

由上述可知从应用的角度, 统计推断应包括具体的推断方法以及衡量推断结论可靠程度的指标. 最常见的统计推断问题是已知总体分布, 由样本推断总体中的未知参数, 例如, 推断正态总体 $N(\mu, \sigma^2)$ 的未知参数 μ, σ^2 的推断形式有两种: 一是由样本估计总体的未知参数, 叫做参数估计. 二是由样本推断总体的某一特征是否成立, 叫做假设检验, 这两种推断形式有时是相通的. 第 2 章与第 3 章将分别介绍这两种推断形式的统计推断方法.

习 题 1

1. 举例说明总体、个体及其中的种种随机因素.

2. 若已知一批毛蚶的空壳率为 5%, 试问每随机抽取 100 只毛蚶, 空壳数小于 3 的概率为多少? 从中有望获得多少只不空毛蚶?

3. 鱼苗放养的成活率为 60%, 试问每放养 100 尾鱼苗有 70 尾及 70 尾以上成活的概率、成活不足 45 尾的概率、成活 50～80 尾的概率各是多少?

4. 轻度的鲤鱼竖鳞病死亡率为 0.5%, 试问在患有此病的 360 尾鱼中, 恰有 3 尾死亡的概率、有 3 尾及 3 尾以上死亡的概率各是多少?

5. 在鲤鱼体重均值为 804g, 方差为 10000 的正态总体中, 随机抽取 200 尾, 则

a. 体重在 1000g 以上的鲤鱼, 可望有 _____ 尾.

b. 200 尾的体重均值应服从 _____.

6. 设对总体 X 得到一个容量为 10 的样本: 4.5, 2.0, 1.0, 1.5, 3.5, 4.5, 6.5, 5.0, 3.5, 4.0. 其样本均值 $\bar{x}=$ _____, 样本方差 $s^2=$ _____, 样本标准误 $s_{\bar{x}}=$ _____.

7. 设对连续型总体 X 得到一个容量为 30 的样本

11.8	15.6	13.2	7.7	8.4	12.3	9.7	16.2	6.1	14.3
16.7	12.1	10.0	12.8	2.0	8.7	14.9	9.8	10.5	9.1
7.3	17.0	5.8	11.2	9.9	3.6	15.1	11.7	6.5	13.7.

试作出频率分布表、频率分布图、累积频率分布图, 写出经验分布函数表达式, 计算样本均值、样本方差、样本标准误.

8. 已知 $\chi^2 \sim \chi^2(10), t \sim t(10), F \sim F(6,10)$, 查表计算:

$$\chi^2_{0.01}(10), \ \chi^2_{0.99}(10), \ t_{0.01}(10), \ t_{0.99}(10), \ t_{\frac{0.01}{2}}(10), \ F_{0.01}(6,10), \ F_{0.99}(6,10).$$

9. 若随机变量 X, Y 相互独立, 且均服从标准正态分布 $N(0,1)$, 则 $X+Y \sim$ _____, $X-Y \sim$ _____, $X^2 \sim$ _____, $X^2+Y^2 \sim$ _____, $\dfrac{X^2}{Y^2} \sim$ _____.

10. 若随机变量 $X \sim N(0,1), Y \sim \chi^2(4)$, 且相互独立, 则 $\dfrac{2X}{\sqrt{Y}} \sim$ _____, $\dfrac{4X^2}{Y} \sim$ _____, $\dfrac{Y}{4X^2} \sim$ _____.

11. 从某总体获得容量分别为 n_1, n_2 的两个样本, 样本均值分别为 $\overline{X}_1$, $\overline{X}_2$, 样本方差分别为 S_1^2, S_2^2. 将两个样本合并成一个容量为 $(n_1 + n_2)$ 的样本, 证明此 $(n_1 + n_2)$ 样本的均值 $\overline{X}$ 与方差 S^2

$$\overline{X} = \frac{1}{n_1 + n_2} \left(n_1 \overline{X}_1 + n_2 \overline{X}_2 \right),$$

$$S^2 = \frac{1}{n_1 + n_2 - 1} \left[(n_1 - 1) S_1^2 + (n_2 - 1) S_2^2 + \frac{n_1 n_2}{n_1 + n_2} \left(\overline{X}_1 - \overline{X}_2 \right)^2 \right],$$

并由此考虑将 k 个样本合并时, $\overline{X}$ 与 S^2 的表达式.

12. 证明: 若 $X \sim \mathrm{LN}\left(\mu, \sigma^2\right)$, 则 $\ln X \sim N\left(\mu, \sigma^2\right)$.

第2章 参数估计

参数估计是指由总体 X 的 n 样本 $X_i, i = 1, 2, \cdots, n$, 对其总体分布 $F(x, \theta)$ 所含未知参数 θ 做出估计. 例如, 正态总体 $N(\mu, \sigma^2)$ 中的 μ, σ^2 常需要由其样本做出估计, 这是实际中最常见的一类统计推断问题. 参数估计的形式有两种: 点估计与区间估计.

2.1 点 估 计

对未知参数 θ 的点估计, 就是要构造一个统计量 $g(X_1, X_2, \cdots, X_n)$, 作为未知参数 θ 的估计量, 记为 $\hat{\theta} = g(X_1, X_2, \cdots, X_n)$. 将样本观测值代入后, 便得到 θ 的一个点估计值 $g(x_1, x_2, \cdots, x_n)$, 也记为 $\hat{\theta}$. 故 $\hat{\theta}$ 也具有二重性, 这一点要特别注意.

例如, 对总体 X 的数学期望 $EX = \mu$ 与方差 $DX = \sigma^2$, 常取

$$\hat{\mu} = \overline{X} = \frac{1}{n} \sum_{i=1}^{n} X_i, \quad \hat{\sigma}^2 = S^2 = \frac{1}{n-1} \sum_{i=1}^{n} \left(X_i - \overline{X}\right)^2.$$

这从它们的实际意义来看, 显然是合理的.

一般确定未知参数 θ 的点估计 $\hat{\theta}$ 的方法有两种: 矩法与极大似然法.

2.1.1 矩法

1900 年英国统计学家 K. Pearson 提出一个替换原则: 用样本矩去替换总体矩. 因此, 矩法估计的基本思想是: 用样本矩估计总体矩, 用样本矩的相应函数估计总体矩的函数, 从而建立总体分布参数与样本之间的关系. 设总体 X 存在 k 个未知参数 $\theta_m, m = 1, 2, \cdots, k$. $X_1, X_2, \cdots, X_n$ 是来自总体 X 的 n 样本, 则样本的 m 阶样本矩为

$$A_m = \frac{1}{n} \sum_{i=1}^{n} X_i^m, \quad m = 1, 2, \cdots, k.$$

若总体 X 的前 k 阶矩 $\mu_m = EX^m (m = 1, 2, \cdots, k)$ 存在, 则 μ_m 必为 $\theta_1, \theta_2, \cdots, \theta_k$ 的函数. 由前述替换原则, 可知矩估计的一般方法是

(1) 令

$$A_m = \mu_m, \quad m = 1, 2, \cdots, k. \tag{2.1}$$

这是一个含 k 个未知参数 $\theta_1, \theta_2, \cdots, \theta_k$ 的方程组.

(2) 解方程组 (2.1) 得

$$\theta_m = \theta_m(A_1, A_2, \cdots, A_k), \quad m = 1, 2, \cdots, k. \tag{2.2}$$

(3) 以方程组 (2.1) 的解 (2.2) 作为 θ_m 的点估计 $\hat{\theta}_m$

$$\hat{\theta}_m = \theta_m(A_1, A_2, \cdots, A_m), \quad m = 1, 2, \cdots, k. \tag{2.3}$$

例 2.1 设总体 X 的期望 μ 及方差 σ^2 存在, 但均未知, $X_1, X_2, \cdots, X_n$ 是 X 的一个 n 样本, 求 μ 与 σ^2 的矩估计.

解 由总体矩 $EX = \mu, EX^2 = DX + (EX)^2 = \sigma^2 + \mu^2$. 令

$$\begin{cases} \dfrac{1}{n}\sum\limits_{i=1}^{n} X_i = \mu, \\ \dfrac{1}{n}\sum\limits_{i=1}^{n} X_i^2 = \sigma^2 + \mu^2, \end{cases}$$

解得

$$\hat{\mu} = \frac{1}{n}\sum_{i=1}^{n} X_i = \overline{X},$$

$$\hat{\sigma}^2 = \frac{1}{n}\sum_{i=1}^{n} X_i^2 - \overline{X} = \frac{1}{n}\sum_{i=1}^{n}\left(X_i - \overline{X}\right)^2 = S_n^2.$$

所得结果表明, 总体期望和方差的矩估计与总体分布无关.

例如, 正态总体 $N(\mu, \sigma^2)$, 当 μ, σ^2 未知时, 即取 $\hat{\mu} = \overline{X}, \hat{\sigma}^2 = S_n^2$.

2.1.2 极大似然法

设总体 X 的概率函数 (X 的分布律或概率密度) 为 $f(x; \theta)$, 参数 θ 的取值范围为 Q. 当 θ 已取定时, $f(x; \theta)$ 完全确定了总体分布, 也就确定了 X 取值 x 的概率 (或密度). 从另一方面考虑, 若 $X = x$ 已取定, 则 $f(x; \theta)$ 是 θ 的函数, 称为似然函数. 对 θ 在 Q 内的每个取值, 均可导致 $X = x$ 的出现, 只不过 θ 的各个可能取的值会导致 $X = x$ 的概率 (或密度) 不同. 那么当面对样本 X 实现为 x 时, 估计 θ 自然应以导致这个实现的可能性最大的那个 θ 值, 作为 θ 的估计值 $\hat{\theta}$. 这就是极大似然估计的基本思想.

设总体 $f(x; \theta)$ 有 n 样本 $x_1, x_2, \cdots, x_n$, 则样本的联合概率函数即样本似然函数.

$$L(x_1, x_2, \cdots, x_n; \theta) = f^*(x_1, x_2, \cdots, x_n; \theta) = \prod_{i=1}^{n} f(x_i; \theta),$$

使 $L(x_1, x_2, \cdots, x_n; \theta)$ 取最大值的 θ 值, 叫做未知参数 θ 的极大似然估计 $\hat{\theta}$.

由于 L 取最大值, 等价于 $\ln L = \sum\limits_{i=1}^{n} \ln f(x_i; \theta)$ 取最大, 为了计算上的方便, 常由 $\ln L$ 取最大值, 求 θ 的极大似然估计 $\hat{\theta}$, 并称 $\ln L$ 为对数似然函数.

当 $\ln L$ 可导时, 由方程 $\dfrac{\mathrm{d}(\ln L)}{\mathrm{d}\theta} = 0$, 或方程组 $\dfrac{\partial(\ln L)}{\partial \theta_i} = 0$, $i = 1, 2, \cdots, k$, 即可求得 θ 的极大似然估计 $\hat{\theta}$.

例 2.2　从一批产品中, 抽取样本 $x_1, x_2, \cdots, x_n, x_i = \begin{cases} 1, & \text{抽出成品,} \\ 0, & \text{抽出次品,} \end{cases}$ 试对该批产品的成品率做极大似然估计.

解　设该批产品的成品率为 p, 次品率为 $q = 1 - p$, 则该总体的概率密度函数为

$$f(x; p) = p^x q^{1-x} \quad (x = 1, 0),$$

样本似然函数

$$L = \prod_{i=1}^{n} p^{x_i} q^{1-x_i} \quad (x_i = 1, 0).$$

对数似然函数

$$\ln L = \sum_{i=1}^{n} [x_i \ln p + (1 - x_i) \ln(1 - p)].$$

令 $\dfrac{\mathrm{d}\ln L}{\mathrm{d}p} = \sum\limits_{i=1}^{n} \left(\dfrac{x_i}{p} - \dfrac{1 - x_i}{1 - p} \right) = 0$, 解得 $\hat{p} = \dfrac{1}{n} \sum\limits_{i=1}^{n} x_i$.

这里 $\sum\limits_{i=1}^{n} x_i$ 恰是样本中的成品数, $\dfrac{1}{n} \sum\limits_{i=1}^{n} x_i$ 即样本中成品出现的频率, 可见频率正是概率的极大似然估计.

例 2.3　设 $x_1, x_2, \cdots, x_n$ 是正态总体 $N(\mu, \sigma^2)$ 的样本, 求 μ, σ^2 的极大似然估计.

解　似然函数为

$$L = \prod_{i=1}^{n} \frac{1}{\sqrt{2\pi}\sigma} \exp\left[-\frac{1}{2\sigma^2}(x_i - \mu)^2 \right]$$

$$= \left(\frac{1}{2\pi\sigma^2} \right)^{\frac{n}{2}} \exp\left[-\frac{1}{2\sigma^2} \sum_{i=1}^{n} (x_i - \mu)^2 \right],$$

$$\ln L = -\frac{n}{2}\ln 2\pi\sigma^2 - \frac{1}{2\sigma^2}\sum_{i=1}^{n}(x_i - \mu)^2,$$

令

$$\frac{\partial \ln L}{\partial \mu} = \frac{1}{\sigma^2}\sum_{i=1}^{n}(x_i - \mu) = 0,$$

$$\frac{\partial \ln L}{\partial \sigma^2} = -\frac{n}{2\sigma^2} + \frac{1}{2\sigma^4}\sum_{i=1}^{n}(x_i - \mu)^2 = 0,$$

即可得

$$\hat{\mu} = \frac{1}{n}\sum_{i=1}^{n}x_i = \overline{X},$$

$$\hat{\sigma}^2 = \frac{1}{n}\sum_{i=1}^{n}(x_i - \overline{X})^2 = \frac{n-1}{n}S^2.$$

2.2 点估计的评价标准

点估计实际上是依某估计思想构造一个估计量去估计未知参数, 对同一未知参数, 由不同的估计思想出发, 就会有不同的估计量, 那么究竟哪一个好呢? 这就需要有评价好坏的标准, 下面介绍一些常用的评价标准.

2.2.1 无偏性

未知参数 θ 的一个估计量 $\hat{\theta}(X_1, X_2, \cdots, X_n)$ 相对于 θ 的偏差 $\hat{\theta} - \theta$ 时大时小, 时正时负, 我们自然期望所得的 $\hat{\theta}$ 从平均的意义上使这个偏差为零, 这就是无偏性的直观背景.

定义 2.1 设 $\hat{\theta} = \hat{\theta}(X_1, X_2, \cdots, X_n)$ 是 θ 的估计量, 若 $E\hat{\theta} = \theta$, 则称 $\hat{\theta}$ 是 θ 的无偏估计.

例 2.4 设总体 X 有期望 $EX = \mu$, 方差 $DX = \sigma^2$, 从中获得 n 样本 $X_1, X_2, \cdots, X_n$, 则 $\overline{X}$ 是 μ 的无偏估计, 而 S_n^2 不是 σ^2 的无偏估计.

证 由 $E\overline{X} = \dfrac{1}{n}\sum_{i=1}^{n}EX_i = \dfrac{1}{n}n\mu = \mu$, 因而 $\overline{X}$ 是 μ 的无偏估计.

由

$$ES_n^2 = \frac{1}{n}\sum_{i=1}^{n}E(X_i - \overline{X})^2 = \frac{1}{n}\left(\sum_{i=1}^{n}EX_i^2 - nE\overline{X}^2\right),$$

而

$$EX_i^2 = DX_i + (EX_i)^2 = \sigma^2 + \mu^2,$$

$$EX^2 = D\overline{X} + (E\overline{X})^2 = \frac{\sigma^2}{n} + \mu^2,$$

代入得 $ES_n^2 = \dfrac{1}{n}\left[\displaystyle\sum_{i=1}^{n}(\sigma^2+\mu^2) - (\sigma^2+n\mu^2)\right] = \dfrac{n-1}{n}\sigma^2.$

因而 S_n^2 不是 σ^2 的无偏估计.

又 $ES^2 = E\left(\dfrac{ns_n^2}{n-1}\right) = \dfrac{n}{n-1} \times \dfrac{n-1}{n}\sigma^2 = \sigma^2$, 所以样本方差 S^2 是 σ^2 的无偏估计, 这也是人们常取 $\widehat{DX} = S^2$ 的原因.

然而 $\lim\limits_{n\to\infty} ES_n^2 = \sigma^2$, 所以在样本容量很大时, 也常取 $\widehat{DX} = S_n^2$. 我们称 S_n^2 是 DX 的渐近无偏估计.

对于 θ 的无偏估计量 $\hat{\theta}$ 与 θ 的偏差 $\hat{\theta} - \theta = \varepsilon$ 有 $E\varepsilon = 0$, 这意味着所得估计结果没有系统偏差, 只受到种种随机因素的影响. 比如用一量器对物体称重, 若量器结构制作没问题, 只是由于操作和其他随机原因, 称出的结果有误差, 而大量称重时, 各次称重的均值无误. 否则, 即使大量称重其均值也会与真值有一定偏差, 可见无偏性是估计量的一个优良性质. 由于无偏估计并不能保证每次的估计无误, 因此在一个具体问题中, 它的实际意义如何, 还必须结合 $D\hat{\theta}$ 与这问题的实际意义来考虑.

2.2.2 有效性

定义 2.2 设 $\hat{\theta}_1$ 与 $\hat{\theta}_2$ 是 θ 的两个无偏估计, 若 $D\hat{\theta}_1 < D\hat{\theta}_2$, 则称 $\hat{\theta}_1$ 较 $\hat{\theta}_2$ 有效.

例 2.5 设总体 X 的样本 $X_1, X_2, \cdots, X_n$, 且 $EX = \mu$, 则 $\hat{\mu}_1 = \overline{X}$, $\hat{\mu}_2 = X_1$, 都是 μ 的无偏估计, 且

$$D\hat{\mu}_1 = D\overline{X} = \frac{\sigma^2}{n}, \quad D\hat{\mu}_2 = DX_1 = \sigma^2.$$

故当 $n \geqslant 2$ 时, $D\hat{\mu}_1 < D\hat{\mu}_2$, 因而 $\hat{\mu}_1$ 较 $\hat{\mu}_2$ 有效.

2.2.3 一致性 (相合性)

未知参数 θ 的一个好的估计 $\hat{\theta}$ 应随着 n 的增大, 使偏差 $(\hat{\theta} - \theta)$ 大的概率越来越小.

定义 2.3 设对每个自然数 $n, \hat{\theta} = \hat{\theta}(X_1, X_2, \cdots, X_n)$ 是 θ 一个估计, 若 $\forall \varepsilon > 0$,

$$\lim_{n\to\infty} P\{|\hat{\theta} - \theta| \geqslant \varepsilon\} = 0,$$

则称 $\hat{\theta}$ 是 θ 的一致估计量. 例如, 事件 A 出现的频率 $\dfrac{n_A}{n}$, 其中 n_A 是事件 A 在 n 次

试验中出现的次数, 由 Bernoulli 大数定律知 $\forall \varepsilon > 0,\ \lim\limits_{n \to \infty} P\left\{ \left| \dfrac{n_A}{n} - P(A) \right| \geqslant \varepsilon \right\} = 0$, 频率 $\dfrac{n_A}{n}$ 是 $P\{A\}$ 的一致估计量.

2.3 区 间 估 计

2.3.1 基本概念

对总体 $f(x; \theta)$ 的未知参数 θ, 由样本做出的点估计 $\hat{\theta} = g(X_1, X_2, \cdots, X_n)$, 虽可用种种评价标准说明它的优良性, 但未能说明估计结果的精度与可靠性, 解决这一问题的直观想法是对未知参数 θ, 由样本给出两个统计量 $\theta_1(X_1, X_2, \cdots, X_n) < \theta_2(X_1, X_2, \cdots, X_n)$, 将 θ 估计在区间 $[\theta_1, \theta_2]$ 内, 这自然有两个要求:

(1) $P\{\theta_1 \leqslant \theta \leqslant \theta_2\}$ 尽可能大;

(2) $\theta_2 - \theta_1$ 尽可能小.

但这两个要求在已有的样本资源有限制的情况下, 是相互矛盾的, 目前的通常原则是 "保一望二", 即在保证可靠性 $P\{\theta_1 \leqslant \theta \leqslant \theta_2\}$ 尽可能大的前提下, 尽量提高精度.

定义 2.4 设总体分布中含未知参数 θ, 若区间 $[\theta_1(X_1, X_2, \cdots, X_n), \theta_2(X_1, X_2, \cdots, X_n)]$, 对给定的常数 $1 - \alpha\ (0 < \alpha < 1)$, 满足

$$P\{\theta_1 \leqslant \theta \leqslant \theta_2\} = 1 - \alpha.$$

则称区间 $[\theta_1, \theta_2]$ 是 θ 的 $1 - \alpha$ 置信区间. θ_1, θ_2 分别为 θ 的 $1 - \alpha$ 置信下限、上限. $1 - \alpha$ 叫做置信度. $L = \dfrac{1}{2}(\theta_2 - \theta_1)$ 叫做置信区间的半径.

若仅对 θ 作下限估计 θ_1 或上限估计 θ_2, 满足

$$P\{\theta \geqslant \theta_1\} = 1 - \alpha \quad \text{或} \quad P\{\theta \leqslant \theta_2\} = 1 - \alpha,$$

则分别称 θ_1, θ_2 是 θ 的 $1 - \alpha$ 置信下限或上限.

一般常取 $\alpha = 0.05, 0.01$ 等规范化的值, 这主要是为方便制作表.

2.3.2 构造置信区间的方法

构造置信区间的方法有两种, 一种是由点估计出发的, 另一种是由假设检验出发的. 这两种方法所得估计结果常是一致的. 先介绍由点估计出发构造置信区间的方法, 这个方法目前常称为枢轴变量法, 它的一般步骤是

(1) 从 θ 的一个点估计 $\hat{\theta}$ 出发, 构成 $\hat{\theta}$ 与 θ 的一个函数 $G(\hat{\theta}, \theta)$, 要求已知 G 的分布 (或渐近分布) 且与 θ 无关, 通常称 $G(\hat{\theta}, \theta)$ 为枢轴变量.

(2) 由 $G(\hat{\theta}, \theta)$ 的分布及给定的置信度 $1 - \alpha$ 适当选取 G_1, G_2 的值, 使

$$P\{G_1 \leqslant G(\hat{\theta}, \theta) \leqslant G_2\} = 1 - \alpha. \tag{2.4}$$

选取 G_1, G_2 的常用方法是

(1) 双侧形式　使 $P\{G(\hat{\theta}, \theta) < G_1\} = \dfrac{\alpha}{2}$ 且 $P\{G(\hat{\theta}, \theta) > G_2\} = \dfrac{\alpha}{2}$. \hfill (2.5)

(2) 单侧形式　使

$$P\{G(\hat{\theta}, \theta) \leqslant G_2\} = 1 - \alpha \tag{2.6}$$

或

$$P\{G(\hat{\theta}, \theta) \geqslant G_1\} = 1 - \alpha. \tag{2.7}$$

(3) 由不等式 $G_1 \leqslant G(\hat{\theta}, \theta) \leqslant G_2$ 解出 θ, 得到等价形式 $\theta_1 \leqslant \theta \leqslant \theta_2$, θ_1, θ_2 只与 G_1, G_2, $\hat{\theta}$ 有关 (从而是样本的函数) 与 θ 无关, 则 $[\theta_1, \theta_2]$ 就是 θ 的 $1 - \alpha$ 置信区间.

由单侧不等式 $G(\hat{\theta}, \theta) \leqslant G_2$ 或 $G(\hat{\theta}, \theta) \geqslant G_1$ 可解得 θ 的置信下限或上限.

上述三步中, 关键是: ① 选出符合要求的枢轴变量. 1.4 节的几个定理是我们对正态总体的未知参数做区间估计的基础. ② 对 G_1, G_2 的选取形式, 需根据实际需要来确定.

例 2.6　设正态总体 $N(\mu, \sigma^2)$, 有 n 样本 $X_i(i = 1, 2, \cdots, n)$, 求当 σ^2 已知时 μ 的 $1 - \alpha$ 置信区间.

解　选取 $\hat{\mu} = \overline{X}$, 由定理 4.1 知 $\dfrac{\overline{X} - \mu}{\sigma} \sim N(0, 1)$, 由给定的置信度 $1 - \alpha$, 有

$$P\left\{\frac{\overline{X} - \mu}{\sigma} > z_{\frac{\alpha}{2}}\right\} = \frac{\alpha}{2}, \quad P\left\{\frac{\overline{X} - \mu}{\sigma} < -z_{\frac{\alpha}{2}}\right\} = \frac{\alpha}{2},$$

即

$$P\left\{\left|\frac{\overline{X} - \mu}{\sigma}\right| > z_{\frac{\alpha}{2}}\right\} = \alpha, \quad P\left\{\left|\frac{\overline{X} - \mu}{\sigma}\right| \leqslant z_{\frac{\alpha}{2}}\right\} = 1 - \alpha,$$

由 $\left|\dfrac{\overline{X} - \mu}{\sigma}\right| \leqslant z_{\frac{\alpha}{2}}$, 解得 $\overline{X} - z_{\frac{\alpha}{2}} \sigma_{\overline{X}} \leqslant \mu \leqslant \overline{X} + z_{\frac{\alpha}{2}} \sigma_{\overline{X}}$.

从而 μ 的 $1 - \alpha$ 置信区间为

$$\left[\overline{X} - \sigma_{\overline{X}} z_{\frac{\alpha}{2}}, \overline{X} + \sigma_{\overline{X}} z_{\frac{\alpha}{2}}\right] \triangleq \left[\overline{X} \pm \sigma_{\overline{X}} z_{\frac{\alpha}{2}}\right], \tag{2.8}$$

这里 $U = \dfrac{\overline{X} - \mu}{\sigma} \sim N(0, 1)$ 符合枢轴变量的要求, 但当 σ^2 未知时, 此函数不符合枢轴变量的要求, 这时由定理 1.3 知 $t = \dfrac{\overline{X} - \mu}{S_{\overline{X}}} \sim t(n - 1)$ 符合枢轴变量的要求, 故只需将 $z_{\frac{\alpha}{2}}$ 替换为 $t_{\frac{\alpha}{2}}(n - 1)$ 重复前述过程, 即可得到 μ 的 $1 - \alpha$ 置信区间为

$$\left[\overline{X} - S_{\overline{X}} t_{\frac{\alpha}{2}}(n - 1), \overline{X} + S_{\overline{X}} t_{\frac{\alpha}{2}}(n - 1)\right] \triangleq \left[\overline{X} \pm S_{\overline{X}} t_{\frac{\alpha}{2}}(n - 1)\right]. \tag{2.9}$$

例 2.7 设正态总体 $N(\mu, \sigma^2)$ 有 n 样本 $X_i(i=1,2,\cdots,n)$, 求 σ^2 的 $1-\alpha$ 置信区间.

解 选取 $\hat{\sigma}^2 = S^2$, 由定理 1.3 知 $\dfrac{(n-1)S^2}{\sigma^2} \sim \chi^2(n-1)$. 由给定的置信度 $1-\alpha$, 有

$$P\left\{\frac{(n-1)S^2}{\sigma^2} > \chi^2_{\frac{\alpha}{2}}(n-1)\right\} = \frac{\alpha}{2}, \quad P\left\{\frac{(n-1)S^2}{\sigma^2} < \chi^2_{1-\frac{\alpha}{2}}(n-1)\right\} = \frac{\alpha}{2},$$

故

$$P\left\{\chi^2_{1-\frac{\alpha}{2}}(n-1) \leqslant \frac{(n-1)S^2}{\sigma^2} \leqslant \chi^2_{\frac{\alpha}{2}}(n-1)\right\} = 1-\alpha,$$

即

$$P\left(\frac{(n-1)S^2}{\chi^2_{\frac{\alpha}{2}}(n-1)} \leqslant \sigma^2 \leqslant \frac{(n-1)S^2}{\chi^2_{1-\frac{\alpha}{2}}(n-1)}\right) = 1-\alpha.$$

从而 σ^2 的 $1-\alpha$ 置信区间为

$$\left[\frac{(n-1)S^2}{\chi^2_{\frac{\alpha}{2}}(n-1)}, \frac{(n-1)S^2}{\chi^2_{1-\frac{\alpha}{2}}(n-1)}\right]. \tag{2.10}$$

对 μ 与 σ^2 的单侧置信限, 读者可自行导出.

在实际应用中, 上述关于正态总体 $N(\mu, \sigma^2)$ 的参数 μ, σ^2 置信区间 $(2.8)\sim(2.10)$ 估计可作为公式直接引用计算.

例 2.8 为研究某处理对鲤鱼体重的影响, 今测得 14 尾同龄鲤鱼在处理后, 体重的减少值为 2.2, 1.2, 0.5, 1.8, 1.0, 2.4, 0.9, 1.0, 0.5, 0.6, 3.2, 0.3, 0.1, 0.4 (单位: 克). 求处理后体重减少量的期望与方差的 95% 置信区间.

解 设体重减少量 $X \sim N(\mu, \sigma^2)$, 由样本值可求得 $\overline{x} = 1.15, s^2 = 0.9171^2, s^2_{\overline{x}} = \dfrac{0.9171^2}{14} = 0.2451^2$.

由给定的置信度 95%, 知 $\alpha = 0.05, \mathrm{df} = 14-1 = 13$, 查附表 2 和附表 3 得到

$$t_{\frac{0.05}{2}}(13) = 2.160, \quad \chi^2_{\frac{0.05}{2}}(13) = 24.736, \quad \chi^2_{1-\frac{0.05}{2}}(13) = 5.009.$$

故体重减少的期望的 95% 置信区间是 $[1.15 \pm 2.160 \times 0.2451] = [1.15 \pm 0.53]$, 即 $[0.62, 1.68]$. 体重减少量方差的 95% 置信区间是 $\left[\dfrac{13 \times 0.9171^2}{24.736}, \dfrac{13 \times 0.9171^2}{5.009}\right]$, 即 $[0.442, 2.183]$.

SPSS 实现

(1) 数据输入: 进入 SPSS, 在变量窗口创建变量, 变量名为 "体重减少值", 在数据窗口输入数据, 数据格式如图 2.1 所示.

(2) 命令选择: 在分析下拉菜单, 选择 "比较均值" 选项, 选择 "单样本 T 检验". 分析 → 比较均值 → 单样本 T 检验 (图 2.2).

进入 "单样本 T 检验" 对话框, 将 "体重减少值" 键入 "检验变量" 栏, "检验值" 设为 0 (因为原假设是体重减少量为 0). 单击进入 "选项", 显著性水平设为 0.05, 单击 "继续" 并在 "单样本 T 检验" 对话框中单击 "确定" 可由系统输出.

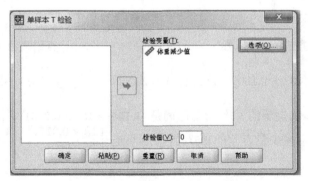

图 2.1

(a)

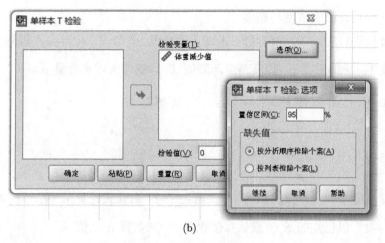

(b)

图 2.2

(3) 输出与解释: 单个样本检验结果, 对 $H_0 : \mu_0 = 0, H_1 : \mu_0 \neq 0$ 检验结果, 拒绝 H_0, 对总体均值的置信度 0.95 的置信区间估计为: $[0.6205, 1.6795]$, 置信区间不包含 0, 可认为, 总体均值极显著不为 0(图 2.3).

➡ **T检验**

[数据集0]

单个样本统计量

	N	均值	标准差	均值的标准误
体重减少值	14	1.1500	.91714	.24512

单个样本检验

	检验值 = 0					
					差分的95% 置信区间	
	t	df	Sig.(双侧)	均值差值	下限	上限
体重减少值	4.692	13	.000	1.15000	.6205	1.6795

图 2.3

2.3.3 关于区间估计的几个问题

1) $1 - \alpha$ 置信区间的意义

未知参数 θ 的 $1 - \alpha$ 置信区间 $[\theta_1(X_1, X_2, \cdots, X_n), \theta_2(X_1, X_2, \cdots, X_n)]$ 是一个随机区间, 它包含 θ 的概率为 $1 - \alpha$. 这个区间随样本的不同实现而不同, 但若样本 $X_1, X_2, \cdots, X_n$ 有 100 次实现, 区间 $[\theta_1, \theta_2]$ 也对应 100 次实现, 其中约有 $100(1 - \alpha)$ 个包含 θ, 大约还有 100α 个不含 θ, 而不能说其中的每个具体区间以 $1 - \alpha$ 的概率包含 θ, 对某个具体的区间只能是包含或不包含 θ, 两者只居其一. 可见置信度 $1 - \alpha$ 是指构造 $[\theta_1, \theta_2]$ 的方法而言.

2) 区间估计的置信度与精度

未知参数 θ 的 $1 - \alpha$ 置信区间 $[\theta_1, \theta_2]$ 的精度, 由 $L = \dfrac{1}{2}(\theta_2 - \theta_1)$ 刻画, 欲在保证置信度 $1 - \alpha$ 的前提下, 提高精度即降低 L, 只能增大样本容量 n.

例如, 由 (2.9) 式知 $L = \dfrac{S_{\bar{X}} t_{\frac{\alpha}{2}}(n-1)}{\sqrt{n}}$, 可解得

$$n = \left(\frac{S_{\bar{X}} t_{\frac{\alpha}{2}}(n-1)}{L} \right)^2. \tag{2.11}$$

在置信度 $1 - \alpha$ 不变的前提下, 又给定了 L, 由此式计算 n 时, 可先以 $z_{\frac{\alpha}{2}}$ 代替 $t_{\frac{\alpha}{2}}(n-1)$, 以已知的 S 值或估算值代替 S, 来估算 n 初值 $n_0 = \left(\dfrac{S_{\bar{X}} z_{\frac{\alpha}{2}}}{L} \right)^2$, 再由此, 依 (2.11) 式估算 n.

在例 2.8 中, 若预定 $L = 0.25$, 可取 $n_0 = \left(\dfrac{0.9171 \times 1.96}{0.25} \right)^2 \doteq 52$.

或再由 $n_0 = 52$ 进一步估定 $n = \left(\dfrac{S t_{\frac{\alpha}{2}}(52-1)}{L} \right)^2 \doteq 55$, 即欲求 μ 的置信度为 95% 且置信半径为 0.25 的置信区间应取容量达 55 的样本.

由于增大样本容量 n, 在实际问题中必需大量的人力与物力, 且 n 增大到一定程度后, L 的降低甚少. 因此, 对 $1 - \alpha$ 与 L 要依实际情况权衡.

3) 单侧与双侧

在实际问题中, 对未知参数 θ 做区间估计时, 是取单侧还是双侧应依据实际问题的意义与要求来选定. 例如, 单位产量总希望它越高越好, 这时单位产量的 "下限" 是一个重要指数, 就应由样本求其 $1 - \alpha$ 置信下限. 而对某种药物的毒性来说, 若希望其毒性越小越好, 这时药物毒性 "上限" 便成了一个重要指标, 就应由样本求 $1 - \alpha$ 置信上限.

2.4 正态总体参数的区间估计

对正态总体 $N(\mu, \sigma^2)$ 的参数 μ, σ^2 的区间估计, 2.3 节已讨论, 见 (2.8)~(2.10) 式. 本节讨论比较两个正态总体的期望、方差的大小时的区间估计问题.

设正态总体 $X_1 \sim N(\mu_1, \sigma_1^2)$, $X_2 \sim N(\mu_2, \sigma_2^2)$, 分别抽出样本容量为 n_1, n_2 的样本且相互独立, 求得样本均值 $\overline{X}_1, \overline{X}_2$, 样本方差 S_1^2, S_2^2.

对 $\mu_1 - \mu_2$, $\dfrac{\sigma_1^2}{\sigma_2^2}$ 的区间估计问题, 只需由定理 1.4 选出适当的枢轴变量 G, 即可导出欲求的 $1 - \alpha$ 置信区间.

2.4.1 两总体期望差 $\mu_1 - \mu_2$ 的置信区间

1) 当 σ_1^2, σ_2^2 已知时

取 $\widehat{\mu_1 - \mu_2} = \overline{X}_1 - \overline{X}_2$, 则由定理 1.4 知

$$\frac{\overline{X}_1 - \overline{X}_2 - (\mu_1 - \mu_2)}{\sigma_{\overline{X}_1 - \overline{X}_2}} \sim N(0, 1), \quad \text{其中} \quad \sigma_{\overline{X}_1 - \overline{X}_2}^2 = \frac{\sigma_1^2}{n_1} + \frac{\sigma_2^2}{n_2}.$$

由给定的置信度 $1 - \alpha$ 有

$$P\left\{\left|\frac{\bar{X}_1 - \bar{X}_2 - (\mu_1 - \mu_2)}{\sigma_{\overline{X}_1 - \overline{X}_2}}\right| \leqslant z_{\frac{\alpha}{2}}\right\} = 1 - \alpha.$$

解 $\left|\dfrac{\overline{X}_1 - \overline{X}_2 - (\mu_1 - \mu_2)}{\sigma_{\overline{X}_1 - \overline{X}_2}}\right| \leqslant z_{\frac{\alpha}{2}}$, 得 $\mu_1 - \mu_2$ 的 $1 - \alpha$ 置信区间为 $[(\overline{X}_1 - \overline{X}_2) \pm z_{\frac{\alpha}{2}}\sigma_{\overline{X}_1 - \overline{X}_2}]$.

2) 当 σ_1^2, σ_2^2 未知, 但 $\sigma_1^2 = \sigma_2^2 = \sigma^2$ 时

取 $\widehat{\mu_1 - \mu_2} = \overline{X}_1 - \overline{X}_2$, 由定理 1.4 知

$$\frac{\overline{X}_1 - \overline{X}_2 - (\mu_1 - \mu_2)}{S_{\overline{X}_1 - \overline{X}_2}} \sim t(n_1 + n_2 - 2),$$

其中

$$S_{\overline{X}_1 - \overline{X}_2}^2 = \frac{(n_1 - 1)S_1^2 + (n_2 - 1)S_2^2}{n_1 + n_2 - 2}\left(\frac{1}{n_1} + \frac{1}{n_2}\right),$$

由给定的置信度 $1 - \alpha$, 有

$$P\left\{\left|\frac{\bar{X}_1 - \bar{X}_2 - (\mu_1 - \mu_2)}{S_{\overline{X}_1 - \overline{X}_2}}\right| \leqslant t_{\frac{\alpha}{2}}(n_1 + n_2 - 2)\right\} = 1 - \alpha.$$

解 $\left|\dfrac{\bar{X}_1 - \bar{X}_2 - (\mu_1 - \mu_2)}{S_{\overline{X}_1 - \overline{X}_2}}\right| \leqslant t_{\frac{\alpha}{2}}(n_1 + n_2 - 2)$, 得 $\mu_1 - \mu_2$ 的 $1 - \alpha$ 置信区间为

$$[(\overline{X}_1 - \overline{X}_2) \pm t_{\frac{\alpha}{2}}(n_1 + n_2 - 2)S_{\overline{X}_1 - \overline{X}_2}]. \tag{2.12}$$

2.4.2 两总体方差比 $\dfrac{\sigma_1^2}{\sigma_2^2}$ 的置信区间

取 $\widehat{\left(\dfrac{\sigma_1^2}{\sigma_2^2}\right)} = \dfrac{S_1^2}{S_2^2}$, 由定理 1.4 知 $\dfrac{S_1^2/S_2^2}{\sigma_1^2/\sigma_2^2} \sim F(n_1 - 1, n_2 - 1)$.

由给定的置信度 $1 - \alpha$, 有

$$P\left\{\frac{S_1^2/S_2^2}{\sigma_1^2/\sigma_2^2} > F_{\frac{\alpha}{2}}(n_1 - 1, n_2 - 1)\right\} = \frac{\alpha}{2}, \quad P\left\{\frac{S_1^2/S_2^2}{\sigma_1^2/\sigma_2^2} < F_{1-\frac{\alpha}{2}}(n_1 - 1, n_2 - 1)\right\} = \frac{\alpha}{2}.$$

故

$$P\left\{F_{1-\frac{\alpha}{2}}(n_1-1,n_2-1) \leqslant \frac{S_1^2/S_2^2}{\sigma_1^2/\sigma_2^2} \leqslant F_{\frac{\alpha}{2}}(n_1-1,n_2-1)\right\} = 1-\alpha.$$

解 $F_{1-\frac{\alpha}{2}}(n_1-1,n_2-1) \leqslant \dfrac{S_1^2/S_2^2}{\sigma_1^2/\sigma_2^2} \leqslant F_{\frac{\alpha}{2}}(n_1-1,n_2-1)$, 得 $\dfrac{\sigma_1^2}{\sigma_2^2}$ 的 $1-\alpha$ 置信区间为

$$\left[\frac{S_1^2/S_2^2}{F_{\frac{\alpha}{2}}(n_1-1,n_2-1)}, \frac{S_1^2/S_2^2}{F_{1-\frac{\alpha}{2}}(n_1-1,n_2-1)}\right]. \tag{2.13}$$

对于相应的单侧置信限, 读者可自行导出.

由上述区间估计结果, 比较 μ_1 与 μ_2, σ_1^2 与 σ_2^2 的大小时, 应注意 $1-\alpha$ 置信区间的意义. 例如, 当由样本观察值求得 $\mu_1-\mu_2$ 的 $1-\alpha$ 置信下限、上限均为正时, 就这个具体的区间虽不能保证 $\mu_1-\mu_2 > 0$, 然而基于求得此 $1-\alpha$ 置信区间的方法, 可以说有 $1-\alpha$ 的把握认为 $\mu_1-\mu_2 > 0$, 即 $\mu_1 > \mu_2$.

又当对 $\mu_1-\mu_2$ 做区间估计时, 若 σ_1^2, σ_2^2 未知, 又不知其是否相等时, 可先由样本观察值求 $\dfrac{\sigma_1^2}{\sigma_2^2}$ 的 $1-\alpha$ 置信区间, 当其中含 "1" 时, 面对这一实现, 没有理由排除 $\dfrac{\sigma_1^2}{\sigma_2^2}=1$, 即 $\sigma_1^2 = \sigma_2^2$, 也就只好暂且认可, 应用前述方法对 $\mu_1-\mu_2$ 做区间估计.

例 2.9 为研究两种饵料 A, B 对鱼的增重效应, 在两鱼缸中分别放入 12 尾、7 尾同重同龄的鱼, 分别喂养 A, B 之一, 一定日数后, 测得鱼的增重值 (单位: g) 分别为 83, 146, 119, 104, 120, 161, 107, 134, 115, 129, 99, 123 和 70, 118, 101, 85, 107, 132, 94. 求 A, B 两种饵料增重效应差异的 95% 置信区间.

解 设两饵料的增重效应 $x_A \sim N\left(\mu_A, \sigma_A^2\right)$, $x_B \sim N\left(\mu_B, \sigma_B^2\right)$.
由样本值求得

$$\overline{x}_A = 120, \quad s_A^2 = 445.82,$$

$$\overline{x}_B = 101, \quad s_B^2 = 425.33,$$

经计算查附表 4 得

$$\frac{s_A^2}{s_B^2} = 1.048, \quad F_{\frac{0.05}{2}}(11,6) = 5.37, \quad F_{1-\frac{0.05}{2}}(11,6) = \frac{1}{F_{\frac{0.05}{2}}(6,11)} = \frac{1}{3.88} = 0.258.$$

$\dfrac{\sigma_A^2}{\sigma_B^2}$ 的 95% 置信区间是 $[0.195, 4.07]$, 其中含有 1, 可认为 $\sigma_A^2 = \sigma_B^2$.
故由

$$s_{\overline{x}_1-\overline{x}_2}^2 = \frac{(12-1) \times 445.82 + (7-1) \times 425.33}{12+7-2} \times \left(\frac{1}{12} + \frac{1}{7}\right) \doteq 9.96^2,$$

$$t_{\frac{0.05}{2}}(12+7-2)=2.110,$$

得 $\mu_A-\mu_B$ 的 95% 置信区间是

$$[(120-101)\pm2.110\times9.96]=[-2.0156,40.0156].$$

面对这个估计结果, 尚不能有 95% 的把握认为 $\mu_A>\mu_B$. 若取 $1-\alpha=0.9$, 可得 $\mu_A-\mu_B$ 的 90% 置信区间是 $[19\pm17.33]=[1.67,36.33]$. 由此, 我们可以说有 90%的把握认为 $\mu_A>\mu_B$, 即饵料 A 优于饵料 B.

SPSS 实现

(1) 数据输入: 在变量窗口创建变量, 变量名为 "鱼的增重值" "分类变量", 在数据窗口输入数据, 格式如图 2.4 所示.

图 2.4

(2) 命令选择: 选择 "分析" 下拉菜单, "比较均值" 选项, 选择 "独立样本 T 检验". 分析 → 比较均值 → 独立样本 T 检验. 单击弹出 "独立样本 T 检验" 对话框.

选择 "鱼的增重值" 进入检验变量框, "分类变量" 进入分类变量框, 在选项中默认置信区间 95%.

(3) 输出结果与解释: 方差的齐性检验, 接受两组变量方差的齐性, 认为两组方差相等; 在两组均值差异的 T 检验上, 看对应 "假设方差相等" 一栏, T 检验显著性水平 $0.073 > 0.05$ 应接受原假设, 认为两组均值相等, 或者认为: 两组均值差异不显著 (图 2.5).

T检验

[数据集0]

组统计量

	分类变量	N	均值	标准差	均值的标准误
鱼的增重值	1.00	12	120.0000	21.11441	6.09520
	2.00	7	101.0000	20.62361	7.79499

独立样本检验

		方差方程的 Levene 检验		均值方程的 t 检验					差分的 95% 置信区间	
		F	Sig.	t	df	Sig. (双侧)	均值差值	标准误差值	下限	上限
鱼的增重值	假设方差相等	.000	.991	1.908	17	.073	19.00000	9.96014	-2.01407	40.01407
	假设方差不相等			1.920	12.941	.077	19.00000	9.89512	-2.38697	40.38697

```
T-TEST  GROUPS=分类变量(1  2)
    /MISSING=ANALYSIS
    /VARIABLES=鱼的增重值
    /CRITERIA=CI(.90).
```

图 2.5

2.5　试验设计的基本知识

在生物科学中, 许多问题均需通过试验得到结论. 例如, 几种虾饵料哪一种效果更好; 水温在一定范围内的变化是否影响鱼类生长; 某类水体养殖哪一种养殖体最为适宜等问题. 在进行理论分析的基础上, 一般都要经过试验获得定量分析的结论.

在试验过程中, 试验者欲施用并可控制状态的因素, 称为处理因素. 施用的处理因素的状态称为处理水平或简称处理. 在前述诸例中的处理因素依次是饵料、水温、鱼的种类, 相应的处理水平是在试验过程具体选用的每一种饵料、每一个水温、鱼的每一个种类.

由只能接受某一种处理的试验材料组成的单元, 叫做试验单元. 在前述虾饵料试验中, 试验材料是虾, 而试验单元是被施用一种饵料的一个虾池的所有虾, 而不是指该虾池中的每一只虾.

处理施用在试验单元上, 其中试验材料产生了响应, 对衡量试验效果的响应的观察度量叫做试验指标或试验结果.

一般的试验过程如下:

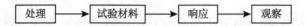

由于试验材料的响应, 除受到处理的作用外, 还会受到试验单元的差异、施用处理时的误差、度量响应时的误差等随机因素的干扰作用, 因此, 观察到的仅是试验指标的观察值 x, 它由处理效应 a 与随机误差 ε 构成, 其数据结构是 $x = a + \varepsilon$.

虽然随机误差不可能完全消除, 我们总期望能尽量减少、控制、估计随机误差, 以突出处理效应, 并由观察值 x 得到处理效应的信息. 为此, 在试验前就应在处理与试验单元之间予以合理配置, 以达到上述的要求. 这就是我们所说的试验设计的含义. 处理与试验单元之间的配置即试验设计的方法, 根据试验内容与条件有不同的方法, 但每种试验设计均应符合下列三个原则.

(1) 重复性原则, 每个处理必须重复试验, 才能估计试验误差, 若仅试验一次, 只得到一个观察值, 无法估计试验误差.

(2) 随机性原则, 各个处理必须完全随机地配置在各个试验单元上, 只有这样才能避免系统误差, 不能进行人为的配置.

(3) 局部控制原则, 为尽量减少随机影响, 突出处理效应, 不同的试验设计方法有不同的控制性能, 我们必须了解试验设计特性与用途.

下面先就最简单的对比试验, 对上述概念予以具体说明.

设有两处理 A, B, 为估计其效应差 $\mu_1 - \mu_2$, 若要求两处理各重复 n 次, 则共需 $2n$ 个试验单元, 试验设计的方法有两种.

1) 成组试验

选取条件尽量一致的 $2n$ 个试验单元, 编号后, 用随机数表或其他方法, 完全随机地取出 n 个试验单元接受处理 A, 另 n 个试验单元接受处理 B, 依试验得到的两组数据, 计算 $\bar{x}_A$, $\bar{x}_B$ 后, 依 2.4.1 小节的方法求得 $\mu_1 - \mu_2$ 的 $1 - \alpha$ 置信区间. 当然两处理的重复次数也可不同.

2) 成对试验

当选取条件尽量相同的试验单元时, 往往受到条件的限制难以做到, 特别是所需单元数较大时. 若试验单元之间的差异较大, 将可能使处理效应的差异被其所淹没.

若试验条件允许将试验单元配成对子, 每对的两单元状况一致. 例如两个同胎

同重的生物个体、同一个人服药前与服药后、同一鱼场内水质相同的两个鱼池等,
均可构成对子. 对内二单元的一致性往往受到限制, 这时应要求对内二单元间的差
异远远小于对子之间的差异.

在成对试验时, 若欲对两处理均重复 n 次, 需选 $2n$ 个能配成 n 个对子的试
验单元, 在每对的二单元上随机安排两处理之一, 得观察样本对 (x_{1i}, x_{2i}) , $i = 1,$
$2, \cdots, n$.

当单元差异对试验指标有干扰时, 由对内二单元的一致性, 这种干扰对样本观
察对中, 两个试验结果有同样的影响, 通过求其差, $d_i = x_{1i} - x_{2i}$ 这种干扰可得到
消除, 而只存在对间的随机干扰, 因此可将 d 视为一个总体 $N(\mu_d, \sigma_d^2)$, 由 d_i 计算
$\mu_d = \mu_1 - \mu_2$ 的 $1 - \alpha$ 置信区间 $[\overline{d} \pm t_{\frac{\alpha}{2}}(n-1) s_{\overline{d}}]$, 其中 $\overline{d} = \dfrac{1}{n} \sum_{i=1}^{n} d_i, s_{\overline{d}^2} = \dfrac{s_d^2}{n}, s_d^2 = $
$\dfrac{1}{n-1} \sum_{i=1}^{n} (d_i - \overline{d})^2.$

成对试验设计消除了单元差异对对子内的干扰, 因此可不必考虑两总体 $N(\mu_1,$
$\sigma_1^2)$, $N(\mu_2, \sigma_2^2)$ 的方差是否相等, 同时 $s_d^2 < s_1^2 + s_2^2$, 可提高估计的精度. 这是它的
优点, 但在应用时必须保证对内二单元条件的一致性.

例 2.10　为比较两种饵料甲、乙对淡水鱼类产量的影响, 在北方地区的 8 个
渔场, 各取两个自然条件及管理状况基本一致的试验池, 随机地投饵甲、乙之一, 试
验后测得各渔场两试验池的亩产量 (单位: kg/亩)(1 亩 =666.67m²) 如表 2.1 所示.

表 2.1　试验后各渔场两试验池的亩产量　　　　　　　　(单位: kg/亩)

饵料 ＼ 渔场	1	2	3	4	5	6	7	8
甲	865	634	550	490	766	522	487	602
乙	793	611	514	493	688	490	501	570
差数	72	23	36	−3	78	32	−14	32

本例是以同渔场的两试验池为对子的成对试验. 由 $\overline{d} = 32, s_d^2 = 31.97^2, s_{\overline{d}} = $
$11.30, t_{\frac{0.05}{2}}(7) = 2.37$, 得 d 的 95% 置信区间是 $[32 \pm 2.37 \times 11.30] = [32 \pm 26.8]$. 置
信区间不包含原点, 这表明可有 95% 的把握认为饵料甲优于饵料乙.

SPSS 实现(成对数据 T 检验)

(1) 数据输入: 在变量窗口创建变量, 变量名为 "亩产量 1" "亩产量 2", 在数据
窗口输入数据, 格式如图 2.6 所示.

(a)

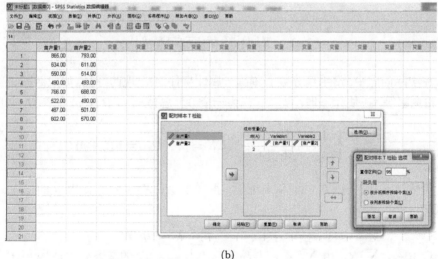

(b)

图 2.6

(2) 命令选择: 选择 "分析" 下拉菜单, "比较均值" 选项, 选择 "配对样本 T 检验". 分析 → 比较均值 → 配对样本 T 检验. 单击弹出 "配对样本 T 检验" 对话框. 选择 "亩产量 1" "亩产量 2" 进入成对变量, 单击 "选项" 按钮设置置信区间置信度为 95%. 单击 "确定" 按钮.

(3) 输出结果与解释: 配对样本 T 检验结果的显著性水平 $0.025 < 0.05$, 差异均值显著不为 0, 且置信度为 0.95 的置信区间 $[5.2735, 58.7265]$, 不含 0, 也可解释差异均值显著不为 0(图 2.7).

➡ **T检验**

[数据集0]

成对样本统计量

		均值	N	标准差	均值的标准误
对 1	亩产量1	614.5000	8	136.64971	48.31297
	亩产量2	582.5000	8	109.74646	38.80123

成对样本相关系数

		N	相关系数	Sig.
对 1	亩产量1 & 亩产量2	8	.990	.000

成对样本检验

		成对差分					t	df	Sig.(双侧)
		均值	标准差	均值的标准误	差分的 95% 置信区间				
					下限	上限			
对 1	亩产量1 - 亩产量2	32.00000	31.96873	11.30265	5.27347	58.72653	2.831	7	.025

图 2.7

2.6　百分数的区间估计

在实际问题中, 常用百分数 p 刻画一属性事件 A 出现的特征, 如成活率、倍化率、治愈率等. 在估计 p 时, 可将 p 视为一个 0-1 总体 $X \sim B(1, p)$ 的参数, 其中

$$X = \begin{cases} 1, & \text{具有}A, \\ 0, & \text{不具有}A, \end{cases} \quad EX = p, \quad DX = p(1-p).$$

为估计 p, 应从该 0-1 总体 X 抽样, 得样本 $X_1, X_2, \cdots, X_n$, 求 p 的 $1 - \alpha$ 置信区间.

取 $\hat{p} = \dfrac{1}{n} \sum\limits_{i=1}^{n} X_i$, 由 $\sum\limits_{i=1}^{n} X_i \sim B(n, p)$, $\dfrac{\sum\limits_{i=1}^{n} X_i - np}{\sqrt{np(1-p)}}$ 的渐近分布是 $N(0, 1)$.

故当 n 很大 (如 $n > 50$) 时, 可取枢轴变量

$$G = \frac{\sum\limits_{i=1}^{n} X_i - np}{\sqrt{np(1-p)}} \dot\sim N(0, 1),$$

$$\frac{\hat{p} - p}{\sqrt{p(1-p)/n}} \dot\sim N(0, 1),$$

$$P\left\{\left|\frac{\widehat{p}-p}{\sqrt{p(1-p)/n}}\right| \leqslant z_{\frac{\alpha}{2}}\right\} = 1-\alpha.$$

由 $\left|\dfrac{\widehat{p}-p}{\sqrt{p(1-p)/n}}\right| \leqslant z_{\frac{\alpha}{2}}$ 可解出 $p_1 \leqslant p \leqslant p_2$, 即 p 的 $1-\alpha$ 置信区间.

这种方法解方程甚繁, 也可取

$$\frac{\widehat{p}-p}{S_{\widehat{p}}} \dot{\sim} t(n-1), \quad 其中 \quad S_{\widehat{p}}^2 = \frac{\widehat{p}(1-\widehat{p})}{n}.$$

由 $P\left\{\left|\dfrac{\widehat{p}-p}{S_{\widehat{p}}}\right| \leqslant t_{\frac{\alpha}{2}}(n-1)\right\} = 1-\alpha$, 可得 p 的 $1-\alpha$ 置信区间是 $[\widehat{p} \pm S_{\widehat{p}} t_{\frac{\alpha}{2}}(n-1)]$.

当 $n < 50$ 时, 需由 $B(n,p)$ 直接计算 p 的 $1-\alpha$ 置信区间, 但此计算过程甚繁, 可由 $n, \widehat{p}, \alpha$ 查二项分布 p 的置信区间表 (附表 16) 得到, 附表 16 中仅有 $\widehat{p} < 0.5$ 时的结果, 当 $\widehat{p} > 0.5$ 时, 可先查 $1-\widehat{p}$ 的置信区间, 再换算 $\widehat{p}$ 的置信区间.

例 2.11 取 100 尾患某病的鱼, 经施用某药物后, 治愈 68 尾, 求治愈率的 95% 置信区间.

解 设治愈率为 p, 则 $\widehat{p} = 68\%, \widehat{q} = 32\%$, 由 $s_{\widehat{p}}^2 = \dfrac{0.68 \times 0.32}{100} = 0.047^2$, $t_{\frac{0.05}{2}}(99) = 1.98$, 得 p 的 95% 置信区间是 $[0.68 \pm 1.98 \times 0.047] = [0.59, 0.77]$.

或由 $\left|\dfrac{0.68-p}{\sqrt{p(1-p)/100}}\right| \leqslant z_{\frac{0.05}{2}} = 1.96$, 解得 p 的 $1-\alpha$ 置信区间为 $[0.58, 0.76]$.

或由 $\widehat{q} = 0.32, n = 100, \alpha = 0.05$, 查表得 $1-p$ 的 $1-\alpha$ 置信区间为 $[0.23, 0.42]$, 从而 p 的 $1-\alpha$ 置信区间为 $[0.58, 0.77]$ (因 $\widehat{p} > 0.5$, 才需如此).

由 p 的 $1-\alpha$ 置信区间 $[p_1, p_2]$ 易知:

(1) 事件 A 在 n 次试验中, 出现的次数 $\sum\limits_{i=1}^{n} X_i$ 的 $1-\alpha$ 置信区间是 $[np_1, np_2]$.

(2) 有限总体中个体数 N 的估计. 为估计 N, 常在总体中取 c 个个体, 标记 A 后放回, 再在总体中抽得 n 样本 X_i, 即

$$X_i = \begin{cases} 1, & 具有A, \\ 0, & 不具有A, \end{cases} \quad X_i \sim B(1, p), \quad i = 1, 2, \cdots, n.$$

可求得 p 的 $1-\alpha$ 置信区间为 $[p_1, p_2]$. 由于 $p = \dfrac{c}{N}$, 从而 N 的 $1-\alpha$ 置信区间为 $\left[\dfrac{c}{p_2}, \dfrac{c}{p_1}\right]$.

2.7 泊松总体的参数估计

我们已知 $X \sim \pi(\lambda), \lambda = EX = DX, X$ 是稀有事件 A 在一定计数范围内的出

现次数. 为求 λ 的 $1-\alpha$ 置信区间, 在总体 X 中抽样, 得 n 样本 $X_i\,(i=1,2,\cdots,n)$, 由定理 1.2 知, 当 $n\to\infty$ 时, $\dfrac{\sum X_i - n\lambda}{\sqrt{n\lambda}}$ 渐近服从标准正态分布, 那么当 n 很大时, 可由此近似求得 λ 的 $1-\alpha$ 置信区间. 考虑到 X_i 与计数范围有关, 那么计数范围的变化有时将影响到样本容量 n, 而不影响 $\sum\limits_{i=1}^{n} X_i$, 故常要求当 $\sum\limits_{i=1}^{n} X_i = n\overline{X} > 30$ 时, 取

$$\frac{\sum\limits_{i=1}^{n} X_i - n\lambda}{\sqrt{n\lambda}}\dot{\sim}N(0,1),\quad \frac{\overline{X}-\lambda}{\sqrt{\dfrac{\lambda}{n}}}\dot{\sim}N(0,1),$$

再取 $\dfrac{\overline{X}-\lambda}{S_{\overline{X}}}\dot{\sim}N(0,1),\ S_{\overline{X}}^2=\dfrac{S^2}{n}$.

又由 $EX=DX$ 知 $E\hat{X}\dot{\sim}D\hat{X}$, 即 $\overline{X}\dot{\sim}S^2$, 故可取 $S_{\overline{X}}^2\dot{\sim}\dfrac{\overline{X}}{n}$, 从而得到 λ 的 $1-\alpha$ 置信区间是 $[\overline{X}\pm S_{\overline{X}}z_{\frac{\alpha}{2}}]$.

当 $n\overline{X}<30$ 时, 应由泊松分布计算, 但此计算甚繁, 常由 $\overline{X}$ 及 α 查附表 15 得到.

例 2.12　由放射学理论知, 一般情况下任一原子衰变的概率很小, 而放射性物质中的原子数又很多, 因此在各原子衰变概率相同的条件下, 一定时间内原子衰变数应服从泊松分布. 现对放射性物质用 Geiger 计数器, 对其原子衰变数计数 30 次 (1 次/min), 结果如下:

$$14,\ 29,\ 36,\ 19,\ 26,\ 24,\ 37,\ 35,\ 29,\ 30,\ 34,\ 27,\ 24,\ 32,\ 21,$$
$$33,\ 35,\ 30,\ 30,\ 27,\ 25,\ 24,\ 32,\ 23,\ 27,\ 33,\ 24,\ 27,\ 28,\ 30.$$

求该物质在 1min 内原子衰变数总体均值的 95% 的置信区间.

解　由原子衰变数

$$X\sim\pi(\lambda),\quad \overline{X}=\frac{845}{30}=28.166,\quad S^2=27.973,$$
$$S_{\overline{X}}^2=\frac{27.973}{30}=0.965^2,\quad z_{\frac{0.05}{2}}=1.96,$$

得 λ 的 95% 置信区间是 $[28.166\pm1.96\times0.965]=[28.166\pm1.89]=[26.276,30.056]$, 查附表 15 可得 $[19.4,41.6]$. 应注意到, 这里计算所用的时间单位是任选的, 在本例中, 如果以 30min 为单位, 则 $n=1,\overline{x}=\dfrac{845}{1}=845,s_{\overline{x}}^2=\dfrac{845}{1}=845$.

这时, λ 的 95% 置信区间为 $[845\pm z_{\frac{\alpha}{2}}\sqrt{845}]$.

事实上, 只要将以 1min 为时间单位的计算结果 $\dfrac{845}{30}\pm z_{\frac{\alpha}{2}}\sqrt{\dfrac{845}{30}\times\dfrac{1}{30}}$ 乘以 30, 即可得以 30min 为时间单位的结果.

注意：在二项总体及泊松总体的参数估计中, 在大样本的条件下, 均用到定理 1.2, 取渐近服从 $N(0,1)$ 的 $G\left(\widehat{\theta}, \theta\right)$ 为枢轴变量, 求得参数 θ 的区间估计. 事实上, 只要总体有均值 μ 与方差 σ^2. 在大样本的条件下, 均可用类似的方法求得 μ 的 $1-\alpha$ 置信区间.

习 题 2

1. 设总体服从均匀分布, 概率密度为

$$f(x, \theta) = \begin{cases} \dfrac{1}{\theta}, & 0 \leqslant x \leqslant \theta, \\ 0, & \text{其他,} \end{cases}$$

其中参数 θ 未知. $X_1, X_2, \cdots, X_n$ 是 X 的一个样本.

试求未知参数 θ 的矩估计量.

2. 设总体 $X \sim \pi(\lambda)$, $X_1, X_2, \cdots, X_n$ 是 X 的一个样本, 其中参数未知. 试求 λ 的极大似然估计.

3. 设 X_1, X_2, X_3 是来自正态总体 $N(\mu, 24)$ 的一个样本. 下列三个总体均值 μ 的估计量

$$\widehat{\mu}_1 = \frac{1}{2}X_1 + \frac{1}{4}X_2 + \frac{1}{4}X_3,$$

$$\widehat{\mu}_2 = \frac{1}{4}X_1 + \frac{1}{4}X_2 + \frac{1}{4}X_3,$$

$$\widehat{\mu}_3 = \frac{1}{3}X_1 + \frac{1}{3}X_2 + \frac{1}{3}X_3.$$

哪些是 μ 的无偏估计量? 在无偏估计量中哪一个最为有效?

4. 设 $X_1, X_2, \cdots, X_n$ 是来自总体 X 的一个样本, 证明样本方差 S^2 是 DX 的无偏估计, 而 S 不是总体标准差 $\sqrt{DX}$ 的无偏估计.

5. 从正态总体中随机地抽取 10 个个体组成一个样本, 它们的值分别为 27, 25, 31, 23, 27, 35, 28, 30, 24, 29.

(1) 求总体均数的 95% 置信区间.

(2) 由 (1) 能否有 95% 的把握认为总体均数大于 25.

(3) 求总体均数的 99% 置信区间. 由此能否有 99% 的把握认为总体均数大于 25.

(4) 如要求总体均数的 95% 置信区间半径 $r = 2$, 样本容量应为多少?

6. A, B 两渔场同时放养的鱼种, 经一定时间后, 在 A 渔场捞取 100 尾, 得平均体长为 13.3cm, 标准差为 0.04, 在 B 渔场捞取 120 尾, 得平均体长为 13.1cm, 标准差为 0.03. 试求两渔场该类鱼平均体长之差的 95% 置信区间, 由此推断两渔场该类鱼的生长差异情况.

7. 在 10 个渔场中, 每个渔场选取两个条件相同的鱼池, 分别投喂 A, B 两种饵料, 一定时间后, 测得体长数据 (mm) 如下:

渔场	1	2	3	4	5	6	7	8	9	10
饵料 A	101	100	99	99	98	100	98	99	99	99
饵料 B	100	98	100	99	98	99	98	98	99	100

试求体长差异的 95% 置信区间, 并由此说明两种饵料对鱼的体长效应是否有差异.

8. 在试验室做鱼病试验, 治疗后, 50 尾病鱼中, 有 40 尾病愈, 求该治疗方法治愈率的 95% 置信区间.

9. 用显微镜观测培养液中的细菌数, 对视野内的各小方格内的细菌数计数结果如下:

细菌数	0	1	2	3	4	5	6	7	8	9
格子数	5	19	26	26	21	13	5	1	1	1

求一格内细菌期望数及该培养液中细菌期望数的 95% 置信区间.

10. 过去认为在红光下观看肉类能够提高人们对其偏爱的程度, 现将一块肉在红光及白光下进行观看, 由 10 位审评员按偏爱程度加以记分. 记分结果如下:

审评员	1	2	3	4	5	6	7	8	9	10
白光	18	21	20	22	19	17	21	19	23	20
红光	19	23	20	21	23	18	20	20	25	22

求在红光与白光下观看对肉类评分之差的 95% 置信区间, 并由此说明过去的认识是否可信.

11. 调查 9 名男人与 9 名女人的食糖耗用量 (克/日), 结果如下:

男人	92	115	101	99	98	105	106	110	95
女人	93	120	95	110	115	104	111	114	100

求男人和女人的食糖耗用量之差的 95% 置信区间? 如果上表对应男女来自 9 个家庭结果又如何?

12. 两种分析大豆油分含量方法, 分析结果如下:

甲法: 23.3, 22.1, 24.7, 20.1, 25.6, 20.0, 24.7;

乙法: 23.1, 21.2, 22.6.

试求两种分析方法方差比的 95% 的置信区间, 并由此说明两种分析方法的方差是否相等.

13. 用仪器间接测量炉子的温度, 其测量值服从正态分布 $N(\mu, \sigma^2)$, 其中 μ, σ^2 均未知, 我们关心炉温标准差 σ 的上限, 现用该仪器重复测 5 次, 结果为

$$1250, \quad 1265, \quad 1245, \quad 1260, \quad 1275.$$

试求 σ 的 95% 置信上限.

14. 设总体 $X \sim B(1, p_1)$, $Y \sim B(1, p_2)$, 分别有 n_1 样本 $X_1, X_2, \cdots, X_{n_1}$, n_2 样本 $Y_1, Y_2, \cdots, Y_{n_2}$, 且相互独立. 求当 n_1, n_2 均很大时, $p_1 - p_2$ 的 $1-\alpha$ 的置信区间.

15. 就本章介绍的区间估计的各种情况, 结合专业各编制一个实例.

第 3 章 假 设 检 验

3.1 假设检验的基本思想与方法

假设检验是一种有重要应用价值的统计推断形式, 为说明其研究的基本问题、思想与方法, 我们先通过下面的例子做概括介绍.

引例 女士品茶问题.

一种饮料由牛奶与茶按一定比例配制而成. 它的配制次序可以先倒茶后倒奶 (TM) 或相反 (MT), 长期经验表明其味道无异. 现某女士声称她可以鉴别是 TM 还是 MT.

为检验她的说法是否可信, 现准备 8 杯饮料, TM 和 MT 各半, 随机地排成一列让该女士品尝, 并告诉她 TM 和 MT 各有 4 杯, 然后请她指出哪 4 杯是 TM, 并依其品尝结果做出判断.

这个问题的数学刻画就是面对该女士的品尝结果, 来推断我们是接受 H_0: 该女士无鉴别力 (长期经验表明), 还是接受 H_1: 该女士有鉴别力. 常称 H_0 为原假设, H_1 为备择假设.

如果该女士品尝后全说对了, 面对这个结果, 我们必须承认下述两情况必发生其一:

(1) H_0 不成立, 该女士确有鉴别力.

(2) H_0 成立, 该女士是碰巧说对的.

为确认我们应接受哪一个, 可计算情况 (2) 发生的概率, 情况 (2) 即 H_0 成立, 该女士是随机地从中取 4 杯作为 TM, 而从 8 杯中随机地取 4 杯, 共有 $C_8^4 = 70$ 种取法, 其中只有一种全对, 即情况 (2) 发生的概率只有 $\frac{1}{70} \doteq 0.014$, 这相当于在一个盛有 70 个球的盆子中, 随意摸一个, 恰为预先指定的一个, 这较为稀奇. 因而这个结果是不利于 H_0 的显著性证据, 有相当的理由承认情况 (1). 据此, 我们否定 H_0, 接受 H_1.

如果该女士只说对了 3 杯, 看起来成绩不错, 这时情况 (2) 发生的概率是 $\frac{16}{70} \doteq 0.229$, 而发生一个概率为 0.229 的事件并不稀奇, 即这个结果并没有提供不利于 H_0 的显著证据. 还不能据此否定 H_0.

显然, 这里应对不利于 H_0 的证据提出一个显著的标准, 即指定一个阈值 α(常取 0.01, 0.05, 0.10 等), 当计算出的概率 $p < \alpha$ 时, 才认为不利于 H_0 的证据显著,

并导致否定 H_0. 显然 p 越小, 不利于 H_0 的证据越显著, 否定 H_0、接受 H_1 的理由越充分. α 叫做显著性水平. α 值应依人们对这个问题的态度和这个问题的性质来约定.

自然, 人们可以说, 无论 α 多么小, 在一次试验中发生总非不可能, 这个说法无法驳倒.

上述过程, 称为对 H_0 的显著性检验, 是由费希尔 (Fisher) 建立的. 对此, 可归纳为以下几点:

(1) 有一个明确的原假设 H_0 及与之对立的备择假设 H_1. 这里的假设不是传统意义下的 "推理的出发点", 而是要由试验结果即样本来推断的结果.

同时, 这里的假设是关于总体的, 而不是仅对样本而言. 如在上例中的 H 是对该女士是否有鉴别力而言, 不是仅对其品尝的几杯而言.

(2) 设计一个试验, 观察其变量 X. X 要有这样的性质: 当 H_0 成立时, X 的概率分布已知. 如上例中, 在 H_0 成立时, 若以 X 记该女士说对的杯数, 则 X 服从超几何分布

$$P\{X = x\} = \frac{C_4^x C_4^{4-x}}{C_8^4}, \quad x = 0, 1, 2, 3, 4.$$

(3) 依 H_0 与 X 的具体内容, 由 X 的取值构造一个不利于 H_0 的事件: $X \in B, B$ 是 Z 取值的一个子集. 并依其分布, 计算

$$P\{X \in B / H_0\} = p.$$

如 p 值越小, 试验结果越不利于 H_0, 否定 H_0 的理由越充分.

如上例中的

$$P\{X = 4 / H_0\} = 0.014,$$

$$P\{X \geqslant 3 / H_0\} = 0.243.$$

(4) 依问题的实际意义, 约定的显著性水平 α, 做出统计推断.

当 $p < \alpha$ 时, 否定 H_0, 接受 H_1.

当 $p \geqslant \alpha$ 时, 不否定 H_0, 接受 H_0.

这里的推理过程实际是基于取证法的思想实际推断原理, 即首先假定 H_0 成立, 一个不利于 H_0 成立的小概率事件在一次试验中不应出现, 如果出现, 则应否定 H_0, 如果未出现, 则没有理由否定 H_0, 只能接受 H_0.

因此, 对 H_0 的显著性检验具有下述特点:

(1) 对 H_0 的推断结论无论是否定还是接受, 并不是在逻辑上证明了 H_0 正确或不正确, 而只是面对试验结果即样本提供的证据, 对 H_0 的一种态度、倾向性. 这是因为尽管不利于 H_0 的小概率事件, 在一次试验中一般不出现, 但并非不可能.

(2) 基于实际推断原理建立的假设检验方法, 不可能杜绝所得统计推断结论的错误. 所犯的错误可分为两类.

第一类错误 H_0 正确而被拒绝, 叫做弃真错误.

第二类错误 H_0 不正确而被接受, 叫做取伪错误.

对此类可用表 3.1 予以说明.

表 3.1 假设检验的两类错误

检验结果 ＼ 统计假设	H_0 是正确的	H_0 是错误的
如果否定 H_0	第一类错误	没有错误
如果接受 H_0	没有错误	第二类错误

虽然我们不能要求一个检验方法所得推断结论总是无误, 但应能对出现错误的概率予以控制、度量, 使犯错误的概率尽量小.

在引例中, 当 H_0 成立时,

$$P\{X = 4\} = 0.014 < 0.05,$$

而否定 H_0, 但在 H_0 为真时, 这个事件仍有 0.014 的概率出现, 这时即犯了弃真的错误, 前述的

$$P\{X \in B/H_0\} = p < \alpha,$$

即犯弃真错误的概率, 可见在假设检验中, 约定的显著性水平 α, 就是对犯第一类错误的概率的限制, 通常也就称 α 为犯第一类错误的概率. 这时就无法再控制犯第二类错误的概率 $P\{取伪\} = \beta$. 在一定试验的条件下, 减小犯第一类错误的概率 α, 将使犯第二类错误的概率 β 增加. 目前通用的是限制第一类错误的原则.

实际应用中的假设检验问题, 大多可以归结为两类: 一是检验总体分布 $f(x; \theta)$ 中的未知参数 θ; 二是检验总体分布或其他性质. 下面再就参数检验问题说明假设检验的基本思想与方法.

设总体 X 的分布为 $f(x; \theta)$, θ 为未知参数.

(1) 依问题的性质提出关于参数 θ 的假设, 常见形式有

(i) $H_0 : \theta = \theta_0$, $H_1 : \theta \neq \theta_0$;

(ii) $H_0 : \theta \leqslant \theta_0$, $H_1 : \theta > \theta_0$;

(iii) $H_0 : \theta \geqslant \theta_0$, $H_1 : \theta < \theta_0$.

常称 (i) 为双侧检验, (ii), (iii) 为单侧检验.

(2) 根据实际问题的性质, 选定显著性水平 α.

(3) 设计试验, 取得样本 $X_1, X_2, \cdots, X_n$.

选取一个与未知参数有关的统计量, 通常是 θ 的点估计 $\hat{\theta}$, 要求当 H_0 成立时, 该统计量或其一个函数 $g(\hat{\theta}, \theta)$ 的概率分布已知, 这时 θ 已是 H_0 中的取值, 常称 g 为检验统计量.

(4) 依限制第一类错误概率的原则及 H_0, $g(\hat{\theta}, \theta)$ 构造不利于 H_0 的事件, 构造的方式有两种:

(i) 若 $X_i (i = 1, 2, \cdots, n)$ 已实现, 那么 g 要实现为 g_0, 由 g_0 构造不利于 H_0 的事件 $\{g(\hat{\theta}, \theta) \in B_0\}$, B_0 由 H_0 与 g_0 确定.

(ii) 由给定的显著性水平 α, 依 $P\{g \in B\} = \alpha$ 确定不利于 H_0 的事件 $g \in B$, 这里的 B 是 g 的一个取值区域 (即根据 α 的取值, 确定检验统计量的一个取值范围).

(5) 统计推断:

(i) 计算 $P\{g(\hat{\theta}, \theta) \in B_0\} = p$, 其中 θ 是 H_0 中的取值.

若 $p < \alpha$, 否定 H_0, 接受 H_1.

若 $p \geqslant \alpha$, 不否定 H_0, 接受 H_0.

(ii) 由 $X_i (i = 1, 2, \cdots, n)$ 的实现, 计算 g 的实现 g_0.

若 $g_0 \in B$, 否定 H_0, 接受 H_1.

若 $g_0 \notin B$, 不否定 H_0, 接受 H_0.

我们称 B 为 H_0 的否定域或拒绝域.

上述构造不利于 H_0 事件及统计推断的两种方法, 在数学中常用 (ii), 这不仅是因为由 (ii) 得到的 H_0 的否定域具有一般性, 还因为在 (i) 中的 p 值难以计算. 而对计算机而言不难计算 p 值, 所以现有的统计软件中都是用 (i), 给出具体的显著性程度 p.

(6) 结合问题的实际意义分析统计推断结论的意义及应采取的措施.

例 3.1   正态总体 $N(\mu, \sigma^2)$ 有 n 样本 $X_i, i = 1, 2, \cdots, n$, 求当 σ^2 已知时, $H_0 : \mu = \mu_0$ 的否定域 (显著性水平为 α).

解   取 $\hat{\mu} = \overline{X} = \dfrac{1}{n} \sum\limits_{i=1}^{n} X_i$, 当 H_0 成立时, 由定理 1.3 知

$$\overline{X} \sim N\left(\mu_0, \frac{\sigma^2}{n}\right), \quad U = \frac{\overline{X} - \mu_0}{\sigma_{\overline{X}}} \sim N(0, 1).$$

显然, $\left|\dfrac{\overline{X} - \mu_0}{\sigma_{\overline{X}}}\right|$ 越大, 对 H_0 越不利, 那么 $\left|\dfrac{\overline{X} - \mu_0}{\sigma_{\overline{X}}}\right|$ 大到什么程度才能成为否定 H_0 的显著证据呢?

由给定的显著性水平 α, 知

$$P\left\{\left|\frac{\overline{X}-\mu_0}{\sigma_{\overline{X}}}\right| > z_{\frac{\alpha}{2}}\right\} = \alpha,$$

故 H_0 否定域是

$$\left|\frac{\overline{X}-\mu_0}{\sigma_{\overline{X}}}\right| > z_{\frac{\alpha}{2}}. \tag{3.1}$$

当 $\overline{X}$ 的实现 $\bar{x}$ 满足此式时, 则否定 H_0, 接受 H_1. 反之, 则接受 H_0.

在显著性水平 α 下, 求 $H_0: \mu \leqslant \mu_0$ 的否定域时, 在 H_0 成立的条件下, $\frac{\overline{X}-\mu}{\sigma_{\overline{X}}}$ 越大对 H_0 越不利, 又考虑到 $\frac{\overline{X}-\mu}{\sigma_{\overline{X}}} > \frac{\overline{X}-\mu_0}{\sigma_{\overline{X}}}$, 故只要 $\frac{\overline{X}-\mu_0}{\sigma_{\overline{X}}}$ 大到显著程度, $\frac{\overline{X}-\mu}{\sigma_{\overline{X}}}$ 必大到显著程度.

故由给定的显著性水平 α, 知

$$P\left\{\frac{\overline{X}-\mu_0}{\sigma_{\overline{X}}} > z_\alpha\right\} = \alpha,$$

H_0 的否定域为

$$\frac{\overline{X}-\mu_0}{\sigma_{\overline{X}}} > z_\alpha \quad \text{或} \quad \overline{X} > \mu_0 + \sigma_{\overline{X}} Z_\alpha. \tag{3.2}$$

在求 $H_0: \mu \geqslant \mu_0$ 的否定域时, 在 H_0 成立的条件下, $\frac{\overline{X}-\mu}{\sigma_{\overline{X}}}$ 越小对 H_0 越不利, 又由于 $\frac{\overline{X}-\mu}{\sigma_{\overline{X}}} < \frac{\overline{X}-\mu_0}{\sigma_{\overline{X}}}$, 所以只要 $\frac{\overline{X}-\mu_0}{\sigma_{\overline{X}}}$ 小到显著的程度, $\frac{\overline{X}-\mu}{\sigma_{\overline{X}}}$ 必小到显著的程度.

故由给定的显著性水平 α, 知

$$P\left\{\frac{\overline{X}-\mu_0}{\sigma_{\overline{X}}} < -z_\alpha\right\} = \alpha.$$

H_0 的否定域为

$$\frac{\overline{X}-\mu_0}{\sigma_{\overline{X}}} < -z_\alpha \quad \text{或} \quad \overline{X} < \mu_0 - \sigma_{\overline{X}} z_\alpha. \tag{3.3}$$

如果 σ^2 未知, 就不能再由

$$\frac{\overline{X}-\mu_0}{\sigma_{\overline{X}}} \sim N(0,1)$$

求得 H_0 的否定域, 这时由定理 1.3 知 $\frac{\overline{X}-\mu_0}{S_{\overline{X}}} \sim t(n-1)$, 依此, 重复前述步骤, 即可得到 H_0 的否定域.

(1) $H_0 : \mu = \mu_0, H_1 : \mu \neq \mu_0, H_0$ 的否定域是

$$\left| \frac{\overline{X} - \mu_0}{S_{\overline{X}}} \right| > t_{\frac{\alpha}{2}} (n - 1) . \tag{3.4}$$

(2) $H_0 : \mu \leqslant \mu_0, H_1 : \mu > \mu_0, H_0$ 的否定域是

$$\frac{\overline{X} - \mu_0}{S_{\overline{X}}} > t_{\alpha} (n - 1) . \tag{3.5}$$

(3) $H_0 : \mu \geqslant \mu_0, H_1 : \mu < \mu_0, H_0$ 的否定域是

$$\frac{\overline{X} - \mu_0}{S_{\overline{X}}} < -t_{\alpha} (n - 1) . \tag{3.6}$$

例 3.2　正态总体 $N(\mu, \sigma^2)$ 有 n 样本 $X_i (i = 1, 2, \cdots, n)$, 求 $H_0 : \sigma^2 = \sigma_0^2$ 的否定域 (显著性水平为 α).

解　取 $\hat{\sigma}^2 = S^2$, 则由定理 1.3 知, 当 H_0 为真时,

$$\chi^2 = \frac{(n - 1) S^2}{\sigma_0^2} \sim \chi^2 (n - 1) .$$

由于检验统计量 χ^2 越大或越小均越对 H_0 不利, 故由给定的显著性水平 α, 由

$$P \left\{ \frac{(n - 1) S^2}{\sigma_0^2} > \chi^2_{\frac{\alpha}{2}} (n - 1) \right\} = \frac{\alpha}{2} , \quad P \left\{ \frac{(n - 1) S^2}{\sigma_0^2} < \chi^2_{1 - \frac{\alpha}{2}} (n - 1) \right\} = \frac{\alpha}{2} .$$

知 H_0 的否定域是

$$\frac{(n - 1) S^2}{\sigma_0^2} > \chi^2_{\frac{\alpha}{2}} (n - 1) \quad \text{或} \quad \frac{(n - 1) S^2}{\sigma_0^2} < \chi^2_{1 - \frac{\alpha}{2}} (n - 1) . \tag{3.7}$$

对于两个 H_0

$$H_0 : \sigma^2 \leqslant \sigma_0^2, \quad H_1 : \sigma^2 > \sigma_0^2,$$
$$H_0 : \sigma^2 \geqslant \sigma_0^2, \quad H_1 : \sigma^2 < \sigma_0^2,$$

的否定域, 可依 "不利于" 的意义, 由读者自行导出.

在实际应用中, 上述结果可作为公式直接引用.

例 3.3　某地区渔场一般平均亩产量 300kg, 并从多年养殖结果知标准差 $\sigma = 75$kg, 现对一新的养殖技术, 通过 25 个鱼池试验, 得平均亩产量 330kg, 试检验其与原亩产量是否差异显著. 取显著性水平 $\alpha = 0.05$.

解　设亩产量 $X \sim N(300, 75^2)$, 本问题即由容量 $n = 25$ 的样本, 检验

$$H_0 : \mu = 300, \quad H_1 : \mu \neq 300.$$

由

$$\left|\frac{\overline{X} - \mu_0}{\sigma_{\overline{X}}}\right| = \left|\frac{330 - 300}{75/\sqrt{25}}\right| = 2 > z_{\frac{0.05}{2}} = 1.96.$$

故否定 $H_0 : \mu = 300$, 接受 $H_1 : \mu \neq 300$. 这表明这项新技术的亩产量与原技术的亩产量有显著差异 (显著性水平 $\alpha = 0.05$), 即受种种随机因素影响的 $\overline{X}$ 与 300 的差异不能再由随机因素解释, 新技术的亩产量确与原技术的亩产量不同.

但就我们所用的推断方法而言, 得到的推断结论可能是错的, 出现这类错误推断结论的概率为 5%, 即 $P\{弃真\} = P\{否定 H_0/H_0 真\} = 0.05$, 这个概率的意义是指: 在我们大量应用前面建立的假设检验方法如 100 次, 会有 5 次出现这类错误的推断结论, 即 H_0 真而被否定. 而不是指 H_0 对或错的概率, 在一个问题中 H_0 只是对或错两者之一, 不是有时对有时错.

如果例中的样本均值 $\overline{X} = 320$, 由 $\left|\dfrac{320 - 300}{15}\right| = 1.33 < z_{\frac{0.05}{2}}$ 知, 应接受 H_0, 即新技术的亩产量与原技术的亩产量无显著差异, $\overline{X}$ 与 300 的差异是由随机因素引起的. 但就我们所用的推断方法而言, 得到的推断结论可能是错的, 即取伪错误.

一般来说, 当 H_0 不成立, 又出现 $\left|\dfrac{\overline{X} - 300}{15}\right| \leqslant 1.96$, 即 $270.6 \leqslant \overline{X} \leqslant 329.4$ 时, 即会出现取伪错误, 犯这类错误的概率 $P(取伪) = P\{(270.6 \leqslant \overline{X} \leqslant 329.4)\,|H_0假\} = \beta$ 应与 μ 的真实取值有关, 如在 $\mu = 315$, 即当 $\overline{X} \sim N\left(315, \left(\dfrac{75}{25}\right)^2\right)$ 时

$$\begin{aligned} P\{取伪\} &= P\left\{\frac{270.6 - 315}{15} \leqslant \frac{\overline{X} - 315}{15} \leqslant \frac{329.4 - 315}{15}\right\} \\ &= \Phi(0.96) - \Phi(-2.96) \\ &\doteq 0.83. \end{aligned}$$

取伪错误概率如图 3.1 所示.

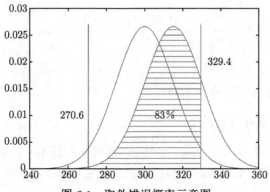

图 3.1 取伪错误概率示意图

由图 3.1 可见, 犯取伪错误的概率随 μ 的真实值与 300 的偏差而变化, 而当 $\mu = 310$ 时, 可类似求得 $P\{\text{取伪}\} \doteq 0.89$ 且随着犯弃真错误概率 α 的减小而增加. 显然, 在一个问题中两类错误不能同犯, 也不是必犯其一.

3.2   正态总体的参数检验

对正态总体 $N(\mu, \sigma^2)$ 的参数 μ, σ^2 的检验, 在 3.1 节已讨论, 见 (3.1)~(3.7) 式. 本节讨论两个正态总体的期望与方差差异性的检验问题.

设总体 $X \sim N(\mu_1, \sigma_1^2)$ 有样本 $x_1, x_2, \cdots, x_{n_1}$, 总体 $Y \sim N(\mu_2, \sigma_2^2)$ 有样本 $y_1, y_2, \cdots, y_{n_2}$ 在显著性水平 α 下, 做下列检验.

3.2.1 $H_0 : \mu_1 = \mu_2$, $H_1 : \mu_1 \neq \mu_2$

1) 当 σ_1^2, σ_2^2 已知时

设 H_0 真, 由 $z = \dfrac{(\overline{X} - \overline{Y}) - (\mu_1 - \mu_2)}{\sigma_{\overline{X} - \overline{Y}}} = \dfrac{\overline{X} - \overline{Y}}{\sigma_{\overline{X} - \overline{Y}}} \sim N(0, 1)$, 其中 $\sigma_{\overline{X} - \overline{Y}}^2 = \dfrac{\sigma_1^2}{n_1} + \dfrac{\sigma_2^2}{n_2}$, 知 $P\left\{ \left| \dfrac{\overline{X} - \overline{Y}}{\sigma_{\overline{X} - \overline{Y}}} \right| > z_{\frac{\alpha}{2}} \right\} = \alpha$. 故 H_0 的否定域为

$$\left| \frac{\overline{X} - \overline{Y}}{\sigma_{\overline{X} - \overline{Y}}} \right| > z_{\frac{\alpha}{2}}, \quad \text{即} \quad |\overline{X} - \overline{Y}| > z_{\frac{\alpha}{2}} \sigma_{\overline{X} - \overline{Y}}. \tag{3.8}$$

2) 当 σ_1^2, σ_2^2 未知, 但 $\sigma_1^2 = \sigma_2^2$ 时, 设 H_0 为真

由 $t = \dfrac{(\overline{X} - \overline{Y}) - (\mu_1 - \mu_2)}{S_{\overline{X} - \overline{Y}}} = \dfrac{\overline{X} - \overline{Y}}{S_{\overline{X} - \overline{Y}}} \sim t(n_1 + n_2 - 2)$, 知 $P\left\{ \left| \dfrac{\overline{X} - \overline{Y}}{S_{\overline{X} - \overline{Y}}} \right| > t_{\frac{\alpha}{2}}(n_1 + n_2 - 2) \right\} = \alpha$. 故 H_0 的否定域为

$$\left| \frac{\overline{X} - \overline{Y}}{S_{\overline{X} - \overline{Y}}} \right| > t_{\frac{\alpha}{2}}, \quad \text{即} \quad |\overline{X} - \overline{Y}| > t_{\frac{\alpha}{2}} S_{\overline{X} - \overline{Y}}, \tag{3.9}$$

其中 $S_{\overline{X} - \overline{Y}}^2 = \dfrac{(n_1 - 1) S_1^2 + (n_2 - 1) S_2^2}{n_1 + n_2 - 2} \left(\dfrac{1}{n_1} + \dfrac{1}{n_2} \right)$. 当 $n_1 = n_2$ 时, $S_{\overline{X} - \overline{Y}}^2 = \dfrac{S_1^2}{n} + \dfrac{S_2^2}{n} = S_{\overline{X}}^2 + S_{\overline{Y}}^2$.

3) 当 σ_1^2, σ_2^2 未知, 且 $\sigma_1^2 \neq \sigma_2^2$ 时

由于前述所选的统计量 $\dfrac{(\overline{X} - \overline{Y}) - (\mu_1 - \mu_2)}{S_{\overline{X} - \overline{Y}}}$, 当 $\sigma_1^2 \neq \sigma_2^2$ 时, 已不服从 $t(n_1 + n_2 - 2)$ 分布, 这时对 $H_0 : \mu_1 = \mu_2$ 的检验, 常对 t 检验做一些修正后, 作为对 H_0 的近似检验方法, 修正的途径常是修正自由度或直接修正临界值, 对此简单介绍两种常用方法.

1) Aspin-Welch 检验

这个方法是通过修正 $t = \dfrac{\overline{X} - \overline{Y}}{S_{\overline{X}-\overline{Y}}} \sim t\,(n_1 + n_2 - 2)$ 的自由度, 将 $n_1 + n_2 - 2$ 修正为

$$\mathrm{df} = \left[\frac{1}{k^2/n_1 + (1-k)^2/n_2}\right],$$

其中 [ ] 表示取整, $k = \dfrac{S_{\overline{X}}^2}{S_{\overline{X}}^2 + S_{\overline{Y}}^2}$, 有 $t = \dfrac{\overline{X} - \overline{Y}}{S_{\overline{X}-\overline{Y}}} \sim t\,(\mathrm{df})$, 由此得 H_0 的否定域为

$$\left|\frac{\overline{X} - \overline{Y}}{S_{\overline{X}-\overline{Y}}}\right| > t_{\frac{\alpha}{2}}\,(\mathrm{df}). \tag{3.10}$$

2) Cochran-Cox 检验

这个方法是直接在 $\sigma_1^2 = \sigma_2^2$ 条件下, 将否定域的临界值 $t_{\frac{\alpha}{2}}\,(n_1 + n_2 - 2)$ 修正为

$$t'_{\frac{\alpha}{2}} = \frac{S_{\overline{X}}^2 t_{\frac{\alpha}{2}}\,(n_1 - 1) + S_{\overline{Y}}^2 t_{\frac{\alpha}{2}}\,(n_2 - 1)}{S_{\overline{X}}^2 + S_{\overline{Y}}^2},$$

当 $\sigma_1^2 \neq \sigma_2^2$ 时, H_0 的否定域的临界值

$$t'_{\frac{\alpha}{2}}(n_1 + n_2 - 2) > \left|\frac{\overline{X} - \overline{Y}}{S_{\overline{X}-\overline{Y}}}\right| \tag{3.11}$$

时, 否定 H_0. 上述对 $H_0 : \mu_1 = \mu_2$ 的检验, 经常在成组试验后, 比较两处理效应差异的显著性时应用. 在应用时, 要注意依据 σ_1^2, σ_2^2 的已知信息, 来选用具体方法.

若样本是经成对试验取得, 则可视为一个正态总体 $N\,(\mu_\alpha, \sigma_\alpha^2)$, 检验

$$H_0 : \mu_d = \mu_1 - \mu_2 = 0.$$

3.2.2 $H_0 : \sigma_1^2 = \sigma_2^2, H_1 : \sigma_1^2 \neq \sigma_2^2$

设 H_0 为真, 由 $\dfrac{S_1^2/S_2^2}{\sigma_1^2/\sigma_2^2} \sim F\,(n_1 - 1, n_2 - 1)$ 知

$$P\left\{\frac{S_1^2}{S_2^2} > F_{\frac{\alpha}{2}}\,(n_1 - 1, n_2 - 1)\right\} = \frac{\alpha}{2},$$

$$P\left\{\frac{S_1^2}{S_2^2} < F_{1-\frac{\alpha}{2}}\,(n_1 - 1, n_2 - 1)\right\} = \frac{\alpha}{2}.$$

故 H_0 的否定域为

$$\frac{S_1^2}{S_2^2} < F_{1-\frac{\alpha}{2}}(n_1 - 1, n_2 - 1), \quad \frac{S_1^2}{S_2^2} > F_{\frac{\alpha}{2}}(n_1 - 1, n_2 - 1). \tag{3.12}$$

该检验常称为方差齐性检验, 检验方法称为 F 检验. 在用 t 检验检验 $\mu_1 = \mu_2$ 之前, 应先由此检验, 确定方差齐性.

对于单侧检验的否定域读者可自己导出.

例 3.4   为比较投饵、施肥与只施肥不投饵培育鲢鱼苗的效果, 在各种条件均一致的情况下, 选用 27 个鱼池, 经完全随机安排, 其中 15 个鱼池既施肥又投饵, 12 个鱼池只施肥不投饵, 一定时间后, 测得各池鱼的平均体重 (单位: g) 如下 (表 3.2). 在 $\alpha = 0.05$ 水平下, 检验两种培育方法对鱼的体重差异的显著性.

表 3.2

施肥投饵	25.8	26.1	25.3	23.8	27.1	25.2
	25.2	26.3	24.6	25.1	25.9	25.0
	24.7	25.7	25.4			
只施肥	26.6	25.0	24.5	25.5	25.0	25.2
	24.9	26.2	24.8	26.6	24.6	24.2

解   设两种培育方法的鱼重分别为 $X, Y, X \sim N\left(\mu_1, \sigma_1^2\right), Y \sim N\left(\mu_2, \sigma_2^2\right)$.

对本问题可提出原假设 $H_0: \mu_1 = \mu_2$, 由选用检验方法的需要, 应先检验方差齐性, 即先检验 $H_{01}: \sigma_1^2 = \sigma_2^2, H_{11}: \sigma_1^2 \neq \sigma_2^2$.

由样本可得

$$n_1 = 15, \quad \overline{x} = 25.41, \quad s_1^2 = 0.6227,$$
$$n_2 = 12, \quad \overline{y} = 25.26, \quad s_2^2 = 0.6499,$$
$$F_{\frac{0.05}{2}}(14, 11) \doteq 3.38, \quad F_{1-\frac{0.05}{2}}(14, 11) \doteq \frac{1}{3.1} \doteq 0.32.$$

由 $\dfrac{s_1^2}{s_2^2} = 0.958$, 位于 0.32 与 3.38 之间, 故不能否定 H_{01}, 即可认为两总体具有方差齐性. 因此, 可用 t 检验

$$H_{02}: \mu_1 = \mu_2, \qquad H_{12}: \mu_1 \neq \mu_2.$$

由 $s_{\overline{x}-\overline{y}}^2 = \dfrac{14 \times 0.6227 + 11 \times 0.6499}{15 + 12 - 2} \times \left(\dfrac{1}{15} + \dfrac{1}{12}\right) = 0.3085^2$, 求得

$$|t| = \left|\frac{25.41 - 25.26}{0.3085}\right| = 0.4862 < t_{\frac{0.05}{2}}(25) = 2.06.$$

故接受 H_{02}, 这说明两种培育方法对鲢鱼体重的差异不显著.

SPSS 实现 (两种培育方法对鱼的体重差异的显著性检验)

(1) 数据输入: 在变量窗口设置变量, 变量名为 "鱼的平均体重" "分类". 在数据窗口输入数据.

(2) 命令选择: 选择 "分析" 下拉菜单, "比较均值" 选项, 选择 "独立样本 T 检验". 分析 → 比较均值 → 独立样本 T 检验. 单击弹出 "独立样本 T 检验" 对话框,

选择"鱼的平均体重"进入检验变量,"分类"进入分组变量. 单击"选项"按钮, 设置置信区间的置信度为 95%. 单击"确定", 如图 3.2 所示.

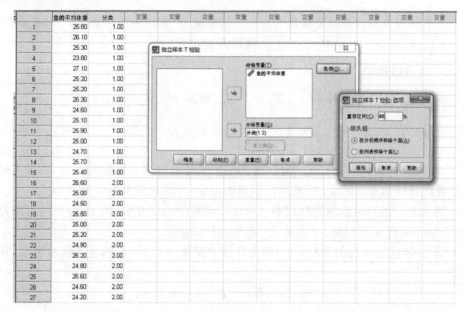

图 3.2

(3) 输出与解释: 方差齐性检验结果表明, 两种培育方式下鱼的体重的方差可以认为没有差异. 对均值的 T 检验的结果显著性概率: $0.620 > 0.05$, 表明两种培育方式下鱼的平均体重没有显著性差异. (注: 方差检验 Sig > 0.05, 表明接受方差相等假设, 此时, 看对应栏的 T 检验结果, 如果拒绝方差相等假设, 则看对应的另一栏 T 检验的信息. 如本例中, 方差齐性检验 Sig$= 0.768 > 0.05$, 接受方差齐性, 则依据对应第一行的信息看 T 检验以及区间估计的结果 (图 3.3).)

→ **T检验**

[数据集0]

组统计量

	分类	N	均值	标准差	均值的标准误
鱼池平均体重	1.00	15	25.4133	.78909	.20374
	2.00	12	25.2583	.80618	.23272

独立样本检验

		方差方程的 Levene 检验		均值方程的 t 检验						
									差分的 90% 置信区间	
		F	Sig.	t	df	Sig.(双侧)	均值差值	标准误差值	下限	上限
鱼池平均体重	假设方差相等	.089	.768	.502	25	.620	.15500	.30854	-.37204	.68204
	假设方差不相等			.501	23.484	.621	.15500	.30931	-.37466	.68466

图 3.3

3.3　百分数的检验

本节所讨论的百分数是指属性事件出现的概率, 如治愈率、成活率、倍化率等, 即 0-1 总体 $X \sim B(1, p)$ 中 $X = 1$ 的概率为 p.

3.3.1　百分数检验

设 $X \sim B(1, p)$, 有样本 $X_1, X_2, \cdots, X_n$, 检验 $H_0 : p = p_0$.

取 $\widehat{p} = \dfrac{1}{n} \sum_{i=1}^{n} X_i$, 当 H_0 为真时, $\sum_{i=1}^{n} X_i \sim B(n, p)$.

故可由此构造不利于 H_0 事件, 使其概率满足给定的显著性水平 α. 由二项分布计算此事件的概率甚繁, 对常用情况有表可查, 下面仅以例题说明基本方法.

例 3.5　已知某鱼病的死亡率 $p = 0.4$, 现有一治疗方法, 取 10 尾鱼进行治疗试验, 治疗后有 8 尾治愈、2 尾死去. 检验该疗法疗效.

解　若以治疗后的死亡率 p 作为疗效的度量, 应在给定的显著性水平 α 下, 检验

$$H_0 : p = 0.4, \quad H_1 : p < 0.4.$$

当 H_0 为真时, $\sum_{i=1}^{10} X_i \sim B(10, 0.4)$.

由样本观察值 $\sum_{i=1}^{10} X_i = 2$ 及对 H_0 更为不利的样本实现 $\sum_{i=1}^{10} X_i = 0, \sum_{i=1}^{10} X_i = 1$,

构成不利于 H_0 的事件 $\sum_{i=1}^{10} X_i \leqslant 2$, 其概率为

$$P\left\{\sum_{i=1}^{10} X_i \leqslant 2\right\} = P\left\{\sum_{i=1}^{10} X_i = 0\right\} + P\left\{\sum_{i=1}^{10} X_i = 1\right\} + P\left\{\sum_{i=1}^{10} X_i = 2\right\}$$

$$= 0.0060 + 0.0403 + 0.1209 = 0.1672.$$

若取 $\alpha = 0.05$, 由 $P\left\{\sum_{i=1}^{n} X_i \leqslant 2\right\} = 0.1672 > 0.05$, 表明这个试验结果所提供的证据, 还不足以否定 H_0, 从而认为该疗法无效.

也可以由 $\alpha = 0.05$ 确定最大整数 $C_{0.05}$, 使 $P\left\{\sum_{i=1}^{10} X_i < C_{0.05}\right\} = \alpha$, 由

$$P\left\{\sum_{i=1}^{10} X_i = 0\right\} + P\left\{\sum_{i=1}^{10} X_i = 1\right\} = 0.0463 < 0.05, \text{ 即 } C_{0.05} = 1.$$

表明 H_0 的否定域是 $\sum\limits_{i=1}^{10} X_i \leqslant 1$, 即只有在 10 尾病鱼中, 治疗后至多有一尾死去, 才能否定 H_0, 接受 H_1, 从而认为该疗法有显著疗效.

注意这里否定 $H_0 : p = 0.4$, 也必否定 $p > 0.4$, 故原假设应是 $H_0 : p \geqslant 0.4$. 这只有肯定该疗法不会提高死亡率的前提下, 才能做上述单侧检验, 否则应做双侧检验.

由上例可见, 直接由二项分布作检验, 在计算上甚繁. 由定理 1.2 知, 当 n 很大时, 可取 $\dfrac{\sum\limits_{i=1}^{n} X_i - np}{\sqrt{npq}} \dot{\sim} N(0,1)$.

由于 $B(n,p)$ 是离散型分布, 而 $N(0,1)$ 是连续型分布, 因此, 由 $N(0,1)$ 无法求得, 这时, 常取

$$P\left\{\sum_{i=1}^{n} X_i = K\right\} = P\left\{K - 0.5 < \sum_{i=1}^{n} X < K + 0.5\right\}$$

$$= P\left\{\frac{K - np - 0.5}{\sqrt{npq}} < \frac{\sum\limits_{i=1}^{n} X_i - np}{\sqrt{npq}} < \frac{K - np + 0.5}{\sqrt{npq}}\right\}$$

$$\doteq \Phi\left(\frac{K - np + 0.5}{\sqrt{npq}}\right) - \Phi\left(\frac{K - np - 0.5}{\sqrt{npq}}\right).$$

一般在计算 $P\left\{a \leqslant \sum\limits_{i=1}^{n} X_i \leqslant b\right\}$ 时, 亦应做类似的处理, 叫做连续性矫正.

$$P\left\{a \leqslant \sum_{i=1}^{n} X_i \leqslant b\right\} = P\left\{a - 0.5 < \sum_{i=1}^{n} X_i < b + 0.5\right\}.$$

由此, 可得大样本时的百分数检验. 当 n 很大, 如 $n > 50$ 时, 检验

$$H_0 : p = p_0, \quad H_1 : p \neq p_0.$$

当 H_0 为真时, $\sum\limits_{i=1}^{n} X_i \sim B(n, p_0)$. 在显著性水平 α 下, 不利于 H_0 的事件是

$$\sum_{i=1}^{n} X_i \leqslant c_1 \quad \text{或} \quad \sum_{i=1}^{n} X_i \geqslant c_2, \quad c_1 < c_2,$$

其中 c_1, c_2 应分别满足

$$P\left\{\sum_{i=1}^{n} X_i \leqslant c_1\right\} = \frac{\alpha}{2}, \quad P\left\{\sum_{i=1}^{n} X_i \geqslant c_2\right\} = \frac{\alpha}{2}.$$

由 $\sum_{i=1}^{n} X_i \dot\sim N\left(np_0, np_0\left(1-p_0\right)\right)$ 及连续性矫正, 可求得

$$c_1 = np_0 - 0.5 - z_{\frac{\alpha}{2}}\sqrt{np_0\left(1-p_0\right)},$$

$$c_2 = np_0 + 0.5 + z_{\frac{\alpha}{2}}\sqrt{np_0\left(1-p_0\right)},$$

即 H_0 的否定域为

$$\sum_{i=1}^{n} X_i < np_0 - 0.5 - z_{\frac{\alpha}{2}}\sqrt{np_0\left(1-p_0\right)}, \quad \sum_{i=1}^{n} X_i < np_0$$

或

$$\sum_{i=1}^{n} X_i > np_0 + 0.5 + z_{\frac{\alpha}{2}}\sqrt{np_0\left(1-p_0\right)}, \quad \sum_{i=1}^{n} X_i \geqslant np_0.$$

也可记为下述形式:

$$U = \begin{cases} \dfrac{\sum\limits_{i=1}^{n} X_i - np_0 + 0.5}{\sqrt{np_0\left(1-p_0\right)}} < -z_{\frac{\alpha}{2}}, & \sum_{i=1}^{n} X_i < np_0, \\[4mm] \dfrac{\sum\limits_{i=1}^{n} X_i - np_0 - 0.5}{\sqrt{np_0\left(1-p_0\right)}} > z_{\frac{\alpha}{2}}, & \sum_{i=1}^{n} X_i > np_0. \end{cases}$$

当 $|U| > z_{\frac{\alpha}{2}}$ 时, 否定 H_0.

例 3.6 在讨论豌豆的颜色性状时, 已知黄色为显性基因, 绿色为隐性基因, 做杂合亲本试验时, 在 100 粒豌豆中 17 粒呈绿色, 83 粒呈黄色, 检验豌豆的颜色性状是否符合一对等位基因的遗传定律.

解 建立原假设为豌豆的颜色性状符合一对等位基因的遗传定律, 这时, 表现型呈绿色的概率 $p = \dfrac{1}{4}$, 即 $X \sim B\left(1, \dfrac{1}{4}\right)$, $X = \begin{cases} 1, & \text{呈绿色,} \\ 0, & \text{呈黄色,} \end{cases}$ 故此问题相当于由总体 X 的 100 样本 $X_i(i=1, 2, \cdots, 100)$, 检验

$$H_0: p = \frac{1}{4}, \quad H_1: p \neq \frac{1}{4}.$$

取显著性水平 $\alpha = 0.01$, 计算 H_0 的否定域

$$\sum_{i=1}^{100} X_i < 100 \times \frac{1}{4} - 0.5 - 2.576\sqrt{100 \times \frac{1}{4} \times \frac{3}{4}} = 13.346 \doteq 13,$$

或

$$\sum_{i=1}^{100} X_i > 100 \times \frac{1}{4} + 0.5 + 2.576\sqrt{100 \times \frac{1}{4} \times \frac{3}{4}} = 36.654 \doteq 37.$$

现 $\sum_{i=1}^{100} X_i = 17$ 不属于 H_0 否定域, 故接受 H_0, 表明这项试验结果未能提供否定 H_0 的显著证据, $\sum_{i=1}^{100} X_i = 17$ 与 $100p_0 = 25$ 的差异是由随机因素引起的.

3.3.2 百分数的差异性检验

设总体 $X \sim B(1, p_1)$, 有样本 $X_1, X_2, \cdots, X_{n_1}$, 总体 $Y \sim B(1, p_2)$, 有样本 $Y_1, Y_2, \cdots, Y_{n_2}$, 两样本独立, 且 n_1, n_2 均很大.

检验 $H_0: p_1 = p_2$, $H_1: p_1 \neq p_2$.

由于两样本容量均很大且相互独立, 故

$$\sum_{i=1}^{n_1} X_i \dot\sim N(n_1 p_1, n_1 p_1(1-p_1)), \quad \sum_{i=1}^{n_2} Y_i \dot\sim N(n_2 p_2, n_2 p_2(1-p_2)),$$

$$\widehat{p_1} \dot\sim N\left(p_1, \frac{p_1(1-p_1)}{n_1}\right), \quad \widehat{p_2} \dot\sim N\left(p_2, \frac{p_2(1-p_2)}{n_2}\right),$$

$$\widehat{p_1} - \widehat{p_2} \dot\sim N\left(p_1 - p_2, \frac{p_1(1-p_1)}{n_1} + \frac{p_2(1-p_2)}{n_2}\right),$$

$$\frac{(\widehat{p_1} - \widehat{p_2}) - (p_1 - p_2)}{\sqrt{\frac{p_1(1-p_1)}{n_1} + \frac{p_2(1-p_2)}{n_2}}} \dot\sim N(0,1).$$

当 H_0 为真时, 记 $p_1 = p_2 = p$, 得 $\dfrac{\widehat{p_1} - \widehat{p_2}}{\sqrt{\left(\frac{1}{n_1} + \frac{1}{n_2}\right)p(1-p)}} \dot\sim N(0,1).$

由于当 n_1, n_2 很大时, 可取 $\widehat{p} = \dfrac{n_1\widehat{p_1} + n_2\widehat{p_2}}{n_1 + n_2}$ 代替 p, 得

$$U = \frac{\widehat{p_1} - \widehat{p_2}}{\sqrt{\left(\frac{1}{n_1} + \frac{1}{n_2}\right)\widehat{p}(1-\widehat{p})}} \dot\sim N(0,1),$$

从而, 在给定的显著性水平 α 下,

$$P\left(\frac{|\widehat{p_1} - \widehat{p_2}|}{\sqrt{\left(\dfrac{1}{n_1} + \dfrac{1}{n_2}\right)\widehat{p}(1 - \widehat{p})}} > z_{\frac{\alpha}{2}}\right) = \alpha.$$

H_0 的否定域是

$$|U| = \frac{|\widehat{p_1} - \widehat{p_2}|}{\sqrt{\left(\dfrac{1}{n_1} + \dfrac{1}{n_2}\right)\widehat{p}(1 - \widehat{p})}} > z_{\frac{\alpha}{2}}$$

或

$$|U| = \frac{\left|\left(\sum\limits_{i=1}^{n_1} X_i - \sum\limits_{i=1}^{n_2} Y_i\right) - (n_1 - n_2)\widehat{p}\right|}{\sqrt{(n_1 + n_2)\widehat{p}(1 - \widehat{p})}} > z_{\frac{\alpha}{2}}.$$

例 3.7   在药效试验中, 杀虫剂 A 在 700 只害虫中杀死 460 只, 杀虫剂 B 在 500 只害虫中杀死 364 只, 检验两种杀虫剂的效力是否相同.

解   对本问题, 令 p_1, p_2 表示 A, B 杀虫剂效率, 可提出假设

$$H_0 : p_1 = p_2, \quad H_1 : p_1 \neq p_2.$$

现取 $\alpha = 0.05$ 水平作检验. 由样本观察值求得

$$\widehat{p_1} = \frac{460}{700} = 0.657, \quad \widehat{p_2} = \frac{364}{500} = 0.728, \quad \widehat{p} = \frac{460 + 364}{700 + 500} = 0.6867,$$

$$1 - \widehat{p} = 1 - 0.6867 = 0.3133,$$

$$s_{\widehat{p_1} - \widehat{p_2}}^2 = 0.6867 \times 0.3133 \left(\frac{1}{700} + \frac{1}{500}\right) = 0.02716^2,$$

得 $\left|\dfrac{\widehat{p_1} - \widehat{p_2}}{S_{\widehat{p_1} - \widehat{p_2}}}\right| = 2.6141 > z_{\frac{0.05}{2}} = 1.96$, 故拒绝 H_0.

这表明两种杀虫剂的效力有显著性差异.

3.4   泊松总体的参数检验

在大量试验中稀有事件出现的次数 $X \sim \pi(\lambda)$, $EX = DX = \lambda$, 下面讨论有关参数 λ 的检验问题.

3.4.1　一个总体的情况

设总体 $X \sim \pi(\lambda)$, 有样本 $X_1, X_2, \cdots, X_n$, 在显著性水平 α 下检验

$$H_0 : \lambda = \lambda_0, \quad H_1 : \lambda \neq \lambda_0.$$

(1) 当 $n\overline{X} > 30$ 时, $X \overset{\cdot}{\sim} N(\lambda, \lambda_0)$, 取 $\hat{\lambda} = \overline{X} = \dfrac{1}{n}\sum_{i=1}^{n} X_i$, 当 H_0 为真时

$$U = \frac{\overline{X} - \lambda_0}{\sigma_{\overline{X}}} \overset{\cdot}{\sim} N(0,1),$$

其中 $\sigma_{\overline{X}}^2 = \dfrac{\lambda_0}{n}$, 由 $P\left\{\left|\dfrac{\overline{X} - \lambda_0}{\sigma_{\overline{X}}}\right| > z_{\frac{\alpha}{2}}\right\} = \alpha$ 得 H_0 的否定域

$$\left|\frac{\overline{X} - \lambda_0}{\sigma_{\overline{X}}}\right| > z_{\frac{\alpha}{2}}.$$

也可以用 $S_{\overline{X}} = \sqrt{\dfrac{\overline{X}}{n}}$ 代替其中的 $\sigma_{\overline{X}}$, 得到 H_0 的否定域

$$\left|\frac{\overline{X} - \lambda_0}{S_{\overline{X}}}\right| > z_{\frac{\alpha}{2}}.$$

与二项分布的检验问题类似, 也可对 U 做连续性矫正

$$U = \begin{cases} \dfrac{\overline{X} - \lambda_0 - 0.5/n}{\sigma_{\overline{X}}} > z_{\frac{\alpha}{2}}, & \overline{X} > \lambda_0, \\[3mm] \dfrac{\overline{X} - \lambda_0 + 0.5/n}{\sigma_{\overline{X}}} < -z_{\frac{\alpha}{2}}, & \overline{X} < \lambda_0. \end{cases}$$

(2) 当 $n\overline{X} < 30$ 时, 可直接查泊松分布表 (附表 15) 得到临界值. 在应用时要注意 λ, λ_0, $\overline{X}$, X_i 均是对同一计数范围而言, 而检验结果与计数范围无关, 例如, 在例 2.12 中, 若以一分钟为计数范围, 检验: $H_0 : \lambda = 32$, $H_1 : \lambda \neq 32$ 时, 由 $\overline{X} = \dfrac{845}{30} = 28.17$, $S_{\overline{X}} = 0.97$, 得 $\left|\dfrac{\overline{X} - 32}{0.97}\right| = 3.95 > z_{\frac{0.05}{2}}$, 故应拒绝 H_0. 若以 30min 为计数范围, 则应检验: $H_0 : \lambda = 960$, $H_1 : \lambda \neq 960$. 由 $\overline{X} = 845$, $S_{\overline{X}} = \sqrt{845}$ 时, 实际上相当于在原 $|z| = \left|\dfrac{\overline{X} - 32}{0.97}\right|$ 的分子与分母同乘 30, 显然检验结果是相同的.

3.4.2　两总体的情况

设总体 $X \sim \pi(\lambda_1)$, 有样本 $X_1, X_2, \cdots, X_{n_1}$, 总体 $Y \sim \pi(\lambda_2)$, 有样本 $Y_1, Y_2, \cdots, Y_{n_2}$.

在显著性水平 α 下检验

$$H_0 : \lambda_1 = \lambda_2, \quad H_1 : \lambda_1 \neq \lambda_2.$$

当 $n\overline{X} > 30, n\overline{Y} > 30$ 时, 由 $\dfrac{(\overline{X} - \overline{Y}) - (\lambda_1 - \lambda_2)}{S_{\overline{X}-\overline{Y}}} \dot{\sim} N(0,1), S^2_{\overline{X}-\overline{Y}} = \dfrac{\overline{X}}{n_1} + \dfrac{\overline{Y}}{n_2}.$
可得 H_0 的拒绝域

$$\left| \frac{\overline{X} - \overline{Y}}{S_{\overline{X}-\overline{Y}}} \right| > z_{\frac{\alpha}{2}}.$$

例 3.8　根据研究知道, 细菌在一个培养基的群落生长数服从泊松分布. 为研究培养细菌时实验室技术是否一致, 观察两个培养皿结果, 一个培养皿中有 51 个群落, 另一个培养皿中有 32 个群落, 检验两者的差异是否显著.

解　两个泊松总体, 样本容量均为 1, 在显著性水平 $\alpha = 0.05$ 下, 检验

$$H_0 : \lambda_1 = \lambda_2, \quad H_1 : \lambda_1 \neq \lambda_2.$$

由 $\overline{X} = 51, \overline{Y} = 32, S^2_{\overline{X}-\overline{Y}} = 51 + 32 = 83,$ 得

$$\left| \frac{\overline{X} - \overline{Y}}{S_{\overline{X}-\overline{Y}}} \right| = \frac{19}{9.11} = 2.09 > z_{\frac{0.05}{2}} = 1.96.$$

这表明两培养皿群落数的差异是显著的, 即这个差异是由技术不一致引起的.

3.5　拟合优度检验

我们常需探索一种现象是否可用某已知理论解释或该现象是否符合某已知理论, 探索的一种方法是通过试验, 考察试验结果与理论结果是否相符, 一般情况下, 其间总是存在差异的, 这就需要回答这个差异是由随机因素引起的, 还是由此现象不符合该理论所致. 例如, 在例 3.6 中我们考察豌豆的颜色性状是否符合一对等位基因的遗传定律. 在例 1.6 中讨论的虾长, 从理论上说, 其应服从正态分布, 而实际观测结果与之有差异, 这个差异是由随机因素引起的, 还是虾长不服从正态分布所致.

本节讨论若已知试验, 只有 k 个不同的结果, 在 n 次试验中每一结果 $A_i(i = 1, 2, \cdots, n)$ 的实际计数为 S_i, 而依某理论计算 A_i 的理论计数为 y_i, 由此检验该理论与实际间差异的显著性, 称此为拟合优度检验, 即由样本 $S_i \, (i = 1, 2, \cdots, n)$ 检验:

$H_0 : K$ 个事件的发生数符合某理论.

$H_1 : K$ 个事件的发生数不符合某理论.

为此, 应构造一个检验统计量, 其应刻画实际与理论的差异 $(Y_i - S_i)$, 并且必须知道这个含 $(Y_i - S_i)$ 的统计量的概率分布. K. Pearson 构造了统计量 $\chi^2 = \sum_{i=1}^{k} \dfrac{(Y_i - S_i)^2}{Y_i}$, 并证明了如下的定理.

定理 3.1 若假设 H_0 真, 则当样本容量 $n \to \infty$ 时, 统计量 $\chi^2 = \sum_{i=1}^{k} \dfrac{(Y_i - S_i)^2}{Y_i}$ 的分布收敛于 $\chi^2(k - r - 1)$.

其中 $\sum_{i=1}^{k} Y_i = \sum_{i=1}^{k} S_i = n$, r 是计算 Y_i 时所用的估计量的个数.

显然, $\chi^2 = \sum_{i=1}^{k} \dfrac{(Y_i - S_i)^2}{Y_i}$ 越大对 H_0 越不利, 故由显著性水平 α 检验 H_0 时, 应取单侧检验.

由 $P\{\chi^2 > \chi_\varepsilon^2(k - r - 1)\} = \alpha$.

当 $\chi^2 > \chi_\alpha^2(k - r - 1)$ 时, 否定 H_0;

当 $\chi^2 \leqslant \chi_\alpha^2(k - r - 1)$ 时, 接受 H_0.

在应用中 n 总是有限的, 应取大样本如 $n \geqslant 50$. 且要求 $Y_i \geqslant 5 \, (i = 1, 2, \cdots, k)$, 当个别的 $Y_i < 5$ 时, 可将此对应的事件并入相近的事件合并计数, 使之满足要求.

当 df$= k - r - 1 = 1$ 时, 应做连续性矫正.

$$\chi^2 = \sum_{i=1}^{k} \frac{(|Y_i - S_i| - 0.5)^2}{Y_i} \sim \chi^2(1).$$

下面就应用中的常见情况, 说明具体的应用方法.

3.5.1 吻合性检验

例 3.9 对结黄圆种子的自交系与结绿皱种子的自交系两类豌豆杂交, F_1 代全是黄圆种子, 说明黄显性于绿, 圆显性于皱, 经 F_1 代自交后, 得 F_2 代, 其表现型的实际计数是黄圆 315 粒、黄皱 101 粒、绿圆 108 粒、绿皱 32 粒, 共计 556 粒. 试检验 F_2 代的表现型是否符合两对等位基因的遗传定律.

解 对此问题提出原假设 H_0: F_2 代豌豆表现型性状符合孟德尔遗传定律.

当 H_0 为真时, 可计算 F_2 代诸表现型性状的概率为

$$P\{\text{黄圆}\} = \frac{9}{16}, \quad P\{\text{黄皱}\} = \frac{3}{16}, \quad P\{\text{绿圆}\} = \frac{3}{16}, \quad P\{\text{绿皱}\} = \frac{1}{16}.$$

由此 556 粒 F_2 代豌豆中, 诸表现型的理论计数应依次为 313, 104, 104, 35. 得

$$\chi^2 = \sum_{I=1}^{4} \frac{(Y_i - S_i)^2}{Y_i} = \frac{(313 - 315)^2}{313} + \frac{(104 - 101)^2}{104} + \frac{(104 - 108)^2}{104} + \frac{(35 - 32)^2}{35} = 0.51.$$

由 $\mathrm{df} = k - \gamma - 1 = 4 - 0 - 1 = 3, \alpha = 0.05, \chi_{0.05}^2(3) = 7.81$, 知不能拒绝 H_0, 即 F_2 代的表现型性状符合两对等位基因的遗传定律.

例 3.10   对 43 窝小鼠, 每窝 4 只, 做某毒性试验, 依每窝的死亡数整理结果见表 3.3, 试检验每窝的死亡数是否服从二项分布.

表 3.3   每窝死亡数整理结果

每窝死亡数	实际窝数	理论概率	理论窝数	
0	13	0.3164	13.60	0.001
1	20	0.4219	18.14	0.10
2	7	0.2110	9.09	
3	3	0.0468	2.01 } 11.27	0.05
4	0	0.0039	0.17	
合计	43	1.0000	43.01	0.151

解   对本问题可提出假设 H_0 : 每窝小鼠的死亡数 $X \sim B(4, p)$.

由于死亡率 P 未知, 现取死亡率 $\widehat{P} = \dfrac{1}{43 \times 4} \sum_0^4 X_i S_i = 0.25$, 依 $X \sim B(4, 0.25)$ 计算知

$$P\{X = x\} = \mathrm{C}_4^x \left(\frac{1}{4}\right)^x \left(\frac{3}{4}\right)^{4-x}, x = 0, 1, 2, 3, 4.$$

从而在 43 窝中, 每窝死亡数为 0, 1, 2, 3, 4 的窝数应为 $y_i = np(x = i)$ 计算结果见表 3.3. 将 $i = 2, 3, 4$ 的三个窝数合并计算 χ^2, 由于 $\mathrm{df} = 3 - 1 - 1 = 1$, 故在计算 χ^2 时, 应予连续性矫正. 得 $\chi^2 = 0.15 < \chi_{0.05}^2(1) = 3.84$, 故应接受 H_0, 即可认为每窝的死亡数服从 $B(4, 0.25)$.

在检验连续型总体是否与某总体 X 相吻合时, 方法与例 3.10 相同, 基本步骤如下:

(1) 对样本观测值依第 1 章 1.5.2 的要求做分组处理.

(2) 若总体 X 含未知参数 θ, 以其点估计 $\widehat{\theta}$ 代替.

(3) 计算总体 X 在各组限内的理论次数.

(4) 计算 χ^2 并做吻合性检验.

对例 1.6 可检验虾长总体是否服从 $N(112.30, 17.57^2)$, 请读者自行检验.

3.5.2   独立性检验 ($a \times b$ 列联表无关联性检验)

每个人按其是否吸烟可分为两类, 按其是否患肺癌也可分为两类, 如要研究在某一群人中, 吸烟与患肺癌是否有关联, 可由该群人中抽取若干人, 记录其是否吸烟和是否患肺癌, 得到用这两个属性对样本的分布资料, 常称此为 2×2 列联表, 分析该表中的样本分布情况可对这两个属性是否有关联有一直观认识, 下面介绍由此样本分组资料, 对这两个属性特征 (或指标) 是否有关联的统计检验方法.

一般地, 为探讨一个总体内个体的两个属性指标 A, B 是否有关联, 可对其样本依属性指标 A, B 做双向分类, 设依指标 A 可分为 a 类: $A_1, \cdots, A_a$, 依指标 B 可分为 b 类: $B_1, \cdots, B_b$. 每个个体均属且只属于 $(A_i, B_j), i = 1, 2, \cdots, a, j = 1, 2, \cdots, b$ 之一. 由此对容量 n 的观察结果可列表, 见表 3.4. 这种表称为 $a \times b$ 列联表.

表 3.4 $a \times b$ 列联表

A \ B	B_1	$\cdots$	B_j	$\cdots$	B_b	合计
A_1	n_{11}	$\cdots$	n_{1j}	$\cdots$	n_{1b}	$n_1.$
$\vdots$						$\vdots$
A_i	n_{i1}		n_{ij}		n_{ib}	$n_i.$
$\vdots$						$\vdots$
A_a	n_{a1}		n_{aj}		n_{ab}	$n_a.$
		$\cdots$		$\cdots$		
合计	$n_{\cdot 1}$	$\cdots$	$n_{\cdot j}$	$\cdots$	$n_{\cdot b}$	n

其中 n_{ij} 是 (A_i, B_j) 的实际计数, $\sum\limits_{i=1}^{a} n_{ij} = n_{\cdot j}, \sum\limits_{j=1}^{b} n_{ij} = n_{i\cdot}, \sum\limits_{i=1}^{a} \sum\limits_{j=1}^{b} n_{ij} = \sum\limits_{i=1}^{a} n_{i\cdot} = \sum\limits_{j=1}^{b} n_{\cdot j} = n.$

由此可检验:

H_0: A, B 指标无关, 即 A_i, B_j 相互独立.

H_1: A, B 指标有关, 即 A_i, B_j 不相互独立.

若 H_0 为真, 则 $P(A_i, B_j) = P(A_i) P(B_j)$, 由于这些概率未知, 现取实际频率作为其估计值 $P(A_i, B_j) = \dfrac{n_{ij}}{n}, P(A_i) = \dfrac{n_{i\cdot}}{n}, P(B_j) = \dfrac{n_{\cdot j}}{n}$, 则应有

$$\frac{n_{ij}}{n} = \frac{n_{i\cdot}}{n} \times \frac{n_{\cdot j}}{n} \quad \text{或} \quad n_{ij} = \frac{n_{i\cdot} \times n_{\cdot j}}{n}.$$

故在 H_0 真, 即 A_i, B_j 相互独立的假设下, (A_i, B_j) 的理论计数应取为 $y_{ij} = \dfrac{n_{i\cdot} \times n_{\cdot j}}{n}$.

由此, 可计算 $\chi^2 = \sum\limits_{i=1}^{a} \sum\limits_{j=1}^{b} \dfrac{(n_{ij} - y_{ij})^2}{y_{ij}}$, 由于在计算 y_{ij} 时, 共用了 $(a-1) + (b-1)$ 个估计值, 故 df $= k - \gamma - 1 = ab - [(a-1) + (b-1)] - 1 = (a-1)(b-1)$.

依 $\chi^2 \sim \chi^2((a-1)(b-1))$ 对 H_0 作检验.

例 3.11 哈尔滨医科大学对流感活毒疫苗的接种效果研究中, 对 5176 名志愿者试验, 结果如表 3.5 所示. 由此试验结果分析该疫苗的免疫效果.

表 3.5   流感活毒疫苗接种效果试验结果

	发病人数	未发病人数	合计
接种组	5(26.3)	1472(1450.7)	1477
对照组	87(65.7)	3612(3633.3)	3699
合计	92	5084	5176

解 对本问题可提出假设 H_0: 该疫苗无免疫效果, 即接种与否和发病与否相互独立. 由 $y_{ij} = \dfrac{n_{i\cdot} \cdot n_{\cdot j}}{n}\,(i, j = 1, 2)$ 计算, 依独立性的理论计数写在表 3.5 的相应括号内. 由 $\mathrm{df} = (2-1)(2-1) = 1$, 故对 χ^2 予以连续性矫正, 按定理 3.1, 取

$$\chi^2 = \sum_{i,j=1}^{k} \frac{\left(|y_{ij} - s_{ij}| - 0.5\right)^2}{y_{ij}} \sim \chi^2\left(1\right),$$

得

$$\chi^2 = \frac{(|26.3 - 5| - 0.5)^2}{26.3} + \frac{(|65.7 - 87| - 0.5)^2}{65.7}$$
$$+ \frac{(|1450.7 - 1472| - 0.5)^2}{1450.7} + \frac{(|3633.3 - 3612| - 0.5)^2}{3633.3}$$
$$= \frac{(21.3 - 0.5)^2}{26.3} + \frac{(21.3 - 0.5)^2}{65.7} + \frac{(21.3 - 0.5)^2}{1450.7} + \frac{(21.3 - 0.5)^2}{3633.3}$$
$$= 23.45 > \chi^2_{0.05}(1) = 3.84.$$

故应否定, 即该疫苗的免疫效果显著.

3.5.3   齐一性检验

设有 a 个工厂 $A_1, A_2, \cdots, A_a$, 生产同一产品, 新产品分为 b 个等级 $B_1,$ $B_2, \cdots, B_b$. 第 i 个工厂 A_i 中的 B_j 等级品率为 $P_i(j), i = 1, 2, \cdots, a, j = 1, 2, \cdots, b.$ 若将两个工厂新产品质量相同, 理解为其相应等级品率相同. 于是 "a 个工厂新产品质量齐一" 这个假设, 可表示为

$$H_0 : P_1(j) = P_2(j) = \cdots = P_a(j), \quad j = 1, 2, \cdots, b.$$

这只要从工厂 A_i 中抽取 n_i 个产品, 分别对每一等级 B_j 计数 n_{ij}, 即可对 H_0 进行检验.

一般地, 有 a 个包含大量个体的同类总体 $A_i\,(i = 1, 2, \cdots, a)$, 每个总体内的个体依指标 B 分为 b 类 $B_j\,(j = 1, 2, \cdots, b)$, 若这 a 个总体 A_i 内, 个体属 B_j 类的概率 $P_i(j)$ 相等, $P_1(j) = P_2(j) = \cdots = P_a(j)$, $j = 1, 2, \cdots, b$, 则称这 a 个总体具有齐一性.

若将 a 个总体 A_i 构成一个大总体, 则对这 a 个总体 A_i 做齐一性的检验, 就相当于检验 A_i 与 B_j 的独立性或指标分布和总体编号无关联.

因此, 只需在总体 A_i 中抽取 n_i 个个体, 分别对每一类别 B_j 计数 n_{ij}, 则 ab 个计数可排成一个 $a \times b$ 的列联表. 用独立性检验的方法即可检验 a 个总体齐一性.

这一检验常用于由若干次同类试验, 希望每次得到的小容量样本能合并成大容量样本, 以做出更可靠、精确的统计推断. 而只有各次试验的总体具有齐一性, 将多次试验所得小容量样本合并构成大容量样本才是合理的.

例 3.12 果蝇的野生型与突变型的纯合体杂交得 F_1 代, F_1 代自交得 F_2 代, 对 F_2 代表现型分五组计数, 结果如表 3.6 所示. 对此能否将五组的计数合并检验该遗传过程是否符合一对等位基因的遗传定律.

表 3.6 五组 F_2 代果蝇表现型计数结果

组别	野生型	突变型	合计
1	60(60.9)	26(25.1)	86
2	75(76.5)	33(31.5)	108
3	81(70.1)	18(28.9)	99
4	70(79.3)	42(32.7)	112
5	54(53.1)	21(21.9)	75
合计	340(339.9)	140(140.1)	480

解 首先应检验 H_{01}: 各组的总体具有齐一性, 即表现型与组别无关.

依 $y_{ij} = \dfrac{n_{i\cdot} \times n_{\cdot j}}{n}$ 计算各组诸表现型的理论计数, 结果如表 3.6 中括号内所示. 由

$$\mathrm{df} = (a-1)(b-1) = (5-1)(2-1) = 4,$$

$$x^2 = \frac{0.9^2}{60.9} + \frac{0.9^2}{25.1} + \cdots + \frac{0.9^2}{21.9} = 10.8 > \chi^2_{0.05}(4) = 9.45.$$

故各组总体不具一致性, 不能将五组数据合并处理.

这时, 可将各组的 χ^2 值中, χ^2 最大的一组剔除, 对其余的四组再做齐一性检验, 如果接受 H_{01}, 可将这四组计数合并, 再对该遗传过程是否符合一对等位基因的遗传定律做吻合性检验, 具体过程请读者自己完成.

3.6 假设检验中的若干问题

3.6.1 关于原假设与备择假设的地位

在假设检验中, 虽然原假设 H_0 与备择假设 H_1 是相互对立的, 其并关系是永真的, 但两者的地位是不对称的, 不能互换. 这是由假设检验的基本原理与限定第

一类错误概率的原则所致的.

因为我们建立的检验方法, 都是以限制犯弃真错误的概率即显著性水平 α 为基础的, 而显著性水平 α 又甚小, 所以否定 H_0 时, 意味着样本已提供了达到约定程度的充分理由、显著证据而否定 H_0, 这有相当的说服力. 而接受 H_0 时, 对犯取伪错误的概率未加控制, 只能在限定第一类错误原则的条件下使之尽量小, 一般来说这个概率仍较大. 因此接受 H_0 只意味样本没提供充分理由、证据否定 H_0 而已, 就统计检验方法而言并没有充分的理由.

由此可见, 限定第一类错误概率的原则, 实质上是对 H_0 的保护, 即只在有显著的证据、充分的理由时才能否定 H_0, 不然只好接受 H_0.

另外, 假设 H_0 真, 容易构造出具有含有已知分布的检验统计量, 使得拒绝域容易找出, 而限制取伪错误, 则不易取定确定具有已知分布的检验统计量.

因此, 对实际问题中的假设检验问题, 提出的原假设 H_0 应是需要保护、不应轻易否定的结论, 例如, 一种久已存在的状态, 依据种种理论分析应有的结果等, 而备择假设 H_1 应是未经长期实践, 我们欲通过试验说明的结论, 我们不能轻信的结论等.

对上述提出 H_0 与 H_1, 一般原则, 可通过前几节的例子体会, 下面再举一例.

例 3.13　假定某加工厂生产的一种产品, 其质量指标 $X \sim N\left(\mu, \sigma^2\right)$, 且 σ^2 已知, μ 为平均质量指标, 设 μ 越大、质量越好, 而 μ_0 为达到优级的界限.

商店由该厂整批收购时, 要按批抽取 n 样本, 计算 $\overline{X}$, 检验该批产品是否为优质品以确定是否收购该批产品. 那么当检验该批产品是否为优质品时, 应提出的原假设是什么? 这要视商店对该厂产品的信任态度而定.

(1) 若该厂产品质量信誉卓著, 商店相信该厂产品质量虽不能排除偶尔出现个别较差的批次, 但总的说是好的. 这时应取 $H_0: \mu \geqslant \mu_0$, 这意味着优质的批次只以很小的概率 $\alpha = 0.05$ 或 0.01 被拒收, 即要有很有力的证据 (即 $\overline{X} < \mu_0 - \sigma_{\overline{X}} z_\alpha$) 才否定 $\mu \geqslant \mu_0$, 虽然当接受 $H_0: \mu \geqslant \mu_0$ 时, 有可能取伪, 即非优质品混过检验, 但该厂非优质品的批次本来就很少, 影响不大. 故以 $\mu \geqslant \mu_0$ 为原假设对工厂与商店都可接受.

(2) 若该厂产品长期质量不好, 这时应取 $H_0: \mu \leqslant \mu_0$. 这意味着要有很有力证据 (即 $\overline{X} > \mu_0 + \sigma_{\overline{X}} z_\alpha$), 才能否定 H_0 接受 $H_1: \mu > \mu_0$, 即相信这批产品优质. 这看起来对工厂不利, 那也是由该厂长期质量不好所致的.

(3) 若由一批产品的 $\overline{X}$, 满足

$$\mu_0 - \sigma_{\overline{X}} z_\alpha \leqslant \overline{X} \leqslant \mu_0 + \sigma_{\overline{X}} z_\alpha.$$

对 $H_0: \mu \geqslant \mu_0$ 应接受, 对 $H_0: \mu \leqslant \mu_0$ 也应接受, 从常理上看这有矛盾. 其实, 这反映了统计推断的一种特点, 它不是按那种 "非此即彼" 的逻辑. 在这个问题

中的意义是: 当工厂的产品质量一贯好时, 这样本尚未构成这批产品非优的有力证据, 只好接受其为非优质品. 可见是由保护的出发点不同所致的, 并无矛盾可言.

由此例可见, 在实际问题中提出原假设时, 应综合考虑各方面情况, 考虑确定 H_0, H_1 的一般原则, 才能提出合理的原假设.

3.6.2 单侧与双侧

对总体未知参数 θ 的检验, 依实际问题意义提出的原假设 H_0 有

双侧检验: $H_0 : \theta = \theta_0$, $\quad H_1 : \theta \neq \theta_0$.

单侧检验: $H_0 : \theta \leqslant \theta_0$, $\quad H_1 : \theta > \theta_0$.

$\qquad\qquad H_0 : \theta \geqslant \theta_0$, $\quad H_1 : \theta < \theta_0$.

由检验统计量及显著性水平 α 确定的拒绝域要相应地分布在双侧或单侧, 因此双侧检验与单侧检验具有上述两个意义.

为说明单侧检验与双侧检验的选用原则, 下面仍以正态总体 $\overline{X} \sim N\left(\mu, \sigma^2\right)$, σ^2 已知, 对 μ 的检验为例.

双侧检验 $H_0 : \mu = \mu_0$, $H_1 : \mu \neq \mu_0$, H_0 的拒绝域是 $\left|\dfrac{\overline{X} - \mu_0}{\sigma_{\overline{X}}}\right| > z_{\frac{\alpha}{2}}$, 即 $\overline{X} > \mu_0 + \sigma_{\overline{X}} z_{\frac{\alpha}{2}}$ 或 $\overline{X} < \mu_0 - \sigma_{\overline{X}} z_{\frac{\alpha}{2}}$.

单侧检验 $H_0 : \mu \leqslant \mu_0$ $\quad H_1 : \mu > \mu_0$, H_0 的拒绝域是

$$\frac{\overline{X} - \mu_0}{\sigma_{\overline{X}}} > z_\alpha, \quad \text{即} \quad \overline{X} > \mu_0 + \sigma_{\overline{X}} z_\alpha.$$

可见: (1) 在同一显著性水平 α 下, 单侧检验较双侧检验易于否定 H_0.

(2) 由单侧检验拒绝域的构造过程可知否定 $\mu = \mu_0$ 即必否定 $\mu < \mu_0$, 但当接受 $\mu = \mu_0$ 时, 由数学构造来看并不一定能接受 $\mu < \mu_0$.

因此, 在一实际问题中选用 $H_0 : \mu \leqslant \mu_0$ 时, 应能依据问题的实际意义已知 $\mu < \mu_0$ 是不可能的; 或 $\mu = \mu_0$ 与 $\mu < \mu_0$ 的实际意义相同. 也就是由于有这一已知信息, 才使其在同一显著性水平 α 下较双侧检验易于拒绝 H_0 是合理的.

3.6.3 两类错误与显著性水平

由样本推断关于总体的假设, 推断的结论必具有样本属性 (随机性), 即建立的推断方法不可能保证推断结论绝对正确.

对假设检验中的两类错误, 我们通用限定第一类错误概率的原则, 并称弃真错误的概率为显著性水平 α. 由于在一般情况下, 当样本容量 n 固定时, 减小 α 必会导致增大取伪错误的概率 β. 因此对 α 的选择也不是越小越好, 通常取 $\alpha = 0.10, 0.05, 0.01$ 为宜. 至于 α 取多少为宜应依问题的实际意义及弃真、取伪的后果综合考虑. 例如, 在药品检验中若原假设是药品合格, 则取伪的意义是药品不合格被

认为合格而出厂, 而弃真的意义是药品合格被认为不合格. 前者的后果是 "人命关天", 后者的后果仅是经济损失. 显然 α 应取得稍大. 例如 $\alpha = 0.10$ 或 $\alpha = 0.15, 0.20$.

3.6.4   统计显著与实际显著

在显著性水平 α 下, 否定 H_0 的意义是样本已提出了否定 H_0 的显著证据或理由, 即统计显著. 接受 H_0 的意义是样本未能提供否定 H_0 的显著证据或理由, 即统计不显著. 而统计显著与否的实际意义如何, 必须结合与研究问题有关的各种因素综合考虑.

例 3.14   一家工厂分早、中、晚三班, 每班 8 小时. 近期发生一些事故, 计早班 6 次, 中班 3 次, 晚班 6 次. 据此是否可认为事故发生率与班次有关.

解   取原假设 H_0: 事故发生率与班次无关, 即三班的事故发生率均为 $1/3$.

当 H_0 为真时, 求得三班的事故发生数均为 $15/3 = 5$ 次.

由 $\chi^2 = \dfrac{(5-6)^2 + (5-3)^2 + (5-6)^2}{5} = \dfrac{4}{5} < \chi^2_{0.05}(3-1) = 5.99$. 故不能否定 H_0, 即三班的事故发生数的差异未达到统计显著.

含义是虽然表面上看三班发生的事故数有较大的差异, 但这个差异还只能解释为由随机因素所致, 与班次有关的证据尚不显著, 不具有统计显著性. 没有统计思想的人易倾向于低估随机性的影响. 在此例中样本容量太小, 随机性影响就大, 当然对于这表面上的差异也不宜完全忽视, 可进一步观察. 若观察的总事故发生数达到 75 而仍维持上述比例时, 可求得 $\chi^2 = 6 > \chi^2_{0.05}(3-1)$, 否定 H_0, 即三班的事故发生率差异具有统计显著性.

一般情况下, 若试验结果未能否定 H_0, 而依据种种专业理论分析又应否定 H_0 时, 应检查试验过程控制随机影响或适当增加样本容量.

例 3.15   一个骰子, 加工者声称是均匀的, 即各面出现的概率都是 $\dfrac{1}{6}$. 是否如此, 可经试验由样本进行检验.

解 $H_0: P_i = \dfrac{1}{6}, i = 1, 2, \cdots, 6$.

若投掷 $n = 6 \times 10^{10}$ 次, 观察到各面出现的次数分别为

$$10^{10} - 10^6, \quad 10^{10} + 1.5 \times 10^6, \quad 10^{10} - 2 \times 10^6,$$
$$10^{10} + 4 \times 10^6, \quad 10^{10} - 3 \times 10^6, \quad 10^{10} + 0.5 \times 10^6.$$

当 H_0 为真时, 各面出现的次数应均为 10^{10} 次, 有

$$\chi^2 = \frac{(1 + 2.25 + 4 + 16 + 9 + 0.25) \times 10^{12}}{10^{10}} = 3250 > \chi^2_{0.05}(6-1) = 11.07.$$

故否定 H_0, 即各面出现次数的差异统计显著.

含义是骰子的六个面出现的差异不能解释为随机影响, 而是由其六个面的不均匀性所致的. 但各面出现概率间差异均甚小, 只是由于试验次数极大, 才将这么小的差异也检测出来了, 这从实用观点来看恐怕可认为是足够均匀了, 这个差异已无甚实际意义.

又如, 一种新技术的养殖产量与原有技术的养殖产量的差异已达到统计显著, 且显著优. 但仅据此, 尚不能说明新技术实际显著优而被养殖采用. 养殖场还要考虑总产量增加的多少及采用新技术需要的新设备、人员培训等费用的多少, 市场需要等众多因素后, 才能确定是否采用.

因此, 在实际问题中对欲检验的结论, 既不能忽视随机影响, 也不能认为统计显著就是实际显著, 事实上统计显著并不等于实用上的重要性.

3.6.5 检验统计量

在有关正态总体 $N\left(\mu,\sigma^2\right)$ 的参数检验问题中, 共用到四个统计量, 并以此作为对应的检验法的名称.

有关期望的检验有: μ 或 z 检验, $z \sim N\left(0,1\right)$ 用于方差已知或方差未知但样本容量 n 较大时对一个正态总体的期望检验, 也用于经成对检验或成组试验 (已知两总体方差) 取得样本检验两正态总体的期望差异的检验.

t 检验, 当 $t \sim t\left(n-1\right)$ 用于方差未知时, 一个正态总体的期望检验, 也用于两正态总体方差未知但具有齐性时的期望差异的检验.

对不具有方差齐性时, 两正态总体期望差异的检验, 应用其他的方法.

对二项总体 $B\left(n,p\right)$ 及泊松总体 $\pi\left(\lambda\right)$, 在要求的条件下, 可近似地应用上述相应的检验方法.

有关方差的检验有

χ^2 检验, $\chi^2 \sim \chi^2\left(n-1\right)$ 用于一个正态总体的方差检验问题.

F 检验, $F \sim F\left(n_1-1,n_2-1\right)$ 用于检验二正态总体的方差齐性问题. 这是后面方差分析时用到的主要检验方法.

3.6.6 参数检验与区间估计

对参数的假设检验与构造置信区间都是以样本为基础作出关于参数值的推断结论, 是统计推断的两种主要形式.

在有关正态总体的参数检验与对应的区间估计之间, 选用的检验统计量与枢轴变量、显著性水平 α 与置信水平 $1-\alpha$ 显然存在着联系, 因此两者是相通的.

1) 由假设检验构造置信区间

在区间估计一节, 讨论了由点估计出发构造置信区间的方法, 下面讨论由参数检验中 H_0 的否定域构造置信区间的方法, 且可见两种方法构造的结果是相同的.

若检验问题 $H_0 : \theta = \theta_0$, $H_1 : \theta \neq \theta_0$, 在显著性水平 α 下, H_0 的否定域为 Ω, 即 $P\{g(x_1, x_2, \cdots, x_n, \theta_0) \in \Omega\} = \alpha$, 从而 $P\{g(x_1, x_2, \cdots, x_n, \theta_0) \notin \Omega\} = 1 - \alpha$. 若可将 H_0 的接受域 $g(x_1, x_2, \cdots, x_n, \theta_0) \notin \Omega$ 表示为 $g_1 \leqslant g(x_1, x_2, \cdots, x_n, \theta_0) \leqslant g_2$, 且可解出 $\theta_0 : \theta_1 \leqslant \theta_0 \leqslant \theta_2$, 再将 θ_0 改写为 θ, 即得 θ 的 $1 - \alpha$ 置信区间 $[\theta_1, \theta_2]$.

例如, 在正态总体 $N(\mu, \sigma^2)$ 中, 由 $H_0 : \mu = \mu_0$ 接受域为 $\left| \dfrac{\overline{X} - \mu_0}{S_{\overline{X}}} \right| < t_{\frac{\alpha}{2}}(n-1)$ 可求得 μ 的 $1 - \alpha$ 置信区间

$$[\overline{X} - S_X t_{\frac{\alpha}{2}}, \overline{X} + S_X t_{\frac{\alpha}{2}}].$$

由 $H_0 : \mu \leqslant \mu_0$ 的接受域为 $\dfrac{\overline{X} - \mu_0}{S_{\overline{X}}} \leqslant t_\alpha(n-1)$, 可求得 μ 的单侧 $1 - \alpha$ 置信区间为 $\mu \geqslant \overline{X} - S_{\overline{X}} t_\alpha$. 由 $H_0 : \mu \geqslant \mu_0$ 的接受域 $\dfrac{\overline{X} - \mu_0}{S_{\overline{X}}} \geqslant -t_\alpha(n-1)$ 可求得 μ 的单侧 $1 - \alpha$ 置信区间为 $\mu \leqslant \overline{X} + S_{\overline{X}} t_\alpha$, 也称为置信上界.

由 $H_0 : \sigma^2 = \sigma_0^2$, $H_0 : \sigma^2 \leqslant \sigma_0^2$, $H_0 : \sigma^2 \geqslant \sigma_0^2$ 三种形式的接受域, 可依次求得 σ^2 的 $1 - \alpha$ 置信区间为

$$\left[(n-1)S^2 / \chi_{\frac{\alpha}{2}}^2(n-1), (n-1)S^2 / \chi_{1-\frac{\alpha}{2}}^2(n-1) \right],$$

$$\sigma^2 \geqslant (n-1)S^2 / \chi_\alpha^2(n-1),$$

$$\sigma^2 \leqslant (n-1)S^2 / \chi_{1-\alpha}^2(n-1).$$

在具有方差齐性的两正态总体 $N(\mu_1, \sigma^2)$, $N(\mu_2, \sigma^2)$, 由 $H_0 : \mu_1 = \mu_2$ 的接受域 $\left| \dfrac{(\overline{X}_1 - \overline{X}_2) - 0}{S_{\overline{X}_1 - \overline{X}_2}} \right| \leqslant t_{\frac{\alpha}{2}}(n_1 + n_2 - 2)$, 求 $\mu_1 - \mu_2$ 的 $1 - \alpha$ 置信区间时, 要注意先将其中的 0 改写为 $\mu_1 - \mu_2$ 即可求得 $\mu_1 - \mu_2$ 的 $1 - \alpha$ 置信区间为 $[(\overline{X}_1 - \overline{X}_2) \pm S_{\overline{X}_1 - \overline{X}_2} t_{\frac{\alpha}{2}}(n_1 + n_2 - 2)]$.

由 $H_0 : \sigma_1^2 = \sigma_2^2$ 的接受域 $F_{1-\frac{\alpha}{2}}(n_1 - 1, n_2 - 1) \leqslant \dfrac{S_1^2 / S_2^2}{1} \leqslant F_{\frac{\alpha}{2}}(n_1 - 1, n_2 - 1)$, 求 σ_1^2 / σ_2^2 的 $1 - \alpha$ 置信区间时, 应将其中的 "1" 改写为 σ_1^2 / σ_2^2, 即可得 σ_1^2 / σ_2^2 的 $1 - \alpha$ 置信区间为

$$\left[\frac{S_1^2 / S_2^2}{F_{\frac{\alpha}{2}}(n_1 - 1, n_2 - 1)}, \frac{S_1^2 / S_2^2}{F_{1-\frac{\alpha}{2}}(n_1 - 1, n_2 - 1)} \right].$$

由单侧检验问题, 亦可求得相应的置信下限、置信上限.

建议读者对前面讨论过的假设检验与对应的区间估计就总体条件、选用的统计量、显著性水平 α 下 H_0 的各种形式的拒绝域与对应的 $1-\alpha$ 置信区间做出系统的归纳、总结, 并列表示之.

2) 由区间估计做假设检验

若已知参数 θ 的 $1-\alpha$ 置信区间 $[\theta_1, \theta_2]$, 亦可由此推断 $H_0 : \theta = \theta_0$, 若 $\theta_0 \notin [\theta_1, \theta_2]$, 则在显著性水平 α 下应拒绝 H_0, 若 $\theta_0 \in [\theta_1, \theta_2]$, 则在显著性水平 α 下不能拒绝 H_0.

例如, 由 $\mu_1 - \mu_2$ 的 $1-\alpha$ 置信区间中是否含 "0", 来检验 $H_0 : \mu_1 = \mu_2$.

由 $\dfrac{\sigma_1^2}{\sigma_2^2}$ 的 $1-\alpha$ 置信区间中是否含 "1", 来检验 $H_0 : \sigma_1^2 = \sigma_2^2$.

对于单侧的情况, 亦可类似地做出对 H_0 的相应推断, 读者可自行讨论.

由于对参数的区间估计, 既给出了估计的可靠度 (置信水平 $1-\alpha$), 又给出了估计的精度 (区间的长度或半径), 因此由区间估计得到的关于 θ 的信息要较对应的假设检验更为丰富、全面.

例如, 在正态总体 $N(\mu, \sigma^2)$ 中检验 $H_0 : \mu = 0$, 如果检验结果是被接受了, 如前所述, 这并不是证明了 $\mu = 0$, 而只是面对样本不能拒绝 $\mu = 0$, 至于真实的 μ 值与 0 相差多少就不知道了. 若求得 μ 的 $1-\alpha$ 置信区间为 $[-0.05, 0.07]$, 不仅不能拒绝 $\mu = 0$, 而且可有 $1-\alpha$ 的把握知道真实的 μ 与 0 至少相差 0.07, 若这个值对实际应用无甚影响, 那么不仅是不能拒绝 $\mu = 0$, 甚至在实际上可认为 $\mu = 0$. 而如果得到的 $1-\alpha$ 置信区间是 $[-50, 70]$, 虽然 $\mu = 0$ 也被接受, 因这个范围很大, 这个 "接受" 的意义就不具有前面的实际意义了.

反之, 若检验的结果是否定 $H_0 : \mu = 0$, 也只是说 μ 与 0 的差异具有统计显著性, 而未反映出 μ 与 0 的具体差异, 显然当 μ 的区间估计为 $[0.01, 0.03]$ 与 $[10, 30]$ 时, μ 与 0 的差异所具有的统计显著性的实际意义是不同的.

因此, 在实际问题中, 常同时给出未知参数检验的结论及对应的区间估计结果.

虽然区间估计提供的信息比假设检验更全面些, 但假设检验的应用范围比区间估计要广泛得多, 在非参数的假设检验中, 区间估计就无能为力了. 因此, 假设检验是统计推断的重要形式. 这在以后的内容中可以看得更为明显.

习　题　3

1. 测得老年男性与成年男性的血压数据 (单位: mmHg) 如表 3.7, 检验其间的差异是否显著.

表 3.7   血压统计数据汇总

老年男性	133	122	114	130	160	116	105	120	139	124
	120	130	155	130	100	140	220	182	190	110
成年男性	98	136	130	123	128	123	129	154	126	136
	160	128	114	134	107	125	130	115	132	130

2. 为分析 "克矽平" 治疗矽肺的效果, 今抽查应用 "克矽平" 治疗矽肺的 10 名患者, 记录治疗前后血红蛋白的含量如表 3.8, 检验该药是否会引起血红蛋白的变化.

表 3.8   血红蛋白含量统计结果

患者号	1	2	3	4	5	6	7	8	9	10
治疗前	11.3	15.0	15.0	13.5	12.8	10.0	11.0	12.0	13.0	12.3
治疗后	14.0	13.8	14.0	13.5	13.5	12.0	14.7	11.4	13.8	12.0

3. 用机器包装某产品, 机器正常时, 每袋重量服从正态分布 $N(1244, 7.78^2)$, 现随机地抽取该产品 20 袋, 测得标准差为 9.95, 试检验该机器是否正常.

4. 为研究某处理对扇贝幼苗成活率的影响, 试验结果是, 经该处理的 200 枚扇贝幼苗成活率为 50%, 未经该处理的 100 枚扇贝成活率为 30%, 检验该处理是否提高扇贝幼苗的成活率.

5. 用 X 射线照射草食蝗后, 对其 320 个神经芽细胞的染色体断裂数计数结果如表 3.9, 检验每个神经芽细胞中染色体的断裂数是否服从泊松分布.

表 3.9   草食蝗染色体断裂数计数结果

每个细胞的畸变数	细胞的实际计数
0	174
1	112
2	28
3	5
4	1
合计	320

6. 在一养虾场, 随机捞取 500 尾, 测得每尾体长 (单位: cm) 整理结果如表 3.10, 检验虾的体长是否服从正态分布.

7. 乳白色和红色金鱼草之间杂交, 得到如表 3.11 的计数观察值.

根据这些数据, 能否假定此一分布服从孟德尔 1:2:1 的比例?

8. 表 3.12 资料表示某种防腐技术对水产品的防腐效应, 检验该防腐技术是否有效?

9. 根据某地环保法规定, 倾入河流的淤水中某种有毒化学物质含量不得超过 3×10^{-6}, 经连日测定某厂每日倾入河流的废水中该物质的含量 (单位: 10^{-6}), 记录为 3.1, 3.2, 3.3, 2.9, 3.5, 3.4, 2.5, 4.3, 2.9, 3.6, 3.2, 3.0, 2.7, 3.5, 2.9.

试在显著性水平 $\alpha = 0.05$ 上判断该厂是否符合环保规定 (假定废水中有毒物质含量 $Z \sim N(\mu, \sigma^2)$).

表 3.10　虾体长统计结果

体长组限	尾数
2.7~2.9	4
2.9~3.1	15
3.1~3.3	20
3.3~3.5	47
3.5~3.7	63
3.7~3.9	78
3.9~4.1	88
4.1~4.3	69
4.3~4.5	59
4.5~4.7	35
4.7~4.9	10
4.9~5.1	8
5.1~5.3	4
合计	500

表 3.11　金鱼草杂交观测值

表现型	植株数目
红色	20
粉红色	55
乳白色	25
合计	100

表 3.12　防腐效应统计结果

处理	腐败	未腐败	合计
防腐技术	2	14	16
对照	8	16	24
合计	10	30	40

10. 已知产品的某种物质含量 $Z \sim N(0.5, \sigma^2)$, 要求该物质的标准差不得大于 0.005, 现抽取容量为 9 的样本, 测得标准差 $s = 0.0066$, 试问在 $\alpha = 0.05$ 水平上能否认为这批新产品该物质含量的波动合格?

11. 两厂生产同一产品, 其质量指标均服从正态分布, 标准规格为 $\mu = 120$. 现从甲厂抽出 5 件产品, 测得指标值为

$$119, \quad 120, \quad 119.2, \quad 119.7, \quad 119.6,$$

从乙厂也抽出 5 件产品, 测得指标值为

$$110.5, \quad 106.3, \quad 122.2, \quad 113.8, \quad 117.2,$$

由此判断甲、乙两厂的产品是否符合标准规格 120.

    (1) 凭直觉判断的结论如何?

    (2) 在 $\alpha = 0.05$ 水平下, 检验的结论如何?

    (3) (1), (2) 的结论是否一致? 如何解释? 由检验结果, 两厂的质量状况如何改进?

    12. 结合专业对各假设检验问题, 分别举一实例, 并做出检验.

    13. 对假设检验与区间估计两种统计推断方法做出系统的总结.

第4章 方差分析

4.1 方差分析的基本原理

方差分析是分析试验数据时最常用的统计方法.

为探讨某处理因素 A 对我们关心的某个指标 X 的影响作用, 常取 A 的若干个水平 $A_1, A_2, \cdots, A_a$ 进行试验, 通过所得试验结果 X 间的变异, 来分析处理因素 A 对指标 X 的影响作用, 但每次试验的结果都是处理水平 A_i 与种种随机因素共同作用的结果, 只有将这些试验结果的变异加以剖分, 其中由处理水平引起的变异与随机因素引起的变异所起的作用各有多少, 才能透过随机干扰, 分析不同的处理水平是否对指标 X 有不同的影响, 即处理因素 A 对指标 X 的作用是否显著, 这就是方差分析研究的问题.

方差分析是为检验处理因素对试验结果作用显著性的一种统计分析方法.

4.1.1 基本模型

设处理因素 A 有 a 个水平 $A_1, A_2, \cdots, A_a$, 它们对试验结果 X 的效应分别记为 $\mu_1, \mu_2, \cdots, \mu_a$. 检验因素 A 对 X 影响的显著性, 就是检验. $H_0 : \mu_1 = \mu_2 = \cdots = \mu_a$.

由于每次试验的结果 X 都是 A_i 的效应 μ_i 与随机因素的影响共同作用的结果, 为分析随机因素影响的作用, 必须对每个水平 A_i 做重复试验.

设对各水平分别独立重复 $n_1, n_2, \cdots, n_a$ 次试验, 得 $\sum\limits_{i=1}^{a} n_i$ 个试验结果 $x_{ij}, i = 1, 2, \cdots, a, j = 1, 2, \cdots, n_i$, 如表 4.1 所示.

表 4.1　方差分析试验结果

水平	样本	合计
A_1	$x_{11}, \cdots, x_{1j}, \cdots, x_{1n}$	$x_1.$
$\cdots$	$\cdots$	$\cdots$
A_i	$x_{i1}, \cdots, x_{ij}, \cdots, x_{in}$	$x_i.$
$\cdots$	$\cdots$	$\cdots$
A_a	$x_{a1}, \cdots, x_{aj}, \cdots, x_{an}$	$x_a.$
		$x..$

x_{ij} 的数据结构为

$$x_{ij} = \mu_i + \varepsilon_{ij}, \quad i = 1, 2, \cdots, a, \quad j = 1, 2, \cdots, n_i. \tag{4.1}$$

假定 $x_{ij} \sim N\left(\mu_i, \sigma^2\right)$, 即 $\varepsilon_{ij} \sim N\left(0, \sigma^2\right)$ 且相互独立, 这称为单因素方差分析的统计模型. 为方便计, 从本章起对样本的二重意义用同一符号 x 表示, 其含义可以从上下文理解. 在此模型下由样本 x_{ij}, 检验 H_0 时, 常引入诸水平在 $\sum\limits_{i=1}^{a} n_i$ 次试验中的平均效应

$$\mu = \frac{1}{\sum\limits_{i=1}^{a} n_i} \sum_{i=1}^{a} n_i \mu_i.$$

称 $\delta_i = \mu_i - \mu$ 为水平 A_i 的主效应, 由此, 方差分析模型 (4.1) 可写为

$$x_{ij} = \mu + \delta_i + \varepsilon_{ij}, \quad i = 1, 2, \cdots, a, \quad j = 1, 2, \cdots, n_i.$$
$$\sum_{i=1}^{a} n_i \delta_i = 0, \quad \varepsilon_{ij} \sim N\left(0, \sigma^2\right), \tag{4.2}$$

且相互独立.

所要检验原假设可写为 $H_0 : \forall \delta_i = 0,\ i = 1, 2, \cdots, a$, 备择假设为 $H_1 : \exists \delta_i \neq 0,\ i = 1, 2, \cdots, a$.

常取显著性水平 $\alpha = 0.05,\ 0.01$, 当否定 H_0 时, 因素 A 的诸水平 A_i 的效应 μ_i 之间存在的差异, 即因素 A 对指标 x 的作用统计显著、统计极显著. 当接受 H_0 时, 因素 A 的诸水平 μ_i 效应之间不存在差异, 即因素 A 对指标 x 的作用不具有统计显著性.

4.1.2   基本思想与方法

为由样本 x_{ij} 做出前述检验, 首先应寻求刻画所有 x_{ij} 变异的数学表达式, 最简便的方法是

$$SST = \sum_{i=1}^{a} \sum_{j=1}^{n_i} (x_{ij} - \bar{x})^2 \left(\bar{x} = \frac{1}{\sum\limits_{i=1}^{a} n_i} \sum_{i=1}^{a} \sum_{j=1}^{n_i} X_{ij} \stackrel{\Delta}{=} \frac{x_{..}}{\sum\limits_{i=1}^{a} n_i} \right)$$

称为总平方和.

SST 越大, 表示 x_{ij} 的变异越大. 再将 SST 剖分为来自因素 A 的诸水平效应的变异与随机因素干扰的变异两部分, 分别记为 SSA, SSE.

对于 SSE 这部分, 可考虑对每个固定的 A_i, 所得 n_i 样本 $x_{i_1}, x_{i_2}, \cdots, x_{i_{n_i}}$ 的变异与诸 μ_i 的不同无关, 故期间的变异均来自随机因素的干扰, 此变异可由 $\sum\limits_{j=1}^{n_i} (x_{ij} - \bar{x}_{i.})^2$ 表示, 其中

$$\bar{x}_{i.} = \frac{1}{n_i} \sum_{j=1}^{n_i} x_{ij} = \frac{x_{i.}}{n_i}.$$

故来自对所有水平 A_i 的随机因素干扰引起 x_{ij} 的变异是

$$SSE = \sum_{i=1}^{a} \sum_{j=1}^{n_i} (x_{ij} - \bar{x}_{i.})^2$$

称为随机平方和. 那么应有 $SSA = SST - SSE$, 且可证

$$SSA = \sum_{i=1}^{a} \sum_{j=1}^{n_i} (\bar{x}_{i.} - \bar{x})^2 = \sum_{i=1}^{a} n_i (\bar{x}_{i.} - \bar{x})^2$$

SSA 称为处理平方和, 此式的直观意义是显然的. 为证此式, 只需由分解式

$$x_{ij} - \bar{x} = (x_{ij} - \bar{x}_{i.}) + (\bar{x}_{i.} - \bar{x})$$

两边平方后, 对 i, j 求和, 并注意 $\sum_{j=1}^{n_i} (x_{ij} - \bar{x}_{i.}) = 0$, 有

$$\sum_{i=1}^{a} \sum_{j=1}^{n_i} (x_{ij} - \bar{x}_{i.})(\bar{x}_{i.} - \bar{x}) = \sum_{i=1}^{a} (\bar{x}_{i.} - \bar{x}) \sum_{j=1}^{n_i} (x_{ij} - \bar{x}_{i.}) = 0.$$

若从方差分析模型 $x_{ij} = \mu + \delta_{ij} + \varepsilon_{ij}$ 来看, 前述平方和的剖分过程, 只需将

$$x_{ij} - \mu = (\mu_i - \mu) + (x_{ij} - \mu_i),$$

μ, μ_i 分别以其点估计 $\hat{\mu} = \bar{x}, \hat{\mu}_i = \bar{x}_{i.}$ 代之, 再求两端的平方对 i, j 的和即可得到. 由 SSA 和 SSE 的意义可知, SSA 越大, SSE 越小, 对 H_0 越不利, 为依所给的显著性水平 α 检验 H_0, 还需由 SSA, SSE 构造检验统计量并知其分布.

当 H_0 成立时, $x_{ij} \sim N\left(\mu, \sigma^2\right)$, $i = 1, 2, \cdots, a$, $j = 1, 2, \cdots, n_i$, 由定理 1.3 知

$$\frac{SST}{\sigma^2} \sim \chi^2 \left(\sum_{i=1}^{a} n_i - 1 \right),$$

记

$$\mathrm{df}_T = \sum_{i=1}^{a} n_i - 1, \quad \sum_{j=1}^{n_i} \frac{(x_{ij} - \bar{x}_{i.})^2}{\sigma^2} \sim \chi^2 \left(n_i - 1 \right).$$

再依 χ^2 分布的可加性, 即得

$$\frac{SSE}{\sigma^2} \sim \chi^2 \left(\sum_{i=1}^{a} n_i - a \right), \quad \text{记} \quad \mathrm{df}_e = \sum_{i=1}^{a} n_i - a.$$

又可证 (证明从略)

$$\frac{SSA}{\sigma^2} \sim \chi^2 \left(a - 1 \right), \quad \text{记} \quad \mathrm{df}_A = a - 1.$$

显见 $\mathrm{df}_T = \mathrm{df}_A + \mathrm{df}_e$, 并分别称为对应平方和的自由度.

记 $MSA = \dfrac{SSA}{a-1}$, $MSE = \dfrac{SSE}{\sum\limits_{i=1}^{a} n_i - a}$ 分别称为处理均方、随机均方, 则由 F

分布定义, 可知

$$\frac{MSA}{MSE} \sim F\left(a-1, \sum_{i=1}^{a} n_i - a\right).$$

以此为检验统计量, 由前述分析可知应由 $P\left\{\dfrac{MSA}{MSE} > F_\alpha\left(a-1, \sum\limits_{i=1}^{a} n_i - a\right)\right\} = \alpha$ 给出显著性水平 α 下的 H_0 的否定域.

当 $\dfrac{MSA}{MSE} > F_\alpha\left(a-1, \sum\limits_{i=1}^{a} n_i - a\right)$ 时否定 H_0;

当 $\dfrac{MSA}{MSE} \leqslant F_\alpha\left(a-1, \sum\limits_{i=1}^{a} n_i - a\right)$ 时接受 H_0.

在常用统计软件中, 常直接给出准确的显著性程度 $P\left\{F > \dfrac{MSA}{MSE}\right\} = p$. 对给定的显著性水平 α, 有

当 $p < \alpha$ 时, 否定 H_0;

当 $p \geqslant \alpha$ 时, 接受 H_0.

上述就最简单的单因素试验, 建立的方差分析模型及其基本思想方法是有一般意义的, 当检验某些处理因素对指标 x 作用的显著性时, 总是将这些因素分别设置若干水平, 由它们的效应确定 x 的数据结构模型, 再依此将所有试验结果的总变异剖分为对应的部分, 构造检验统计量, 做出相应的检验.

4.2　单因素试验的方差分析

由 4.1 节建立的单因素试验的方差分析模型及其基本思想方法可知, 对因素 A 的 a 个水平 A_i $(i = 1, 2, \cdots, a)$ 分别做 n_i $(i = 1, 2, \cdots, a)$ 次独立重复试验, 得 $\sum\limits_{i=1}^{a} n_i$ 样本: x_{ij} $(i = 1, 2, \cdots, a, j = 1, 2, \cdots, n_i)$ 后, 方差分析的步骤如下:

(1) 依样本 x_{ij} 计算平方和 SST, SSA, SSE 及相应的自由度 $\mathrm{df}_T, \mathrm{df}_A, \mathrm{df}_e$.

(2) 计算处理均方 MSA 及随机均方 MSE.

(3) 计算均方比 $\dfrac{MSA}{MSE}$.

(i) 依显著性水平 $\alpha = 0.05, \alpha = 0.01$ 查表, 得到否定域的临界值

$$F_\alpha \left(a-1, \sum_{i=1}^{a} n_i - a \right).$$

(ii) 计算 $P\left\{ F > \dfrac{MSA}{MSE} \right\} = p.$

(4) 以下述方法做出统计推断.

(i) 当 $\dfrac{MSA}{MSE} > F_\alpha$ 时, 因素 A 作用显著或极显著. 否则 A 的作用不显著, 可分别在 $\dfrac{MSA}{MSE}$ 值的右上方标注 * 或 ** 或不标注.

(ii) 因素 A 在水平 p 上作用显著. 一般当 $p < 0.05$ 时, 称 A 的作用显著; $p < 0.01$ 时, 称 A 的作用极显著.

在计算机上由常用统计软件做方差分析时, 在 (3), (4) 两步中常用第二种方法. 最后, 由上述结果编制方差分析表 (表 4.2).

表 4.2 单因素试验方差分析表

变异来源	平方和	自由度	均方	F 值	临界值	(或 p 值)
因素 A	SSA	$a-1$	MSA	$\dfrac{MSA}{MSE}$	$F_{0.05}\left(a-1, \sum\limits_{i=1}^{a} n_i - a\right)$	$P\left\{F > \dfrac{MSA}{MSE}\right\} = p$
随机误差	SSE	$\sum\limits_{i=1}^{a} n_i - a$	MSE		$F_{0.01}\left(a-1, \sum\limits_{i=1}^{a} n_i - a\right)$	
合计	SST	$\sum\limits_{i=1}^{a} n_i - 1$				

当 $\dfrac{MSA}{MSE} > F_{0.05}\left(a-1, \sum\limits_{i=1}^{a} n_i - a\right)$ 或 $p < 0.05$ 时, 在 $\dfrac{MSA}{MSE}$ 右上方标注 *, 表示显著.

当 $\dfrac{MSA}{MSE} > F_{0.01}\left(a-1, \sum\limits_{i=1}^{a} n_i - a\right)$ 或 $p < 0.01$ 时, 在 $\dfrac{MSA}{MSE}$ 右上方标注 **, 表示极显著.

对本节的所有应用举例, 均见例 4.1.

4.2.1 平方和计算

前述诸平方和的表达式用于分析, 其统计学含义是清楚的, 但不便于计算, 计

算时常用下述变形:

$$SST = \sum_{i=1}^{a} \sum_{j=1}^{n_i} (x_{ij} - \bar{x})^2 = \sum_{i=1}^{a} \sum_{j=1}^{n_i} x_{ij}^2 - \frac{x_{..}^2}{\sum\limits_{i=1}^{a} n_i} = \sum_{i=1}^{a} \sum_{j=1}^{n_i} x_{ij}^2 - c,$$

其中

$$c = \frac{x_{..}^2}{\sum\limits_{i=1}^{a} n_i} = \left(\sum_{i=1}^{a} n_i \right) \bar{x}^2$$

叫做修正项.

$$SSA = \sum_{i=1}^{a} n_i \left(\overline{x}_{i\cdot} - \overline{x} \right)^2 = \sum_{i=1}^{a} \frac{x_{i\cdot}^2}{n_i} - c,$$

$$SSE = \sum_{i=1}^{a} \sum_{j=1}^{n_i} x_{ij}^2 - \sum_{i=1}^{a} \frac{x_{i\cdot}^2}{n_i}.$$

当计算时, 常计算 SST, SSA(或 SSE), 再依据 $SST = SSA + SSE$ 计算另一个, 当 $n_i = n$ 时, $\sum\limits_{i=1}^{a} n_i = na$,

$$SST = \sum_{i=1}^{a} \sum_{j=1}^{n} x_{ij}^2 - c, \quad \mathrm{df}_T = an - 1,$$

$$SSA = n \sum_{i=1}^{a} \left(\overline{x}_i - \overline{x} \right)^2 = \frac{1}{n} \sum_{i=1}^{a} x_{i\cdot}^2 - c, \quad \mathrm{df}_A = a - 1,$$

$$SSE = \sum_{i=1}^{a} \sum_{j=1}^{n} x_{ij}^2 - \frac{1}{n} \sum_{i=1}^{a} x_{i\cdot}^2, \quad \mathrm{df}_e = a(n-1).$$

4.2.2　正态性检验

前述的单因素方差分析方法是以模型 (4.1) 中样本 x_{ij} $(i = 1, 2, \cdots, a, j = 1, 2, \cdots, n_i)$ 相互独立为基础, 因此应首先检验 x_{ij} $(i = 1, 2, \cdots, a, j = 1, 2, \cdots, n_i)$ 的正态性及其方差齐性.

对水平 A_i 的 n_i 样本的正态性检验, 除 χ^2 拟合优度检验外, 还有许多方法, Wilk-Shapiro 的 W 检验和 Dagustino 的 D 检验两种方法被列为我国的国家标准.

下面介绍这两种检验方法.

设总体 X 的 n 样本, 依由小到大排序为 $x_1, x_2, \cdots, x_n$, 现由此检验: $H_0 : X$ 服从正态分布.

1) 小样本 $(3 \leqslant n \leqslant 50)$ 的 W 检验

当 $3 \leqslant n \leqslant 50$ 时, Wilk 和 Shapiro 提出 W 统计量

$$W = \frac{\left[\sum_{i=1}^{[n/2]} a_i \left(x_{n+1-i} - x_i\right)\right]^2}{\sum_{i=1}^{n} \left(x_i - \bar{x}\right)^2},$$

其中 a_i, $i = 1, 2, \cdots, \left[\dfrac{n}{2}\right]$, 可依 n 查附表 6.

可以证明 $W \in [0,1]$, 且当 H_0 为真时, W 的值接近于 1, 故 W 值越小越不利于 H_0. 在显著性 α 上, H_0 的否定域应由 $P\{W < W_\alpha\} = \alpha$ 确定, 其中 W_α 值可依 n 与 α 查附表 7.

当 $W < W_\alpha$ 时, 否定 H_0; 当 $W \geqslant W_\alpha$ 时, 接受 H_0, 即在水平 α 上, X 服从正态分布.

2) 大样本 $(n > 50)$ 时的 D 检验

在 $n > 50$ 时, W 检验不易计算, Dagustino 提出 D 统计量

$$y = \frac{(D - 0.28209479)\sqrt{n}}{0.02998598}, \quad \text{其中} \quad D = \frac{\sum_{i=1}^{n}\left(i - \dfrac{n+1}{2}\right)x_i}{n^{3/2}\sqrt{\sum_{i=1}^{n}\left(x_i - \bar{x}\right)^2}}.$$

H_0 的否定域的临界值 $y_{\frac{\alpha}{2}}$, $y_{1-\frac{\alpha}{2}}$ 可查附表 8.

当 $y \leqslant y_{\frac{\alpha}{2}}$ 或 $y \geqslant y_{1-\frac{\alpha}{2}}$ 时, 否定 H_0; 当 $y_{\frac{\alpha}{2}} < y < y_{1-\frac{\alpha}{2}}$ 时, 接受 H_0. 对 x_{ij} 做正态性检验, 应就每一水平 A_i 的 n_i 样本 $x_{i1}, x_{i2}, \cdots, x_{in_i}$ $(i = 1, 2, \cdots, n)$ 分别检验.

4.2.3 方差齐性检验

在 a 个水平总体分别服从 $N\left(\mu_i, \sigma_i^2\right)$ 时, 还应检验它们的方差是否具有方差齐性, 检验

$$H_0 : \sigma_1^2 = \sigma_2^2 = \cdots = \sigma_a^2,$$

备择假设 $H_1 : \sigma_i^2$ $(i = 1, 2, \cdots, a)$ 不全相等.

常用的检验方法有下面几种.

1) Bartlett 检验

设水平 A_i 的正态总体 $N\left(\mu_i, \sigma_i^2\right)$ 有 n_i 样本, Bartlett 证明了

$$\chi^2 = \frac{k^2}{c} \sim \chi^2 (a-1),$$

其中

$$k^2 = \left(\sum_{i=1}^{a} n_i - a \right) \ln(MSE) - \sum_{i=1}^{a} (n_i - 1) \ln S_i^2,$$

$$S_i^2 = \frac{1}{n_i - 1} \sum_{j=1}^{n_i} (x_{ij} - \bar{x}_{i\cdot})^2,$$

可见

$$MSE = \sum_{i=1}^{a} (n_i - 1) S_i^2 \Big/ \sum_{i=1}^{a} (n_i - 1),$$

$$C = 1 + \frac{1}{3(a-1)} \left[\sum_{i=1}^{a} \frac{1}{n_i - 1} - \frac{1}{\sum_{i=1}^{a} (n_i - 1)} \right].$$

由于 $C > 0$, $k^2 \geqslant 0$, 当且仅当 $S_i^2 \ (i = 1, 2, \cdots, a)$ 均相等时等式成立, 所以 k^2 越大对 H_0 越不利, 故应由 $P(\chi^2 > \chi_\alpha^2 (a-1)) = \alpha$ 确定 H_0 在显著性水平 α 上的否定域.

当 $\chi^2 > \chi_\alpha^2 (a-1)$ 时, 否定 H_0, 即 a 个总体不具有方差齐性.

当 $\chi^2 \leqslant \chi_\alpha^2 (a-1)$ 时, 接受 H_0, 即 a 个总体具有方差齐性.

2) 最大 F 检验 (Hartley 检验)

当诸水平 $A_i (i = 1, 2, \cdots, a)$ 的总体均有 n 样本时, 可由统计量

$$F_{\max} = \frac{\max\{S_1^2, S_2^2, \cdots, S_a^2\}}{\min\{S_1^2, S_2^2, \cdots, S_a^2\}},$$

构造 H_0 在水平 α 下的否定域 $P(F_{\max} > F_{\max,\alpha} (a, n-1)) = \alpha$.

当 $F_{\max} > F_{\max,\alpha} (a, n-1)$ 时否定 H_0, 当 $F_{\max} \leqslant F_{\max,\alpha} (a, n-1)$ 时接受 H_0, 即 a 个总体具有方差齐性, 临界值 $F_{\max,\alpha}$ 可在附表 10 查出.

3) 最大方差检验 (Cochran 检验)

当诸水平 A_i 的总体均有 n 样本时, Cochran 提出可由统计量

$$G_{\max} = \frac{\max\{S_1^2, S_2^2, \cdots, S_a^2\}}{\sum_{i=1}^{a} S_i^2},$$

其中 S_i^2 是总体 A_i 的样本方差, 构造在水平 α 下 H_0 的否定域 $P(G_{\max} > G_{\max,\alpha}) = \alpha$, 当 $G_{\max} > G_{\max,\alpha}(a, n-1)$ 时, 否定 H_0. 当 $G_{\max} \leqslant G_{\max,\alpha}(a, n-1)$ 时, 接受 H_0, 即 a 个总体具有方差齐性, 临界值 $G_{\max,\alpha}(a, n-1)$ 可在附表 10 中查出.

4.2.4 多重比较

在方差分析中, 若经 F 检验否定原假设 $H_0 : \forall \mu_i = \mu, i = 1, 2, \cdots, a$ 或 $\forall \delta_i = 0$, $i = 1, 2, \cdots, a$ 而接受 H_1, 表明因素 A 的作用是显著的, 即其 a 个水平 A_i 的效应 μ_i 不全相等 $(i = 1, 2, \cdots, a)$, 但并不能说明它们两两之间都不相等, 因此我们还需要确认在 a 个水平中, 哪些水平间有显著差异, 哪些水平间无显著差异, 这称为多重比较, 即同时检验以下 C_a^2 个假设:

$H_0 : \mu_k = \mu_m, k < m, k, m = 1, 2, \cdots, a.$

$H_1 : \mu_k \neq \mu_m.$

当检验时, 显然应由对应的 $\bar{x}_{k\cdot} - \bar{x}_{m\cdot}$ 构造检验统计量, 并依其分布确定否定域的临界值. 下面介绍常用的多重比较方法.

1) 费希尔 (Fisher) 法

费希尔在 1935 年由 $\dfrac{(\bar{x}_{k\cdot} - \bar{x}_{m\cdot}) - (\mu_k - \mu_m)}{\sqrt{\left(\dfrac{1}{n_k} + \dfrac{1}{n_m}\right)}\sigma} \sim N(0, 1), \dfrac{SSE}{\sigma^2} \sim \chi^2\left(\displaystyle\sum_{i=1}^{a} n_i - a\right),$ 依 t 分布的定义得到

$$\frac{(\bar{x}_{k\cdot} - \bar{x}_{m\cdot}) - (\mu_k - \mu_m)}{\sqrt{\left(\dfrac{1}{n_k} + \dfrac{1}{n_m}\right)(MSE)}} \sim t\left(\sum_{i=1}^{a} n_i - a\right).$$

当 H_0 为真时, 由 $\dfrac{\bar{x}_{k\cdot} - \bar{x}_{m\cdot}}{\sqrt{\left(\dfrac{1}{n_k} + \dfrac{1}{n_m}\right)(MSE)}} \sim t\left(\displaystyle\sum_{i=1}^{a} n_i - a\right)$ 得到 H_0 的否定域

为

$$|\bar{x}_{k\cdot} - \bar{x}_{m\cdot}| > LSD,$$

其中 $LSD = \sqrt{(MSE)\left(\dfrac{1}{n_k} + \dfrac{1}{n_m}\right)}\, t_{\frac{\alpha}{2}}\left(\displaystyle\sum_{i=1}^{a} n_i - a\right)$ 叫做最小显著差数.

当 $n_i = n$ 时, $LSD = \sqrt{\dfrac{2(MSE)}{n}}\, t_{\frac{\alpha}{2}}(a(n-1)).$

由于在应用时, 需将上述检验做 C_a^2 次, 故将 a 个处理平均数 $\bar{x}_{i\cdot}$, 依其大小排序, 不妨设 $\bar{x}_{1\cdot} > \bar{x}_{2\cdot} > \cdots > \bar{x}_{a\cdot}$, 将所有两两比较结果, 列于表 4.3.

就 $\alpha = 0.05, 0.01$, $\bar{x}_{k\cdot} - \bar{x}_{m\cdot} > LSD$ 时, 在对应差数右上角标记 *, ** 以示显著或极显著.

由此, 可推出 $\mu_k - \mu_m$ 的 $1 - \alpha$ 置信区间

$$[(\bar{x}_{k\cdot} - \bar{x}_{m\cdot}) \pm LSD].$$

表 4.3　处理平均数两两比较结果

	$\bar{x}_{a\cdot}$	$\bar{x}_{a-1\cdot}$	$\bar{x}_{a-2\cdot}$	$\cdots$	$\bar{x}_{1\cdot}$
$\bar{x}_{1\cdot}$	$\bar{x}_{1\cdot} - \bar{x}_{a\cdot}$	$\bar{x}_{1\cdot} - \bar{x}_{a-1\cdot}$	$\bar{x}_{1\cdot} - \bar{x}_{a-2\cdot}$	$\cdots$	$\bar{x}_{1\cdot} - \bar{x}_{1\cdot}$
$\bar{x}_{2\cdot}$	$\bar{x}_{2\cdot} - \bar{x}_{a\cdot}$	$\bar{x}_{2\cdot} - \bar{x}_{a-1\cdot}$	$\bar{x}_{2\cdot} - \bar{x}_{a-2\cdot}$	$\cdots$	0
$\cdots$	$\cdots$	$\cdots$	$\cdots$	$\cdots$	$\cdots$
$\bar{x}_{a\cdot}$	$\bar{x}_{a\cdot} - \bar{x}_{a\cdot}$	0	0	$\cdots$	0
					0

可以看到, 当 $a = 2$ 时, 前述的检验和区间估计的方法与结果, 都和第 2 章、第 3 章的对应部分相同.

当 a 较大时, 需求出 C_a^2 个区间估计, 虽然每个区间估计的置信水平都是 $1 - \alpha$, 但 C_a^2 个同时成立的概率是 $(1 - \alpha)^{C_a^2}$, 小于 $1 - \alpha$. 例如, 当 $a = 5, 1 - \alpha = 0.95$ 时, 每个区间的置信水平为 0.95, 而 $C_5^2 = 10$ 个区间估计同时含 $\mu_k - \mu_m$ 的概率降低到 $0.95^{10} \doteq 0.6$.

2) 雪夫 (Scheffe) 法

雪夫考虑到 C_a^2 个检验的整体性, 导出一个含 $\bar{x}_{k\cdot} - \bar{x}_{m\cdot}$ 的 F 分布 $F\left(a - 1, \sum_{i=1}^{a} n_i - a\right)$, 于 1953 年提出 H_0 的否定域为

$$|\bar{x}_{k\cdot} - \bar{x}_{m\cdot}| > SCD,$$

其中

$$SCD = \sqrt{(MSE)\left(\frac{1}{n_k} + \frac{1}{n_m}\right)(a - 1)F_\alpha\left(a - 1, \sum_{i=1}^{a} n_i - a\right)}.$$

也可求出 $\mu_k - \mu_m$ 的 $1 - \alpha$ 置信区间

$$[(\bar{x}_{k\cdot} - \bar{x}_{m\cdot}) \pm SCD].$$

3) 顿肯 (Duncan) 多重差距检验法

顿肯考虑到对 a 个处理均值 $\bar{x}_{1\cdot}, \bar{x}_{2\cdot}, \cdots, \bar{x}_{a\cdot}$, 不妨设 $\bar{x}_{1\cdot} \geqslant \bar{x}_{2\cdot} \geqslant \cdots \geqslant \bar{x}_{a\cdot}$, 并将其进行两两比较时, 它们之间的显著性是有关联的. 例如, 若在显著性 α 下, 接

受 $\mu_k = \mu_m\,(k < m)$, 在同一显著差数的情况下, 对位于 k, m 之间的任两个 μ_i, μ_j, 亦必接受 $\mu_i = \mu_j$, 同样在否定 $\mu_k = \mu_m\,(k < m)$ 时, 对分别位于 k, m 两侧的 x_i, x_j, 亦必否定 $\mu_i = \mu_j$ 及直观上可以想到它们的显著性水平实际上应有不同, 为消除这一影响, 顿肯于 1955 年提出与 $\bar{x}_{k\cdot}$, $\bar{x}_{m\cdot}$ 的相对位置有关的多重差距

$$(DMR)_\alpha = (SSR)_\alpha \sqrt{\frac{MSE}{n}},$$

其中 SSR 值与显著性水平 α, df_e 及 $\bar{x}_{k\cdot}$ 与 $\bar{x}_{m\cdot}$ 之间的均值个数 $p = m - k$ 有关, 可在附表 12 中查得.

$H_0 : \mu_k = \mu_m$ 的否定域是 $\bar{x}_{k\cdot} - \bar{x}_{m\cdot} > DMR.$

当各处理的重复试验次数 n_i 不同时, 可取

$$n \doteq \frac{1}{a-1}\left(\sum_{i=1}^{a} n_i - \frac{\sum_{i=1}^{a} n_i^2}{\sum_{i=1}^{a} n_i}\right).$$

4) 顿纳特 (Dunnett) 法

若试验目的仅在于比较诸处理与某一标准处理 A_1(例如对照组) 的效应差异, 即检验 $a - 1$ 个假设 $H_0 : \mu_i = \mu_1$, 为体现对标准处理 A_1 的保护, 顿纳特于 1964 年提出 $H_0 : \mu_i = \mu_1$ 的否定域是

$$|\bar{x}_{i\cdot} - \bar{x}_{1\cdot}| > DLSD,$$

其中 $DLSD = t^*_{\frac{\alpha}{2}}\,(a-1, \mathrm{df}_e)\sqrt{(MSE)\left(\dfrac{1}{n_i} + \dfrac{1}{n_1}\right)}.$

当 $n_i = n_1 = n$ 时, $DLSD = t^*_{\frac{\alpha}{2}}\,(a-1,\ \mathrm{df}_e)\sqrt{\dfrac{2\,(MSE)}{n}}.$

$t^*_\alpha\,(a-1, \mathrm{df}_e)$ 的值可在附表 11 中查得.

上面介绍的多重比较法只是目前常用的几种, 除此还有许多, 它们的区别仅在导出的最小显著性差数的临界值. 对这些方法难以评比它们的优劣, 一个主要原因在于要用到不同类型的第一类错误率. 因此, 在应用中选用哪一种方法为好也难有定论. 一般来说, 在经 F 检验获得显著结果后, 最好用顿肯多重差距检验. 若仅对诸处理与同一标准处理比较, 则以采用顿纳特法为宜, 但这不是定论.

例 4.1 为试验四批鱼种的生长状况, 取条件相同的 20 个鱼池, 四批鱼种各随机地在 5 个鱼池中养殖, 经一定时间后, 测得每尾鱼平均体重如表 4.4 所示, 检验这四批鱼种的体重生长状况差异的显著性.

表 4.4　四批鱼种每尾鱼平均体重汇总表

批别	体重/g	$x_i.$	$\overline{x}_i.$	s_i^2
A_1	55, 49, 42, 21, 52	219	43.8	185.7
A_2	61, 112, 30, 89, 63	355	71.0	962.5
A_3	42, 97, 81, 95, 92	407	81.4	523.3
A_4	169,137, 168, 85, 154	713	142.6	1205.3
				2876.8

解　首先应对每个水平总体分别做正态性检验.

检验 H_0 : A_1 总体服从正态分布, 将 A_1 总体的样本依由小到大排序为

$$21, \quad 42, \quad 49, \quad 52, \quad 55,$$

求得 $\sum\limits_{j=1}^{5}(x_{1j}-\overline{x}_1.)^2 = 742.8$, 查附表 6、附表 7 分别有

$$a_1(5) = 0.6646, \quad a_2(5) = 0.2413, \quad W_{0.05}(5) = 0.762.$$

由 W 检验

$$W = \frac{[0.6646 \times (55-21) + 0.2413 \times (52-42)]^2}{742.8} = 0.842 > 0.762,$$

知在 $\alpha = 0.05$ 水平上接受正态性假设.

对其他三个水平总体经 W 检验, 均服从正态分布, 这时, 应再对 4 个正态总体 $N(\mu_i, \sigma_i^2)$ 做方差齐性检验.

由 Bartlett χ^2 检验

$$k^2 = (20-4)\ln\frac{4 \times 2876.8}{16} - 4[\ln 185.7 + \ln 962.5 + \ln 523.3 + \ln 1205.3] = 3.4568,$$

$$C = 1 + \frac{1}{3 \times 3}\left[\frac{4}{4} - \frac{1}{16}\right] = 1.1042,$$

$$\chi^2 = \frac{k^2}{C} = 3.131 < \chi_{0.05}^2(4-1) = 7.815.$$

故四个处理总体具有方差齐性, 可以做方差分析. 由最大 F 检验或最大方差检验亦有同样的结论

$$F_{\max} = \frac{1205.3}{185.7} < F_{\max,\,0.05}(4,4) = 20.6.$$

$$G_{\max} = \frac{1205.3}{2876.8} < G_{\max,\,0.05}(4,4) = 0.6287.$$

至此, 知 4 个正态总体为 $N(\mu_i, \sigma^2)$, 故可做方差分析.

由 $SST = 37626.2$, $\mathrm{df}_T = 20 - 1 = 19$.

$SSA = 26119, \quad \mathrm{df}_A = 4 - 1 = 3.$

$SSE = 11507.2, \quad \mathrm{df}_e = 20 - 4 = 16.$

构造方差分析表, 见表 4.5.

表 4.5　四批鱼种生长体重方差分析表

变异来源	平方和	df	均方	F	临界值
批别	26119	3	8706.3	12.1**	$F_{0.05}(3,6) = 3.2$
随机误差	11507.2	16	719.2		$F_{0.01}(3,6) = 5.3$
合计	37626.2	19			

故知四批鱼种的体重生长存在极显著差异.

为知哪些批次之间存在显著差异, 现用顿肯多重差距检验法进行多重比较. 由 $MSE = 719.2$, $n = 5$, 经查表得 SSR_α 后, 计算多重最小显著差数 DMR, 如表 4.6 所示.

表 4.6　多重最小显著差数 DMR

p	$(SSR)_{0.05}$	$(DMR)_{0.05}$	$(SSR)_{0.01}$	$(DMR)_{0.01}$
4	3.23	38.73	4.45	53.36
3	3.15	37.77	4.34	52.04
2	3.00	35.91	4.13	49.52

其中 $(DMR)_\alpha = (SSR)_\alpha \sqrt{\dfrac{719.2}{5}} = 11.99(SSR)_\alpha.$

顿肯多重差距检验结果见表 4.7.

表 4.7　顿肯多重差距检验结果

批别		A_1	A_2	A_3
	平均体重	43.8	71.0	81.4
A_4	142.6	98.8**	71.6**	61.2**
A_3	81.4	37.6	10.4	
A_2	71.0	27.2		

经检验后, 知 A_4 与其他三批的差异均极显著, 而 A_1, A_2, A_3 三批之间的差异均不显著. 若以 A_1 为标准水平, 将 A_2, A_3, A_4 与之比较, 应用顿纳特检验法, 经计算得最小显著差数:

$$(DLSD)_{0.05/2} = 2.59 \times 16.96 = 43.9264,$$

$$(DLSD)_{0.01/2} = 3.39 \times 16.96 = 57.4944.$$

由 $\bar{x}_{4\cdot} - \bar{x}_{1\cdot} = 98.8 > (DLSD)_{0.05}$, $\bar{x}_{2\cdot} - \bar{x}_{1\cdot} = 27.2 < (DLSD)_{0.05}$, $\bar{x}_{3\cdot} - \bar{x}_{1\cdot} =$

$37.6 < (DLSD)_{0.05}$. 故 A_4 批鱼种极显著地优于 A_1, 而 A_2, A_3 与 A_1 的差异均不显著. 可求得总体 A_2, A_3, A_4 与总体 A_1 体重差异的 95% 的置信区间依次为

$$[98.8 \pm 43.9264], \quad [37.6 \pm 43.9264], \quad [27.2 \pm 43.9264].$$

SPSS 实现 (检验四批鱼种体重生长状况差异的显著性)

(1) 数据的输入: 在变量窗口设置变量, 变量名为 "体重" "批别". 在数据窗口输入数据. 数据格式如图 4.1 所示.

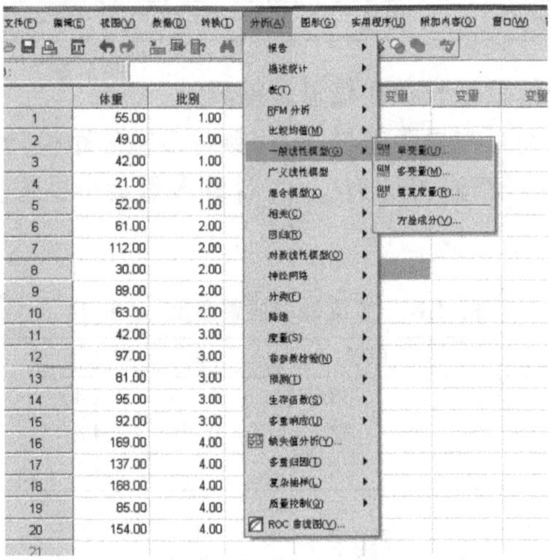

图 4.1

(2) 命令选择: 在 "分析" 下拉菜单下, 选择 "一般线性模型", 单击 "单变量" 选项. 弹出单变量分析对话框. 分析 → 一般线性模型 → 单变量.

选择 "体重" 为因变量, "批别" 为固定因子, 单击 "模型" 按钮 (图 4.2), 设定模型及平方和类型, 单击 "继续" 按钮 (图 4.3).

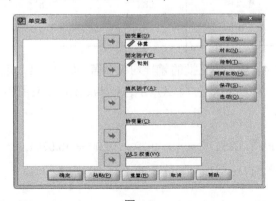

图 4.2

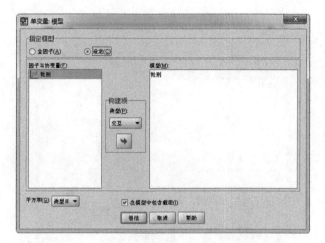

图 4.3

单击 "对比" 按钮, 选择 "批别" 进入两两比较检验, 两两比较方法选择 "LSD",
点击 "继续" 按钮 (图 4.4).

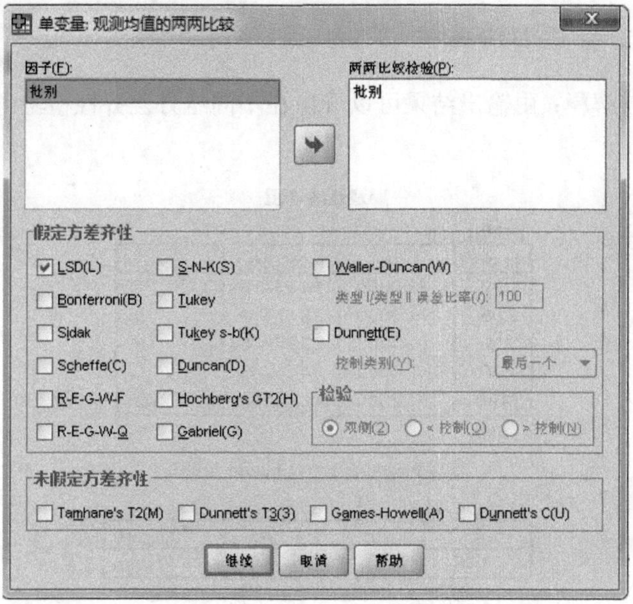

图 4.4

单击 "选项" 按钮, 估计边际均值, 选择 "批别" 进入显示均值框, 并设定输出
中包含描述统计、方差齐性检验 (图 4.5).

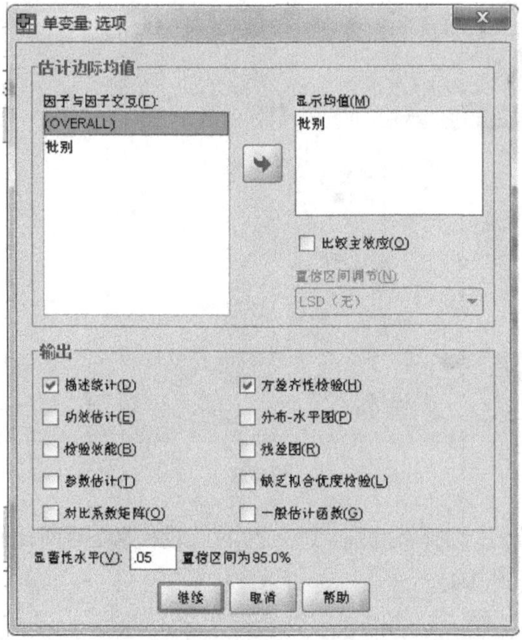

图 4.5

(3) 输出与解释：由输出结果可以看出在不同组方差齐性检验中, 接受方差齐性假设 (图 4.6).

描述性统计量

因变量:体重

批别	均值	标准 偏差	N
1.00	43.8000	13.62718	5
2.00	71.0000	31.02418	5
3.00	81.4000	22.87575	5
4.00	142.6000	34.71743	5
总计	84.7000	44.50086	20

误差方差等同性的 Levene 检验ª

因变量:体重

F	df1	df2	Sig.
1.084	3	16	.384

检验零假设, 即在所有组中因变量的误差方差均相等。

a. 设计 : 截距 + 批别

图 4.6

由方差分析结果可以看出, 各批别鱼的体重生长状况差异间极显著. 具体批别之间的差异分析通过最小显著差法两两比较得到 (图 4.7).

主体间效应的检验

因变量:体重

源	III 型平方和	df	均方	F	Sig.
校正模型	26119.000ᵃ	3	8706.333	12.106	.000
截距	143481.800	1	143481.800	199.502	.000
批别	26119.000	3	8706.333	12.106	.000
误差	11507.200	16	719.200		
总计	181108.000	20			
校正的总计	37626.200	19			

a. R 方 = .694（调整 R 方 = .637）

估算边际均值

批别

因变量:体重

批别	均值	标准 误差	95% 置信区间	
			下限	上限
1.00	43.800	11.993	18.375	69.225
2.00	71.000	11.993	45.575	96.425
3.00	81.400	11.993	55.975	106.825
4.00	142.600	11.993	117.175	168.025

图 4.7

由两两比较的结果可以看出, 批别 4 相比于前三个批次, 体重差异都极显著 (图 4.8).

多个比较

体重
LSD

(I) 批别	(J) 批别	均值差值 (I-J)	标准 误差	Sig.	95% 置信区间	
					下限	上限
1.00	2.00	-27.2000	16.96113	.128	-63.1560	8.7560
	3.00	-37.6000*	16.96113	.041	-73.5560	-1.6440
	4.00	-98.8000*	16.96113	.000	-134.7560	-62.8440
2.00	1.00	27.2000	16.96113	.128	-8.7560	63.1560
	3.00	-10.4000	16.96113	.548	-46.3560	25.5560
	4.00	-71.6000*	16.96113	.001	-107.5560	-35.6440
3.00	1.00	37.6000*	16.96113	.041	1.6440	73.5560
	2.00	10.4000	16.96113	.548	-25.5560	46.3560
	4.00	-61.2000*	16.96113	.002	-97.1560	-25.2440
4.00	1.00	98.8000*	16.96113	.000	62.8440	134.7560
	2.00	71.6000*	16.96113	.001	35.6440	107.5560
	3.00	61.2000*	16.96113	.002	25.2440	97.1560

基于观测到的均值。
误差项为均值方 (错误) = 719.200。

*. 均值差值在 .05 级别上较显著。

图 4.8

4.2.5 两种处理效应的数学模型

为检验因素 A 对试验结果影响的显著性, 对因素 A 的不同试验水平 A_i 有两种取法, 一种是选定 A 的 a 个水平 A_i, $i = 1, 2, \cdots, a$, 它们对试验结果的效应分别是一个固定的常数 μ_i $(i = 1, 2, \cdots, a)$, 这称为固定效应型, 前面讨论的都是这种类型. 另一种是在因素 A 的所有水平构成的水平总体中, 随机抽取水平 A_i, 其效应 μ_i 应是来自对应的效应总体的样本, 因此 μ_i 是随机变量, 这称为随机效应型, 若效应总体为 $N(\mu, \sigma_A^2)$, 则 $\mu_i \sim N(\mu, \sigma_A^2)$.

下面分别讨论它们的数学模型与方差分析, 为了简洁, 只讨论对 A_i 均做 n 次独立重复试验的情况.

1) 固定效应型

对因素 A 选定 a 个水平 A_i $(i = 1, 2, \cdots, a)$, 对应的效应值为 μ_i $(i = 1, 2, \cdots, a)$, 主效应为 δ_i $(i = 1, 2, \cdots, a)$, 检验因素 A 的显著性, 相当于检验: $H_0 : \forall \mu_i = \mu (i = 1, 2, \cdots, a)$ 或 $H_0 : \forall \delta_i = 0 (i = 1, 2, \cdots, a)$.

对 A_i 分别做 n 次独立重复试验, 假定试验结果 $x_{ij} \sim N(\mu_i, \sigma^2)$ 时, 有

$$x_{ij} = \mu + \delta_i + \varepsilon_{ij}, \quad \sum_{i=1}^{a} \delta_i = 0, \quad \varepsilon_{ij} \sim N(0, \sigma^2), \quad i = 1, 2, \cdots, a, j = 1, 2, \cdots, n,$$

(4.3)

其中 $\mu = \dfrac{1}{a} \displaystyle\sum_{i=1}^{a} \mu_i, \delta_i = \mu_i - \mu$, 这是固定效应型的数学模型.

为进一步用 $\delta_i, \varepsilon_{ij}$ 的意义解释用于构造检验统计量的 SSA, SSE 的意义, 可将 x_{ij} 的数据结构代入它们的表达式.

由

$$\bar{x}_{i\cdot} = \mu + \delta_i + \bar{\varepsilon}_{i\cdot}, \quad \bar{\varepsilon}_{i\cdot} = \frac{1}{n} \sum_{j=1}^{n} \varepsilon_{ij} \sim N\left(0, \frac{\sigma^2}{n}\right),$$

$$\bar{x} = \mu + \bar{\varepsilon}, \quad \bar{\varepsilon} = \frac{1}{a} \sum_{i=1}^{a} \bar{\varepsilon}_{i\cdot} \sim N\left(0, \frac{\sigma^2}{an}\right),$$

得 $SSA = n \displaystyle\sum_{i=1}^{a} (\bar{x}_{i\cdot} - \bar{x})^2 = n \sum_{i=1}^{a} (\delta_i + \bar{\varepsilon}_{i\cdot} - \bar{\varepsilon})^2$, 将此式展开整理后, 并注意到

$$E(\bar{\varepsilon}_{i\cdot}^2) = E(\bar{\varepsilon}_{i\cdot} - E\bar{\varepsilon}_{i\cdot})^2 = D\bar{\varepsilon}_{i\cdot} = \frac{\sigma^2}{n},$$

$$E(\bar{\varepsilon}^2) = E(\bar{\varepsilon} - E\bar{\varepsilon})^2 = D\bar{\varepsilon} = \frac{\sigma^2}{an},$$

可求得

$$E\left(SSA\right) = n\sum_{i=1}^{a}\delta_i^2 + \left(a-1\right)\sigma^2, \quad E\left(MSA\right) = \frac{n}{a-1}\sum_{i=1}^{a}\delta_i^2 + \sigma^2,$$

由 $SSE = \sum_{i=1}^{a}\sum_{j=1}^{n}\left(x_{ij} - \bar{x}_{i\cdot}\right) = \sum_{i=1}^{a}\sum_{j=1}^{n}\left(\varepsilon_{ij} - \bar{\varepsilon}_{i\cdot}\right)^2 = \sum_{i=1}^{a}\sum_{j=1}^{n}\varepsilon_{ij}^2 - n\sum_{i=1}^{a}\bar{\varepsilon}_{i\cdot}^2$, 类似可得

$$E\left(SSE\right) = a\left(n-1\right)\sigma^2, \quad E\left(MSE\right) = \sigma^2,$$

可见 $E(MSA) \geqslant E(MSE)$ 当且仅当 $\forall \delta_i = 0$ 时等式成立. 原假设的等价形式是 $H_0 : E(MSA) = E(MSE)$, 备择假设 $H_1 : E(MSA) > E(MSE)$.

故在显著性水平 α 下, 用 $F = \dfrac{MSA}{MSE}$ 检验 H_0 时, H_0 的否定域应在右侧, 即 $F > F_\alpha\left(a-1, a\left(n-1\right)\right)$ 时, 否定 H_0, 对所选定的 a 个水平来说, 它们的效应之间存在显著差异, 经多重比较可知, 其中存在显著差异的水平.

2) 随机效应型

若在因素 A 的水平总体中, 随机地抽取 a 个水平 A_i, 其效应 μ_i 来自对应总体 $N\left(\mu, \sigma_A^2\right)$, 这时因素 A 的显著性相当于随机变量 μ_i 的变异 $(i = 1, 2, \cdots, a)$, 即检验

$$H_0 : \sigma_A^2 = 0, \quad H_1 : \sigma_A^2 \neq 0.$$

对随机抽取的水平 A_i 均做 n 次独立重复试验, 则假定试验结果 $x_{ij} \sim N(\mu_i, \sigma^2)$, 其中 $\mu_i \sim N\left(\mu, \sigma_A^2\right)$, $i = 1, 2, \cdots, a, j = 1, 2, \cdots, n$, 有随机效应型的数学模型

$$x_{ij} = \mu + \delta_i + \varepsilon_{ij}, \quad \delta_i \sim N\left(0, \sigma_A^2\right), \quad \varepsilon_{ij} \sim N\left(0, \sigma^2\right), \tag{4.4}$$

其中 $\delta_i, \varepsilon_{ij}$ 是相互独立的.

由

$$\bar{x}_{i\cdot} = \mu + \delta_i + \bar{\varepsilon}_{i\cdot}, \quad \delta_i \sim N(0, \sigma_A^2), \quad \bar{\varepsilon}_{i\cdot} \sim N\left(0, \frac{\sigma^2}{n}\right),$$

$$\bar{x} = \mu + \bar{\delta} + \bar{\varepsilon}, \quad \bar{\delta} = \frac{1}{a}\sum_{i=1}^{a}\delta_i \sim N\left(0, \frac{\sigma_A^2}{a}\right), \quad \bar{\varepsilon} \sim N\left(0, \frac{\sigma^2}{an}\right),$$

得 $SSA = n\sum_{i=1}^{a}\left(\bar{x}_{i\cdot} - \bar{x}\right)^2 = n\sum_{i=1}^{a}\left(\delta_i - \bar{\delta} + \bar{\varepsilon}_i - \bar{\varepsilon}\right)^2$, 将此式展开整理后, 并注意到 δ_i 与 ε_{ij} 的独立性及

$$E(\delta_i^2) = E(\delta_i - E\delta_i)^2 = D\delta_i = \sigma_A^2,$$

$$E(\bar{\delta}^2) = E(\bar{\delta} - E\bar{\delta})^2 = D\bar{\delta} = \frac{\sigma_A^2}{a},$$

$$E(\bar{\varepsilon}_i^2) = E(\bar{\varepsilon}_i - E\bar{\varepsilon}_i)^2 = D\bar{\varepsilon}_i = \frac{\sigma^2}{n},$$

$$E(\bar{\varepsilon}^2) = E(\bar{\varepsilon} - E\bar{\varepsilon})^2 = D\bar{\varepsilon} = \frac{\sigma^2}{an},$$

可求得

$$E(SSA) = (a-1)\left(n\sigma_A^2 + \sigma^2\right), \quad E(MSA) = n\sigma_A^2 + \sigma^2.$$

由 $SSE = \sum_{i=1}^{a}\sum_{j=1}^{n}(x_{ij} - \bar{x}_{i\cdot})^2 = \sum_{i=1}^{a}\sum_{j=1}^{n}(\varepsilon_{ij} - \bar{\varepsilon}_{i\cdot})^2$, 类似可得

$$E(SSE) = a(n-1)\sigma^2, \quad E(MSE) = \sigma^2.$$

可见 $E(MSA) \geqslant E(MSE)$, 当且仅当 $\sigma_A^2 = 0$, 即因素 A 的所有水平效应不存在变异时, 等式成立.

检验的等价形式仍是

$$H_0 : E(MSA) = E(MSE), \quad H_1 : E(MSA) > E(MSE).$$

故在显著性水平 α 下, 仍用 $F = \dfrac{MSA}{MSE}$ 检验 H_0, 且 H_0 的否定域仍应在右侧, 即 $F > F_\alpha(a-1, a(n-1))$ 时, 否定 H_0. 当 $F \leqslant F_\alpha(a-1, a(n-1))$ 时, 接受 H_0, 这意味着 A 的水平总体中所有水平效应不存在变异.

两种处理效应的方差分析的对比见表 4.8.

表 4.8 两种处理效应的方差分析的对比

比较内容	固定效应型	随机效应型
试验水平	选定的 a 个水平	水平总体中随机抽取的 a 个水平
数学模型	$x_{ij} = \mu + \delta_i + \varepsilon_{ij}$	$x_{ij} = \mu + \delta_i + \varepsilon_{ij}$
	$\sum_{i=1}^{a}\delta_i = 0, \varepsilon_{ij} \sim N(0, \sigma^2)$	$\delta_i \sim N(0, \sigma_A^2), \varepsilon_{ij} \sim N(0, \sigma^2)$
检验假设	$H_0 : \forall \delta_i = 0 \Leftrightarrow E(MSA) = E(MSE)$	$H_0 : \sigma_A^2 = 0 \Leftrightarrow E(MSA) = E(MSE)$
	$H_1 : \exists \delta_i \neq 0 \Leftrightarrow E(MSA) > E(MSE)$	$H_1 : \sigma_A^2 \neq 0 \Leftrightarrow E(MSA) > E(MSE)$
均方的期望	$E(MSA) = \dfrac{n}{a-1}\sum_{i=1}^{a}\delta_i^2 + \sigma^2$	$E(MSA) = n\sigma_A^2 + \sigma^2$
	$E(MSE) = \sigma^2$	$E(MSE) = \sigma^2$
检验方法	$F = \dfrac{MSA}{MSE} > F_*(a-1, a(n-1))$ 否定 H_0	同左
推断结论	对试验的 a 个水平有意义	对水平总体的所有水平有意义

4.3 双因素试验的方差分析

为考察两个因素 A, B 对试验指标 X 的影响作用, 应对因素 A, B 分别取 a 个水平 $A_i(i=1,2,\cdots,a)$, b 个水平 $B_j(j=1,2,\cdots,b)$ 做试验, 由试验结果做方差分析, 由于 A, B 两因素水平的取法, 有固定效应型与随机效应型, 还有混合效应型 (两个因素水平取法不同), 故对双因素试验而言, 分为固定效应型与随机效应型、混合效应型.

下面分别讨论它们的数学模型及方差分析.

4.3.1 固定效应型

设试验因素 A 选定 a 个水平 $A_1, A_2, \cdots, A_a$, 试验因素 B 选定 b 个水平 $B_1, B_2, \cdots, B_b$. 每次试验的处理是水平组合 (A_i, B_j), 这相当于将因素组合 (A, B) 视为一个单因素, 取 ab 个水平 (A_i, B_j) 的单因素试验, 若将每个处理 (A_i, B_j) 均重复 n 次, 每次试验结果记为 x_{ijk}, 处理 (A_i, B_j) 的效应值为 μ_{ij}, 主效应为

$$\delta_{ij} = \mu_{ij} - \mu, \quad \mu = \frac{1}{ab} \sum_{i=1}^{a} \sum_{j=1}^{b} \mu_{ij}, \quad i=1,2,\cdots,a, \quad j=1,2,\cdots,b, \quad k=1,2,\cdots,n.$$

则由单因素固定效应型模型 (4.3) 可得

$$x_{ijk} = \mu + \delta_{ij} + \varepsilon_{ijk}, \quad i=1,2,\cdots,a, \quad j=1,2,\cdots,b, \quad k=1,2,\cdots,n, \quad (4.5)$$

其中 $\sum\limits_{i=1}^{a} \sum\limits_{j=1}^{b} \delta_{ij} = 0$, $\varepsilon_{ijk} \sim N\left(0, \sigma^2\right)$ 且相互独立 (表 4.9).

表 4.9　固定效应型双因素试验结果

A ＼ B	B_1		$\cdots$	B_j		$\cdots$	B_b		合计
A_1	$x_{111},\cdots,x_{11n}$	$x_{11\cdot}$		$x_{1j1},\cdots,x_{1jn}$	$x_{1j\cdot}$		$x_{1bi},\cdots,x_{1bn}$	$x_{1b\cdot}$	$x_{1\cdot\cdot}$
$\vdots$									
A_i	$x_{i11},\cdots,x_{i1n}$	$x_{i1\cdot}$		$x_{ij1},\cdots,x_{ijn}$	$x_{ij\cdot}$		$x_{ibi},\cdots,x_{ibn}$	$x_{ib\cdot}$	$x_{i\cdot\cdot}$
$\vdots$									
A_a	$x_{a11},\cdots,x_{a1n}$	$x_{a1\cdot}$		$x_{aj1},\cdots,x_{ajn}$	$x_{aj\cdot}$		$x_{ab1},\cdots,x_{abn}$	$x_{ab\cdot}$	$x_{b\cdot\cdot}$
合计		$x_{\cdot1\cdot}$			$x_{\cdot j\cdot}$			$x_{\cdot b\cdot}$	$x_{\cdots}$

由总平方和　$SST = \sum\limits_{i=1}^{a} \sum\limits_{j=1}^{b} \sum\limits_{k=1}^{n} (x_{ijk} - \bar{x})^2 = \sum\limits_{i,j,k} x_{ijk}^2 - c, \quad \mathrm{df}_T = abn - 1.$

处理平方和　$SS\left(AB\right)=n\sum\limits_{i=1}^{a}\sum\limits_{j=1}^{b}\left(\bar{x}_{ij.}-\bar{x}\right)^2=\dfrac{1}{n}\sum\limits_{i,j}x_{ij.}^2-c,\quad \mathrm{df}_{(AB)}=ab-1.$

随机平方和　$SSE=\sum\limits_{i=1}^{a}\sum\limits_{j=1}^{b}\sum\limits_{k=1}^{n}\left(x_{ijk}-\bar{x}_{ij.}\right)^2=\sum\limits_{i,j,k}x_{ijk}^2-\dfrac{1}{n}\sum\limits_{i,j}x_{ij.}^2,$

$$\mathrm{df}_e=ab\left(n-1\right),$$

其中

$$\bar{x}_{ij.}=\dfrac{1}{n}\sum_{k=1}^{n}x_{ijk},\quad \bar{x}=\dfrac{x_{...}}{abn},\quad x_{...}=\sum_{i=1}^{a}\sum_{j=1}^{b}\sum_{k=1}^{n}x_{ijk},\quad c=\dfrac{x_{...}^2}{abn}=abn\bar{x}^2,$$

$$SST=SS\left(AB\right)+SSE.$$

可检验 $H_0:\forall \delta_{ij}=0,H_1:\exists \delta_{ij}\neq 0$.

但这仅能分析因素组合 (A,B) 整体对试验结果 x 作用的显著性, 为进一步分析两个因素各自的显著性, 还需将上述模型进一步分解.

(A_i,B_j) 的主效应 δ_{ij} 应由 A_i 的主效应 $\alpha_i=\bar{\mu}_{i.}-\mu,\ \sum\limits_{i=1}^{a}\alpha_i=0$, B_j 的主效应 $\beta_j=\bar{\mu}_{.j}-\mu,\ \sum\limits_{j=1}^{b}\beta_j=0$.

因素 A,B 在水平 A_i,B_j 的交互作用由 $(\alpha\beta)_{ij}=\mu_{ij}-\bar{\mu}_{i.}-\bar{\mu}_{.j}+\mu,\ \sum\limits_{i=1}^{a}(\alpha\beta)_{ij}=\sum\limits_{j=1}^{b}(\alpha\beta)_{ij}=0$ 组成, 即

$$\delta_{ij}=\alpha_i+\beta_j+(\alpha\beta)_{ij},$$

得到双因素固定效应型模型

$$x_{ijk}=\mu+\alpha_i+\beta_j+(\alpha\beta)_{ij}+\varepsilon_{ijk}. \tag{4.6}$$

$\sum\limits_{i=1}^{a}\alpha_i=\sum\limits_{j=1}^{b}\beta_i=\sum\limits_{i=1}^{a}(\alpha\beta)_{ij}=\sum\limits_{j=1}^{b}(\alpha\beta)_{ij}=0,\ \varepsilon_{ijk}\sim N\left(0,\sigma^2\right)$ 且相互独立.

为分析它们的显著性, 可检验

假设 $H_{01}:\forall \alpha_i=0,\ H_{11}:\exists \alpha_i\neq 0,\ i=1,2,\cdots,a.$

$H_{02}:\forall \beta_j=0,\ H_{12}:\exists \beta_j\neq 0,\ j=1,2,\cdots,b.$

$H_{03}:\forall (\alpha\beta)_{ij}=0,\ H_{13}:\exists (\alpha\beta)_{ij}\neq 0,\ i=1,2,\cdots,a,\ j=1,2,\cdots,b.$

由 $\bar{x}_{ij.}-\bar{x}=(\bar{x}_{i..}-\bar{x})+(\bar{x}_{.j.}-\bar{x})+(\bar{x}_{ij.}-\bar{x}_{i..}-\bar{x}_{.j.}+\bar{x})$.

两边平方并对 i,j,k 求和可得

$$SS\left(AB\right)=SSA+SSB+SS_{A\times B},$$

其中

$$SSA = bn \sum_{i=1}^{a} (\bar{x}_{i \cdot \cdot} - \bar{x})^2 = \frac{1}{bn} \sum_{i=1}^{a} x_{i \cdot \cdot}^2 - c, \quad \mathrm{df}_A = a - 1,$$

$$SSB = an \sum_{j=1}^{b} (\bar{x}_{\cdot j \cdot} - \bar{x})^2 = \frac{1}{an} \sum_{j=1}^{b} x_{\cdot j \cdot}^2 - c, \quad \mathrm{df}_B = b - 1,$$

$$SS_{A \times B} = n \sum_{i=1}^{a} \sum_{j=1}^{b} (\bar{x}_{ij \cdot} - \bar{x}_{i \cdot \cdot} - \bar{x}_{\cdot j \cdot} + \bar{x})^2, \quad \mathrm{df}_{A \times B} = (a - 1)(b - 1).$$

记 $MSA = \dfrac{SSA}{a-1}$ 称为因素 A 引起的均方, $a-1$ 为 SSA 的自由度 df_A.

记 $MSB = \dfrac{SSB}{b-1}$ 称为因素 B 引起的均方, $b-1$ 为 SSB 的自由度 df_B.

记 $MS_{A \times B} = \dfrac{SS_{A \times B}}{(a-1)(b-1)}$ 称为因素 A, B 的交互作用引起的均方, $(a-1) \times (b-1)$ 为 $SS_{A \times B}$ 的自由度 $\mathrm{df}_{A \times B}$.

显然 $\mathrm{df}_{(AB)} = \mathrm{df}_A + \mathrm{df}_B + \mathrm{df}_{(A \times B)}$.

将双因素固定效应型模型及由此导出的

$$\bar{x}_{ij \cdot} = \mu + \alpha_i + \beta_j + (\alpha\beta)_{ij} + \bar{\varepsilon}_{ij \cdot}, \quad \bar{\varepsilon}_{ij \cdot} \sim N\left(0, \frac{\sigma^2}{n}\right).$$

$$\bar{x}_{i \cdot \cdot} = \mu + \alpha_i + \bar{\varepsilon}_{i \cdot \cdot}, \qquad\qquad \bar{\varepsilon}_{i \cdot \cdot} \sim N\left(0, \frac{\sigma^2}{bn}\right).$$

$$\bar{x}_{\cdot j \cdot} = \mu + \beta_j + \bar{\varepsilon}_{\cdot j \cdot}, \qquad\qquad \bar{\varepsilon}_{\cdot j \cdot} \sim N\left(0, \frac{\sigma^2}{an}\right).$$

$$\bar{x} = \mu + \bar{\varepsilon}, \quad \bar{\varepsilon} \sim N\left(0, \frac{\sigma^2}{abn}\right).$$

代入 $SSA, SSB, SS_{A \times B}, SSE$ 后, 可求得它们的期望及对应均方的期望

$$E(MSA) = \frac{bn}{a-1} \sum_{i=1}^{a} \alpha_i^2 + \sigma^2,$$

$$E(MSB) = \frac{an}{b-1} \sum_{j=1}^{b} \beta_j^2 + \sigma^2,$$

$$E(MS_{A \times B}) = \frac{n}{(a-1)(b-1)} \sum_{i,j} (\alpha\beta)_{ij}^2 + \sigma^2,$$

$$E(MSE) = \sigma^2.$$

由此, $H_{01} : \forall \alpha_i = 0 \Leftrightarrow E(MSA) = E(MSE)$,

$$H_{11} : \exists \alpha_i \neq 0 \Leftrightarrow E(MSA) > E(MSE),$$

$$H_{02} : \forall \beta_j = 0 \Leftrightarrow E(MSB) = E(MSE),$$

$$H_{12} : \exists \beta_j \neq 0 \Leftrightarrow E(MSB) > E(MSE),$$

$$H_{03} : \forall (\alpha\beta)_{ij} = 0 \Leftrightarrow E(MS_{A \times B}) = E(MSE),$$

$$H_{13} : \exists (\alpha\beta)_j \neq 0 \Leftrightarrow E(MS_{A \times B}) > E(MSE).$$

为检验上述诸假设, 应由这些均方检验统计量做单侧检验.

在模型的条件下, 可以证明当 H_{01}, H_{02}, H_{03} 真时, 分别有

$$F_A = \frac{MSA}{MSE} \sim F(a-1, ab(n-1)),$$

$$F_B = \frac{MSB}{MSE} \sim F(b-1, ab(n-1)),$$

$$F_{A \times B} = \frac{MS_{A \times B}}{MSE} \sim F((a-1)(b-1), ab(n-1)).$$

故在显著性水平 α 下

当 $F_A = \dfrac{MSA}{MSE} > F_\alpha((a-1), ab(n-1))$ 时, 否定 H_{01},

当 $F_B = \dfrac{MSB}{MSE} > F_\alpha((b-1), ab(n-1))$ 时, 否定 H_{02},

当 $F_{A \times B} = \dfrac{MS_{A \times B}}{MSE} > F_\alpha((a-1)(b-1), ab(n-1))$ 时, 否定 H_{03}.

否则, 接受相应的原假设.

由此, 可得固定效应型方差分析表, 见表 4.10.

表 4.10　固定效应型方差分析表

变异来源	平方和	自由度	均方	F	临界值
因素 A	SSA	$a-1$	MSA	MSA/MSE	$F_\alpha(a-1, ab(n-1))$
因素 B	SSB	$b-1$	MSB	MSB/MSE	$F_\alpha(b-1, ab(n-1))$
交互作用	$SS_{A \times B}$	$(a-1)(b-1)$	$MS_{A \times B}$	$MS_{A \times B}/MSE$	$F_\alpha((a-1)(b-1), ab(n-1))$
随机误差	SSE	$ab(n-1)$	MSE		
合计	SST	$abn-1$			

例 4.2　在分析对猕猴血液中 α_2 球蛋白含量影响显著的因素时, 中科院遗传所王春元对年龄 (A)、性别 (B) 分别取若干水平, 测得数据如表 4.11 所示, 由此分析年龄、性别及其交互作用的显著性.

表 4.11 对年龄、性别分别取若干水平测量数据汇总表

年龄/岁	1~3		4~6		7~10		>10	
性别	女	男	女	男	女	男	女	男
	13.0	18.9	13.8	13.3	8.6	12.2	13.0	8.4
	14.9	17.8	13.3	8.8	17.4	11.1	8.6	8.8
	26.3	19.1	13.1	8.7	18.1	12.1	12.1	6.6
	16.4	22.4	12.9	15.1	9.5	8.7	16.2	24.3
重复	21.7	18.2	6.5	19.8	13.2	10.1	9.4	8.9
	15.8	16.1	12.5	7.5	11.1	13.5	13.7	11.6
	16.6	12.7	13.4	15.6	8.5	11.1	14.1	13.1
	18.2	19.0	12.0	21.1	10.4	14.1	10.6	12.1
	13.5	17.9	20.3	13.0	12.1	17.2	8.8	10.4
	16.0	29.3	15.6	14.0	12.1	12.8	11.0	11.5

解 为计算方便常先由原始数据计算 x_{ij} 并列出表 4.12.

表 4.12 由原始数据计算汇总表

B \ A	$A_1(1\sim3岁)$	$A_2(4\sim6岁)$	$A_3(7\sim10岁)$	$A_4(>10岁)$	$x_{\cdot j\cdot}$
$B_1(女)$	172.4	133.4	121.0	117.5	544.3
$B_2(男)$	191.4	136.9	122.9	115.7	566.9
$x_{i\cdot\cdot}$	363.8	270.3	243.9	233.2	1111.2**

注: * 依原文计算如此, 可能原始数据印刷有误, 后面仍用此结果.

由此, 求得 (表 4.13)

$$c = \frac{x_{\cdots}^2}{4 \times 2 \times 10} = \frac{1111.2^2}{80} = 15434.568,$$

$$SST = \sum_{i,j,k} x_{ijk}^2 - c = 17009.34 - 15434.568 = 1574.772, \quad \mathrm{df}_T = 80 - 1 = 79,$$

$$SSA = \frac{1}{bn} \sum_{i=1}^4 x_{i\cdot\cdot}^2 - c = 529.531, \qquad\qquad \mathrm{df}_A = 4 - 1 = 3,$$

$$SSB = \frac{1}{ab} \sum_{i=1}^2 x_{\cdot j\cdot}^2 - c = 6.3845, \qquad\qquad \mathrm{df}_B = 2 - 1 = 1,$$

$$SS_{A\times B} = \frac{1}{n} \sum_{i,j} x_{ij\cdot}^2 - c - SSA - SSB = 12.6165, \qquad \mathrm{df}_{A\times B} = (4-1)(2-1) = 3,$$

$$SSE = SST - SSA - SSB - SS_{A\times B} = 1026.2, \qquad \mathrm{df}_e = 4 \times 2 \times (10-1) = 72.$$

表 4.13 年龄、性别及其交互作用的方差分析表

变异来源	平方和	自由度	均方	F	临界值
年龄	529.531	3	176.51	11.54**	$F_{0.01}(3,72) = 4.08$
性别	6.3845	1	6.3845	1.00	$F_{0.05}(3,72) = 2.78$
交互作用	12.6165	3	4.2055	0.20	$F_{0.05}(1,72) = 3.98$
随机误差	1026.2	72	14.2528		
合计	1574.772	79			

这表明年龄对猕猴血液中 α_2 球蛋白含量作用极显著, 而性别及其与年龄的交互作用对 α_2 球蛋白含量的影响均不显著.

这时可对各年龄组的 α_2 球蛋白含量的平均值做多重比较 (表 4.14).

表 4.14 各年龄组的血液中 α_2 球蛋白含量的平均值的多重比较

年龄组/岁	1~3	4~6	7~10	> 10
平均数	18.19	13.56	12.20	12.16

如用费歇法做多重比较, 由

$$MSE = 14.11, \quad bn = 20, \quad \mathrm{df}_e = 72, \quad t_{\frac{0.05}{2}}(72) = 1.99, \quad t_{\frac{0.01}{2}}(72) = 2.65,$$

得 $(LSD)_{0.05} = \sqrt{\dfrac{2 \times 14.11}{20}} \times 1.99 = 2.37, (LSD)_{0.01} = 3.15$ (表 4.15).

表 4.15 费歇法多重比较结果

	12.16	12.20	13.56
18.19	6.03**	5.99**	4.63**
13.56	1.40	1.36	
12.20	0.04		

因此, 1~3 岁年龄组与其他年龄组的 α_2 球蛋白含量均存在显著性差异, 可求得它们期望之间的 99% 的置信区间为 $[4.63 \pm 3.15]$, $[5.99 \pm 3.15]$, $[6.03 \pm 3.15]$. 其他各年龄组的 α_2 球蛋白含量差异均不显著.

由上述可见, 双因素试验的方差分析, 不仅可研究两个因素各自对试验结果的影响, 而且可以研究两个因素水平之间的搭配即交互作用对试验结果的影响, 后者是双因素试验的主要课题, 也常称为析因问题. 特别是两因素本身都不显著时, 它们的交互作用仍可能显著.

4.3.2 随机效应型

设因素 A, B 分别由其水平总体中随机抽取 a 个水平 A_i, b 个水平 B_j, 组成 ab 个水平组合 (A_i, B_j), 其对应的效应 μ_{ij} 是一随机变量, 设 $\mu_{ij} \sim N(\mu, \sigma_{AB}^2)$. 记

$\delta_{ij} = \mu_{ij} - \mu, \delta_{ij} \sim N(0, \sigma_{AB}^2)$ 称为 (A_i, B_j) 的主效应. 若将 (A_i, B_j) 均独立重复 n 次, 每次试验结果 (样本) 记为

$$x_{ijk}, \quad i = 1, 2, \cdots, a, \quad j = 1, 2, \cdots, b, \quad k = 1, 2, \cdots, n,$$

有 $x_{ijk} = \mu + \delta_{ij} + \varepsilon_{ijk}, \delta_{ij} \sim N(0, \sigma_{AB}^2), \varepsilon_{ijk} \sim N(0, \sigma^2)$, 其中 δ_{ij} 同样应由 A_i 的主效应 a_i, B_j 的主效应 β_j 及两者的交互效应 $(\alpha\beta)_{ij}$ 组成.

得到双因素随机效应型的数学模型

$$x_{ijk} = \mu + \alpha_i + \beta_j + (\alpha\beta)_{ij} + \varepsilon_{ijk}, \quad \varepsilon_{ijk} \sim N(0, \sigma^2),$$
$$\alpha_i \sim N(0, \sigma_A^2), \quad \beta_j \sim N(0, \sigma_B^2), \quad (\alpha\beta)_{ij} \sim N(0, \sigma_{AB}^2). \tag{4.7}$$

因素 A, B 及其交互作用对试验结果显著性的检验, 就是由 x_{ijk} 检验

$H_{01} : \sigma_A^2 = 0, \quad H_{02} : \sigma_B^2 = 0, \quad H_{03} : \sigma_{AB}^2 = 0.$

$H_{11} : \sigma_A^2 \neq 0, \quad H_{12} : \sigma_B^2 \neq 0, \quad H_{13} : \sigma_{AB}^2 \neq 0.$

经计算总平方和 SST 并分解为 $SSA, SSB, SS_{A \times B}, SSE$ 后, 将随机效应型模型 (4.4) 及由其导出的 $\bar{x}_{ij\cdot}, \bar{x}_{i\cdot\cdot}, \bar{x}$ 的表达式代入, 可类似地求得它们的均方期望如下

$$E(MSA) = bn\sigma_A^2 + n\sigma_{AB}^2 + \sigma^2,$$
$$E(MSB) = an\sigma_B^2 + n\sigma_{AB}^2 + \sigma^2,$$
$$E(MS_{A \times B}) = n\sigma_{AB}^2 + \sigma^2,$$
$$E(MSE) = \sigma^2.$$

由此可见, $E(MSA) \geqslant E(MS_{A \times B})$, 当且仅当 $\sigma_A^2 = 0$ 时等式成立.

$E(MSB) \geqslant E(MS_{A \times B})$, 当且仅当 $\sigma_B^2 = 0$ 时等式成立.

$E(MS_{A \times B}) \geqslant E(MSE)$, 当且仅当 $\sigma_{AB}^2 = 0$ 时等式成立.

由此可得 H_{01}, H_{02}, H_{03} 及 H_{11}, H_{12}, H_{13} 用均方期望表示的等价形式, 且应由 $F_A = \dfrac{MSA}{MS_{A \times B}} \sim F(a-1, (a-1)(b-1))$ 检验 H_{01}, 当 $F_A > F_\alpha(a-1, (a-1)(b-1))$ 时, 否定 H_{01}.

由 $F_B = \dfrac{MSB}{MS_{A \times B}} \sim F(b-1, (a-1)(b-1))$ 检验 H_{02}, 当 $F_B > F_\alpha(b-1, (a-1)(b-1))$ 时, 否定 H_{02}.

由 $F_{AB} = \dfrac{MS_{A \times B}}{MSE} \sim F((a-1)(b-1), ab(n-1))$ 检验 H_{03}, 当 $F_{AB} > F_\alpha((a-1)(b-1), ab(n-1))$ 时, 否定 H_{03}.

双因素随机效应型的方差分析见表 4.16.

表 4.16　双因素随机效应型的方差分析表

变异来源	平方和	自由度	均方	F	临界值
因素 A	SSA	$a-1$	MSA	$MSA/MS_{A\times B}$	$F_\alpha\,(a-1,(a-1)\,(b-1))$
因素 B	SSB	$b-1$	$MS_{A\times B}$	$MSB/MS_{A\times B}$	$F_\alpha\,(b-1,(a-1)\,(b-1))$
交互作用 $A\times B$	$SS_{A\times B}$	$(a-1)\,(b-1)$	MSE	$MS_{A\times B}/MSE$	$F_\alpha\,((a-1)\,(b-1),ab\,(n-1))$
随机误差	SSE	$ab\,(n-1)$			
合计	SST	$abn-1$			

　　要注意这里当检验因素 A 与因素 B 的显著性时, 由均方期望的表达式确定的 F 统计量的构造与固定效应型不同.

4.3.3　混合效应型

　　设因素 A 选定 a 个水平 A_i, 因素 B 由其水平总体中随机抽取 b 个水平, 每个水平组合 (A_i,B_j) 均独立重复 n 次, 每次试验结果记为 x_{ijk}, 则

$$x_{ijk}=\mu+\alpha_i+\beta_j+(\alpha\beta)_{ij}+\varepsilon_{ijk},\quad i=1,2,\cdots,a,\ j=1,2,\cdots,b,\ k=1,2,\cdots,n,\quad (4.8)$$

其中, α_i 为固定效应, $\sum\limits_{i=1}^{a}\alpha_i=0$, β_j 为随机效应, $\beta_j\sim N(0,\sigma_B^2)$, $(\alpha\beta)_{ij}$ 亦为随机效应, $(\alpha\beta)_{ij}\sim N\left(0,\dfrac{a-1}{a}\sigma_{AB}^2\right)$.

　　经过类似的讨论, 可得下列方差分析表, 见表 4.17.

　　由上述讨论可见, 双因素试验的方差分析方法, 随着因素试验水平确定方法的不同而不同. 因此, 对双因素试验数据做方差分析时, 必须依据试验水平的确定方法正确地区分因素类型以及相应的统计量的构造.

表 4.17　混合效应型方差分析表

变异来源	平方和	自由度	均方	F	临界值或 p 值
因素 A	SSA	$a-1$	MSA	$MSA/MS_{A\times B}$	$F_\alpha\,(a-1,(a-1)\,(b-1))$
因素 B	SSB	$b-1$	MSB	MSB/MSE	$F_\alpha\,(b-1,an\,(b-1))$
交互作用 $A\times B$	$SS_{A\times B}$	$(a-1)\,(b-1)$	$MS_{A\times B}$	$MS_{A\times B}/MSE$	$F_\alpha\,((a-1)\,(b-1),ab\,(n-1))$
随机误差	SSE	$ab\,(n-1)$	MSE		
合计	SST	$abn-1$			

4.3.4　无交互作用的双因素试验方差分析

　　当考察的两因素 A,B 依有关专业知识可判断其间不存在交互作用时, 水平组合 (A_i,B_j) 的主效应 δ_{ij} 中, 只含 A_i, B_j 的主效应 α_i, β_j, 而其相互搭配的交互效应 $(\alpha\beta)_{ij}=0$. 由此对 (A_i,B_j) 分别只做一次试验勿需重复即对 A_i 重复 b 次, 对

B_j 重复 a 次, 依这 ab 个试验结果 x_{ij} 可检验 A, B 两因素对试验指标 x 的显著性. 其数学模型简化为

$$x_{ij} = \mu + \alpha_i + \beta_j + \varepsilon_{ij}, \quad \varepsilon_{ij} \sim N\left(0, \sigma^2\right), \quad i = 1, 2, \cdots, a, \quad j = 1, 2, \cdots, b, \quad (4.9)$$

其中 α_i, β_j 依对 A, B 水平的取法, 满足相应的固定效应型或随机效应型的条件 (表 4.18).

表 4.18 无交互作用的双因素试验结果

A＼B	B_1	$\cdots$	B_j	$\cdots$	B_b	合计
A_1	x_{11}	$\cdots$	x_{1j}	$\cdots$	x_{1b}	$x_1.$
$\vdots$						
A_i	x_{i1}	$\cdots$	x_{ij}	$\cdots$	x_{ib}	$x_i.$
$\vdots$						
A_a	x_{a1}	$\cdots$	x_{aj}	$\cdots$	x_{ab}	$x_a.$
合计	$x_{.1}$	$\cdots$	$x_{.j}$	$\cdots$	$x_{.b}$	$x_{..}$

由 $x_{ij} - \overline{x} = (\overline{x}_i. - \overline{x}) + (\overline{x}_{.j} - \overline{x}) + (x_{ij} - \overline{x}_i. - \overline{x}_{.j} + \overline{x})$ 两边平方, 对 i, j 求和得

总平方和 $\quad SST = \sum_{i=1}^{a} \sum_{j=1}^{b} (x_{ij} - \overline{x})^2 = \sum_{i,j} x_{ij}^2 - c, \quad \mathrm{df}_T = ab - 1,$

因素 A 平方和 $\quad SSA = b \sum_{i=1}^{a} (\overline{x}_i. - \overline{x})^2 = \frac{1}{b} \sum_{i=1}^{a} x_i.^2 - c, \quad \mathrm{df}_A = a - 1,$

因素 B 平方和 $\quad SSB = a \sum_{j=1}^{b} (\overline{x}_{.j} - \overline{x})^2 = \frac{1}{a} \sum_{j=1}^{b} x_{.j}^2 - c, \quad \mathrm{df}_B = b - 1,$

随机平方和 $\quad SSE = \sum_{i=1}^{a} \sum_{j=1}^{b} (x_{ij} - \overline{x}_i. - \overline{x}_{.j} + \overline{x})^2 = SST - SSA - SSB,$

$\mathrm{df}_e = (a-1)(b-1)$, 其中 $c = \frac{1}{ab} x_{..}^2 = ab \overline{x}^2$. 其方差分析表见表 4.19.

表 4.19 无交互作用的双因素试验方差分析表

变异来源	平方和	自由度	均方	F	临界值
因素 A	SSA	$a-1$	MSA	MSA/MSE	$F_\alpha(a-1, (a-1)(b-1))$
因素 B	SSB	$b-1$	MSB	MSB/MSE	$F_\alpha(b-1, (a-1)(b-1))$
随机误差	SSE	$(a-1)(b-1)$	MSE		
合计	SST	$ab-1$			

例 4.3 为考察四种饵料与四个渔场对产量的影响, 若饵料与渔场之间不存在交互作用, 故做无重复试验, 得数据见表 4.20. 由此, 检验饵料、场别对产量的影响.

表 4.20   饵料、场别对产量的影响试验数据汇总

场别 \ 饵料	甲	乙	丙	丁	合计
1	546	578	813	815	2752
2	600	703	861	854	3018
3	548	682	815	852	2897
4	551	690	831	853	2925
合计	2245	2653	3320	3374	11592

解   计算诸平方和与自由度后, 得方差分析表见表 4.21.

表 4.21   饵料、场别对产量影响的方差分析表

变异来源	平方和	自由度	均方	F	临界值
场别	9111.5	3	3037.17	5.08*	$F_{0.05}(3,9) = 3.863$
饵料	222773.5	3	74257.83	124.25**	$F_{0.01}(3,9) = 6.992$
随机误差	5379.0	9	597.67		
合计	237264.0	15			

由此可知, 饵料对产量的影响极显著, 渔场场别对产量的影响作用显著. 对此还应具体分析渔场的哪些因素状态差异对产量的影响作用显著.

本节对双因素试验方差分析的讨论方法完全可用于讨论多因素试验方差分析. 由于多因素试验时, 采用全面试验的试验次数太大, 在实际问题中很少用, 这里不再讨论. 读者可自行将本节的讨论方法用于三因素试验作为练习.

SPSS 实现 (饵料、场别对产量的影响)

(1) 数据输入: 打开 SPSS 数据窗口, 设置变量名称, 录入数据, 如图 4.9 所示.

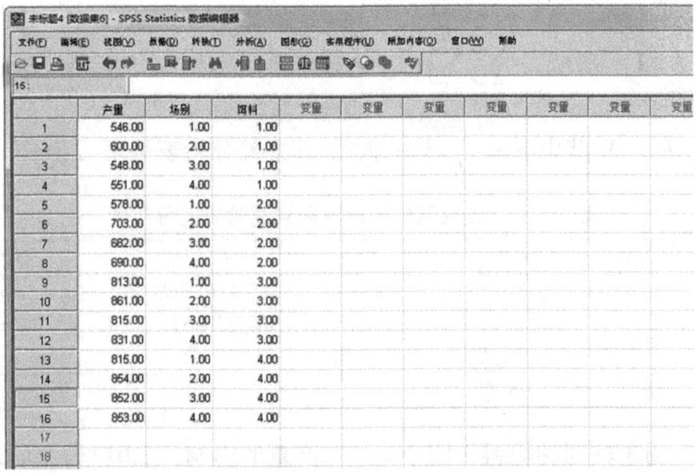

图 4.9

(2) 命令选择: 选择主菜单 "分析", 选择 "一般线性模型", 单击 "单变量", 如图 4.10 所示.

图 4.10

选择 "产量" 进入因变量位置, "场别" "饵料" 为固定因子, 点击 "模型" 按钮, 选择自定义模型, 选择 "场别" "饵料" 进入模型. 构建项选择主要因素. 点击 "对多重比较" 按钮, 选择 "场别" "饵料" 进入检验框. 对比方法, 选择 "LSD"(图 4.11).

(a)

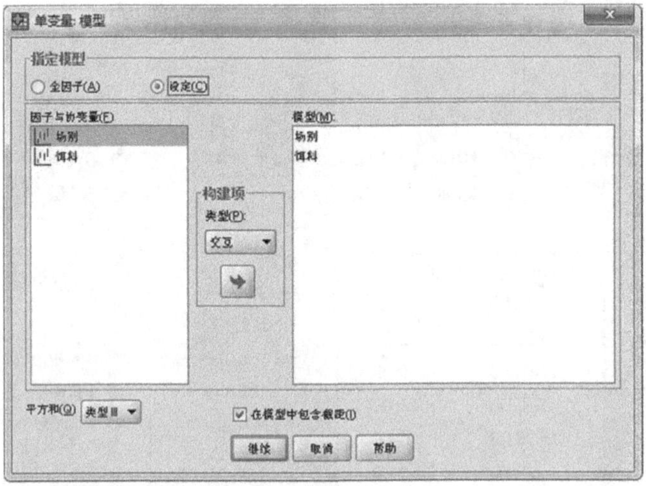

(b)

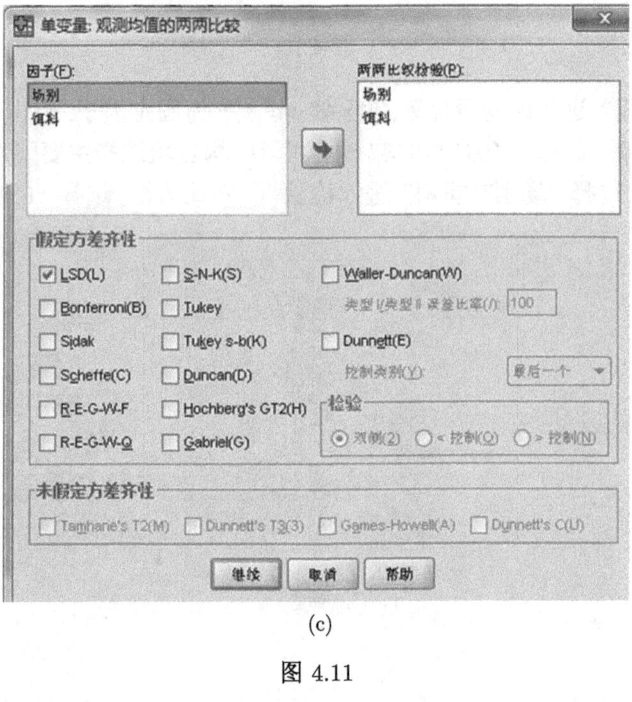

(c)

图 4.11

(3) 输出及解释: 通过饵料、场别对产量的方差分析表可以看出, 饵料对产量的影响极显著, 渔场场别对产量的影响作用显著 (图 4.12).

通过 "场别" 和 "饵料" 的多重比较 (图 4.13、图 4.14), 可以看出场别 1 和场别 2, 以及场别 1 和场别 4 产量差异显著, 其余差别不显著. 在 "饵料" 的多重比较中, 除饵料 3 和饵料 4 对应产量差异不显著外, 其余差异极显著.

描述性统计量

因变量:产量

场别	饲料	均值	标准 偏差	N
1.00	1.00	546.0000	.	1
	2.00	578.0000	.	1
	3.00	813.0000	.	1
	4.00	815.0000	.	1
	总计	688.0000	146.07989	4
2.00	1.00	600.0000	.	1
	2.00	703.0000	.	1
	3.00	861.0000	.	1
	4.00	854.0000	.	1
	总计	754.5000	126.18109	4
3.00	1.00	548.0000	.	1
	2.00	682.0000	.	1
	3.00	815.0000	.	1
	4.00	852.0000	.	1
	总计	724.2500	138.32902	4
4.00	1.00	551.0000	.	1
	2.00	690.0000	.	1
	3.00	831.0000	.	1
	4.00	853.0000	.	1
	总计	731.2500	140.19599	4
总计	1.00	561.2500	25.91492	4
	2.00	663.2500	57.48840	4
	3.00	830.0000	22.18107	4
	4.00	843.5000	19.01754	4
	总计	724.5000	125.76804	16

主体间效应的检验

因变量:产量

方差来源	III 型平方和	df	均方	F	Sig.
校正模型	231885.000a	6	38647.500	64.664	.000
截距	8398404.000	1	8398404.000	14051.987	.000
场别	9111.500	3	3037.167	5.082	.025
饲料	222773.500	3	74257.833	124.246	.000
误差	5379.000	9	597.667		
总计	8635668.000	16			
校正的总计	237264.000	15			

a. R方 = .977 (调整 R方 = .962)

1. 场别

因变量:产量

场别	均值	标准 误差	95% 置信区间 下限	上限
1.00	688.000	12.224	660.348	715.652
2.00	754.500	12.224	726.848	782.152
3.00	724.250	12.224	696.598	751.902
4.00	731.250	12.224	703.598	758.902

2. 饲料

因变量:产量

饲料	均值	标准 误差	95% 置信区间 下限	上限
1.00	561.250	12.224	533.598	588.902
2.00	663.250	12.224	635.598	690.902
3.00	830.000	12.224	802.348	857.652
4.00	843.500	12.224	815.848	871.152

图 4.12

多个比较

产量
LSD

(I) 场别	(J) 场别	均值差值 (I-J)	标准 误差	Sig.	95% 置信区间	
					下限	上限
1.00	2.00	-66.5000*	17.28680	.004	-105.6055	-27.3945
	3.00	-36.2500	17.28680	.065	-75.3555	2.8555
	4.00	-43.2500*	17.28680	.034	-82.3555	-4.1445
2.00	1.00	66.5000*	17.28680	.004	27.3945	105.6055
	3.00	30.2500	17.28680	.114	-8.8555	69.3555
	4.00	23.2500	17.28680	.212	-15.8555	62.3555
3.00	1.00	36.2500	17.28680	.065	-2.8555	75.3555
	2.00	-30.2500	17.28680	.114	-69.3555	8.8555
	4.00	-7.0000	17.28680	.695	-46.1055	32.1055
4.00	1.00	43.2500*	17.28680	.034	4.1445	82.3555
	2.00	-23.2500	17.28680	.212	-62.3555	15.8555
	3.00	7.0000	17.28680	.695	-32.1055	46.1055

基于观测到的均值。
误差项为均值方 (错误) = 597.667。

*. 均值差值在 .05 级别上较显著。

图 4.13

多个比较

产量
LSD

(I) 饲料	(J) 饲料	均值差值 (I-J)	标准 误差	Sig.	95% 置信区间	
					下限	上限
1.00	2.00	-102.0000*	17.28680	.000	-141.1055	-62.8945
	3.00	-268.7500*	17.28680	.000	-307.8555	-229.6445
	4.00	-282.2500*	17.28680	.000	-321.3555	-243.1445
2.00	1.00	102.0000*	17.28680	.000	62.8945	141.1055
	3.00	-166.7500*	17.28680	.000	-205.8555	-127.6445
	4.00	-180.2500*	17.28680	.000	-219.3555	-141.1445
3.00	1.00	268.7500*	17.28680	.000	229.6445	307.8555
	2.00	166.7500*	17.28680	.000	127.6445	205.8555
	4.00	-13.5000	17.28680	.455	-52.6055	25.6055
4.00	1.00	282.2500*	17.28680	.000	243.1445	321.3555
	2.00	180.2500*	17.28680	.000	141.1445	219.3555
	3.00	13.5000	17.28680	.455	-25.6055	52.6055

基于观测到的均值。
误差项为均值方 (错误) = 597.667。

*. 均值差值在 .05 级别上较显著。

图 4.14

4.4　方差分析中的若干问题

4.4.1　基本模型与方法

方差分析是对效应可加模型的一种统计推断方法, 用以检验处理因素对试验结果影响的显著性.

方差分析的数学模型给出了试验结果的构成成分, 并含下述三个基本条件:

(1) 正态性, 试验结果服从正态分布, 即随机误差服从 $N(0, \sigma^2)$.

(2) 方差齐性, 不同处理的试验结果所服从的正态分布具有相同的方差.

(3) 独立性, 各次试验是相互独立的.

方差分析方法正是依模型给出的构成试验结果的诸成分将试验结果的总变异

(总平方和) 剖分为来自诸成分的变异: 处理平方和、随机平方和, 再把依模型给出的三个基本条件建立 F 统计量作为检验统计量, 在给定的显著性水平 α 下进行统计推断.

4.4.2 非齐性方差数据的变换

在做方差分析时要求数据具有方差齐性, 但这一要求并不一定能满足, 一般有下列两种情况:

(1) 非正则性不齐, 在数据中存在异常数据, 而使方差齐性被否定. 这时只需将数据中的个别异常数据剔除, 再进行方差分析.

(2) 正则性不齐, 当总体的期望与方差 σ^2 存在联系 $\sigma^2 = g(\mu)$ 时, 由期望的不同而引起的方差不齐.

例如, 二项总体 $x \sim B(n,p)$ 的极限分布是正态总体 $N(np, npq)$, 由

$$\mu = np, \quad \sigma^2 = np(1-p) = \frac{\mu(n-\mu)}{n}$$

可见当 μ 不同时, σ^2 必然不同. 因此二项分布的方差不齐性是正则性的, 对正则性方差不齐的数据 x, 必须通过数据变换 f 将 x 变换为 $y = f(x)$, 使 y 具有方差齐性, 即 Dy 与其期望无关, 且 $Dy =$ 常数.

设 $Ex = \mu, Dx = \sigma^2 = g(\mu)$, g 是已知函数. 寻求函数 $f, y = f(x)$, 使 $Dy = a^2$ 是一常数.

由 $y = f(x)$ 在 μ 处的 Taylor 公式, 取

$$f(x) \doteq f(\mu) + (x - \mu) f'(\mu),$$

则 $Dy = D[f(\mu) + (x-\mu) f'(\mu)] = [f'(\mu)]^2 Dx$, 令 $Dy = a^2$, 得 $[f'(\mu)]^2 g(\mu) = a^2$.
从而

$$f(\mu) = \int \frac{a}{\sqrt{g(\mu)}} d\mu,$$

即

$$f(x) = \int \frac{a}{\sqrt{g(x)}} dx.$$

由此, 对几种常见分布可求得方差齐性变换 f.

1) 二项总体 $B(n,p)$

由 $\mu = np, \sigma^2 = np(1-p)$, 知 $g(\mu) = \frac{\mu(n-\mu)}{n}$, 得

$$f(x) = \int \frac{a\sqrt{n}dx}{\sqrt{x(n-x)}} = 2a\sqrt{n} \arcsin \sqrt{\frac{x}{n}} + C,$$

常取 $y = \arcsin \sqrt{\dfrac{x}{n}} = \arcsin \sqrt{p}$.

故对来自二项总体的计数数据的百分数做方差分析时, 应先对其做反正弦变换, 然后再由变换后的数据做方差分析.

2) 当 $D(x) = k\mu$ 时, 如泊松分布即 $Dx = \mu$, 得 $f(x) = \displaystyle\int \dfrac{a}{\sqrt{x}}\mathrm{d}x = 2a\sqrt{x} + C$, 常取 $y = \sqrt{x}$. 故对来自泊松总体的计数数据, 应先做平方根变换, 再由变换后的数据做方差分析.

3) 当 $Dx = k\mu^2$ 时, 有 $f(x) = \displaystyle\int \dfrac{a}{\sqrt{kx}}\mathrm{d}x = \dfrac{a}{\sqrt{k}} \ln x + C$, 常取 $y = \ln x$.

4.4.3 缺失数据的估计

为做方差分析, 需先经试验取得数据, 在一系列的试验中, 可能个别试验失败, 而使所需的数据缺失一个或两个. 这时常依一定的原则, 将缺失数据给出估计值作为弥补措施, 以便进行方差分析.

估计准则: 设缺失数据为 x, 则 $SSE = S(x)$. 使 $S(x)$ 取得最小值的 x 值作为 x 的估计值. 这实际上相当于将缺失数据 x 的随机误差取为零, 且每用一个缺失数据的估计值, 在方差分析的总自由度 df_T 与随机误差自由度 df_e 均减少 1, 而处理自由度不变.

缺失数据估计的具体过程, 与 SSE 的具体表达式有关. 下面以例题说明上述估计准则的具体应用.

例 4.4   当做无交互作用的双因素试验时, 两因素分别取 a, b 个水平. 若所得的 ab 个数据 x_{ij} $(i = 1, 2, \cdots, a, j = 1, 2, \cdots, b)$, 缺失数据 x_{kl}, 试补充该数据.

解   由该试验的随机平方和

$$SSE = \sum_{i=1}^{a}\sum_{j=1}^{b}(x_{ij} - \bar{x}_{i\cdot} - \bar{x}_{\cdot j} + \bar{x})^2 = \sum_{i,j} x_{ij}^2 - \frac{1}{b}\sum_{i=1}^{a} x_{i\cdot}^2 - \frac{1}{a}\sum_{j=1}^{b} x_{\cdot j}^2 + \frac{x_{\cdot\cdot}^2}{ab}.$$

设 $x_{kl} = x$, $x_{\cdot\cdot} - x = x'_{\cdot\cdot}$, $x_{k\cdot} - x = x'_{k\cdot}$, $x_{\cdot l} - x = x'_{\cdot l}$.

方法 1 $x_{kl} - \bar{x}_{k\cdot} - \bar{x}_{\cdot l} + \bar{x} = 0$, 即

$$x - \frac{x'_{k\cdot} + x}{b} - \frac{x'_{\cdot l} + x}{a} + \frac{x'_{\cdot\cdot} + x}{ab} = 0,$$

解得 $x = \dfrac{a x'_{k\cdot} + b x'_{\cdot l} - x'_{\cdot\cdot}}{(a - 1)(b - 1)}$.

方法 2   由

$$SSE = \sum_{i \neq k}\sum_{j \neq l} x_{ij}^2 + x^2 - \frac{1}{b}\left(\sum_{i \neq k} x_{i\cdot}^2 + (x'_{k\cdot} + x)^2\right) - \frac{1}{a}\left(\sum_{j \neq l} x_{\cdot j}^2 + (x_{\cdot l} + x)^2\right)$$

$$+ \frac{1}{ab}(x'_{..} + x)^2,$$

令 $\dfrac{\mathrm{d}(SSE)}{\mathrm{d}x} = 2x - \dfrac{2}{b}(x'_{k.} + x) - \dfrac{2}{a}(x'_{.l} + x) + \dfrac{2}{ab}(x'_{..} + x) = 0$, 解得

$$x = \frac{ax'_{k.} + bx'_{.l} - x'_{..}}{(a-1)(b-1)}.$$

对所得 x_{kl} 的估计值 x 做下述变形, 有

$$x = \frac{ax'_{k.} - x'_{k.} + bx'_{.l} - x'_{.l} - x'_{..} + x'_{k.} + x'_{.l}}{(a-1)(b-1)} = \frac{x'_{k.}}{b-1} + \frac{x'_{.l}}{a-1} - \frac{x'_{..} - x'_{k.} - x'_{.l}}{(a-1)(b-1)},$$

可见缺失数据的估计值 x 是缺失数据所在行的平均数与所在列的平均数之和, 再减去划掉缺失数据所在行与所在列之后, 剩余数据的平均数, 由此, 对下列缺失 x_{23} 的试验数据, 见表 4.22.

表 4.22 缺失 x_{23} 的试验数据汇总

A \ B	B_1	B_2	B_3	B_4	合计
A_1	46	100	48	51	245
A_2	253	203	x	190	649+x
A_3	315	361	331	313	1320
A_4	354	352	353	315	1374
合计	971	1016	732+x	869	3588+x

表 4.22 中 x 表示, 缺失项数据的估计值, 可求得估计值 $x = \dfrac{649}{3} + \dfrac{732}{3} - \dfrac{3588 - 649 - 732}{3 \times 3} = 215$, 这时 $\mathrm{df}_T = 16 - 1 - 1 = 14$, $\mathrm{df}_A = 3$, $\mathrm{df}_B = 3$, $\mathrm{df}_C = 14 - 6 = 8$, 若该试验数据中的 $x_{42} = 352$ 亦缺失, 记其估计值 y, 可再令 $x_{42} - \bar{x}_{4.} - \bar{x}_{.2} + \bar{x} = 0$, 得

$$\begin{cases} x = \dfrac{649 + x}{4} + \dfrac{739 + x}{4} - \dfrac{3236 + x + y}{16}, \\ y = \dfrac{1022 + y}{4} + \dfrac{644 + y}{4} - \dfrac{3236 + x + y}{16}, \end{cases}$$

解得 $x \doteq 213.55$, $y \doteq 366.05$, 或由 $SSE = S(x, y)$, 令 $\dfrac{\partial S}{\partial x} = 0$, $\dfrac{\partial S}{\partial y} = 0$, 解得 x, y.

4.4.4 交互作用

双因素试验的主要目的是研究两因素的交互作用. 两因素间的交互作用是指两因素的水平组合发生了它们的各自效应之和以外的附加效应, 即两因素水平组合

的效应大小与其水平搭配有关, 即 A 的两水平 A_i, A_m 与另一因素 B 的水平 B_j 搭配后, 所产生的效应差 $\delta_{ij} - \delta_{mj}$ 或 $\mu_{ij} - \mu_{mj}$ 与 B_j 有关.

例如, 饵料与鱼的品种、养殖密度与水质等等, 两因素间均存在交互作用. 只有当两因素的水平搭配适当时, 才能产生较好的效应.

一般两因素之间是否存在交互作用可由有关的专业知识做出定性分析, 然后再经试验, 依试验数据做出统计推断.

若对两因素之间是否存在交互作用尚有怀疑, 也可先依一次试验数据做出简单的判断, 在可能存在交互作用时, 再做大量重复试验进行统计推断.

由两因素交互作用的定义可知, 当两因素之间不存在交互作用时, 一因素 A 的任两水平 A_i, A_m 与另一因素 B 的同一水平 $B_j(\forall j)$ 搭配后, 所产生的效应差 $\delta_{ij} - \delta_{mj}$ 或 $\mu_{ij} - \mu_{mj}$ 应是与 B_j 无关的一个常数.

图 4.15 中, 两水平 A_i 与 A_m 的折线对应的直线段应该平行. 否则, 两因素间就存在交互作用.

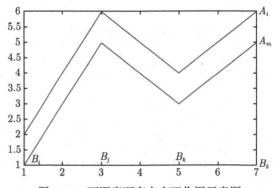

图 4.15　两因素不存在交互作用示意图

由于 μ_{ij} 未知, 只能依据试验数据 x_{ij} 做图. 因为 x_{ij} 会有随机误差, 故只要折线的各对应段不相交接近平行时, 即可认为两因素间不存在交互作用. 这时就不需再对水平组合 (A_i, B_j) 做重复试验了.

读者可就例 4.3 绘制上图, 判断饵料与场别间是否存在交互作用.

4.5　完全随机化试验设计及其方差分析

方差分析的基本思想是将样本的总平方和依据其数据结构予以分解, 以检验试验因素作用的显著性.

样本总是经试验得到的, 为使样本受随机干扰尽可能小并符合方差分析的基本条件, 必须进行试验设计. 由本节起, 将分别介绍常用的试验设计方法以及相应的方差分析.

4.5.1 完全随机化试验设计

设试验因素 (或因素组合) 有 t 个处理 (水平或水平组合), 若要求每个处理做 n 次重复独立试验, 则共需 $t \times n$ 个试验单元, 对处理与试验单元配制完全随机安排时叫做完全随机化试验设计.

完全随机化试验设计的基本方法是将 t 个处理与 $t \times n$ 个试验单元分别编号, 对每个处理依随机数表或抽签配置在 n 个试验单元上, 并编制试验设计表.

例 4.5 为试验 6 种饵料 A, B, C, D, E, F 对虾的体长的影响, 各在 5 个虾池投喂, 共需 30 个虾池. 在这 30 个虾池做完全随机化试验设计.

解 利用随机数表做完全随机试验的方法很多, 下面以此例说明大致的步骤.

(1) 将各虾池 (试验单元) 编号为 1~30.

(2) 依随机数表 (附表 17) 使每个虾池对应一个随机数: 本例的虾池编号为 2 位数, 在随机数表中任取两列 (行) 如 29, 30 列, 由第一行的 24 开始, 顺序往下并剔除出现过的重复随机数, 依次赋予编号为 $1, 2, \cdots, 30$ 的虾池. 当这两列的随机数不够用时, 可再取两列, 如 31, 32 列.

(3) 将各虾池对应的随机数由小到大排列, 每个随机数对应一个序号赋予相应的虾池.

(4) 依虾池的序号依次配置饵料 (处理). 例如, 序号为 1~5 的虾池投喂 $A, \cdots$, $26 \sim 30$ 的虾池投喂 F. 由此得到表 4.23.

当试验设计时, 还应说明试验后如何观测试验单元的反应, 以将取得在每个试验单元的试验结果作为样本, 并编制原始数据记录表, 以备方差分析.

如在本例中, 试验后若在每个虾池随机取一尾观测其体长作为样本, 显然随机差异太大. 常取一网以其中各尾平均体长作为样本, 也可取若干网, 以各网的平均体长作为样本. 显然最后一种方法得到的样本所受的抽样随机误差较小, 具有较强的代表性.

表 4.23 完全随机试验设计表

虾池编号	1	2	3	4	5	6	7	8	9	10	11	12	13	14	15
随机数	24	07	96	45	97	48	91	03	69	26	22	42	02	75	76
序号	7	3	28	15	29	16	27	2	20	8	5	13	1	21	22
饵料	B	A	F	C	F	D	F	A	D	B	A	C	A	E	E
虾池编号	16	17	18	19	20	21	22	23	24	25	26	27	28	29	30
随机数	67	83	41	98	79	49	32	43	82	38	37	84	23	57	12
序号	19	25	12	30	23	17	9	14	24	11	10	26	6	18	4
饵料	D	E	C	F	E	D	B	C	E	C	B	F	B	D	A

常称观察试验单元反应的单元为观察单元, 所得观察结果称为次级样本. 如前述的一尾虾的体长、一网虾的平均体长.

一般对试验单元的反应不易全面观测时, 只好在每个试验单元中随机取若干个观察单元得到次级样本, 再由这些次级样本得到作为该试验单元试验结果的样本.

如在本例中, 可在每个虾池中, 随机取两网分别计算每网的平均体长作为次级样本, 再以两网平均体长的均值作为每个虾池试验结果的样本, 并整理得到原始数据表, 见表 4.24.

表 4.24 原始数据记录表

	虾池编号	2	8	11	13	30	平均值
A	每网的 平均体长	16.5 16.4	16.4 15.8	15.7 15.3	16.6 16.1	16.0 16.8	
	平均体长的均值	16.45	16.1	15.5	16.35	16.4	16.16
	虾池编号	1	10	22	26	28	平均值
B	每网的 平均体长	16.0 16.0	14.4 13.9	15.5 16.6	15.6 16.2	16.4 16.2	
	平均体长的均值	16.0	14.15	16.05	15.9	16.3	15.68
	虾池编号	4	12	18	23	25	平均值
C	每网的 平均体长	15.1 15.6	15.6 14.3	15.9 16.2	16.1 15.2	15.0 14.5	
	平均体长的均值	15.35	14.65	16.05	15.65	14.75	15.29
	虾池编号	6	9	16	21	29	平均值
D	每网的 平均体长	15.6 15.5	14.7 15.2	15.6 15.5	15.4 14.6	15.6 15.2	
	平均体长的均值	15.55	14.95	15.55	15.0	15.4	15.29
	虾池编号	14	15	17	20	24	平均值
E	每网的 平均体长	13.5 14.3	14.2 13.3	14.5 15.1	15.4 15.1	14.9 13.3	
	平均体长的均值	13.9	13.75	14.8	15.25	14.1	14.36
	虾池编号	3	5	7	19	27	平均值
F	每网的 平均体长	14.2 13.0	12.5 12.6	15.1 14.3	14.0 14.8	14.3 14.6	
	平均体长的均值	13.6	12.55	14.7	14.4	14.45	13.94

这种设计是所有试验设计中最基本的一种, 方法简便易行且对处理数与重复数均无限制. 但没有误差控制, 试验误差往往过高, 特别是当所需试验单元个数较多时, 往往试验单元之间差异较大, 必然使试验误差增大. 因此本设计方法适用于单元较少的小规模试验或试验单元之间差异较小的情况.

4.5.2 完全随机试验设计的方差分析

1) 不考虑次级样本的方差分析

依完全随机试验取得的样本 (不计次级样本) 做方差分析的方法, 与前面介绍的方差分析方法相同, 不再另叙. 读者可就例 4.5 给出的样本值做出方差分析.

2) 具有次级样本的方差分析

若完全随机试验取得的样本是由次级样本得到的, 由次级样本直接做方差分析不仅可得到与由样本做方差分析相同的统计推断结论, 而且可以检验试验单元内诸观察单元间差异的显著性, 即试验单元对试验结果影响的显著性. 下面以固定效应型的单因素试验为例, 介绍具有次级样本的方差分析方法.

设试验因素 A 选取 a 个水平 $A_i(i = 1, 2, \cdots, a)$, 每个水平均独立重复试验 n 次, 共需 an 个试验单元, 在每个试验单元中随机地抽取 r 个观察单元, 得到 anr 个次级样本

$$x_{ijk}, \quad i = 1, 2, \cdots, a, \quad j = 1, 2, \cdots, n, \quad k = 1, 2, \cdots, r.$$

则每个次级样本 x_{ijk} 是处理 A_i 的效应 μ_i、试验单元的随机效应 ε_{ij} 及观察单元的随机误差 ε'_{ijk} 共同作用的结果. 这里 ε_{ij}, ε'_{ijk} 均为随机变量, 在正态分布的假定下, 得到具有次级样本的数学模型

$$x_{ijk} = \mu + \alpha_i + \varepsilon_{ij} + \varepsilon'_{ijk}, \tag{4.10}$$

其中平均效应 $\mu = \dfrac{1}{a} \sum\limits_{i=1}^{a} \mu_i$, 水平 A_i 的主效应 $\alpha_i = \mu_i - \mu$, $\sum\limits_{i=1}^{a} \alpha_i = 0$, 试验随机误差 $\varepsilon_{ij} \sim N(0, \sigma_e^2)$, 抽样随机误差 $\varepsilon'_{ijk} \sim N(0, \sigma_S^2)$.

检验因素 A 对试验结果的显著性及试验单元对试验结果的显著性, 就是由 x_{ijk} 检验

$$H_{01}: \forall \alpha_i = 0, \qquad H_{11}: \exists \alpha_i \neq 0.$$
$$H_{02}: \sigma_e^2 = 0, \qquad H_{12}: \sigma_e^2 \neq 0.$$

由 $x_{ijk} - \mu = \alpha_i + \varepsilon_{ij} + \varepsilon'_{ijk}$ 得到

$$x_{ijk} - \bar{x} = (\bar{x}_{i..} - \bar{x}) + (\bar{x}_{ij.} - \bar{x}_{i..}) + (x_{ijk} - \bar{x}_{ij.}).$$

两边平方后, 对 i, j, k 求和, 记为 $SST = SSA + SSE + SSS$, 其中

总平方和 $\quad SST = \sum\limits_{i=1}^{a} \sum\limits_{j=1}^{n} \sum\limits_{k=1}^{r} (x_{ijk} - \bar{x})^2 = \sum\limits_{i \cdot j \cdot k} x_{ijk}^2 - c, \quad \mathrm{df}_T = anr - 1.$

处理平方和 $\quad SSA = nr \sum\limits_{i=1}^{a} (\bar{x}_{i..} - \bar{x})^2 = \dfrac{1}{nr} \sum\limits_{i=1}^{a} x_{i..}^2 - c, \quad \mathrm{df}_A = a - 1.$

试验误差平方和 $\quad SSE = r \sum\limits_{i,j} (\bar{x}_{ij.} - \bar{x})^2, \quad \mathrm{df}_E = a(n - 1).$

抽样误差平方和 $\quad SSS = \sum\limits_{i,j,k} (x_{ijk} - \bar{x}_{ij.})^2, \quad \mathrm{df}_S = an(r - 1).$

$$c = \frac{x_{...}^2}{anr} = anr\bar{x}^2.$$

各自被其自由度除, 得到相应的均方为

处理均方 $MSA = \dfrac{SSA}{a-1}$;

试验误差均方 $MSE = \dfrac{SSE}{a(n-1)}$;

抽样误差均方 $MSS = \dfrac{SSS}{an(r-1)}$.

由 x_{ijk} 的数学模型 (4.10) 可求得它们的期望

$$E(MSA) = \frac{nr}{a-1} \sum_{i=1}^{a} \alpha_i^2 + r\sigma_e^2 + \sigma_S^2,$$

$$E(MSE) = r\sigma_e^2 + \sigma_S^2,$$

$$E(MSS) = \sigma_S^2.$$

可见 $E(MSA) \geqslant E(MSE)$, 当且仅当 $\forall \alpha_i = 0$ 时, 等式成立.

$E(MSE) \geqslant E(MSS)$, 当且仅当 $\sigma_e^2 = 0$ 时, 等式成立.

应由 $F_A = \dfrac{MSA}{MSE} \sim F(a-1, a(n-1))$ 在显著性水平 α 下检验

$H_{01} : \forall \alpha_i = 0 \Longleftrightarrow E(MSA) = E(MSE), \quad H_{11} : \exists \alpha_i \neq 0 \Longleftrightarrow E(MSA) > E(MSE).$

当 $F_A > F_\alpha(a-1, a(n-1))$ 时, 否定 H_{01}, 因素 A 作用显著.

而对 $H_{02} : \sigma_e^2 = 0 \Longleftrightarrow E(MSE) = E(MSS), H_{12} : \sigma_e^2 \neq 0 \Longleftrightarrow E(MSE) > E(MSS)$, 类似地可以推出 $F_e = \dfrac{MSE}{MSS} \sim F(a(n-1), an(r-1))$ 在显著性 α 下做单侧检验.

当 $F_e > F_\alpha(a(n-1), an(r-1))$ 时, 否定 H_{02}. 表明试验单元对试验结果的影响是显著的, 这时应进一步分析试验单元间的哪些状态差异对试验结果的影响是显著的.

最后给出方差分析表, 见表 4.25.

表 4.25 完全随机化试验设计方差分析表

变异来源	平方和	自由度	均方	F	临界值
因素 A	SSA	$a-1$	MSA	MSA/MSE	$F_\alpha(a-1, a(n-1))$
试验误差	SSE	$a(n-1)$	MSE	MSE/MSS	$F_\alpha(a(n-1), an(r-1))$
抽样误差	SSS	$an(r-1)$	MSS		
合计	SST	$anr-1$			

例 4.5 (续) 依例 4.5 中的次级样本做方差分析.

解 由样本 x_{ijk}, $i = 1, 2, \cdots, a$, $j = 1, 2, \cdots, n$, $k = 1, 2, \cdots, r$, 求得

$$SST = 61.24, \quad \mathrm{df}_T = 60 - 1 = 59.$$

$$SSA + SSE = r \sum_{i,j} (\bar{x}_{ij \cdot} - \bar{x})^2 = 54.48, \quad \mathrm{df}_A + \mathrm{df}_e = 30 - 1 = 29.$$

$$SSS = 61.24 - 54.48 = 6.76, \quad \mathrm{df}_S = 30(2 - 1) = 30.$$

$$SSA = 34.23, \quad \mathrm{df}_A = 6 - 1 = 5.$$

$$SSE = 54.48 - 34.23 = 20.25, \quad \mathrm{df}_e = 6(5 - 1) = 24.$$

由此得方差分析表, 见表 4.26.

表 4.26 例 4.5(续) 的方差分析表

变异来源	平方和	自由度	均方	F 值	临界值
饵料	34.23	5	6.85	8.12**	$F_{0.01}(5,\ 24)=3.9$
试验误差	20.25	24	0.84	3.73**	$F_{0.01}(24,\ 30)=2.17$
抽样误差	6.76	30	0.23		
合计	61.24	59			

表明饵料间及虾池间的差异均极显著.

若不计次级样本, 以 $x_{ij \cdot}$ 或 $\bar{x}_{ij \cdot}$ 作为样本值, 直接做方差分析, 同样有 $F = 8.12 > 3.9$, 饵料引起虾体长的变异极显著.

读者可就此做出检验, 并对一般情况给出证明.

4.6 随机完全区组试验设计及其方差分析

当一试验所需试验单元较多时, 实际上往往难以保证这些试验单元的一致性, 它们之间的差异较大, 若采用完全随机化试验设计, 必使试验误差增大, 这时应采用本节介绍的试验设计方法.

4.6.1 随机完全区组试验设计

设试验因素 (或因素组合) 有 t 个处理 (水平或水平组合), 要求每个处理均重复 n 次, 则共需 tn 个试验单元.

若考虑到这 tn 个试验单元的某些因素的状态差异可能对试验结果有影响. 可从这些因素中选取一个对试验结果可能造成系统误差的因素 R, 我们称为区组因素, 依此将 tn 个试验单元分为 n 组, 每组均含 t 个试验单元, 要求每个组内的 t 个试验单元之间, 区组因素 R 的状态差异远远小于不同组的试验单元之间区组因素 R 的状态差异, 称每个组为一个区组.

例如, 当鱼池间的差异较大时, 我们可以根据试验的实际情况, 选取鱼池的溶氧或 pH 等为区组因素, 将诸鱼池划分区组, 使同一区组内的诸鱼池溶氧或 pH 的差异远远小于不同区组的鱼池之间的差异.

显然, 区组是对子的推广. 区组的划分依赖于所取的区组因素.

若每个区组内的试验单元数等于处理数, 区组数等于重复数, 且在每个区组内试验单元上完全随机安排一种处理, 使每个处理在每个区组内均试验且仅试验一次, 叫做随机完全区组试验设计.

具体设计方法可将每个区组内的 t 个试验单元, 依随机数表或抽签在每个试验单元上配置一种处理.

如在例 4.5 中, 依 30 个虾池的透明度划分为 5 个区组, 每个区组均有 6 个虾池, 并在每个区组内完全随机地配置饵料后, 编制试验设计表, 见表 4.27.

试验后编制原始数据记录表, 与表 4.24 相同.

表 4.27 虾池饵料实验设计表

区组 1		区组 2		区组 3		区组 4		区组 5	
试验单元	处理	试验单元	处理	试验单元	处理	试验单元	处理	试验单元	处理
1	B	5	F	7	F	13	A	24	E
2	A	8	A	11	A	19	F	25	C
3	F	9	D	16	D	20	E	27	F
4	C	10	B	17	E	21	D	28	B
6	D	12	C	18	C	23	C	29	D
14	E	15	E	22	B	26	B	30	A

4.6.2 不具有次级样本的方差分析

在随机完全区组试验中, 除试验因素外, 还有一个区组因素 R, 几个区组相当于区组因素 R 的几个水平, 而每个水平均实现 t 次, 一般总是认为区组因素与试验因素之间不存在交互作用, 否则应将 R 作为试验因素. 因此, 经随机完全区组试验得到的数据结构中, 可将区组因素 R 对试验结果的主效应 γ_j, 由随机误差 ε_{ij} 中单独列出.

下面只讨论固定效应型的模型

$$x_{ij} = \mu + \delta_i + \gamma_j + \varepsilon_{ij}, \quad \sum_{i=1}^{t} \delta_i = 0, \quad \sum_{j=1}^{n} \gamma_j = 0, \quad \varepsilon_{ij} \sim N(0, \sigma^2).$$

(1) 若试验因素只有一个 A, 取 $t = a$ 个水平 A_i, 其主效应为 α_i, 则有

$$x_{ij} = \mu + \alpha_i + \gamma_j + \varepsilon_{ij}, \quad \sum_{i=1}^{a} \alpha_i = 0, \quad \sum_{j=1}^{n} \gamma_j = 0, \quad \varepsilon_{ij} \sim N(0, \sigma^2).$$

这与无重复的双因素试验相同, 故有

$$SST = \sum_{i=1}^{a} \sum_{j=1}^{n} (x_{ij} - \bar{x})^2 = \sum_{i,j} x_{ij}^2 - c, \quad \mathrm{df}_T = an - 1.$$

$$SSA = n \sum_{i=1}^{a} (\bar{x}_{i\cdot} - \bar{x})^2 = \frac{1}{n} \sum_{i=1}^{a} x_{i\cdot}^2 - c, \quad \mathrm{df}_A = a - 1.$$

$$SSR = a \sum_{j=1}^{n} (\bar{x}_{\cdot j} - \bar{x})^2 = \frac{1}{a} \sum_{j=1}^{n} x_{\cdot j}^2 - c, \quad \mathrm{df}_R = n - 1.$$

$$SSE = \sum_{i=1}^{a} \sum_{j=1}^{n} (x_{ij} - \bar{x}_{i\cdot} - \bar{x}_{\cdot j} + \bar{x})^2 = SST - SSA - SSR, \quad \mathrm{df}_e = (a-1)(n-1),$$

其中 $c = \dfrac{x_{\cdot\cdot}^2}{an}$.

方差分析表, 见表 4.28.

表 4.28　只有一个试验因素的不具有次级样本试验的方差分析表

变异来源	平方和	自由度	均方	F	临界值
因素 A	SSA	$a-1$	MSA	MSA/MSE	$F_\alpha(a-1, (a-1)(n-1))$
区组 R	SSR	$n-1$	MSR	MSR/MSE	$F_\alpha(n-1, (a-1)(n-1))$
随机误差	SSE	$(a-1)(n-1)$	MSE		
合计	SST	$an-1$			

由此可见, 由于设置了区组, 而将试验单元中, 由区组因素 R 引起的变异单独划出, 从而降低了试验误差, 提高了辨识处理间较小差异的能力. 区组间的变异越大, 随机完全区组设计的效用越大. 当区组因素作用不显著时, 其效用就不及完全随机化试验设计. 因为完全随机化试验时误差自由度较大.

(2) 若试验因素有 A, B 两个, 依次取 a, b 个水平, 共有 $t = ab$ 个处理, (A_i, B_j) 取 n 个区组, 每个区组内含 ab 个试验单元, 经随机完全区组试验后, 共有 abn 个试验结果

$$x_{ijk}, \quad i = 1, 2, \cdots, a, \ j = 1, 2, \cdots, b, \ k = 1, 2, \cdots, n.$$

$$x_{ijk} = \mu + \delta_{ij} + \gamma_k + \varepsilon_{ijk}$$

或

$$x_{ijk} = \mu + \alpha_i + \beta_j + (\alpha\beta)_{ij} + \gamma_k + \varepsilon_{ijk}.$$

$$\sum_{i=1}^{a} \alpha_i = \sum_{j=1}^{b} \beta_j = \sum_{i=1}^{a} (\alpha\beta)_{ij} = \sum_{j=1}^{b} (\alpha\beta)_{ij} = \sum_{k=1}^{n} \gamma_k = 0, \quad \varepsilon_{ijk} \sim N(0, \sigma^2).$$

由此可将总平方和 SST 做出分解

$$SST = \sum_{i=1}^{a}\sum_{j=1}^{b}\sum_{k=1}^{n}(x_{ijk} - \bar{x})^2 = \sum_{i,j,k} x_{ijk}^2 - c, \qquad \mathrm{df}_T = abn - 1.$$

$$SS(AB) = n\sum_{i,j}(\bar{x}_{ij\cdot} - \bar{x})^2 = \frac{1}{n}\sum_{i,j}x_{ij\cdot}^2 - c, \qquad \mathrm{df}_{(AB)} = ab - 1.$$

$$SSR = ab\sum_{k}(\bar{x}_{\cdot\cdot k} - \bar{x})^2 = \frac{1}{ab}\sum_{k}x_{\cdot\cdot k}^2 - c, \qquad \mathrm{df}_R = n - 1.$$

$$SSE = \sum_{i,j,k}(x_{ijk} - \bar{x}_{ij\cdot} - \bar{x}_{\cdot\cdot k} + \bar{x})^2 = SST - SS(AB) - SSR, \quad \mathrm{df}_e = (ab-1)(n-1).$$

再将 $SS(AB)$ 分解为

$$SSA = bn\sum_{i=1}^{a}(\bar{x}_{i\cdot\cdot} - \bar{x})^2 = \frac{1}{bn}\sum_{i=1}^{a}x_{i\cdot\cdot}^2 - c, \quad \mathrm{df}_A = a - 1.$$

$$SSB = an\sum_{j=1}^{b}(\bar{x}_{\cdot j\cdot} - \bar{x})^2 = \frac{1}{an}\sum_{j=1}^{b}x_{\cdot j\cdot}^2 - c, \quad \mathrm{df}_B = b - 1.$$

$$SS_{A\times B} = n\sum_{i,j}(\bar{x}_{ij\cdot} - \bar{x}_{i\cdot\cdot} - \bar{x}_{\cdot j\cdot} + \bar{x})^2 = \frac{1}{n}\sum_{i,j}x_{ij\cdot}^2 - \frac{1}{bn}\sum_{i=1}^{a}x_{i\cdot\cdot}^2 - \frac{1}{an}\sum_{j=1}^{b}x_{\cdot j\cdot}^2 + c$$

$$= SS(AB) - SSA - SSB, \quad \mathrm{df}_{A\times B} = (a-1)(b-1).$$

$$SST = SS(AB) + SSR + SSE = SSA + SSB + SS_{A\times B} + SSR + SSE,$$

$$\mathrm{df}_T = \mathrm{df}_A + \mathrm{df}_B + \mathrm{df}_{A\times B} + \mathrm{df}_R + \mathrm{df}_e.$$

方差分析表, 见表 4.29.

表 4.29   具有两个试验因素的不具有次级样本的方差分析表

变异来源	平方和	自由度	均方	F	临界值
因素 A	SSA	$a-1$	MSA	MSA/MSE	$F_\alpha(a-1, (ab-1)(n-1))$
因素 B	SSB	$b-1$	MSB	MSB/MSE	$F_\alpha(b-1, (ab-1)(n-1))$
交互$_{A\times B}$	$SS_{A\times B}$	$(a-1)(b-1)$	$MS_{A\times B}$	$MS_{A\times B}/MSE$	$F_\alpha((a-1)(b-1), (ab-1)(n-1))$
区组 R	SSR	$n-1$	MSR	MSR/MSE	
随机误差	SSE	$(ab-1)(n-1)$			
合计	SST	$abn-1$			

当两试验因素 A, B 之间不存在交互作用时, 平方和的分解过程自行给出.

例 4.6   在网箱养鱼中, 为试验放养品种与放养密度对产量的影响, 取三个放养品种 A_1, A_2, A_3 及三个放养密度 B_1, B_2, B_3, 在三个水库 R_1, R_2, R_3 做随机完全区组试验, 检验放养品种、密度及其交互作用的显著性.

解 依随机完全区组试验的要求, 在每个水库 (区组) 应取 9 个网箱, 经在每个水库的 9 个网箱随机安排 9 种处理 (A_i, B_j) 后, 设计与试验结果见表 4.30.

表 4.30　随机完全区组试验设计与试验结果

水库 R_1		水库 R_2		水库 R_3	
A_1B_1	8	A_2B_2	9	A_3B_2	8
A_2B_2	7	A_1B_1	8	A_2B_2	6
A_3B_3	10	A_3B_2	7	A_3B_3	9
A_1B_2	7	A_3B_3	9	A_1B_1	8
A_2B_3	8	A_2B_3	7	A_1B_2	6
A_3B_1	7	A_3B_1	7	A_2B_3	6
A_3B_2	8	A_1B_3	5	A_3B_1	6
A_1B_3	6	A_2B_1	9	A_1B_3	6
A_2B_1	9	A_1B_2	7	A_2B_1	8

对上述试验数据进行整理见表 4.31.

表 4.31　随机完全区组试验结果整理表

区组〉处理	R_1	R_2	R_3	$x_{ij\cdot}$
A_1B_1	8	8	8	24
A_1B_2	7	7	6	20
A_1B_3	6	5	6	17
A_2B_1	9	9	8	26
A_2B_2	7	9	6	22
A_2B_3	8	7	6	21
A_3B_1	7	7	6	20
A_3B_2	8	7	8	23
A_3B_3	10	9	9	28
$x_{\cdot\cdot k}$	70	68	63	201

B〉A	B_1	B_2	B_3	$x_{i\cdot\cdot}$
A_1	24	20	17	61
A_2	26	22	21	69
A_3	20	23	28	71
$x_{\cdot j\cdot}$	70	65	66	201

经计算得 $c = \dfrac{201^2}{3 \times 3 \times 3} = 1496.33$, 有

$$SST = \sum_{i,j,k} x_{ijk}^2 - c = 40.667, \quad \mathrm{df}_T = 27 - 1 = 26.$$

$$SS(AB) = \frac{1}{3} \sum_{i,j} x_{ij\cdot}^2 - c = 1526.33 - c = 30, \quad \mathrm{df}_{(AB)} = 9 - 1 = 8.$$

$$SSB = \frac{1}{9} \sum_{j=1}^{3} x_{\cdot j \cdot}^2 - c = 1497.886 - c = 1.556, \quad \mathrm{df}_B = 3 - 1 = 2.$$

$$SS_{A \times B} = SS(AB) - SSA - SSB = 22.222, \quad \mathrm{df}_{A \times B} = (3-1)(3-1) = 4.$$

$$SSR = \frac{1}{9} \sum_{k=1}^{3} x_{\cdot\cdot k}^2 - c = 1499.219 - c = 2.889, \quad \mathrm{df}_R = 3 - 1 = 2.$$

$$SSE = 40.667 - 30 - 2.889 = 7.778, \quad \mathrm{df}_e = 16.$$

得方差分析表 (表 4.32).

检验结果表明, 所选 3 个水库间的差异不显著, 放养品种及其与放养密度之间的交互作用对产量的影响显著, 特别是交互作用的影响极显著, 因此应首先就 9 种处理的平均数做多重比较. 找出品种与密度的最优搭配.

表 4.32　网箱养鱼试验方差分析表

变异来源	平方和	自由度	均方	F	临界值
处理 (AB)	30	8	3.75	7.27**	$F_{0.05}(8,16) = 2.57$
品种 A	6.222	2	3.111	6.4*	$F_{0.05}(2,16) = 3.63$
密度 B	1.556	2	0.778	1.6	$F_{0.01}(8,16) = 3.89$
交互作用	22.222	4	5.555	11.429**	$F_{0.01}(2,16) = 6.23$
水库 R	2.889	2	1.444	2.971	$F_{0.01}(4,16) = 4.80$
随机误差	7.778	16	0.486		
合计	40.667	26			

SPSS 实现　(随机完全区组试验的显著性检验)

(1) 数据的输入: 在变量窗口设置变量, 变量名称为 "产量""水库 R""品种 A""密度 B". 在数据窗口输入数据, 数据的格式如下图 4.16 所示.

	产量	水库R	品种A	密度B	变量	变量
4	7.00	1.00	1.00	2.00		
5	8.00	1.00	2.00	3.00		
6	7.00	1.00	3.00	1.00		
7	8.00	1.00	3.00	2.00		
8	6.00	1.00	1.00	3.00		
9	9.00	1.00	2.00	1.00		
10	9.00	2.00	2.00	2.00		
11	8.00	2.00	1.00	2.00		
12	7.00	2.00	3.00	2.00		
13	9.00	2.00	3.00	3.00		
14	7.00	2.00	2.00	3.00		
15	7.00	2.00	3.00	1.00		
16	5.00	2.00	1.00	3.00		
17	9.00	2.00	2.00	1.00		
18	7.00	2.00	1.00	2.00		
19	8.00	3.00	3.00	1.00		
20	6.00	3.00	2.00	2.00		
21	9.00	3.00	3.00	3.00		
22	8.00	3.00	1.00	1.00		
23	6.00	3.00	1.00	2.00		
24	6.00	3.00	2.00	3.00		
25	6.00	3.00	3.00	1.00		
26	6.00	3.00	1.00	3.00		
27	8.00	3.00	2.00	1.00		

图 4.16

(2) 命令选择: 在 "分析" 下拉菜单, 选择 "一般线性模型" 选项, 单击 "单因变量模型". 分析 → 一般线性模型 → 单因变量.

选择 "产量" 进入因变量, "水库 R""品种 A""密度 B" 进入固定因子. 单击 "模型" 按钮, 选择设定, 选择 "水库 R""品种 A""密度 B" 进入模型, 并考虑 "品种 A""密度 B" 的交互作用. 点击 "继续"(图 4.17).

(a)

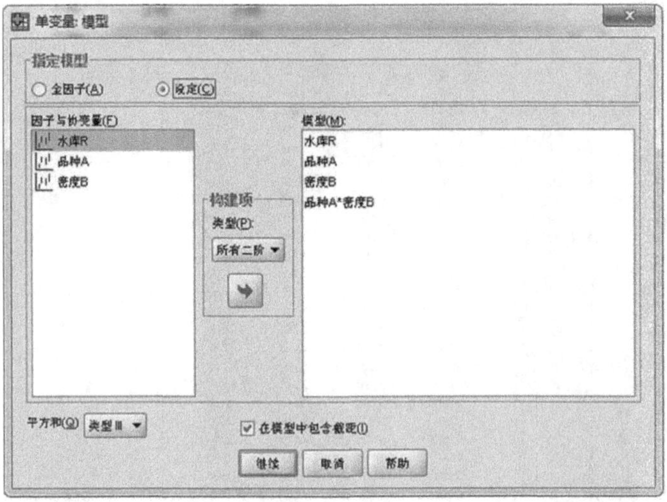

(b)

(c)

图 4.17

(3) 输出与解释: 通过方差分析表可以看出, 水库因素对产量差异影响不显著, 鱼的品种、放养密度对产量影响不显著. 品种和放养密度的交互作用对产量的影响极显著 (图 4.18).

主体间效应的检验

因变量:产量

方差来源	III 型平方和	df	均方	F	Sig.
校正模型	32.889ᵃ	10	3.289	6.766	.000
截距	1496.333	1	1496.333	3078.171	.000
水库R	2.889	2	1.444	2.971	.080
品种A	6.222	2	3.111	6.400	.009
密度B	1.556	2	.778	1.600	.233
品种A * 密度B	22.222	4	5.556	11.429	.000
误差	7.778	16	.486		
总计	1537.000	27			
校正的总计	40.667	26			

a. R方 = .809 (调整 R方 = .689)

多个比较

产量
LSD

(I) 水库R	(J) 水库R	均值差值 (I-J)	标准 误差	Sig.	95% 置信区间 下限	95% 置信区间 上限
1.00	2.00	.2222	.32867	.509	-.4745	.9190
	3.00	.7778*	.32867	.031	.0810	1.4745
2.00	1.00	-.2222	.32867	.509	-.9190	.4745
	3.00	.5556	.32867	.110	-.1412	1.2523
3.00	1.00	-.7778*	.32867	.031	-1.4745	-.0810
	2.00	-.5556	.32867	.110	-1.2523	.1412

基于观测到的均值。
误差项为均方 (错误) = .486。

*. 均值差值在 .05 级别上较显著。

多个比较

产量
LSD

(I) 品种A	(J) 品种A	均值差值 (I-J)	标准 误差	Sig.	95% 置信区间 下限	95% 置信区间 上限
1.00	2.00	-.8889*	.32867	.016	-1.5856	-.1921
	3.00	-1.1111*	.32867	.004	-1.8079	-.4144
2.00	1.00	.8889*	.32867	.016	.1921	1.5856
	3.00	-.2222	.32867	.509	-.9190	.4745
3.00	1.00	1.1111*	.32867	.004	.4144	1.8079
	2.00	.2222	.32867	.509	-.4745	.9190

基于观测到的均值。
误差项为均值方 (错误) = .486。

*. 均值差值在 .05 级别上较显著。

图 4.18

4.6.3 具有次级样本的方差分析

前面讨论的不具有次级样本时随机完全区组试验的方差分析, 如果样本是 r 个次级样本的和或平均值, 由次级样本直接做方差分析还可得到有关观察单元变异的显著性.

这里, 对单因素的随机完全区组试验讨论如下:

设对试验因素 A 选取 a 个水平, 以 R 为区组因素设置 n 个完全区组, 在每个试验单元随机地抽取 r 个观察单元, 共得 anr 个次级样本 $x_{ijk}, i = 1, 2, \cdots, a, j = 1, 2, \cdots, n, k = 1, 2, \cdots, r$, 其数据结构为

$$x_{ijk} = \mu + \alpha_i + \gamma_j + \varepsilon_{ij} + \varepsilon'_{ijk}, \quad \sum_{i=1}^{a} \alpha_i = 0,$$

$$\sum_{j=1}^{n} \gamma_j = 0, \quad \varepsilon_{ij} \sim N(0, \sigma_e^2), \quad \varepsilon'_{ijk} \sim N(0, \sigma_S^2).$$

由此应将总平方和 SST 分解为四个来源:

总平方和　$SST = \displaystyle\sum_{i=1}^{a} \sum_{j=1}^{n} \sum_{k=1}^{r} (x_{ijk} - \bar{x})^2, \quad \mathrm{df}_T = anr - 1.$

因素 A 平方和　$SSA = nr \displaystyle\sum_{i=1}^{a} (\bar{x}_{i\cdot\cdot} - \bar{x})^2, \quad \mathrm{df}_A = a - 1.$

区组平方和　$SSR = ar \displaystyle\sum_{j=1}^{n} (\bar{x}_{\cdot j\cdot} - \bar{x})^2, \quad \mathrm{df}_R = n - 1.$

试验误差平方和　$SSE = r \displaystyle\sum_{i,j} (\bar{x}_{ij\cdot} - \bar{x}_{i\cdot\cdot} - \bar{x}_{\cdot j\cdot} + \bar{x})^2, \quad \mathrm{df}_e = (a-1)(n-1).$

抽样误差平方和　$SSS = \displaystyle\sum_{i,j,k} (x_{ijk} - \bar{x}_{ij\cdot})^2, \quad \mathrm{df}_S = an(r-1).$

可以验证 $SST = SSA + SSR + SSE + SSS$. 各自被其自由度除, 得到相应的均方

处理均方　$MSA = \dfrac{SSA}{a-1}.$

区组均方　$MSR = \dfrac{SSR}{n-1}.$

试验均方　$MSE = \dfrac{SSE}{(a-1)(n-1)}.$

抽样均方　$MSS = \dfrac{SSS}{an(r-1)}.$

计算各自期望后, 可知

由 $F_A = \dfrac{MSA}{MSE} \sim F(a-1, (a-1)(n-1))$ 检验处理因素 A 的显著性.

由 $F_R = \dfrac{MSR}{MSE} \sim F(n-1, (a-1)(n-1))$ 检验区组因素 R 的显著性.

由 $F_e = \dfrac{MSE}{MSS} \sim F((a-1)(n-1), an(r-1))$ 检验试验单元的显著性.

当由次级样本计算诸平方和时, 常依下述步骤

$$SST = \sum_{i,j,k} (x_{ijk} - \bar{x})^2 = \sum_{i,j,k} x_{ijk}^2 - c, \quad c = \frac{x_{...}}{anr}.$$

$$SSA + SSR + SSE = r \sum_{i,j} (\bar{x}_{ij.} - \bar{x})^2 = \frac{1}{r} \sum_{i,j} x_{ij.}^2 - c.$$

$$SSA = nr \sum_{i=1}^{a} (\bar{x}_{i..} - \bar{x})^2 = \frac{1}{nr} \sum_{i=1}^{a} x_{i..}^2 - c.$$

$$SSR = ar \sum_{j=1}^{n} (\bar{x}_{.j.} - \bar{x})^2 = \frac{1}{ar} \sum_{j=1}^{n} x_{.j.}^2 - c.$$

$$SSE = (SSA + SSR + SSE) - (SSA + SSR).$$

$$SSS = SST - (SSA + SSB + SSE).$$

最后列出方差分析表见表 4.33.

表 4.33   具有次级样本的方差分析表

变异来源	平方和	自由度	均方	F	临界值
因素 A	SSA	$a-1$	MSA	MSA/MSE	$F_\alpha(a-1, (a-1)(n-1))$
区组	SSR	$n-1$	MSR	MSR/MSE	$F_\alpha(n-1, (a-1)(n-1))$
试验误差	SSE	$(a-1)(n-1)$	MSE	MSE/MSS	$F_\alpha((a-1)(n-1), an(r-1))$
抽样误差	SSS	$an(r-1)$	MSS		
合计	SST	$anr-1$			

例 4.7   对例 4.5 中试验, 若在 5 个养虾场, 每个虾场取 6 个虾池. 做随机完全区组试验, 所得数据如例 4.5 的数据, 其中每一列表示一个养虾场, 试做试验的方差分析.

解   由原始数据整理计算出表 4.34.

表 4.34   原始数据整理数据结果

饵料 \ 虾场	1	2	3	4	5	合计
A	32.9	32.2	31.0	32.7	32.8	161.6
B	32.0	28.3	32.1	31.8	32.6	156.8
C	30.7	29.3	32.1	31.3	29.5	152.9
D	31.1	29.9	31.1	30.0	30.8	152.9
E	27.8	27.5	29.6	30.5	28.2	143.6
F	27.2	25.1	29.4	28.8	28.9	139.4
合计	181.7	172.3	185.3	185.1	182.8	907.2

在本例中 $a = 6, n = 5, r = 2, c = \dfrac{x_{...}^2}{60} = 13716.86$, 计算得

$$SST = \sum_{i,j,k} x_{ijk}^2 - c = 16.5^2 + 16.4^2 + \cdots + 14.6^2 - c = 61.24, \quad \mathrm{df}_T = 59.$$

$$SSA + SSR + SSE = \frac{1}{r} \sum_{i,j} x_{ij.}^2 - c = \frac{1}{2}(32.9^2 + 32.2^2 + \cdots + 28.9^2) - c = 54.48.$$

$$SSA = \frac{1}{nr} \sum_{i=1}^{6} x_{i..}^2 - c = \frac{1}{10}(161.6^2 + 156.8^2 + \cdots + 139.4^2) - c = 34.23, \quad \mathrm{df}_A = 5.$$

$$SSR = \frac{1}{ar} \sum_{j=1}^{5} x_{.j.}^2 - c = \frac{1}{12}(181.7^2 + 172.3^2 \cdots + 182.8^2) - c = 9.48, \quad \mathrm{df}_R = 4.$$

$$SSE = 54.48 - 34.23 - 9.48 = 10.77, \quad \mathrm{df}_e = 20.$$

$$SSS = 61.24 - 54.48 = 6.76, \quad \mathrm{df}_S = 30.$$

方差分析表, 见表 4.35.

表 4.35　例 4.7 的方差分析表

变异来源	平方和	自由度	均方	F 值	临界值
饵料	34.23	5	6.846	12.69**	$F_{0.01}(5, 20) = 4.10$
虾场	9.48	4	2.37	4.39*	$F_{0.05}(4, 20) = 2.87$
试验误差	10.77	20	0.54	2.35*	$F_{0.05}(20, 30) = 1.93$
抽样误差	6.76	30	0.23		
合计	61.24	59			

　　检验结果表明, 饵料影响之间差异极显著, 虾场 (区组) 与试验单元之间的差异均显著, 可对六种饵料对应的体长平均值做多重比较, 选出效应好的饵料.

　　对本例若不计次级样本, 直接用 $\bar{x}_{ij.}$ 作为样本值进行方差分析, 读者自己进行, 并与上述方差分析对比.

　　对于双因素随机完全区组试验具有次级样本时, 总平方和

$$SST = \sum_{i=1}^{a} \sum_{j=1}^{b} \sum_{k=1}^{n} \sum_{l=1}^{r} (x_{ijkl} - \bar{x})^2$$

的分解及检验, 读者可自行给出, 其中下标 i, j, k, l 依次是代表因素 A 的水平 A_i、因素 B 的水平 B_j、区组 R 的分组 R_k、次级样本的代号. 在分解时, 先将 A, B 两因素作为一个整体, 与单因素时类似的分解为 $SS(AB), SSR, SSE, SSS$, 然后再将 $SS(AB)$ 分解为 $SSA, SSB, SS_{A \times B}$.

4.7 裂区试验设计及其方差分析

在前述的双因素试验设计中, 两因素 A, B 对试验单元的要求相同, 一个试验单元配置一个处理 (A_i, B_j). 但并不仅如此, 例如在人工育苗中, 在做水温 (A) 与对亲鱼注射催产剂剂量 (B) 的双因素试验中, 在水温 (A) 的一个试验单元 (水箱) 中, 可放置被注射诸试验剂量的亲鱼各一尾, 即因素 A 的一个试验单元, 可作为因素 B 的若干个试验单元. 这时, 常称 A 为主因素, B 为副因素, 它们的试验单元分别称为主区、副区. 若将主区划分的副区数与副因素的水平数相同, 则对主因素 A 的 a 个水平均独立重复次 n 时, 副因素 B 的每一水平及其与 A 的交互作用独立重复了 an 次试验. 因此, 应取主效应差异较大、要求重复次数较少的因素为主因素, 而主效应差异较小、要求重复次数较多的因素为副因素. 这类试验称为裂区试验.

4.7.1 裂区试验设计

设主因素 A 取 a 个水平 A_i, 副因素 B 取 b 个水平 B_j, $i = 1, 2, \cdots, a, j = 1, 2, \cdots, b$, 又以 R 为区组因素, 设置 n 个区组, 每个区组内含 a 个主区, 每个主区, 可划分为 b 个副区. 在做裂区试验设计时, 应首先在每个区组的 a 个主区上完全随机配置主因素的一个水平 A_i, 使每个 A_i 均试验一次. 再在每个主区的 b 个副区上完全随机配置副因素的一个水平 B_j, 使每个 B_j 均试验一次.

下面是 $a = 4, b = 2, n = 3$, 裂区试验设计的示意图 (图 4.19). 其中 $A_i(i = 1, 2, 3, 4)$ 将一个主区划分为两个副区, 区组 1 的第 4 主区配置主处理 A_2, 两个副区组配置的处理是 $(A_2, B_1), (A_2, B_2)$.

试验单元 (主区)	处理
1	B_1 A_1 B_2
2	B_2 A_4 B_1
3	B_2 A_3 B_1
4	B_1 A_2 B_2

区组一

试验单元 (主区)	处理
1	B_2 A_2 B_1
2	B_2 A_1 B_1
3	B_2 A_3 B_1
4	B_1 A_4 B_2

区组二

试验单元 (主区)	处理
1	B_1 A_4 B_2
2	B_2 A_1 B_1
3	B_1 A_2 B_2
4	B_1 A_3 B_2

区组三

图 4.19   裂区试验设计示意图

4.7.2   方差分析

在裂区试验中, 主因素 A 与副因素 B 的试验单元不同, 副区对应的试验结果 $x_{ijk}(i = 1, 2, \cdots, a, j = 1, 2, \cdots, b, k = 1, 2, \cdots, n)$ 是副因素的样本, 而主因素 A 的样本是 $\bar{x}_{i\cdot k}$, 在固定效应型中, 方差分析的模型是

$$\bar{x}_{i\cdot k} = \mu + \alpha_i + \gamma_k + \varepsilon_{ik}, \quad i = 1, 2, \cdots, a, \quad k = 1, 2, \cdots, n, \tag{4.11}$$

其中

$$\sum_{i=1}^{a} \alpha_i = 0, \quad \sum_{k=1}^{n} \gamma_k = 0, \quad \varepsilon_{ik} \sim N(0, \sigma_A^2).$$

$$x_{ijk} = \mu + \alpha_i + \gamma_k + \varepsilon_{ik} + \beta_j + (\alpha\beta)_{ij} + \varepsilon_{ijk}. \tag{4.12}$$

其中

$$\sum_{j=1}^{b} \beta_j = 0, \quad \sum_{i,j} (\alpha\beta)_{ij} = 0, \quad \varepsilon_{ijk} \sim N(0, \sigma_B^2).$$

应依模型 (4.11) 对主因素 A 及区组因素 R 做方差分析.

将模型 (4.11) 的点估计表达式

$$\bar{x}_{i\cdot k} - \bar{x} = (\bar{x}_{i\cdot\cdot} - \bar{x}) + (\bar{x}_{\cdot\cdot k} - \bar{x}) + (\bar{x}_{i\cdot k} - \bar{x}_{i\cdot\cdot} - \bar{x}_{\cdot\cdot k} + \bar{x}).$$

两边求平方和, 对 i, j, k 求和, 得到

$$SST_A = SSA + SSR + SSE_A.$$

其中

$$SST_A = b \sum_{i,k} (\bar{x}_{i\cdot k} - \bar{x})^2 = \frac{1}{b} \sum_{i,k} x_{i\cdot k}^2 - c, \quad \mathrm{df}_{T_A} = an - 1.$$

$$SSA = bn \sum_{i=1}^{a} (\bar{x}_{i\cdot\cdot} - \bar{x})^2 = \frac{1}{bn} \sum_{i=1}^{a} x_{i\cdot\cdot}^2 - c, \quad \mathrm{df}_A = a - 1.$$

$$SSR = ab \sum_{k=1}^{n} (\bar{x}_{\cdot\cdot k} - \bar{x})^2 = \frac{1}{ab} \sum_{k=1}^{n} x_{\cdot\cdot k}^2 - c, \quad \mathrm{df}_R = n - 1.$$

$$SSE_A = b \sum_{i,k} (\bar{x}_{i\cdot k} - \bar{x}_{i\cdot\cdot} - \bar{x}_{\cdot\cdot k} + \bar{x})^2 = SST_A - SSA - SSR, \quad \mathrm{df}_{e_A} = (a-1)(n-1).$$

经计算它们的均方期望知应分别有

$$F_A = \frac{MSA}{MSE_A} \sim F(a-1, (a-1)(n-1)) \ \text{检验 } A \text{ 的显著性}.$$

$$F_R = \frac{MSR}{MSE_A} \sim F(n-1, (a-1)(n-1)) \ \text{检验 } R \text{ 的显著性}.$$

再依模型 (4.12) 对副因素 B 及交互作用做方差分析.

将模型 (4.12) 的点估计表达式

$$x_{ijk} - \bar{x} = (\bar{x}_{i\cdot k} - \bar{x}) + (\bar{x}_{\cdot j\cdot} - \bar{x}) + (\bar{x}_{ij\cdot} - \bar{x}_{i\cdot\cdot} - \bar{x}_{\cdot j\cdot} + \bar{x}) + (x_{ijk} - \bar{x}_{ij\cdot} + \bar{x}_{i\cdot\cdot} - \bar{x}_{i\cdot k}).$$

两边平方后, 对 i, j, k 求和, 得到

$$SST = SST_A + SSB + SS_{A \times B} + SSE,$$

其中

$$SST = \sum_{i,j,k} (x_{ijk} - \bar{x})^2 = \sum_{i,j,k} x_{ijk}^2 - c, \quad \mathrm{df}_T = abn - 1.$$

$$SST_A = b \sum_{i,k} (\bar{x}_{i\cdot k} - \bar{x})^2 = \frac{1}{b} \sum_{i,k} x_{i\cdot k}^2 - c, \quad \mathrm{df}_{T_A} = an - 1.$$

$$SSB = an \sum_{j=1}^{b} (\bar{x}_{\cdot j\cdot} - \bar{x})^2 = \frac{1}{an} \sum_{j=1}^{b} x_{\cdot j\cdot}^2 - c, \quad \mathrm{df}_B = b - 1.$$

$$SS_{A \times B} = n \sum_{i,j} (\bar{x}_{ij \cdot} - \bar{x}_{\cdot j \cdot} - \bar{x}_{i \cdot \cdot} + \bar{x})^2 = n \sum_{i,j} (\bar{x}_{ij \cdot} - \bar{x})^2 - SSA - SSB,$$

$$\mathrm{df}_{A \times B} = (a-1)(b-1).$$

$$SSE_B = \sum_{i,j,k} (\bar{x}_{ijk} - \bar{x}_{ij \cdot} + \bar{x}_{i \cdot \cdot} - \bar{x}_{i \cdot k})^2 = SST - SST_A - SSB - SS_{A \times B},$$

$$\mathrm{df}_{e_B} = a(b-1)(n-1).$$

$$\bar{x} = \frac{x_{\cdots}}{abn} = \frac{1}{ab} \sum_{i,j} \bar{x}_{ij \cdot} = \frac{1}{an} \sum_{i,k} \bar{x}_{i \cdot k} = \frac{1}{b} \sum_{j=1}^{b} \bar{x}_{\cdot j \cdot} = \frac{1}{a} \sum_{i=1}^{a} \bar{x}_{i \cdot \cdot},$$

$$c = \frac{x_{\cdots}^2}{abn} = abn\bar{x}^2.$$

经计算它们的均方期望知应分别由

$F_B = \dfrac{MSB}{MSE_B} \sim F(b-1, a(b-1)(n-1))$ 检验 B 的显著性.

$F_{A \times B} = \dfrac{MS_{A \times B}}{MSE_B} \sim F((a-1)(b-1), a(b-1)(n-1))$ 检验 $A \times B$ 的显著性.

将上述过程整理后, 得裂区试验的方差分析表, 见表 4.36.

表 4.36   裂区试验方差分析表

	变异来源	平方和	自由度	均方	F	临界值
主区	主因素 A	SSA	$a-1$	MSA	MSA/MSE_A	$F_\alpha(a-1, (a-1)(n-1))$
	区组 R	SSR	$n-1$	MSR	MSR/MSE_A	$F_\alpha(n-1, (a-1)(n-1))$
	随机误差	SSE_A	$(a-1)(n-1)$	MSE_A		
	合计	SST_A	$an-1$			
副区	副因素 B	SSB	$b-1$	MSB	MSB/MSE_B	$F_\alpha(b-1, a(b-1)(n-1))$
	交互作用	$SS_{A \times B}$	$(a-1)(b-1)$	$MS_{A \times B}$	$MS_{A \times B}/MSE_B$	$F_\alpha((a-1)(b-1), a(b-1)(n-1))$
	随机误差	SSE_B	$a(b-1)(n-1)$	MSE_B		
	合计	SST_B	$abn-1$			

例 4.8   Wisconsin 大学的 D. C. Arny 为研究燕麦品种与种子处理以及它们的交互作用对总产量的影响, 对燕麦取了四个品种, 对种子的处理取三种药剂连同不加药剂作为对照, 考虑到对种子的不同处理方法, 对总产量的影响要比品种对总产量的影响小, 故在四个区组以品种为主因素、种子处理为副因素, 采取裂区试验设计, 试验后, 获得燕麦种植试验产量数据, 见表 4.37.

解   记 x_{ijk} 为第 k 个区组内, 种植品种 A 的主区中对种子做 B_j 处理的那个副区上的总产量, $i = 1,2,3,4$, $j = 1,2,3,4$, $k = 1,2,3,4$.

表 4.37 燕麦种植试验产量数据

种子品种 A	区组	种子处理 B				总计数
		对照	Cereasanm	Panogen	Agrox	
Vicland(1)	1	42.9	53.8	49.5	44.4	190.6
	2	41.6	58.5	53.8	41.8	195.7
	3	28.9	43.9	40.7	28.3	141.8
	4	30.8	46.3	39.4	34.7	151.2
总计数		144.2	202.5	183.4	149.2	679.3
Vicland(2)	1	53.3	57.6	59.8	64.1	234.8
	2	69.6	69.6	65.8	57.4	262.4
	3	45.4	42.4	41.4	44.1	173.3
	4	35.1	51.9	45.4	51.6	184.0
总计数		203.4	221.5	212.4	217.2	854.5
Clinton	1	62.3	63.4	64.5	63.6	253.8
	2	58.5	50.4	46.1	56.1	211.1
	3	44.6	45.0	62.6	52.7	204.9
	4	50.3	46.7	50.3	51.8	199.1
总计数		215.7	205.5	223.5	224.2	868.9
Branch	1	75.4	70.3	68.8	71.6	286.1
	2	65.6	67.3	65.4	69.4	267.6
	3	54.0	57.6	45.6	56.6	213.8
	4	52.7	58.5	51.0	47.4	209.6
总计数		247.7	253.7	230.7	245.0	977.1
处理总计数		811.0	883.2	850.0	835.6	3379.8
		区组		总计数		
		1		965.3		
		2		936.8		
		3		733.8		
		4		743.9		

首先计算校正项 $c = \dfrac{3379.8^2}{4 \times 4 \times 4} = 178485.13.$

总平方和

$$SST = \sum_{i,j,k} x_{ijk}^2 - c = 42.9^2 + 53.8^2 + \cdots + 47.4^2 - c = 7797.39, \quad \mathrm{df}_T = 4 \times 4 \times 4 - 1 = 63.$$

在主区上计算主区平方和

$$SST_A = \frac{1}{b} \sum_{i,k} x_{i \cdot k}^2 - c = \frac{1}{4}(190.69^2 + 195.7^2 + \cdots + 209.6^2) - c = 6309.19, \quad \mathrm{df}_{T_A} = 15.$$

品种平方和

$$SSA = \frac{1}{16}(679.3^2 + 854.5^2 + \cdots + 977.1^2) - c = 2848.02, \quad \mathrm{df}_A = 4 - 1 = 3.$$

区组平方和

$$SSR = \frac{1}{16}(965.3^2 + 936.8^2 + \cdots + 743.9^2) - c = 2842.87, \quad \mathrm{df}_R = 4 - 1 = 3.$$

随机平方和

$$SSE_A = 6309.19 - 2848.02 - 2842.87 = 618.30, \quad \mathrm{df}_{E_A} = (4-1) \times (4-1) = 9.$$

在副区上计算

$$SS(AB) = \frac{1}{4}(144.2^2 + 202.5^2 + \cdots + 245.0^2) - c = 3605.02.$$

种子处理平方和

$$SSB = \frac{1}{16}(811.0^2 + 883.2^2 + \cdots + 835.6^2) - c = 170.53, \quad \mathrm{df}_B = 3.$$

交互作用平方和

$$SS_{A \times B} = 3605.02 - 2848.02 - 170.53 = 586.47, \quad \mathrm{df}_{A \times B} = (4-1) \times (4-1) = 9.$$

随机平方和

$$SSE_B = 7797.39 - 6309.19 - 170.53 - 586.47 = 731.20, \quad \mathrm{df}_{E_B} = 4 \times (4-1) \times (4-1) = 36.$$

由上述结果, 列出方差分析表见表 4.38.

检验结果表明: 燕麦品种对总产量的作用极显著, 其与种子处理的交互作用对总产量的作用显著, 而对种子处理本身作用不显著. 因而应对燕麦品种及其与种子处理的组合分别做多重比较. 为此, 先计算诸平均数列表, 见表 4.39.

表 4.38　燕麦种植试验方差分析表

	变异来源	平方和	自由度	均方	F	临界值
主区	区组 R	2842.87	3	947.62	13.78**	$F_{0.01}(3,9) = 6.99$
	品种 A	2848.02	3	949.34	13.82**	
	随机误差	618.30	9	68.70		
	合计	6309.19	15			
副区	化学处理 B	170.53	3	56.84	2.80	$F_{0.05}(3,36) = 2.92$
	交互作用 $A \times B$	586.47	9	65.16	3.21*	$F_{0.05}(9,36) = 2.21$
	随机误差	731.20	36	20.31		$F_{0.01}(9,36) = 3.06$
	合计	7797.39	63			

表 4.39 种子品种、种子处理试验平均数汇总

种子品种	种子处理				种子品种平均数
	对照	Ceresannm	Panogen	Agrox	
Vicland(1)	36.1	50.6	45.9	37.3	42.5
Vicland(2)	50.9	55.4	53.1	54.3	53.4
Vlinton	53.9	51.4	55.9	56.1	54.3
Branch	61.9	63.4	57.7	61.3	61.1
种子处理平均数	50.7	55.2	53.1	52.3	52.8

对 4 个燕麦品种的平均产量依次排序后, 计算两平均产量的差见表 4.40.

表 4.40 两平均产量差的显著性检验结果

	Vicland(1)	Vicland(2)	Vlinton
Branch	18.6**	7.7*	6.8*
Clinton	11.8**	0.9	
Vicland(2)	10.9**		

在用顿肯多重差距比较计算 DMR 时, 其中随机平方和应是主区上的随机平方和 SSE_A, 而 SSR 应由 $\mathrm{df}_{e_A}=9$ 查附表 12.

由 $DMR = (SSR)_\alpha \sqrt{\dfrac{MSE_A}{bn}} = (SSR)_\alpha \sqrt{\dfrac{68.70}{16}} = 2.07(SSR)_\alpha$ 得表 4.41.

表 4.41 $\mathrm{df}_{e_A}=9$ 时的顿肯多重差距比较

m	$(SSR)_{0.05}$	$(DMR)_{0.05}$	$(SSR)_{0.01}$	$(DMR)_{0.01}$
2	3.20	6.63	4.60	9.53
3	3.34	6.92	4.86	10.07
4	3.41	7.07	4.99	10.34

检验后, 以品种 Branch 的效应为最好, 与其他品种均有极显著或显著的差异, 而以品种 Vicland(1) 的效应为最差, 其他品种均较其有极显著的差异.

对种子品种与种子处理的组合, 做多重比较时, 必须先固定一个因素的水平, 就此水平与另一因素诸水平的搭配, 进行多重比较, 例如, 先固定主因素种子品种 Vicland(1), 就其与四种种子处理组合的平均值进行多重比较, 从中选出对该品种的最优处理方法. 在比较时, 应取副区上的随机平方和 MSE_B, SSR 应由 $\mathrm{df}_{e_B}=36$ 查附表 12.

由 $DMR = (SSR)_\alpha \sqrt{\dfrac{MSE_B}{n}} = (SSR)_\alpha \sqrt{\dfrac{20.31}{4}} = 2.253(SSR)_\alpha$ 得到表 4.42.

对燕麦品种 Vicland(1) 的各处理比较见表 4.43.

比较结果表明: 对燕麦品种 Vicland(1) 种子的处理, 以 Ceresanm, Panogen 较好, 但这两个处理差异不显著.

然后, 可用类似方法对燕麦的其他三个品种与处理的组合, 分别进行多重比较.

表 4.42 $\mathrm{df}_{e_B} = 36$ 时的顿肯多重比较

m	$(SSR)_{0.05}$	$(DMR)_{0.05}$	$(SSR)_{0.01}$	$(DMR)_{0.01}$
2	2.88	6.48	3.85	8.68
3	3.03	6.83	4.02	9.06
4	3.11	7.01	4.11	9.28

表 4.43   对燕麦品种 Vicland(1) 的各处理比较

	对照	Agrox	Panogen
Ceresanm	14.5**	13.3*	4.7
Panogen	9.8**	8.5*	
Agrox	1.3		

4.8   拉丁方试验设计及其方差分析

在随机完全区组试验设计中, 将试验误差中区组因素 R 引起的部分单独划出为区组效应或区组平方和, 从而减少了随机误差, 提高了对处理效应的识别能力, 同时还可检验区组因素 R 对试验结果影响的显著性. 但这种方法只能从一个因素 R 上来控制试验单元间的差异, 若能从两个因素 R, C 分别设置区组, 控制试验单元之间的差异, 必将进一步减少试验误差, 提高对处理效应的辨识能力. 这是拉丁方试验设计所要解决的问题.

4.8.1 m 阶拉丁方

用 m 个拉丁字母 $A, B, C, \cdots$ 排成 m 阶方阵, 在每行与每列中, 这 m 个拉丁字母均出现且只出现一次, 该方阵称为 m 阶拉丁方.

例如   3 阶拉丁方   4 阶拉丁方

$$
\begin{array}{ccc}
A & B & C \\
B & C & A \\
C & A & B
\end{array}
\qquad
\begin{array}{cccc}
A & B & C & D \\
B & C & D & A \\
C & D & A & B \\
D & A & B & C
\end{array}
$$

由上面的例子中, 不难看出构造 m 阶拉丁方的一种方法. 但 m 阶拉丁方并不唯一, 它具有下述性质:

将 m 阶拉丁方任意两行 (列) 对调后, 仍为 m 阶拉丁方.

例如, 将上面的 4 阶拉丁方中第二列与第四列对调之后, 再将第一行与第三行

对调, 依次得到

$$
\begin{array}{cccc}
A & D & C & B \\
B & A & D & C \\
C & B & A & D \\
D & C & B & A
\end{array}
\qquad
\begin{array}{cccc}
C & B & A & D \\
B & A & D & C \\
A & D & C & B \\
D & C & B & A
\end{array}
$$

它们仍然是 m 阶拉丁方.

将两个 m 阶拉丁方重叠, 得到以字母对为元素的方阵, 若该方阵中每个字母对均出现且只出现一次, 则称这两个 m 阶拉丁方正交.

例如

$$
\begin{array}{ccc}
A_a & B_b & C_c \\
B_c & C_a & A_b \\
C_b & A_c & B_a
\end{array}
\qquad
\begin{array}{cccc}
A_a & B_b & C_c & D_d \\
B_c & A_d & D_a & C_b \\
C_d & D_c & A_b & B_a \\
D_b & C_a & B_d & A_c
\end{array}
$$

都是正交拉丁方, 用大写字母与小写字母表示的两个拉丁方正交.

可以证明当 $m=2, m=6$ 时, 不存在正交拉丁方.

4.8.2 拉丁方试验设计

设三个因素 R, C, L 各设置 m 个水平, 选用一个 m 阶拉丁方, 经对其行 (列) 随机对调后, 以 R 作为行因素, C 作为列因素依次安排 R, C 的 m 个水平. 因素 L 的 m 个水平配置在对应的拉丁字母上, 称为拉丁方试验设计.

例如, 对 4.8.1 节中对调列和行之后的拉丁方配置 R, C, L 的 4 个水平后, 为

	C_1	C_2	C_3	C_4
R_1	L_3	L_2	L_1	L_4
R_2	L_2	L_1	L_4	L_3
R_3	L_1	L_4	L_3	L_2
R_4	L_4	L_3	L_2	L_1

每次试验是三个因素的水平组合 (R_i, C_j, L_k), 所得的试验结果记为: $x_{ijk}(i, j, k = 1, \cdots, m)$. 如左上角对应的试验处理为 (R_1, C_1, L_3), 试验结果记为 x_{113}. 可见对因素水平组合而言, 拉丁方试验不是全面试验, 只是其 $\dfrac{1}{m}$ 实施, 但这种试验具有均衡性:

(1) 对每个因素而言是全面试验, 且每个水平均重复 m 次.

(2) 对任两因素组合而言, 也是全面试验, 且每个两因素水平组合均试验一次.

因此当三个因素之间不存在任何交互作用, 且三个因素的水平数相同时, 才适用拉丁方试验设计.

在应用上, 常取 R, C 为区组因素, L 为试验因素. 这时 (R_i, C_j, L_k) 表示以 R 为区组因素时分在区组 R_i, 以 C 为区组因素时被分在区组 C_j 的这个试验单元所接受的处理为 $L_k, i, j, k = 1, \cdots, m$.

4.8.3　方差分析

经 m 阶拉丁方试验, 得到 m^2 个试验结果. 方差分析模型是

$$x_{ijk} = \mu + \alpha_i + \beta_j + \gamma_k + \varepsilon_{ijk}, \quad i, j, k = 1, 2, \cdots, m. \tag{4.13}$$

$$\sum_{i=1}^m \alpha_i = 0, \quad \sum_{j=1}^m \beta_j = 0, \quad \sum_{k=1}^m \gamma_k = 0, \quad \varepsilon_{ijk} \sim N(0, \sigma^2).$$

由模型 (4.13) 的点估计表达式

$$x_{ijk} - \bar{x} = (\bar{x}_{i..} - \bar{x}) + (\bar{x}_{.j.} - \bar{x}) + (\bar{x}_{..k} - \bar{x}) + (x_{ijk} - \bar{x}_{i..} - \bar{x}_{.j.} - \bar{x}_{..k} + 2\bar{x}).$$

两边平方后, 对 i, j, k 求和得到

$$SST = SSR + SSC + SSL + SSE.$$

注意到 x_{ijk} 对 i, j, k 是不完全的, 只有 m^3 个中的 m^2 个, 当 $i, j = 1, 2, \cdots, m$ 时, k 只能取其中的一个. 因此

$$\bar{x} = \frac{1}{m^2} \sum_{i,j,k} x_{ijk} = \frac{x_{...}}{m^2}, \quad \bar{x}_{i..} = \frac{1}{m} \sum_{j,k} x_{ijk} = \frac{x_{i..}}{m},$$

$$\bar{x}_{.j.} = \frac{x_{.j.}}{m}, \quad \bar{x}_{..k} = \frac{x_{..k}}{m}, \quad c = \frac{x_{...}^2}{m^2},$$

其中

总平方和　$SST = \sum_{i,j,k} (x_{ijk} - \bar{x})^2 = \sum_{i,j,k} x_{ijk}^2 - c$, $\mathrm{df}_T = m^2 - 1$.

因素 L 平方和　$SSL = \sum_{i,j,k} (\bar{x}_{..k} - \bar{x})^2 = m \sum_{k=1}^m (\bar{x}_{..k} - \bar{x})^2 = \frac{1}{m} \sum_{k=1}^m x_{..k}^2 - c$, $\mathrm{df}_L = m - 1$.

因素 R 平方和　$SSR = \sum_{i,j,k} (\bar{x}_{i..} - \bar{x})^2 = \frac{1}{m} \sum_{i=1}^m x_{i..}^2 - c$, $\mathrm{df}_R = m - 1$.

因素 C 平方和　$SSC = \sum_{i,j,k} (\bar{x}_{.j.} - \bar{x})^2 = \frac{1}{m} \sum_{j=1}^m x_{.j.}^2 - c$, $\mathrm{df}_L = m - 1$.

随机平方和　$SSE = SST - SSL - SSR - SSC$, $\mathrm{df}_e = (m-1)(m-2)$.

检验问题与前类似, 以方差分析表给出, 见表 4.44.

例 4.9　为研究对豚鼠注射甲状腺素后, 对其甲状腺重量 (单位: mg) 的影响, 对注射剂量取 5 个水平, 各做 5 次独立重复试验, 共需 25 只豚鼠. 考虑到不同品

系、不同地区的豚鼠之间的差异, 在 5 个地区分别取 5 个品系的豚鼠各 1 只, 做拉丁方试验设计如下, 试验结果标注在拉丁字母旁 (表 4.45).

表 4.44 拉丁方试验设计方差分析表

变异来源	平方和	自由度	均方	F	临界值
因素 L	SSL	$m-1$	MSL	MSL/MSE	$F_\alpha(m-1, (m-1)(m-2))$
因素 R	SSR	$m-1$	MSR	MSR/MSE	
因素 C	SSC	$m-1$	MSC	MSC/MSE	
随机误差	SSE	$(m-1)(m-2)$	MSE		
合计	SST	m^2-1			

解 以地区及品系为区组因素, 将 25 只豚鼠分别划分为 5 个区组.

任取 5 阶拉丁方, 经对调两行 (列) 后, 如下表, 将两区组因素分别作为行因素与列因素, 拉丁字母依次表示一个注射剂量.

表 4.45 豚鼠注射甲状腺素的拉丁方试验设计

地区＼品系	1	2	3	4	5	合计
1	$C65$	$E82$	$A73$	$D92$	$B81$	393
2	$E85$	$B63$	$D68$	$C67$	$A56$	339
3	$A57$	$D77$	$C51$	$B63$	$E99$	347
4	$B49$	$C70$	$E76$	$A41$	$D75$	311
5	$D79$	$A46$	$B52$	$E68$	$C66$	311
合计	335	338	320	331	377	1701

首先由试验结果计算各因素同水平观测值的和, 见表 4.46.

表 4.46 各因素同水平观测值之和的计算结果

水平代号	1	2	3	4	5	合计
品系	335	338	320	331	377	1701
地区	393	339	347	311	311	1701
剂量	273	308	319	391	410	1701

修正数 $c = \dfrac{1701^2}{5^2} \approx 115736.04$.

$$SST = (65^2 + 82^2 + \cdots + 66^2) - c = 4983, \qquad \mathrm{df}_T = 25 - 1 = 24.$$

$$SSR = \frac{1}{5}(393^2 + 339^2 + \cdots + 311^2) - c = 908, \quad \mathrm{df}_R = 5 - 1 = 4.$$

$$SSC = \frac{1}{5}(335^2 + 338^2 + \cdots + 377^2) - c = 376, \quad \mathrm{df}_C = 5 - 1 = 4.$$

$$SSA = \frac{1}{5}(273^2 + 308^2 + \cdots + 410^2) - c = 2691, \quad \mathrm{df}_A = 5 - 1 = 4.$$

$$SSE = 4983 - 376 - 908 - 2691 = 1008, \qquad \mathrm{df}_e = (5-1)\times(5-2) = 12.$$

由此, 得方差分析表, 见表 4.47.

表 4.47　豚鼠注射甲状腺素试验方差分析表

变异来源	平方和	自由度	均方	F	临界值
剂量	2619	4	673	8.01**	$F_{0.01}(4,12)=5.41$
地区	908	4	227	2.70	$F_{0.05}(4,12)=3.26$
品系	376	4	94	1.12	
误差	1008	12	84		
合计	4983	24			

检验结果表明: 注射甲状腺素的剂量对豚鼠的甲状腺重量作用极显著, 而豚鼠的品系及地区作用均不显著.

SPSS 实现

(1) 数据输入: 在 SPSS 的变量编辑窗口, 创建变量 “试验结果” “地区” “品系” “剂量” 四个变量, 在数据窗口输入数据如图 4.20 所示.

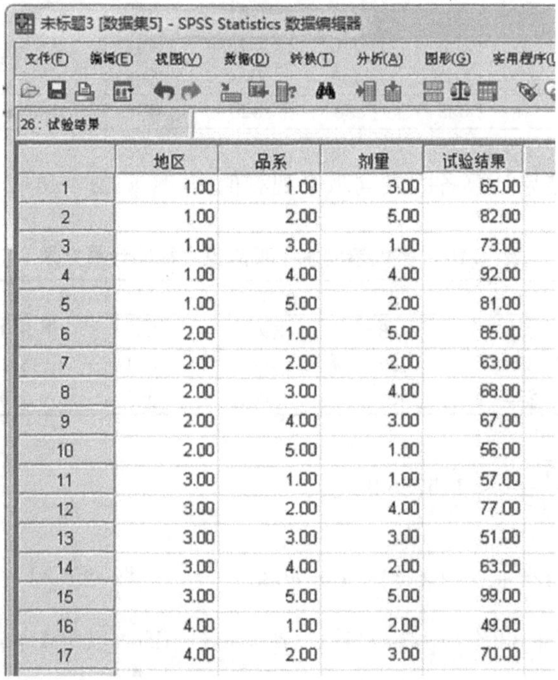

	地区	品系	剂量	试验结果
1	1.00	1.00	3.00	65.00
2	1.00	2.00	5.00	82.00
3	1.00	3.00	1.00	73.00
4	1.00	4.00	4.00	92.00
5	1.00	5.00	2.00	81.00
6	2.00	1.00	5.00	85.00
7	2.00	2.00	2.00	63.00
8	2.00	3.00	4.00	68.00
9	2.00	4.00	3.00	67.00
10	2.00	5.00	1.00	56.00
11	3.00	1.00	1.00	57.00
12	3.00	2.00	4.00	77.00
13	3.00	3.00	3.00	51.00
14	3.00	4.00	2.00	63.00
15	3.00	5.00	5.00	99.00
16	4.00	1.00	2.00	49.00
17	4.00	2.00	3.00	70.00

图 4.20

(2) 命令选择: 在 "分析" 下拉菜单, 选择 "一般线性模型", 单击 "单变量分析", 弹出单变量分析对话框. 分析 → 一般线性模型 → 单变量 (图 4.21).

选择 "试验结果" 变量进入因变量框, 其他三个变量进入固定因子框. 点击模型按钮, 弹出模型选择对话框. 选择 "设定", 把因子与协变量框中三个变量选入模型. 单击 "继续", 并单击 "确定"(图 4.22).

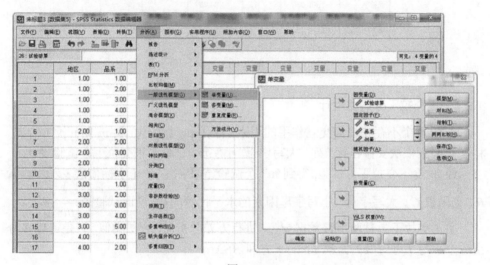

图 4.21

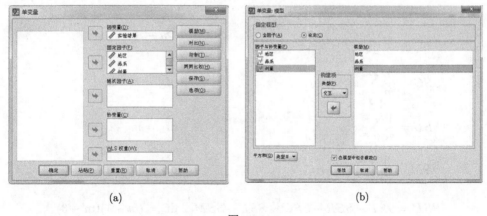

(a)   (b)

图 4.22

(3) 输出及解释: 从输出的主效应的方差分析表可以看出, 注射甲状腺素的剂量对豚鼠的甲状腺重量作用极显著, 而豚鼠的品系、地区对甲状腺重量作用不显著 (图 4.23).

主体间效应的检验

因变量:试验结果

变异来源	III 型平方和	df	均方	F	Sig.
校正模型	3974.880ª	12	331.240	3.943	.012
截距	115736.040	1	115736.040	1377.701	.000
地区	908.160	4	227.040	2.703	.081
品系	375.760	4	93.940	1.118	.393
剂量	2690.960	4	672.740	8.008	.002
误差	1008.080	12	84.007		
总计	120719.000	25			
校正的总计	4982.960	24			

a. R 方 =.798 (调整 R 方 =.595)

图 4.23

4.8.4 　正交拉丁方试验设计

若有 4 个不存在任何交互作用的因素, 各有 m 个水平, 取 m 阶正交拉丁方, 将 4 个因素依次安排在行、列、大写字母, 小字母上, 称为正交拉丁方试验设计.

经 m 阶正交拉丁方试验, 得到 m^2 个试验结果 x_{ijkl}, 4 个小标依次表示行因素 R、列因素 C、大写字母、小写字母因素的水平代号. 只是全面试验的 $\dfrac{1}{m^2}$ 实施.

由正交拉丁方试验所得数据 x_{ijkl} 进行方差分析时, 方法类似, 只是可以多分出一个小写字母对应的因素 M 的平方和 SSM.

$$SST = \sum_{i,j,k,l} x_{ijkl}^2 - c, \qquad c = \frac{x_{....}^2}{m^2}, \quad df_T = m^2 - 1.$$

$$SSR = \frac{1}{m} \sum_i x_{i...}^2 - c, \qquad\qquad df_R = m - 1.$$

$$SSC = \frac{1}{m} \sum_j x_{.j..}^2 - c, \qquad\qquad df_C = m - 1.$$

$$SSL = \frac{1}{m} \sum_k x_{..k.}^2 - c, \qquad\qquad df_L = m - 1.$$

$$SSM = \frac{1}{m} \sum_l x_{...l}^2 - c, \qquad\qquad df_M = m - 1.$$

$$SSE = SST - SSR - SSC - SSL - SSM, \quad df_e = (m-1)(m-3).$$

在正交拉丁方试验的方差分析中, 由于由总平方和中又多分出一部分 SSM, 这虽可使 SSE 又进一步减少, 但其自由度也同时减少, 因此在应用中常要求 $df_e \geqslant 12$, 当 $df_e = (m-1)(m-3)$ 过小时, 可将 m 阶正交拉丁方确定的试验在整体上重复. 这种试验设计目前应用甚少, 因其可由正交试验设计代替.

4.9 正交试验设计及其方差分析

在多因素试验中, 每次试验的处理是诸因素各取一个水平构成的水平组合, 因此, 当试验因素的个数增加时, 试验的处理数将呈几何级数增加, 例如, n 个试验因素, 每个因素均设置 q 个水平, 则处理数为 q^n. 当 n 较大时, 对这些处理的全面试验, 在实际上是不可能的, 只能从中取部分处理进行不完全试验, 并期望尽可能地取得全面试验的效果.

前面介绍的拉丁方试验与正交拉丁方试验就是常用的不完全试验的设计方法. 例如, 在 3 阶拉丁方试验中只做了 3^2 个处理的试验, 是全部 3^3 个处理的 1/3 实施, 而在 3 阶正交拉丁方试验中只做了全部 3^4 个处理的 1/3 实施. 由它们的设计方法可知: 取出的部分实施是具有代表性的, 若将它们所取出部分处理中各因素的水平均以数字表示, 并列成表格形式, 可以对其设计的特点看得更为清晰. 下面以 3 阶正交拉丁方试验为例, 进行具体说明. 对 3 阶正交拉丁方

$$
\begin{array}{ccc}
A_a & B_b & C_c \\
B_c & C_a & A_b \\
C_b & A_c & B_a
\end{array}
$$

将行、列、大写字母、小写字母所代表的因素记为 1, 2, 3, 4, 各因素的水平代号 1, 2, 3, 并依因素代号的顺序记每个水平组合中诸因素水平, 则可列成下列 9 行 4 列的表, 见表 4.48.

在这个由 1, 2, 3 构造的表中可以看到, 选出的部分实施具有下列特点:

(1) 每一列 3 个数字都出现且出现的次数都相同, 这表明对每个因素而言, 是全面试验且重复次数相同.

表 4.48 三阶正交拉丁方对应的试验设计表

试验号 ＼ 因素	1	2	3	4
1	1	1	1	1
2	1	2	2	2
3	1	3	3	3
4	2	1	2	3
5	2	2	3	1
6	2	3	1	2
7	3	1	3	2
8	3	2	1	3
9	3	3	2	1

(2) 任两列同行数字构成的数对包含所有可能的数对, 且每个数对出现的次数都相同. 这表明对任意两个因素而言, 也是全面试验, 且重复次数相同.

这两个特点, 一般称为均衡性. 具有这种性质的数表称为正交表.

4.9.1   正交表

定义 4.1   若 $m \times n$ 矩阵满足下列条件:

(1) 任一列 C_j 由 $1, 2, \cdots, q_j$ 个数字构成 (也可以是其他数字), 且每个数字出现的次数相同.

(2) 任两列同行数字构成的数对包含由构成该两列的数字组成的所有有序数对, 且每个有序数对出现的次数相同.

则称该矩阵为正交表. 记为 $L_m(q_1 \times q_2 \times \cdots \times q_n)$, 其中 m 为行数, n 为列数, 每列由 q_j 个数字构成.

若 $q_j = q(j = 1, 2, \cdots, n)$, 可记为 $L_m(q^n)$, 常称为 q 水平正交表. 例如, $L_8(2^7)$, $L_9(3^4), L_{25}(5^6)$ 等, 类似可理解 $L_m(q_1 \times q^{n-1})$ 的意义, 例如, $L_8(4 \times 2^4)$.

由正交表的定义可知

(1) 构成每列的每个数字, 在该列都出现 m/q_j 次.

(2) 任两列同行数字构成的每个有序数对, 均出现 $m/(q_i q_j)$ 次, 因此, m 必须能被 $q_i q_j$ 整除. 对 q 水平正交表 $L_m(q^n)$ 来说, 行数 m 必能被 q^2 所整除.

构造一个正交表是很困难的事情, 而且对任意给定的 $m, n, q_1, \cdots, q_n$ 正交表, $L_m(q_1, \cdots, q_n)$ 并不一定存在. 正交表常依其含的上述参数的关系分为若干类型, 对不同类型有不同的构造方法. 下面仅就最基本的构造方法做简单的介绍.

4.9.2   正交表构造方法简介

下面仅就 q 水平正交表 $L_m(q^n)$ 当 $m = q^k$, q 为素数, k 为正整数的情况, 简介它的构造方法.

在所述条件下, 称 $L_m(q^n)$ 为 q 水平 k 级正交表, 并可证

(1) $n = q^0 + q^1 + \cdots + q^{k-1} = \dfrac{q^k - 1}{q - 1} = \dfrac{m - 1}{q - 1}$.

(2) 在 n 列中, 存在 k 列, 由这 k 列的同行数字组成的 k 维有序数组, 包含了由这 q 个数字组成的所有 k 维数组.

这个性质表明, 对由这 k 列所代表的试验元素的水平组合是全面试验.

为说明这类正交表的构造方法, 先简单介绍几个数学概念. 下面讨论的数均为非负整数, 不再特殊说明.

(1) 若 a, b 分别被 q 除, 所得余数相等, 则称 a 与 b 对模 q 同余, 记为 $a \equiv b \,(\mathrm{mod}\, q)$.

(2) 依对模 q 的同余关系, 可将整数集合分为 q 类, 每一类的数均对模 q 同余, 叫做模 q 的同余类. 不同类的数均对模 q 不同余. 各类的数被 q 除, 所得余数依次为 $0, 1, 2, \cdots, q-1$.

集合 $M_q = \{0, 1, 2, \cdots, q-1\}$ 叫做模 q 的最小完全剩余组.

(3) 在集合 M_q 上可定义一种运算 $\oplus : \forall a, b \in M_q, a \oplus b \triangleq (a+b)$ 被 q 除所得的余数, $a \oplus b \in M_q$, 即

$$a \oplus b \triangleq (a+b)(\bmod q)$$

叫做以 q 为模的加法.

以 q 为模的加法, 显然满足交换律与结合律. 例如:

在 $M_2 = \{0, 1\}$ 上, $0 \oplus 0 = 0, 0 \oplus 1 = 1, 1 \oplus 1 = 0$.

在 $M_3 = \{0, 1, 2\}$ 上, $0 \oplus 0 = 0, 0 \oplus 1 = 1, 0 \oplus 2 = 2, 1 \oplus 1 = 2, 1 \oplus 2 = 0, 2 \oplus 2 = 1$.

(4) 在集合 M_q 上, 还可定义一种运算 $\odot : \forall a, b \in M_q, a \odot b = (a \cdot b)$ 被 q 除所得的余数, 即 $a \odot b \in M_q(\bmod q)$, 叫做以 q 为模的乘法. 例如在 $M_2 = \{0, 1\}$ 上

$$0 \odot 0 = 0, \quad 0 \odot 1 = 0, \quad 1 \odot 1 = 1.$$

在 $M_3 = \{0, 1, 2\}$ 上

$$0 \odot 0 = 0, \quad 0 \odot 1 = 0, \quad 0 \odot 2 = 0, \quad 1 \odot 1 = 1, \quad 1 \odot 2 = 2, \quad 2 \odot 2 = 1.$$

(5) 对由 M_q 中的数构成的 m 维向量 c 可定义以 q 为模的数乘与加法运算如下

设 $c = (C_i)_{m \times 1}, a \in M_q, a \odot c = (a \odot c_i)_{m \times 1}$ $(i = 1, 2, \cdots, m)$.

设 $c_1 = (c_{i1})_{m \times 1}, c_2 = (c_{i2})_{m \times 1}, c_1 \oplus c_2 = (c_{i1} \oplus c_{i2})_{m \times 1}$.

这两种运算统称为以 q 为模的线性运算.

例 4.10 正交表 $L_8(2^7)$ 的构造.

解 构造一个二水平的三级正交表, 应有 $m = 2^3 = 8, n = \dfrac{8-1}{2-1} = 7$.

由 $M_2 = \{0, 1\}$ 上的数, 可构成 8 个不同的 3 维数组

$c_1, c_2, c_4, c_1 \oplus c_2 = c_3, c_1 \oplus c_4 = c_5, c_2 \oplus c_4 = c_6, c_1 \oplus c_2 \oplus c_4 = c_7$.

(1) 0 0 0   0   0   0   0

(2) 0 0 1   0   1   1   1

(3) 0 1 0   1   0   1   1

(4) 0 1 1   1   1   0   0

(5)	1	0	0	1	1	0	1
(6)	1	0	1	1	0	1	0
(7)	1	1	0	0	1	1	0
(8)	1	1	1	0	0	0	1

由这些数组的第 1 分量、第 2 分量、第 3 分量构成了 3 个 8 维列向量, 是 $L_8(2^7)$ 的 3 列依次记为 c_1, c_2, c_4(当然 c_4 也可记为 c_3), 其他的 4 列可由这 3 列以 2 为模的线性运算得到, 如 $c_1 \oplus c_2 = c_3$, $c_1 \oplus c_4 = c_5$, $c_2 \oplus c_4 = c_6$, $c_1 \oplus c_2 \oplus c_4 = c_7$. 它们运算的结果写在前面. 将上述运算结果排列整齐, 并将表中 0 改写为 1, 1 改写为 2, 即得常见的 $L_8(2^7)$ 的形式, 见表 4.49.

表 4.49　正交表 $L_8(2^7)$

试验号 \ 因素	1	2	3	4	5	6	7
1	1	1	1	1	1	1	1
2	1	1	1	2	2	2	2
3	1	2	2	1	1	2	2
4	1	2	2	2	2	1	1
5	2	1	2	1	2	1	2
6	2	1	2	2	1	2	1
7	2	2	1	1	2	2	1
8	2	2	1	2	1	1	2

由于正交表的性质与行号、列号均无关, 因此, 上述各列之间的运算关系不是唯一的, 如由 c_1, c_6, c_7 经以 2 为模的线性运算, 也可得到其他各列, 而由 c_1, c_2, c_3 不能得到其他各列, 因对这三列而言的 8 个 3 维行向量没包括前述的所有 3 维数组. 一般将各列之间具有的以 2 为模的运算关系, 也列出表格, 叫做二列间交互作用表. $L_8(2^7)$ 的交互作用表见表 4.50.

表 4.50　$L_8(2^7)$ 的交互作用表

列号	1	2	3	4	5	6	7
1		3	2	5	4	7	6
2			1	6	7	4	5
3				7	6	5	4
4					1	2	3
5						3	2
6							1
7							

如 $c_4 \oplus c_6 = c_2$, 可由表 4.50 中左面和上面的列号 4 和 6 的交叉处得到.

例 4.11 正交表 $L_9(3^4)$ 的构造.

解 构造一个 3 水平的二级正交表, 应有 $m = 3^2 = 9, n = \dfrac{9-1}{3-1} = 4$.

由 $M_3 = \{0, 1, 2\}$ 上的数, 可构成 9 个不同的 2 维数组

	c_1	c_2	$c_1 \oplus c_2 = c_3$	$(2 \odot c_1) \oplus c_2 = c_4$
(1)	0	0	0	0
(2)	0	1	1	1
(3)	0	2	2	2
(4)	1	0	1	2
(5)	1	1	2	0
(6)	1	2	0	1
(7)	2	0	2	1
(8)	2	1	0	2
(9)	2	2	1	0

由这些数组的第一分量、第二分量构成 2 个 9 维列向量, 记为 c_1, c_2, 由 $c_1 \oplus c_2, (2 \odot c_1) \oplus c_2$ 可得到另外两列, 可记为 c_3, c_4. 将上述结果排列整齐, 并将 0, 1, 2 依次改写为 1, 2, 3, 即得到常见的正交表 $L_9(3^4)$. 见表 4.51 和表 4.52.

表 4.51　正交表 $L_9(3^4)$

试验号 ＼ 因素	1	2	3	4
1	1	1	1	1
2	1	2	2	2
3	1	3	3	3
4	2	1	2	3
5	2	2	3	1
6	2	3	1	2
7	3	1	3	2
8	3	2	1	3
9	3	3	2	1

表 4.52　$L_9(3^4)$ 的交互作用表

型号	1	2	3	4
1		3	2	2
		4	4	3
2			1	1
			4	3
3				1
				2

由上述列与列之间以 3 为模的线性运算关系可见, 由 c_1 与 c_2 两列经线性运算即可得到另外的两列 c_3 与 c_4, 其他的两列之间的线性运算也是如此, 即任两列对应的交互作用列也是两列, 在 $L_9(3^4)$ 中, 任两列对应的交互作用列就是其他两列.

由交互作用表中可以看到第 1 列和第 3 列的交互作用列为第 2 列和第 4 列, 即由 c_1, c_3 经以 3 为模的线性运算可得到 c_2 与 c_4, $c_1 \oplus c_3 = c_4$, $(2 \odot c_1) \oplus c_3 = c_2$.

由于构造正交表繁难, 因此在应用时, 可查阅已编制好的常用正交表 (见附表 18). 这些常用正交表常有表面上的差别, 这是因为正交表有下列性质.

(1) 将正交表中任两行 (列) 交换, 它仍然是正交表.

(2) 将正交表中某一列中的各数字作对换或轮换, 它仍然是正交表.

4.9.3　正交试验设计

对多因素试验, 常利用正交表进行试验设计, 设计的基本方法是在正交表的列号上安排试验因素, 此列中的数字是该因素的水平代号.

因此, 应首先依据试验的目的与要求选定试验因素及考察的两因素间的交互作用, 并确定对各因素设置的水平数. 由此选用一个适当的正交表做试验设计, 下面就最常用的 $L_m(q^n)$ 型正交表进行具体说明.

1) 正交表的选用

先由诸试验因素设置的水平数确定 q, 再由试验因素数及应考察的两因素间的交互作用数确定 n, 确定的原则如下

(1) 每个试验因素占用一列, 这样的列叫做因素列.

(2) 每个应考察的两因素间的交互作用占用 $q-1$ 列. 这样的列叫做交互作用列.

n 应满足 $n >$ 因素列数 + 交互作用列数 $= N$, 可取常用正交表 $L_m(q^n)$ 中, 满足此条件的最小 n 值.

取 $n = N$ 也可以, 但后面的方差分析方法有所不同.

q, n 确定后, m 即自动确定. m 是试验次数.

例如, 在四因素二水平试验中, 当欲考察两个两因素间的交互作用时, 占用列数为: $4 + 2 \times 1 = 6$, 可取 $L_8(2^7)$.

在四因素三水平试验中, 欲考察两个二因素间的交互作用时, 占用列数为 $4 + 2 \times 2 = 8$, 应取 $L_{27}(3^{13})$.

还应注意在试验中需考察交互作用时, 必须选用附有交互作用表的正交表, 若在试验前已肯定诸因素不存在交互作用, 可任选满足上述条件的一个正交表.

2) 表头设计

在选定正交表 $L_m(q^n)$ 后, 还需具体安排诸试验因素及应考察的交互作用分别占用的列号, 这叫做表头设计. 设计的原则是: 首先随意安排应考察交互作用的两因素的占用列号, 再由此两列号依交互作用表确定其交互作用的占用列号. 将应考

察交互作用的因素的所有占用列安排好后, 再安排不需要考察交互作用的因素, 当然每个列号均不能重复安排, 最后剩下的空白列叫做随机误差列.

例 4.12 做出三因素 A, B, C 的二水平试验, 并考察 A 与 B, B 与 C 的交互作用的正交试验设计.

解 由 $q = 2$ 知, 每个两因素间的交互作用应占用 $2 - 1 = 1$ 列, 共三因素与两个交互作用共需占用 5 列, 故选用 $L_8(2^7)$ (见附表 18).

安排 A, B 分别占用第 1 列、第 2 列, 由交互作用表知, 它们的交互作用 $A \times B$ 必须占用第 3 列. 再安排 C 占用第 4 列, 由交互作用表知 C 与 B 的交互作用必须占用第 6 列. 剩余第 5, 7 两列为随机误差列, 记为 e. 做出表头设计如下, 见表 4.53.

表 4.53 正交试验表头设计表

列号	1	2	3	4	5	6	7
设计 1	A	B	$A \times B$	C	e	$B \times C$	e
设计 2	A	$A \times B$	B	e	$B \times C$	C	e
错误设计	A	B	C	$A \times B$	$B \times C$	e	e

也可以取表 4.53 中的设计 2 为表头设计, 还可以有其他的表头设计, 只要符合上述的表头设计方法都可以. 但表 4.53 中给出的一个错误设计是不能用的, 这个设计的错误在于当 A, B 占用第 1, 2 列后, 由正交表的构造, 第 3 列必为其交互作用列, 现安排了因素 C, 这会使由此设计做试验后, 依试验结果做方差分析时, 由第 3 列求得的平方和, 既不是由因素 C 引起的变异, 也不是由 $A \times B$ 引起的效应, 难以做出正确的统计推断, 这种现象常称为混杂现象. 表头设计的关键就在于避免混杂现象. 当然在试验前已肯定因素间不存在任何交互作用时, 也就不会有混杂现象了.

3) 试验方案

做出正确的表头设计后, 应由诸因素列的水平代号编制试验方案, 即各次试验在试验单元上施用的处理, 试验单元应完全随机地与各试验号对应, 试验结果可依试验号记为 $x_i (i = 1, 2, \cdots, m)$. 例 9.3 的表头设计 1 对应的试验方案如表 4.54.

表 4.54 表头设计 1 对应的试验方案

试验号	处理			试验结果
1	A_1	B_1	C_1	x_1
2	A_1	B_1	C_2	x_2
3	A_1	B_2	C_1	x_3
4	A_1	B_2	C_2	x_4
5	A_2	B_1	C_1	x_5
6	A_2	B_1	C_2	x_6

试验号	处理			试验结果
7	A_2	B_2	C_1	x_7
8	A_2	B_2	C_2	x_8

在实际应用中, 还应有各因素与其水平的具体说明.

4.9.4   方差分析

由正交试验表头设计的多样性, 难以建立一般的方差分析模型, 基本方法仍是平方和的分解, 计算方法是先计算总平方和及每一列的平方和, 再依表头设计确定诸因素及交互作用的平方和.

由正交表 $L_m(q^n)$ 所做的正交试验, 可得 m 个试验结果 $x_i(i = 1, 2, \cdots, m)$, 第 j 列的每个水平 p 均被重复 $m/q = l$ 次 $(j = 1, 2, \cdots, n, p = 1, 2, \cdots, q)$.

总平均数 $\bar{x} = \dfrac{1}{m} \sum\limits_{i=1}^{m} x_i = \dfrac{x.}{m}$.

第 j 列的水平 p 的平均数 $\bar{x}_{p\cdot} = \dfrac{x_{p\cdot}}{l}$, 其中 $x_{p\cdot}$ 是 m 个 x_i 中对应第 j 列水平 p 的那 l 个 x_i 的和. 显然

$$x. = \sum_{p=1}^{q} x_{p\cdot}, \quad \bar{x} = \frac{1}{q} \sum_{p=1}^{q} \bar{x}_{p\cdot}, \quad \sum_{p=1}^{q} (\bar{x}_{p\cdot} - \bar{x}) = 0.$$

由正交表的构造可知, 第 j 列的 $x_{p\cdot}$ 中所含的 l 个 x_i 对应的其他诸因素列的水平出现的次数相同, 因而这个 $\bar{x}_{p\cdot}$ 只与该列所排因素的水平 p 有关, 与其他因素无关, $\bar{x}_{p\cdot}$ 是该因素水平的平均效应的估计值. $\bar{x}_{p\cdot} - \bar{x}$ 是该因素水平 p 的主效应的估计值.

总平方和 $SST = \sum\limits_{i=1}^{m} (x_i - \bar{x})^2 = \sum\limits_{i=1}^{m} x_i^2 - c$, $\quad \mathrm{df}_T = m - 1$.

第 j 列平方和 $SSJ = l \sum\limits_{p=1}^{q} (\bar{x}_{p\cdot} - \bar{x})^2 = \dfrac{q}{m} \sum\limits_{p=1}^{q} x_{p\cdot}^2 - c$, $\quad \mathrm{df}_J = q - 1$,

其中 $c = \dfrac{x.^2}{m}$, $j = 1, 2, \cdots, n$.

可以证明 $SST = \sum\limits_{j=1}^{n} SSJ$, $\mathrm{df}_T = n(q-1) = m - 1$.

SSJ 反映了第 j 列的诸水平对试验结果引起的变异. SSJ 越大表明该列所排因素对试验结果越重要, 当然对此应做检验. 在检验时, 依照表头设计, 确定诸因素及交互作用的平方和.

每个试验因素的平方和就是该因素占用列的平方和 SSJ, $\mathrm{df}_j = q - 1$.

每两个因素交互作用的平方和, 就是其所占用的 $q-1$ 列的平方和的和, df $= (q-1)^2$.

随机平方和是所有空白列的平方和的和, 自由度是这些空白列的自由度的和.

由此, 可计算相应的均方与 F 值, 进行方差分析.

例 4.13 为考察三个因素 A, B, C 对其试验结果影响的显著性, 均取两个水平, 并知 A 与 B, A 与 C 可能有交互作用, 做正交试验检验它们的显著性.

解 正交试验设计以及试验结果如表 4.55.

表 4.55 正交试验设计以及结果表

试验号	A	B	$A \times B$	C	$A \times C$	E	T	试验结果
1	1	1	1	1	1	1	1	38
2	1	1	1	2	2	2	2	46
3	1	2	2	1	1	2	2	34
4	1	2	2	2	2	1	1	53
5	2	1	2	1	2	1	2	42
6	2	1	2	2	1	2	1	28
7	2	2	1	1	2	2	1	41
8	2	2	1	2	1	1	2	23
$x_{1\cdot}$	171	154	148	155	123	156	160	
$x_{2\cdot}$	134	151	157	150	182	149	145	305
SSJ	171.13	1.13	10.13	3.13	435.13	28.13	6.13	654.9

由表头设计知

$$SSA = SS1, \quad SSB = SS2, \quad SS_{A \times B} = SS3, \quad SSC = SS4, \quad SS_{A \times C} = SS5,$$

$$SSE = SS6 + SS7, \quad SST = \sum_{j=1}^{T} SSJ = (38^2 + 46^2 + \cdots + 23^2) - c = 654.9,$$

$$c = \frac{1}{8}(38 + 46 + \cdots + 23)^2 = 11628.1.$$

列方差分析表见表 4.56.

表 4.56 正交试验方差分析表

变异来源	平方和	自由度	均方	F	临界值
A	171.13	1	171.13	9.99	$F_{0.05}(1,2) = 18.51$
B	1.13	1	1.13	0.07	$F_{0.01}(1,2) = 98.50$
C	3.13	1	3.13	0.18	
AB	10.13	1	10.13	0.59	
AC	435.13	1	435.13	25.40*	
随机误差	34.26	2	17.13		
合计	654.91	7			

检验结果表明只有因素 A 与 C 的交互作用对试验结果影响显著. 这时可知 F 值甚小, 特别是 $F < 1$ 的占用列均归入随机误差列, 再做方差分析. 如本例可将 B, C, $A \times B$ 三列归入随机误差列, 得方差分析表, 见表 4.57 .

表 4.57   将三列归入随机误差后的方差分析表

变异来源	平方和	自由度	均方	F	临界值
A	171.13	1	171.13	17.59**	$F_{0.05}(1, 5) = 6.61$
$A \times C$	435.13	1	435.13	44.72**	$F_{0.01}(1, 5) = 16.26$
随机误差	48.65	5	9.73		
合计	654.91	7			

检验结果表明因素 A 与交互作用 $A \times C$ 的作用极显著. 这时应对因素 A 与 C 的四个水平组合的平均数进行多重比较, 从中选出最优水平组合. 由 $L_8(2^7)$ 可知, 对 A 与 C 的四个水平组合各独立试验两次, 求得平均数如表 4.58 和表 4.59.

表 4.58   水平组合平均数汇总

	C_1	C_2
A_1	36	49.5
A_2	41.5	25.5

表 4.59   水平组合平均数比较

	A_1C_2	A_1C_1	A_2C_1
A_1C_2	24**	13.5**	8
A_2C_1	16**	5.5	
A_1C_1	10.5*		

由顿肯多重差距检验法, 诸最小显著差数

$$(DMR)_\alpha = (SSR)_\alpha \sqrt{9.73/2} = 2.206(SSR).$$

由 $\mathrm{df}_e = 5$ 及覆盖数为 $4, 3, 2$ 查附表 12 得到 SSR 值后, 可求得诸 DMR 值, 如表 4.60 所示.

表 4.60 $\mathrm{df}_e = 5$ 时顿肯多重差距比较

覆盖数	$(SSR)_{0.05}$	$(DMR)_{0.05}$	$(SSR)_{0.01}$	$(DMR)_{0.01}$
4	3.79	8.376	6.11	13.503
3	3.74	8.266	5.96	13.172
2	3.64	8.044	5.70	12.597

由此知最优水平组合为 (A_1, C_2), 它的均值极显著地高于 (A_1, C_1), (A_2, C_2) 的均值, 与 (A_2, C_1) 的差异也近于显著.

正交试验设计是目前应用最广的一种多因素试验设计方法, 本节仅就最简单的情况做了介绍, 更详细的情况可参阅有关正交试验设计的书籍.

SPSS 实现

(1) 数据的输入: 打开 SPSS, 在变量窗口设置变量, 创建 "实验结果" 以及 "A" "B" "AB" "C" "AC" 变量, 在数据窗口输入数据, 数据格式如图 4.24 所示.

	实验结果	A	B	AB	C	AC
1	38.00	1.00	1.00	1.00	1.00	1.00
2	46.00	1.00	1.00	1.00	2.00	2.00
3	34.00	1.00	2.00	2.00	1.00	1.00
4	53.00	1.00	2.00	2.00	2.00	2.00
5	42.00	2.00	1.00	2.00	1.00	2.00
6	28.00	2.00	1.00	2.00	2.00	1.00
7	41.00	2.00	2.00	1.00	1.00	2.00
8	23.00	2.00	2.00	1.00	2.00	1.00
9						
10						
11						

图 4.24

(2) 命令选择: 在 "分析" 下拉菜单, 选择 "一般线性模型" 选项, 单击 "单变量分析", 弹出 "单变量分析" 对话框. 分析 → 一般线性模型 → 单因变量.

将 "实验结果" 选入因变量框, 将 "A" "B" "AB" "C" "AC" 均选入固定因子框. 单击 "模型" 按钮, 在模型设计中, 将上述固定因子选入模型, 单击 "继续" 按钮, 单击 "确定" 按钮.

(3) 输出与解释: 运行结果的方差分析表如图 4.25 所示. 从方差分析表可以看出, 只有 "AC" 的交互作用对试验的结果影响显著.

主体间效应的检验

因变量:实验结果

源	III 型平方和	df	均方	F	Sig.
校正模型	620.625a	5	124.125	7.248	.126
截距	11628.125	1	11628.125	679.015	.001
A	171.125	1	171.125	9.993	.087
B	1.125	1	1.125	.066	.822
AB	10.125	1	10.125	.591	.522
C	3.125	1	3.125	.182	.711
AC	435.125	1	435.125	25.409	.037
误差	34.250	2	17.125		
总计	12283.000	8			
校正的总计	654.875	7			

a. R 方 = .948 (调整 R 方 = .817)

图 4.25

习 题 4

1. 表 4.61 是 4 个玉米品种在相同面积上的产量 (单位: kg), 试在 1% 水平上分析品种均数间差异的显著性.

表 4.61 四个玉米品种在相同面积上的产量数据

品种	产量					
A	80	70	80	90		
B	40	60	50	70	40	40
C	80	80	70	90	80	
D	90	90	80	60	60	

2. 一位植物学家进行一项有关乙酸、丙酸、丁酸对水稻幼苗生长影响的试验, 幼苗在溶液中生长 7 天后, 对每一处理 5 次重复的茎叶干重 (单位: mg) 分别进行测定, 结果见表 4.62, 试进行方差分析, 并比较各处理均数.

表 4.62 三种处理对水稻幼苗生长影响试验数据

对照	乙酸处理	丙酸处理	丁酸处理
4.23	3.85	3.75	3.66
4.33	3.78	3.65	3.67
4.10	3.91	3.82	3.62
3.99	3.94	3.69	3.54
4.25	3.86	3.73	3.71

3. 某一研究人员拟鉴定 3 头配种公猪在猪繁育中的育种价值. 每头公猪随机与 4 头母猪交配, 每头母猪产 2 头仔猪 (为了便于分析, 只取 2 头). 以仔猪的平均日增重作为评定公猪育种价值大小的指标, 数据见表 4.63, 试问此 3 头公猪的育种价值彼此间是否存在差异?

表 4.63 公猪育种价值试验数据

公猪	母猪	仔猪日增量	公猪	母猪	仔猪日增量	公猪	母猪	仔猪日增量
	1	2.78, 2.59		1	2.90, 2.95		1	2.46, 2.35
1	2	2.65, 2.60	2	2	3.06, 2.90	3	2	2.58, 2.60
	3	2.81, 2.75		3	2.95, 3.15		3	2.50, 2.46
	4	2.85, 2.76		4	2.90, 3.24		4	2.58, 2.40

4. 对三种原料 A_1, A_2, A_3 和三种发酵温度 B_1, B_2, B_3, 经完全随机设计后, 测得酒精产量如表 4.64, 试做方差分析, 选出最适宜的处理.

表 4.64　酒精产量试验数据

原料 ＼ 温度	B_1	B_2	B_3
A_1	41	11	6
	49	13	22
	23	25	26
	25	24	18
A_2	47	43	8
	59	38	22
	50	33	18
	40	36	14
A_3	43	55	30
	35	38	33
	53	47	26
	50	44	19

5. 为了对 5 种台式计算器 A, B, C, D, E 的效能进行比较, 邀请 5 位操作者分析同一套数据, 其效能值 (单位: 秒) 如表 4.65, 检验这 5 种计算器的效能是否相同.

表 4.65　各种计算器效能试验数据

操作者 ＼ 计算器	A	B	C	D	E
1	58	62	49	61	55
2	72	69	53	62	65
3	43	39	45	38	50
4	85	81	69	75	77
5	69	62	58	71	65

6. 有 6 个品种的鱼苗, 在四个地区养殖时, 测得某鱼病的发病率如表 4.66, 由此做方差分析.

表 4.66　某鱼病发病率观测数据

品种 ＼ 地区	1	2	3	4
A	19.3	29.2	1.0	6.4
B	10.1	34.7	14.0	5.6
C	25.2	36.5	23.4	12.9
D	14.0	30.2	7.2	8.9
E	3.3	35.8	1.1	2.0
F	3.1	9.6	1.0	1.0

7. 双因素无交互作用的试验结果如表 4.67, 由某种原因缺少处理 (A_4, B_3) 的试验数据, 试估计此数据后, 做方差分析. 又若 (A_1, B_2) 的数据也缺失, 试估计这两个缺失数据.

表 4.67   双因素无交互作用试验结果

A ＼ B	B_1	B_2	B_3	B_4
A_1	58	54	50	49
A_2	42	38	41	36
A_3	32	36	29	35
A_4	46	45		46
A_5	35	31	34	34
A_6	44	42	36	38

8. 一地区患流行病的人数, 经对原始记录的观察, 估计与环境 (工厂区、文化区、市区) 及年龄 (儿童、成年) 两因素有关, 现对各种情况均调查 2 次, 每次随机调查 1000 人, 计算患病率如表 4.68, 对此做方差分析.

表 4.68   某流行病患病率数据

龄组	工厂区		文化区		市区	
	1	2	1	2	1	2
儿童	12.4	15.6	10.5	6.4	17.3	14.4
成年	8.2	15.1	1.3	4.5	13.0	11.7

9. 总结每种试验设计方法的适用条件及对试验条件的要求.

10. 对每一种试验设计, 结合专业各举出一个实例, 写出试验报告, 要求尽可能详细地说明下列几点: 试验目的, 试验因素及其水平的选定、试验指标、对试验单元的要求、具体的设计过程、试验结果 (最好是真实数字、假设数据也可以), 由试验结果做方差分析, 对检验结论结合实际进行分析.

11. 编制二水平的四级正交表, 并由此表对均有二水平的试验因素 A, B, C, D, E, 并考虑 A 与 C, B 与 C, A 与 D, B 与 E 四个交互作用的试验做出表头设计及试验方案.

12. 做出一个 5 因素 3 水平的正交试验设计.

13. 在方差分析中, 有关显著性的统计推断结论, 是否与试验结果的度量单位有关? 并就单因素试验的方差分析给出证明.

14. 在单因素随机完全区组试验中, 当 $MSR < MSE$ 时, 与相应的完全随机试验相比, 哪一个更易于推断出试验因素显著的结论? 并证明.

15. 设对试验因素 A, 设置 a 个水平, 每个水平均做 n 次独立重复试验, 在 an 个试验单元上做完全随机试验, 并在每个试验单元中均随机地抽取 r 个观察单元, 测得次级样本 $x_{ijk}(i = 1, 2, \cdots, a, j = 1, 2, \cdots, n, k = 1, 2, \cdots, r)$. 思考由次级样本 x_{ijk}、样本 $\bar{x}_{ij}$、样本 $x_{ij\cdot}$ 做方差分析, 在同一显著性 α 下对因素 A 显著性检验的结论是否相同? 并证明.

16. 在 15 题中, 若设置区组因素 R, 可将 an 个试验单元划分为 n 个完全区组, 做随机完全区组试验, 思考 15 题中的相应问题, 并证明.

第5章 回归分析

5.1 基本概念

自然科学、工程技术以至于社会科学中许多问题的研究, 往往归结为弄清楚一些有关变量之间的联系. 常见的是寻求其中一个变量 y(常称为因变量) 与其他变量 $x_1, x_2, \cdots, x_p$ (常称为自变量) 之间的关系. 这类关系可分为两个基本类型: 一类是只要知道了自变量 $x_1, x_2, \cdots, x_p$ 的取值, 因变量 y 的取值就被唯一地确定, 这类确定性关系叫做函数关系. 另一类是因变量 y 的取值与自变量 $x_1, x_2, \cdots, x_p$ 的取值有关, 但这种关系没有密切到唯一确定的程度. 这是由于在所研究的问题中, 其他一些未加考虑、控制, 尚不知道的因素以及一些偶然性的原因也以一种随机的方式影响 y 的取值, 致使因变量 y 的取值带有随机性. 这就是说因变量 y 是一个随机变量, 其概率分布由自变量 $x_1, x_2, \cdots, x_p$ 取值所决定, 这类关系叫做相关关系. 例如, 鱼池的单位放养量、投饵料与产量、鱼的体长、体高与体重、生物个体的生长时间与体重等都是相关关系.

为了简洁, 下面以一个自变量 x 的情况, 讨论有关的基本概念.

5.1.1 相关关系与回归模型

若随机变量 Y 的概率分布由变量 X 的取值确定, 称 Y 与 X 具有相关关系. 这时, 由 $X = x$ 确定的 Y 的 (条件) 概率分布, 也就唯一确定了 Y 的 (条件) 数学期望 $E(Y|x) = \mu(x)$(如果存在的话), 记这个函数关系为 $y = \mu(x)$, 称为 Y 对 x 的回归方程或回归函数, 它的图形称为回归曲线, 如图 5.1. X 叫做回归因子, Y 叫做回归量, 回归方程 $y = \mu(x)$ 描述了因变量 Y 随自变量 X 变化的平均状态.

确定了回归函数 $y = \mu(x)$ 之后, 可以把 Y 对 x 的依赖关系分解为两部分

$$Y = \mu(x) + \varepsilon,$$

其中 ε 是随机变量, 满足 $E(\varepsilon) = 0$, 在后面的讨论中常假设 $\varepsilon \sim N(0, \sigma^2)$, 称

$$Y = \mu(x) + \varepsilon, \quad \varepsilon \sim N(0, \sigma^2) \tag{5.1}$$

为正态总体回归模型.

回归函数 $\mu(x)$ 的确定包含两方面的内容, 一是 $\mu(x)$ 的形式; 二是 $\mu(x)$ 的数学形式所含的参数, 前者常需依据 y 与 x 之间的数量关系, 建立数学模型或依据经

验确定. 此后, 才能考虑确定其中所含的参数. 在数理统计中就是讨论如何由样本 $(x_i, y_i), i = 1, 2, \cdots, n$, 确定 $\mu(x)$ 所含参数的估计值.

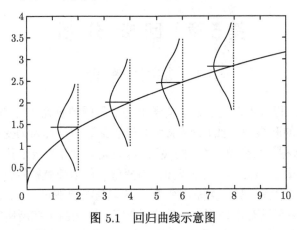

图 5.1　回归曲线示意图

5.1.2　样本的回归方程

当 $x = x_i$ 时, 得到 Y 的样本 y_i, 记为 (x_i, y_i), $i = 1, 2, \cdots, n$, 由此估计总体回归函数 $\mu(x)$ 中所含的未知参数 $a_j, j = 1, 2, \cdots, m$, 这是回归分析要解决的一个基本问题.

由 $y_i = \mu(x_i) + \varepsilon_i$, $\varepsilon_i \sim N(0, \sigma^2)$, $i = 1, 2, \cdots, n$, 其中 $\mu(x_i)$ 应是其所含参数 $a_j (j = 1, 2, \cdots, m)$ 的函数.

估计准则: 取满足 $S = \sum\limits_{i=1}^{n} \varepsilon_i^2 = \sum\limits_{i=1}^{n} [y_i - \mu(x_i)]^2$ 取最小的 a_j 值作为 $\hat{a}_j$. 这个准则常称为最小二乘准则. 此时, 方程组 $\dfrac{\partial S}{\partial a_j} = 0$ $(j = 1, 2, \cdots, m)$ 的解就是 $\hat{a}_j$. 由此, 得到总体的回归方程 $y = \mu(x)$ 的估计 $\hat{y} = \hat{\mu}(x)$, 叫做样本回归方程.

5.2　一元线性回归

5.2.1　回归参数的点估计

当总体 Y 有回归函数 $y = a + bx$, 又有样本 $(x_i, y_i), i = 1, 2, \cdots, n, y_i = a + bx_i + \varepsilon_i$. 依最小二乘法准则估计参数 a, b, 有

$$S(a, b) = \sum_{i=1}^{n} [y_i - (a + bx_i)]^2.$$

令

$$\frac{\partial S}{\partial a} = -2 \sum_{i=1}^{n} [y_i - (a + bx_i)] = 0.$$

$$\frac{\partial S}{\partial b} = -2 \sum_{i=1}^{n} [y_i - (a + bx_i)]x_i = 0.$$

整理得

$$\begin{cases} na + \left(\sum\limits_{i=1}^{n} x_i \right) b = \sum\limits_{i=1}^{n} y_i, \\ \left(\sum\limits_{i=1}^{n} x_i \right) a + \left(\sum\limits_{i=1}^{n} x_i^2 \right) b = \sum\limits_{i=1}^{n} x_i y_i \end{cases}$$

叫做依最小二乘准则估计 a, b 的正规方程.

由克拉默法则知：若 $D = \begin{vmatrix} n & \sum\limits_{i=1}^{n} x_i \\ \sum\limits_{i=1}^{n} x_i & \sum\limits_{i=1}^{n} x_i^2 \end{vmatrix} = n \sum\limits_{i=1}^{n} x_i^2 - \left(\sum\limits_{i=1}^{n} x_i \right)^2 \neq 0.$ 解正

规方程可得

$$\hat{a} = \frac{1}{D} \begin{vmatrix} \sum\limits_{i=1}^{n} y_i & \sum\limits_{i=1}^{n} x_i \\ \sum\limits_{i=1}^{n} x_i y_i & \sum\limits_{i=1}^{n} x_i^2 \end{vmatrix} = \frac{\left(\sum\limits_{i=1}^{n} y_i \right) \left(\sum\limits_{i=1}^{n} x_i^2 \right) - \left(\sum\limits_{i=1}^{n} x_i \right) \left(\sum\limits_{i=1}^{n} x_i y_i \right)}{n \left(\sum\limits_{i=1}^{n} x_i^2 \right) - \left(\sum\limits_{i=1}^{n} x_i \right)^2},$$

$$\hat{b} = \frac{1}{D} \begin{vmatrix} n & \sum\limits_{i=1}^{n} y_i \\ \sum\limits_{i=1}^{n} x_i & \sum\limits_{i=1}^{n} x_i y_i \end{vmatrix} = \frac{n \sum\limits_{i=1}^{n} x_i y_i - \left(\sum\limits_{i=1}^{n} x_i \right) \left(\sum\limits_{i=1}^{n} y_i \right)}{n \left(\sum\limits_{i=1}^{n} x_i^2 \right) - \left(\sum\limits_{i=1}^{n} x_i \right)^2}.$$

从而得到样本回归方程 $\hat{y} = \hat{a} + \hat{b}x.$

今后, 在不至引起误会时, 将省略样本及估计的提法.

为了方便表达, 引入下列记号

$$l_{xx} = \sum_{i=1}^{n} (x_i - \bar{x})^2 = \sum_{i=1}^{n} x_i^2 - \frac{1}{n} \left(\sum_{i=1}^{n} x_i \right)^2,$$

$$l_{yy} = \sum_{i=1}^{n}(y_i - \bar{y})^2 = \sum_{i=1}^{n} y_i^2 - \frac{1}{n}\left(\sum_{i=1}^{n} y_i\right)^2,$$

$$l_{xy} = \sum_{i=1}^{n}(x_i - \bar{x})(y_i - \bar{y}) = \sum_{i=1}^{n} x_i y_i - \frac{1}{n}\left(\sum_{i=1}^{n} x_i\right)\left(\sum_{i=1}^{n} y_i\right).$$

由此, $\hat{b} = \dfrac{l_{xy}}{l_{xx}}$ 叫做 x 的回归系数, $\hat{a} = \bar{y} - \hat{b}\bar{x}$ 叫做回归常数.

回归方程 $\hat{y} = \hat{a} + \hat{b}x = \bar{y} + \hat{b}(x - \bar{x})$.

该回归方程具有以下特点:

(1) $\displaystyle\sum_{i=1}^{n}(y_i - \hat{y}_i) = 0.$

由 $\hat{y}_i = \bar{y} + \hat{b}(x_i - \bar{x})$, 得

$$\sum_{i=1}^{n}(y_i - \hat{y}_i) = \sum_{i=1}^{n}\left[y_i - \bar{y} - \hat{b}(x_i - \bar{x})\right] = \sum_{i=1}^{n}(y_i - \bar{y}) - \hat{b}\sum_{i=1}^{n}(x_i - \bar{x}) = 0.$$

这表明由最小二乘估计的样本回归值 $\hat{y}_i$ 与样本值 y_i 的偏差之和为零, 且由该准则可知, 其平方和为最小.

(2) 样本回归值之和等于样本值的和 $\displaystyle\sum_{i=1}^{n}\hat{y}_i = \sum_{i=1}^{n} y_i.$

(3) 回归直线必过样本均值点 $(\bar{x}, \bar{y})$.

(4) $\hat{b}$ 是回归直线的斜率, 即 $\hat{y}$ 对 x 的变化率. $\hat{b}$ 的符号由 l_{xy} 确定, 当 $l_{xy} > 0$ 时, $\hat{y}$ 随 x 单调增加. 当 $l_{xy} < 0$ 时, $\hat{y}$ 随 x 单调减少. 当 $l_{xy} = 0$ 时, $\hat{y} = \hat{a}$, 表明 $\hat{y}$ 与 x 无关.

5.2.2 $\hat{a}$, $\hat{b}$, $\hat{y}$ 的性质与分布

1) 线性

由 $\hat{b} = \dfrac{l_{xy}}{l_{xx}} = \dfrac{1}{l_{xx}}\sum_{i=1}^{n}[(x_i - \bar{x})y_i - (x_i - \bar{x})\bar{y}] = \sum_{i=1}^{n}\dfrac{x_i - \bar{x}}{l_{xx}}y_i$, 令 $C_i = \dfrac{x_i - \bar{x}}{l_{xx}}$, 有

$\hat{b} = \displaystyle\sum_{i=1}^{n}C_i y_i$, 其中 C_i 满足 $\displaystyle\sum_{i=1}^{n}C_i = 0, \sum_{i=1}^{n}C_i^2 = \dfrac{1}{l_{xx}}, \sum_{i=1}^{n}C_i x_i = 1.$

又

$$\hat{a} = \bar{y} - \hat{b}\bar{x} = \frac{1}{n}\sum_{i=1}^{n} y_i - \bar{x}\sum_{i=1}^{n}C_i y_i = \sum_{i=1}^{n}\left(\frac{1}{n} - \bar{x}C_i\right)y_i,$$

$$\hat{y} = \sum_{i=1}^{n}\left[\frac{1}{n} - (x - x_i)C_i\right]y_i.$$

这表明 $\hat{a}, \hat{b}, \hat{y}$ 均为样本 y_i 线性组合.

2) 无偏性

$$E\hat{b} = \sum_{i=1}^{n} C_i(Ey_i) = \sum_{i=1}^{n} C_i(a + bx_i) = a\sum_{i=1}^{n} C_i + b\sum_{i=1}^{n} C_i x_i = b,$$

$$E\hat{a} = E(\bar{y} - \hat{b}\bar{x}) = \frac{1}{n}\sum_{i=1}^{n}(Ey_i) - b\bar{x} = \frac{1}{n}\sum_{i=1}^{n}(a + bx_i) - b\bar{x} = a,$$

$$E\hat{y} = E(\hat{a} + \hat{b}x) = E\hat{a} + xE\hat{b} = a + bx = y.$$

这表明, 由样本依最小二乘准则, 对回归参数 a, b 及回归值 y 的估计都是它们的无偏估计.

3) 方差

已知

$$Dy_i = \sigma^2, \quad D\bar{y} = \frac{\sigma^2}{n},$$

$$D\hat{b} = \sum_{i=1}^{n} C_i^2(Dy_i) = \sigma^2 \sum_{i=1}^{n} C_i^2 = \frac{\sigma^2}{l_{xx}},$$

$$D\hat{a} = D(\bar{y} - \hat{b}\bar{x}) = D\bar{y} + \bar{x}^2 D\hat{b} = \left(\frac{1}{n} + \frac{\bar{x}}{l_{xx}}\right)\sigma^2,$$

$$D\hat{y} = D(\bar{y} + \hat{b}(x - \bar{x})) = D\bar{y} + (x - \bar{x})^2 D\hat{b} = \left(\frac{1}{n} + \frac{(x - \bar{x})^2}{l_{xx}}\right)\sigma^2.$$

并可证明: 它们都是 a, b, y 达到方差临界的估计量.

由上述的结果, 在 $Y \sim N(a + bx, \sigma^2)$ 假设下可知

$$\hat{b} \sim N\left(b, \frac{\sigma^2}{l_{xx}}\right),$$

$$\hat{a} \sim N\left(a, \left(\frac{1}{n} + \frac{\bar{x}^2}{l_{xx}}\right)\sigma^2\right),$$

$$\hat{y} \sim N\left(a + bx, \left(\frac{1}{n} + \frac{(x - \bar{x})^2}{l_{xx}}\right)\sigma^2\right).$$

5.3　线性回归的显著性检验

当总体回归函数是直线 $y = a + bx$ 时, 可依 5.2 节的方法, 由样本 (x_i, y_i) 求得样本回归函数

$$\hat{y} = \hat{a} + \hat{b}x.$$

但无论总体回归函数是否为直线, 甚至是否与 x 有关, 我们总能由样本求到一个样本回归直线. 因此, 必须对求到的样本直线回归方程作回归效果检验, 即检验: 总体回归关系的显著性和对线性回归关系的适合性.

5.3.1　平方和分解

由回归模型 $y_i = \mu(x_i) + \varepsilon_i, \varepsilon_i \sim N(0, \sigma^2)$, 知样本 y_i 与 $\bar{y}$ 的离差 $y_i - \bar{y}$ 可分为两部分. 一部分是因线性回归引起的离差 $\hat{y}_i - \bar{y}$, 另一部分是不能由线性回归说明的离差即随机因素引起的离差 $y_i - \hat{y}_i$, 即

$$y_i - \bar{y} = (y_i - \hat{y}_i) + (\hat{y}_i - \bar{y}), \quad i = 1, 2, \cdots, n.$$

而

$$\sum_{i=1}^{n} (y_i - \bar{y})^2 = \sum_{i=1}^{n} (y_i - \hat{y}_i)^2 + \sum_{i=1}^{n} (\hat{y}_i - \bar{y})^2.$$

记

$$SST = \sum_{i=1}^{n} (y_i - \bar{y})^2 = l_{yy} \text{ 叫做总平方和,}$$

$$SSR = \sum_{i=1}^{n} (\hat{y}_i - \bar{y})^2 \text{ 叫做回归平方和,}$$

$$SSr = \sum_{k=1}^{n} (y_k - \hat{y}_k)^2 \text{ 叫做离回归或剩余平方和.}$$

从而 $SST = SSR + SSr$, 由 $\hat{y}_i = \bar{y} + \hat{b}(x_i - \bar{x})$ 可得

$$SSR = \sum_{i=1}^{n} (\hat{y}_i - \bar{y})^2 = \sum_{i=1}^{n} \hat{b}^2 (x_i - \bar{x})^2 = \hat{b}^2 l_{xx} = \frac{l_{xy}^2}{l_{xx}} = \hat{b} l_{xy},$$

$$SSr = l_{yy} - SSR.$$

5.3.2　诸平方和的期望与有关分布

定理 5.1　设 $Y \sim N(a + bx, \sigma^2)$, 有容量为 n 的样本 $(x_i, y_i), i = 1, 2, \cdots, n$, 则

$$El_{yy} = (n-1)\sigma^2 + b^2 l_{xx},$$

$$E(SSR) = \sigma^2 + b^2 l_{xx},$$

$$E(SSr) = (n-2)\sigma^2.$$

证 由 $Ey_i = a + bx_i, Dy_i = \sigma^2, Ey_i^2 = Dy_i + (Ey_i)^2$, 可得

$$E(l_{yy}) = E\left(\sum_{i=1}^n y_i^2 - n\bar{y}^2\right) = \sum_{i=1}^n Ey_i^2 - nE(\bar{y}^2)$$

$$= \sum_{i=1}^n \left[Dy_i + (Ey_i)^2\right] - n\left[D\bar{y}^2 + (E\bar{y})^2\right]$$

$$= \sum_{i=1}^n \left[\sigma^2 + (a+bx_i)^2\right] - n\left[\frac{\sigma^2}{n} + (a+b\bar{x})^2\right] = (n-1)\sigma^2 + b^2 l_{xx}.$$

由 $E\hat{b} = b, D\hat{b} = \dfrac{\sigma^2}{l_{xx}}$, 可得

$$E(SSR) = E\hat{b}^2 l_{xx} = l_{xx}E\hat{b}^2 = l_{xx}\left[D\hat{b} + (E\hat{b})^2\right] = \sigma^2 + b^2 l_{xx},$$

$$E(SSr) = El_{yy} - E(SSR) = (n-2)\sigma^2.$$

记 $MSr = \dfrac{SSr}{n-2}$, 叫做剩余均方. 则有 $E(MSr) = \sigma^2$, 即剩余均方是总体方差 σ^2 的无偏估计, 且 $E(SSR) \geqslant E(MSr)$. 当且仅当 $b=0$ 时等式成立, 也常记 $MSR = SSR$(因为 SSR 自由度为 1 叫做回归均方).

定理 5.2 若总体 $Y \sim N(a+bx, \sigma^2)$, 有容量为 n 的样本 $(x_i, y_i), i = 1, 2, \cdots, n$, 则当 $b=0$ 时

$$\frac{MSR}{MSr} \sim F(1, n-2),$$

$$\frac{\hat{b}\sqrt{l_{xx}}}{\sqrt{MSr}} \sim t(n-2).$$

证 由 $\hat{b} \sim N\left(b, \dfrac{\sigma^2}{l_{xx}}\right)$ 知, 当 $b=0$ 时, $\dfrac{\hat{b}\sqrt{l_{xx}}}{\sigma} \sim N(0,1)$, 故 $\dfrac{\hat{b}^2 l_{xx}}{\sigma^2} \sim \chi^2(1)$, 即 $\dfrac{MSR}{\sigma^2} \sim \chi^2(1)$, 又由 $Y \sim N(a+bx, \sigma^2)$, 知 $\dfrac{l_{yy}}{\sigma^2} \sim \chi^2(n-1)$.

又有 $\dfrac{SSr}{\sigma^2} \sim \chi^2(n-2)$, 由 F 分布及 t 的分布的定义即知

$$\frac{MSR}{MSr} \sim F(1, n-2),$$

$$\frac{\hat{b}\sqrt{l_{xx}}}{\sqrt{MSr}} \sim t(n-2).$$

5.3.3 显著性检验

总体 Y 对 x 的线性回归关系 $y = a + bx$, 其中 $|b|$ 确定了 x 对 Y 的影响程度. 当 $b=0$ 时, 表明 Y 与 x 无关, 即无论 x 为何值, Y 并不随 x 变动. 因此, 检验回

归关系的显著性就是检验原假设 $H_0 : b = 0$, 又由 5.3.2 节知

$$H_0 : b = 0 \Leftrightarrow E(MSR) = E(MSr),$$
$$H_1 : b \neq 0 \Leftrightarrow E(MSR) > E(MSr).$$

由此, 对线性回归关系显著性的检验方法有下列的方法:

1) F 检验

由定理 5.2 知, 若 H_0 真, $F = \dfrac{MSR}{MSr} \sim F(1, n-2)$. 故在显著性水平 α 下, 原假设 $H_0 : E(MSR) = E(MSr)$ 的否定域是

$$F = \frac{MSR}{MSr} > F_\alpha(1, n-2).$$

当否定 H_0 时, 表明 y 对 x 的线性回归关系显著. 对检验过程可列出下列方差分析表, 见表 5.1.

表 5.1 F-检验方差分析表

变异来源	平方和	自由度	均方	F	临界值
回归	SSR	1	MSR	$MSR \,/\, MSr$	$F_\alpha(1, n-2)$
剩余	SSr	$n-2$	MSr		
合计	SST	$n-1$			

2) t 检验

由定理 5.2 知, 若 H_0 真

$$\frac{\hat{b}\sqrt{l_{xx}}}{\sqrt{MSr}} \sim t(n-2).$$

故在显著性水平 α 下, 原假设 $H_0 : b = 0$ 的否定域是 $|t| > t_{\frac{\alpha}{2}}(n-2)$.

3) r 检验

上面两种检验的直观思想就是 $SST = SSR + SSr$ 或 $\dfrac{SSR}{SST} + \dfrac{SSr}{SST} = 1$ 中, 考察 SSR 与 SSr 占 SST 的比例:

若 $\dfrac{SSR}{SST} = \dfrac{l_{xy}^2}{l_{xx}l_{yy}} = 0$, 则 $SSr = SST$, 表明 Y 与 x 无关;

若 $\dfrac{SSR}{SST} = \dfrac{l_{xy}^2}{l_{xx}l_{yy}}$ 增大, 则表明 x 对 Y 的影响增大.

因此有下述结论:

令 $r^2 = \dfrac{l_{xy}^2}{l_{xx}l_{yy}}$, 称 r^2 为测定系数, 是用以度量 Y 与 x 之间线性关系强弱程度的一个重要指标. 显然 $0 \leqslant r^2 \leqslant 1, -1 \leqslant r \leqslant 1$.

$r = \dfrac{l_{xy}}{\sqrt{l_{xx}l_{yy}}}$ 叫做样本相关系数. 它是总体相关系数 $r = \dfrac{\text{Cov}(x,y)}{\sigma_x\sigma_y}$ 的点估计.

r 的符号与 $\hat{b}$ 的符号一致, 不仅 $|r|$ 可作为 Y 与 x 的线性相关的程度, 而且 r 的符号表明了它们线性相关的性质. 一般 $r > 0$ 时称 Y 与 x 正相关, $r < 0$ 时称 Y 与 x 负相关.

由 $SSR = \dfrac{l_{xy}^2}{l_{xx}} = r^2 l_{yy}$, 知 $F = \dfrac{MSR}{MSr} = \dfrac{(n-2)r^2}{1-r^2}$, 故 F 检验的否定域为

$$F = \frac{(n-2)r^2}{1-r^2} > F_\alpha(1, n-2),$$

即 $|r| > \sqrt{\dfrac{F_\alpha}{n-2+F_\alpha}} \doteq r_\alpha.$

其中临界值 r_α 可依 $\mathrm{df} = n - 2$ 由附表 5 查得.

上面这三种检验显著性的方法是等价的, 因此, 在应用时, 只需选用其一即可.

例 5.1 测得某生物个体的日龄与体重 (单位: g) 的数据如下, 见表 5.2, 求体重对日龄的线性回归方程.

表 5.2 生物个体日龄与体重数据

日龄 (x_i)	6	9	12	15	18
体重 (y_i)	12	17	22	25	29

解 体重对日龄线性回归示意图见图 5.2.

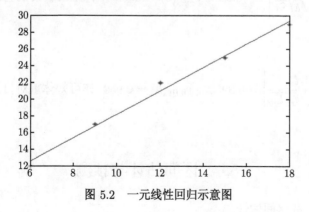

图 5.2 一元线性回归示意图

经计算得

$$\bar{x} = \frac{1}{5}\sum_{i=1}^{5} x_i = 12, \quad \bar{y} = \frac{1}{5}\sum_{i=1}^{5} y_i = 21,$$

$$l_{xx} = \sum_{i=1}^{5} x_i^2 - \frac{1}{5}\left(\sum_{i=1}^{5} x_i\right)^2 = 90,$$

$$l_{xy} = \sum_{i=1}^{5} x_i y_i - \frac{1}{5}\left(\sum_{i=1}^{5} x_i\right)\left(\sum_{i=1}^{5} y_i\right) = 126,$$

$$l_{yy} = \sum_{i=1}^{5} y_i^2 - \frac{1}{5}\left(\sum_{i=1}^{5} y_i\right)^2 = 178.$$

从而 $\hat{b} = \dfrac{l_{xy}}{l_{xx}} = 1.4, \hat{a} = \bar{y} - \hat{b}\bar{x} = 4.2$, 得体重对日龄的线性回归方程 $y = 4.2 + 1.4x$.

1) F 检验

由 $SSR = \hat{b}l_{xy} = 176.4, SSr = l_{yy} - SSR = 1.6$, 列出方差分析表, 见表 5.3.

表 5.3　生物个体日龄与体重试验方差分析表

变异来源	平方和	自由度	均方	F	临界值
回归	176.4	1	176.400	330.75**	$F_{0.01}(1,3) = 34.12$
剩余	1.6	3	0.533		
合计	178.0	4			

2) t 检验

由 $|t| = \left|\dfrac{\hat{b}\sqrt{l_{xx}}}{\sqrt{MSr}}\right| = 18.24 > t_{\frac{0.01}{2}}(3) = 5.84$, 知体重对日龄的直线回归关系极显著.

3) r 检验

由 $|r| = \left|\dfrac{l_{xy}}{\sqrt{l_{xx}l_{yy}}}\right| = 0.9955 > r_{0.01}(3) = 0.959$. 亦可知体重对日龄的直线回归关系极显著.

5.4　区间估计与预测

5.4.1　a, b, y 的区间估计

由总体 $Y \sim N(a + bx, \sigma^2)$ 的样本 $(x_i, y_i), i = 1, 2, \cdots, n$. 依最小二乘准则, 可得到满足 $\sum_{i=1}^{n}(y_i - \hat{y}_i)^2 = SSr$. 取最小的点估计 $\hat{a}, \hat{b}, \hat{y}$. 并证明了它们依然是正态随

机变量.

$$\hat{b} \sim N\left(b, \frac{\sigma^2}{l_{xx}}\right),$$

$$\hat{a} \sim N\left(a, \left(\frac{1}{n} + \frac{\bar{x}^2}{l_{xx}}\right)\sigma^2\right),$$

$$\hat{y} \sim N\left(y, \left(\frac{1}{n} + \frac{(x-\bar{x})^2}{l_{xx}}\right)\sigma^2\right).$$

若已知 σ^2, 由上述分布即可求得 a, b, y 的 $1-\alpha$ 置信区间. 若 σ^2 未知, 则需由定理 5.2 知 $\frac{SSr}{\sigma^2} \sim \chi^2(n-2)$ 得到

$$\frac{\hat{b}-b}{\sqrt{MSr/l_{xx}}} \sim t(n-2),$$

$$\frac{\hat{a}-a}{\sqrt{MSr\left(\frac{1}{n} + \frac{\bar{x}^2}{l_{xx}}\right)}} \sim t(n-2),$$

$$\frac{\hat{y}-y}{\sqrt{MSr\left(\frac{1}{n} + \frac{(x-\bar{x})^2}{l_{xx}}\right)}} \sim t(n-2).$$

从而 a, b, y 的 $1-\alpha$ 置信区间依次为

$$\left[\hat{b} \pm \sqrt{\frac{MSr}{l_{xx}}} \cdot t_{\frac{\alpha}{2}}(n-2)\right],$$

$$\left[\hat{a} \pm \sqrt{MSr\left(\frac{1}{n} + \frac{\bar{x}^2}{l_{xx}}\right)} \cdot t_{\frac{\alpha}{2}}(n-2)\right],$$

$$\left[\hat{y} \pm \sqrt{MSr\left(\frac{1}{n} + \frac{(x-\bar{x})^2}{l_{xx}}\right)} \cdot t_{\frac{\alpha}{2}}(n-2)\right].$$

由此可见, 对回归值 y 的 $1-\alpha$ 置信区间的半径 d 与 x 的值有关, $d(x)$ 将随 $|x-\bar{x}|$ 单调增加, 且当 $|x-\bar{x}|=0$, 即 $x=\bar{x}$ 时, $d(x)$ 取最小值, 置信区间的两端点在图 5.3 中的实曲线上变动.

对例 5.1 可依次求得

a 的 99% 置信区间: $\left[4.2 \pm 5.8\sqrt{0.53\left(\frac{1}{5} + \frac{12^2}{90}\right)}\right] = [4.2 \pm 5.7]$.

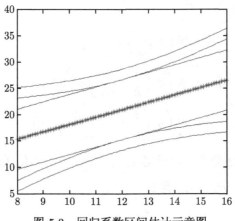

图 5.3　回归系数区间估计示意图

b 的 99% 置信区间: $\left[1.4 \pm 5.8\sqrt{\dfrac{0.53}{90}}\right] = [1.4 \pm 0.45]$.

y 的 99% 置信区间: $\left[(\hat{a} + \hat{b}x) \pm 5.8\sqrt{0.53\left(\dfrac{1}{5} + \dfrac{(x-12)^2}{90}\right)}\right]$, 当 $y = 12$ 时,
y 的 99% 置信区间是 $[21 \pm 1.89]$.

另外, $\dfrac{SSr}{\sigma^2} \sim \chi^2(n-2)$, 还可求得 σ^2 的 $1-\alpha$ 置信区间.

由 $P\left\{\chi^2_{1-\frac{\alpha}{2}}(n-2) \leqslant \dfrac{SSr}{\sigma^2} \leqslant \chi^2_{\frac{\alpha}{2}}(n-2)\right\} = 1-\alpha$, 即

$$P\left\{\dfrac{SSr}{\chi^2_{\frac{\alpha}{2}}(n-2)} \leqslant \sigma^2 \leqslant \dfrac{SSr}{\chi^2_{1-\frac{\alpha}{2}}(n-2)}\right\} = 1-\alpha,$$

故 σ^2 的 $1-\alpha$ 的置信区间为 $\left[\dfrac{SSr}{\chi^2_{\frac{\alpha}{2}}(n-2)}, \dfrac{SSr}{\chi^2_{1-\frac{\alpha}{2}}(n-2)}\right]$.

5.4.2　预测

回归分析的一个任务是依据总体 Y 对 x 的样本回归函数, 对 Y 进行预测, 求出 Y 的 $1-\alpha$ 的置信区间.

这由 $Y \sim N(a+bx, \sigma^2), \hat{y} \sim N\left(a+bx, \left(\dfrac{1}{n} + \dfrac{(x-\bar{x})^2}{l_{xx}}\right)\sigma^2\right)$ 可得

$$\dfrac{Y - \hat{y}}{\sigma\sqrt{1 + \dfrac{1}{n} + \dfrac{(x-\bar{x})^2}{l_{xx}}}} \sim N(0,1).$$

又 $\dfrac{SSr}{\sigma^2} \sim \chi^2(n-2)$, 故

$$\frac{Y - \hat{y}}{\sqrt{MSr\left(1 + \dfrac{1}{n} + \dfrac{(x - \bar{x})^2}{l_{xx}}\right)}} \sim t(n-2).$$

从而 Y 的 $1 - \alpha$ 置信区间

$$\left[\hat{y} \pm \sqrt{MSr\left(1 + \frac{1}{n} + \frac{(x - \bar{x})^2}{l_{xx}}\right)} \cdot t_{\frac{\alpha}{2}}(n-2)\right].$$

可见 Y 的 $1 - \alpha$ 置信半径 $d(x)$ 亦随 $|x - \bar{x}|$ 单调增加, 且当 $|x - \bar{x}| = 0$, 即 $x = \bar{x}$ 时, $d(x)$ 取最小值, 对相同的 x 值, 该置信半径比 y 的置信半径大, 在图 5.3 中的虚曲线是其置信区间两端的变动曲线.

在例 5.1 中, 预测体重的 99% 置信区间为

$$\left[(4.2 + 1.4x) \pm 5.8\sqrt{0.53 \times \left(1 + \frac{1}{5} + \frac{(x - 12)^2}{90}\right)}\right].$$

当 $x = 12$ 时, 体重的 99% 置信区间是 $[21 \pm 4.63]$.

在应用样本回归方程 $\hat{y} = \hat{a} + \hat{b}x$ 时, 一般应限制在 $x \in [\min\{x_i\}, \max\{x_i\}]$, 如当 $x \notin [\min\{x_i\}, \max\{x_i\}]$, 欲应用此回归方程, 应结合问题的实际意义说明该方程的适用性. 于是, 由此预测 y 时, 对 x 亦只能限制在上述范围之内. 欲预测当 x 在上述范围之外时, y 的 $1 - \alpha$ 置信区间, 要注意前述说明, 显然, 这时预测的精确性较差.

5.5 线性回归模型的适合性检验

5.5.1 适合性检验

由样本 (x_i, y_i) 求到的 $\hat{y} = \hat{a} + \hat{b}x$, 做显著性检验时, 是将 y_i 的总体变异分解为由对 x 的回归关系引起的变异和非回归关系引起的变异两部分, 即由 $y_i - \bar{y} = (y_i - \hat{y}_i) + (\hat{y}_i - \bar{y})$, 得到

$$SST = SSR + SSr,$$

其中, 剩余平方和 SSr 包括两部分, 一部分是由线性回归模型 $y = a + bx$ 选择不当引起的, 另一部分是由种种随机因素引起的. 为做出这一分解, 并检验线性回归模型的适合性, 必须在 $x = x_i$ 时, 做独立重复试验, 得到试验结果 $y_{i1}, y_{i2}, \cdots, y_{im}$, 下面讨论在这种情况下, 样本的平方和分解及相应的检验问题.

设总体 $Y \sim N(a + bx, \sigma^2)$, 当 $x = x_i$ 时, 有样本 $y_{i1}, y_{i2}, \cdots, y_{im}$.

$$y_{ij} = \mu(x_i) + \varepsilon_{ij}, \quad \varepsilon_{ij} \sim N(0, \sigma^2), \quad i = 1, 2, \cdots, n, \quad j = 1, 2, \cdots, m,$$

则

$$\bar{x} = \frac{1}{nm} \sum_{i=1}^{n} \sum_{j=1}^{m} x_i = \frac{1}{n} \sum_{i=1}^{n} x_i, \quad \bar{y} = \frac{1}{nm} \sum_{i=1}^{n} \sum_{j=1}^{m} y_{ij}, \quad \bar{y}_{i\cdot} = \frac{1}{m} \sum_{j=1}^{m} y_{ij}.$$

由 $y_{ij} - \bar{y} = (\hat{y}_i - \bar{y}) + (y_{ij} - \hat{y}_i)$, 两边平方并对 i, j 求和得到

$$SST = \sum_{i=1}^{n} \sum_{j=1}^{m} (y_{ij} - \bar{y})^2 = \sum_{i,j} (y_{ij} - \hat{y}_i)^2 + m \sum_{i} (\hat{y}_i - \bar{y})^2, \quad \mathrm{df}_T = mn - 1.$$

$$SSR = m \sum_{i=1}^{n} (\hat{y}_i - \bar{y})^2, \quad \mathrm{df}_R = 1.$$

$$SSr = \sum_{i,j} (y_{ij} - \hat{y}_i)^2, \quad \mathrm{df}_r = mn - 2.$$

由 $y_{ij} - \hat{y}_i = (y_{ij} - \bar{y}_{i\cdot}) + (\bar{y}_{i\cdot} - \hat{y}_i)$ 可将剩余平方和 SSr 分解为

$$SSr = \sum_{i,j} (y_{ij} - \bar{y}_{i\cdot})^2 + m \sum_{i} (\bar{y}_{i\cdot} - \hat{y}_i)^2.$$

记 $SSE = \sum\limits_{i,j} (y_{ij} - \bar{y}_{i\cdot})^2$ 是随机误差平方和.

$$SSD = m \sum_{i} (\bar{y}_{i\cdot} - \hat{y}_i)^2 \text{称为配合不足平方和.}$$

$$\mathrm{df}_D = \mathrm{df}_r - \mathrm{df}_e = n - 2, \quad \mathrm{df}_e = n(m - 1).$$

SSD 反映了线性回归值 $\hat{y}_i$ 与 $\bar{y}_{i\cdot}$ 的差异, 即线性回归模型的适合性. 图 5.4 表明了这个分解过程的直观背景. 上述平方和分解过程可表示为

$$SST = SSR + SSD + SSE.$$

$$SSr = SSD + SSE.$$

类似可记

配合不足均方　$MSD = \dfrac{SSD}{n - 2}$.

随机均方　$MSE = \dfrac{SSE}{n(m - 1)}$.

并可证　$F = \dfrac{MSD}{MSE} \sim F(n - 2, n(m - 1))$.

由此可检验 H_0: 总体回归是线性的, H_1: 总体回归不是线性的. 接受 H_0 时, 表明线性方程是适合的. 对线性回归关系的显著性检验与适合性检验可一并列出方差分析表, 见表 5.4.

表 5.4 线性回归关系的方差分析表

变异来源	平方和	自由度	均方	F	临界值
配合不足	SSD	$n-2$	MSD	MSD/MSE	$F_\alpha(n-2, n(m-1))$
随机误差	SSE	$n(m-1)$	MSE		
回归	SSR	1	MSR	MSR/MSr	$F_\alpha(1, nm-2)$
剩余	SSr	$nm-2$	MSr		
合计	SST	$nm-1$			

上半部分用于适合性检验, 下半部分用于显著性检验, 要注意这两部分的平方和与自由度之间的运算关系.

例 5.2 在例 5.1 中, 若对每一日龄的生物个体的体重均取三个测定值得数据如表 5.5 所示, 试建立体重对日龄的线性回归方程并检验.

表 5.5 取三个测定值的生物个体数据表

日龄 (x_i)	6	9	12	15	18
体重 (y_{ij})	11	17	23	25	28
	12	18	21	24	30
	13	16	22	26	29
平均 ($\bar{y}_{i\cdot}$)	12	17	22	25	29

解 经计算得 $\bar{x} = 12, \bar{y} = 21, l_{xx} = 270, l_{xy} = 378, l_{yy} = 544$.

从而, $\hat{b} = 1.4, \hat{a} = 4.2$, 得体重对日龄的线性回归方程

$$y = 4.2 + 1.4x.$$

由 $SSR = \hat{b}l_{xy} = 529.2, SSr = 14.8, SSE = 10.0, SSD = 4.8$, 得方差分析表, 见表 5.6.

表 5.6 取三个体重测定值的生命个体日龄与体重试验方差分析表

变异来源	平方和	自由度	均方	F	临界值
配合不足	4.8	3	1.6	1.6	$F_{0.05}(3, 10) = 3.71$
随机误差	10.0	10	1.0		
回归	529.2	1	529.2		
剩余	14.8	13	1.14	484.2**	$F_{0.01}(1, 13) = 9.07$
合计	544.0	14			

检验结果表明: 该生物个体体重对日龄的回归关系适合直线回归方程, 且回归

效果显著. 在上述计算中, 可见用所有样本求得的回归方程与用每一日龄的平均体重求到的回归方程完全一样, 这一点可给予一般性证明, 请读者自己完成.

在本例中, 若将日龄作为试验因素, 对其 5 个水平均重复三次, 可做方差分析, 检验日龄对体重影响达到显著性. 这时

总平方和　$SST = \sum_{i,j} (y_{ij} - \bar{y})^2 = 544$, 　$\text{df}_T = 14$.

应分解为

处理平方和　$SSX = m \sum_{i} (\bar{y}_{i\cdot} - \bar{y})^2 = 534$, $\text{df}_A = 4$.

随机平方和　$SSE = \sum_{i,j} (y_{ij} - \bar{y}_{i\cdot})^2 = 10$, $\text{df}_e = 10$.

得方差分析表, 见表 5.7.

表 5.7　将日龄作为试验因素的方差分析表

变异来源	平方和	自由度	均方	F	临界值
日龄	534	4	133.5	133.5**	$F_{0.01}(4, 10) = 5.99$
随机误差	10	10	1		
合计	544	14			

检验结果表明, 日龄对生物个体体重影响极显著.

5.5.2　回归模型与方差模型之间的关系

若试验因素 X 是数量因素, 对其取 n 个水平 $x_1, x_2, \cdots, x_n$, 各重复 m 次. 得容量为 nm 的样本 $(x_i, y_{ij}), i = 1, 2, \cdots, n, j = 1, 2, \cdots, m$.

方差分析模型是

$$y_{ij} = \mu + (\mu_i - \mu) + \varepsilon_{ij}, \quad \varepsilon_{ij} \sim N(0, \sigma^2).$$

由 $y_{ij} - \bar{y} = (\bar{y}_{i\cdot} - \bar{y}) + (y_{ij} - \bar{y}_{i\cdot})$, 将总平方和 $SST = \sum_{i,j} (y_{ij} - \bar{y})^2 = l_{yy}$ 分解为

处理平方和　$SSX = m \sum_{i} (\bar{y}_{i\cdot} - \bar{y})^2$, $\text{df}_X = n - 1$.

随机平方和　$SSE = \sum_{i,j} (y_{ij} - \bar{y}_{i\cdot})^2$, $\text{df}_e = n(m - 1)$.

回归分析模型　$y_{ij} = \mu(x_i) + \varepsilon_{ij}, \varepsilon_{ij} \sim N(0, \sigma^2)$.

由 $y_{ij} - \bar{y} = (\hat{y}_i - \bar{y}) + (y_{ij} - \hat{y}_i) = (\hat{y}_i - \bar{y}) + (\bar{y}_{i\cdot} - \hat{y}_i) + (y_{ij} - \bar{y}_{i\cdot})$, 将总平方和 $SST = \sum_{i,j} (y_{ij} - \bar{y})^2 = l_{yy}$ 分解为

回归平方和 $SSR = m \sum\limits_i (\hat{y}_i - \bar{y})^2$, 剩余平方和 $SSr = \sum\limits_{i,j} (y_{ij} - \hat{y}_i)^2$.

将剩余平方和又分解为

配合不足平方和 $SSD = m \sum\limits_i (\bar{y}_{i\cdot} - \hat{y}_i)^2$, 随机平方和 $SSE = \sum\limits_{i,j} (y_{ij} - \bar{y}_{i\cdot})^2$.

可以证明: $SSX = SSR + SSD, SSD = SSX - SSR = SSr - SSE$.

从中可见, 在方差分析中是用 $\bar{y}_{i\cdot} - \bar{y}$ 表示水平 x_i 引起的变异, 由此得到 SSX. 而在回归分析中是用 $\hat{y}_i - \bar{y}$ 表示由水平 x_i 的线性回归值引起的变异, 由此得到的 SSR, 仅是 SSX 的一部分, 其间的差别在图 5.4 中看得更为明显.

$$SST \begin{cases} SSX \begin{cases} SSR \\ SSD \end{cases} \\ SSE \end{cases} \left.\begin{matrix} \\ \\ \end{matrix}\right\} SSr \left.\begin{matrix} \\ \\ \end{matrix}\right\} SST$$

平方和分解示意图见图 5.4.

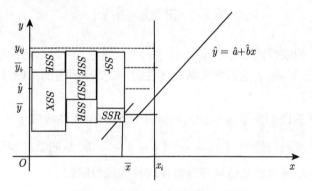

图 5.4 总平方和分解过程示意图

在前面的讨论中, 因变量 Y 是随机变量, 自变量 x 是普通变量, 在实际问题中, 常遇到它们都是随机变量的情况, 这时可对其一不考虑它的概率分布视为普通变量, 用前述的方法即可求到另一变量对其的线性回归方程. 例如, 在探讨 18 岁的男青年身高 X 和体重 Y 的关系时, 两个变量都是随机变量, 可将身高变量视为普通变量, 由样本 $(x_i, y_j)(i = 1, 2, \cdots, n)$ 求得体重 Y 对身高 x 的回归方程, $Y = a + bx$ 用以估计当 $X = x$ 时体重 Y 的期望值. 也可以将体重 Y 视为普通变量, 求得身高 X 对体重 Y 的回归方程 $x = a' + b'y, b' = \dfrac{l_{xy}}{l_{yy}}, a' = \bar{x} - b'\bar{y}$. 用以估计当 $Y = y$ 时, 身高 x 的期望值. 应注意, 后者并不是前者解出来的结果. 而是由最小二乘准则得到的.

在实际应用中, 应注意到变量 Y 与 X 之间的有无显著的回归关系在本质上是由它们之间的内在机理决定的, 我们由样本求到的回归方程, 只是其内在机理关系结构的外在表现. 因此, 在我们对这两个变量内在机理了解甚少或一无所知时, 应由依样本求到的回归方程引导我们深入探讨其间的内在机理的关系结构, 不能仅停留在这个外在表现上, 更不能以此代替期间的内在机理, 对于样本线性相关系数 r, 在应用时也要注意这一点.

同时, 一般来说 Y 对 X 真正的回归方程总与线性方程有一定的偏离, 只是偏离不是很大, 不至于对应用造成影响的允许范围内, 认定回归方程是线性的才合理. 因此, 在取样时就应该注意这一点, 求到的回归方程经检验后, 一般只能在自变量 X 取值范围之内应用, 不能任意外推. 在例 5.2 中求到的体重对日龄的回归方程 $y = 4.2 + 1.4x$, 只能在一定日龄的范围内应用, 在此范围内, 该生物个体平均日增 1.4g. 这个范围, 由该生物个体的生长特征决定, 例如, 在 6~18 日或 4~20 日之内, 随意外延, 显然是不合理的.

5.6　曲线回归

在 Y 对 x 的线性回归方程 $y = a + bx$ 中, "线性" 一词有两重意义, 一是指回归方程本身关于 Y 与 x 的回归关系是线性的; 二是指所用的回归方法关于回归参数 a, b 是线性的.

当 Y 对 x 的回归关系 $y = \mu(x, a, b)$ 不适应于用线性函数 $y = a + bx$ 来表达时, 应寻求适当的回归模型, 如 $y = ae^{bx}$, $y = a + \dfrac{b}{x}$ 等, 这叫做曲线回归, 尽管不是线性回归, 有时却可以经过适当变量替换转换为线性回归.

5.6.1　可化为线性回归的曲线回归

例如, 设回归方程为 $y = a + \dfrac{b}{x}$, 只需令 $\dfrac{1}{x} = x'$, 得线性回归方程 $y = a + bx'$, 将样本 (x_i, y_i) 变换为 (x_i', y_i') 后, 即可由线性回归方法估计 a, b, 得到 $\widehat{y} = \widehat{a} + \widehat{b}x'$, 再代换得到 $\widehat{y} = \widehat{a} + \dfrac{\widehat{b}}{x}$.

一般情况下, 若曲线回归方程 $y = \mu(x, a, b)$ 经适当变换后, 得到 $f(y) = a' + b'g(x)$.

令 $x' = g(x)$, $y' = f(y)$ 得 $y' = a' + b'x'$ 即可将样本 (x_i, y_i) 变换为 (x_i', y_i'). 其中, $x_i' = g(x_i)$, $y_i' = f(y_i)$, 由线性回归方法求得 $\widehat{y'} = \widehat{a'} + \widehat{b'}x'$, 再经逆变换即得到原方程 $\widehat{y} = \mu(x, \widehat{a}, \widehat{b})$, 不过这时应对回归模型 (5.1) 重新作出假设, 我们对此不做

讨论. 还需注意到这里的 $\widehat{a'}, \widehat{b'}$ 仅是 $\sum\limits_{i=1}^{n} (y_i' - \widehat{y_i}')^2$ 取最小的意义下的 a' 与 b' 的估计值.

对回归方程 $y = \mu(x)$ 的形式, 常用下列方法确定.

1) 由 y 与 x 的内在机理关系结构, 建立数学模型, 推出 $\mu(x)$ 的形式

例如, 单种群的个体数量 N 与时间 t 的关系, 在不受环境制约且内禀增长率 r 为常数的假设下, 有 $\dfrac{\mathrm{d}N}{\mathrm{d}t} = rN$, 可解得 $N = ae^{rt}$.

在受环境制约的适当假设下, 有 $\dfrac{\mathrm{d}N}{\mathrm{d}t} = rN\left(1 - \dfrac{N}{K}\right)$, 其中, K 是环境的最大容纳量. 该方程常称此为 Logistic 方程.

求解得 $N = \dfrac{K}{1 + e^{a-rt}}$.

这时, 只需由样本估计 $y = \mu(x)$ 中所含的未知参数.

2) 由样本 (x_i, y_i) 作散点图, 依此, 结合诸常用的函数图形的特征, 选用适当的函数 $y = \mu(x)$, 也可分段选取.

这时, 可能选取结果不一, 应从中选出与散点图拟合最好的一个, 即使 $\sum\limits_{i=1}^{n}(y_i - \widehat{y_i})^2$ 取最小的一个, 对此, 常定义相关指数

$$R^2 = 1 - \frac{\sum\limits_{i=1}^{n}(y_i - \widehat{y_i})^2}{\sum\limits_{i=1}^{n}(y_i - \overline{y})^2}.$$

取相关指数最大的一个, 该指数是衡量回归效果的重要指标.

5.6.2 常用的变换

1) 对数变换

对 $y = ax^b, y = ae^{bx}$ 等均可经对数变换, 得到 $\ln y = \ln a + b\ln x$, 可转换为线性回归问题.

例 5.3 已知某生物个体体重 w 与体长 l 的关系 $w = al^b$, 由表 5.8 的数据求其回归方程.

表 5.8 生物个体体重与体长数据汇总

体长 (l)	141	152	168	182	195	204	223	254	277
体重 (w)	23.1	24.2	27.2	27.8	28.7	31.4	32.5	34.8	36.2
$\hat{w}$	23.44	24.66	26.39	27.87	29.20	30.11	31.98	34.93	37.05

解   由 $\ln w = \ln a + b \ln l$, 令 $\ln w = y$, $\ln l = x$, $\ln a = a'$, 得 $y = a' + bx$. 由此, 对样本做对数变换见表 5.9.

表 5.9   经对数变换后的数据

$x = \ln l$	4.949	5.024	5.124	5.204	5.273	5.318	5.407	5.537	5.624
$y = \ln w$	3.140	3.186	3.303	3.325	3.357	3.447	3.481	3.550	3.589

经计算: $\bar{x} = 5.273$, $\bar{y} = 3.375$,

$$l_{xx} = 0.4073, \quad l_{xy} = 0.2762, \quad l_{yy} = 0.1916,$$

$$\widehat{a'} = -0.2005, \quad \widehat{b} = 0.678, \quad r = 0.9886,$$

得 $\widehat{y} = -0.2005 + 0.678x$, 即 $\ln w = -0.2005 + 0.678 \ln l$, 从而 $\widehat{w} = e^{-0.2005} l^{0.678} = 0.818 l^{0.678}$.

由此求得诸样本的回归值 $\widehat{w}_i$ 后, 直接计算曲线回归方程对应的 $1 - SSr/SST$ 可计算相关指数: $R^2 = 1 - \dfrac{3.905}{163.45} \doteq 0.976$, 也可以按直线回归计算 $R^2 = \dfrac{l_{xy}^2}{l_{xx}l_{yy}} \doteq 0.976$.

2) 双曲线变换或倒数变换

对 $y = \dfrac{1}{a + bx}, y = \dfrac{x}{a + bx}$ 等类型的函数, 可经倒数变换, 化为线性回归问题.

如 $y = \dfrac{1}{a + bx}, \dfrac{1}{y} = a + bx$, 令 $y' = \dfrac{1}{y}$, 即得 $y' = a + bx$,

$$y = \frac{x}{a + bx}, \quad \frac{1}{y} = b + a \cdot \frac{1}{x},$$

令 $y' = \dfrac{1}{y}, x' = \dfrac{1}{x}$, 得 $y' = b + ax'$.

3) Logistic 曲线的配置

Logistic 曲线: $N = \dfrac{k}{1 + e^{a-bt}}$ 是生物科学中, 最常用的模型曲线, 常需由样本 (t_i, N_i) 估计参数 a, b, k. 由于其中需估计的参数有三个, 一般来说难以由样本估计, 而需用一些特殊方法才能做到.

三点法   由 $\ln \dfrac{k - N}{N} = a - bt$, 先取三个样本点 $(t_1, N_1), (t_2, N_2), (t_3, N_3)$, 满足条件

$$t_3 - t_2 = t_2 - t_1 = \Delta t,$$

则由

$$\ln \frac{K - N_1}{N_1} = a - bt_1,$$

$$\ln \frac{K - N_2}{N_2} = a - bt_2,$$

$$\ln\frac{K-N_3}{N_3}=a-bt_3,$$

得到: $\ln\dfrac{N_2(K-N_1)}{N_1(K-N_2)}=b\Delta t, \ln\dfrac{N_3(K-N_2)}{N_2(K-N_3)}=b\Delta t$, 两式相减得到: $\dfrac{N_2(K-N_1)}{N_1(K-N_2)}=$

$\dfrac{N_3(K-N_2)}{N_2(K-N_3)}$, 即可解得 k 值.

令 $\ln\dfrac{K-N}{N}=y$, 即化为线性回归 $y=a-bt$.

例 5.4 观察在不同温度下, 在十天内每个蓟马平均日产卵数如表 5.10 所示, 求蓟马日产卵数对温度的回归方程.

表 5.10 不同温度下蓟马平均日产卵数汇总

温度	蓟马数	在十天内每个蓟马平均日产卵数	总计	平均数	y
10	10	1.2, 0.9, 1.6, 1.4, 1.5, 0.8, 1.4, 1.1, 1.1, 1.0	12.0	1.20	2.03
13	8	2.5, 1.9, 2.0, 2.2, 1.7, 3.1, 2.1, 2.3	17.8	2.23	1.29
16	10	5.8, 4.1, 3.6, 4.2, 4.8, 5.4, 5.3, 3.9, 6.2, 4.7	48.0	4.80	0.14
20	9	7.9, 7.1, 6.2, 8.1, 8.7, 8.3, 9.1, 10.5, 8.7	74.6	8.29	-1.4
23	8	8.7, 7.6, 8.9, 6.6, 8.7, 11.2, 8.5, 11.0	71.2	8.90	-1.82

解 由各温度下每个蓟马平均日产卵数的平均数, 做出散点图 (图 5.5).

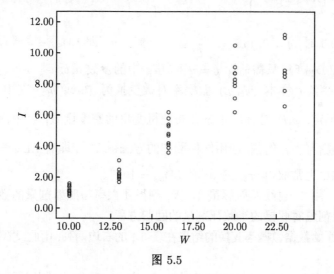

图 5.5

依生物学知识, 可知应配置 Logistic 曲线. 在样本中取 $(10, 1.2)$, $(16, 4.8)$, $(22, 8.8)$ 确定 k 值. 这里第三点 $(22, 8.8)$ 是依 $\Delta t=6$ 的要求, 由内插法确定的.

由 $\dfrac{4.8(k-1.2)}{1.2(k-4.8)}=\dfrac{8.8(k-4.8)}{4.8(k-8.8)}$ 解得 $k=10.338\doteq10.34$, 再依 $y=a-bt$, 其

中 $y = \ln \dfrac{10.34 - N}{N}$, 由样本 $(t_i, y_i), i = 1, 2, \cdots, 5$. 求得 $\widehat{y} = 5.21 - 0.316t$, 即

$$\widehat{N} = \dfrac{10.34}{1 + \mathrm{e}^{5.21 - 0.316t}}.$$

在可化为线性回归的曲线回归问题中, 当含有三个未知参数时, 常依据问题用适当的方法, 消除或确定一个参数, 再用线性回归方法估计其他两个回归参数.

4) 概率对数变换

概率对数变换在生物科学中的一个重要的应用是在毒性试验中半致死剂量的计算. 在毒性试验中, 当生物个体的死亡率为 p 时, 对应的剂量 x 称为 p 致死剂量, 当 $p = 50\%$ 时, 对应的剂量称为半致死剂量, 常记为 LD_{50}. 由于生物个体抗毒性的差异, 生物个体的致死剂量是随机变量 X, 因此, p 致死剂量 x 的意义是 $P\{X \leqslant x\} = p$, 从而 $P\{X \leqslant \mathrm{LD}_{50}\} = 0.5$. 为由 p 确定 p 致死剂量 x, 应知道生物个体致死剂量 X 的概率分布. 我们不加讨论地给出 $X \sim \mathrm{LN}(\mu, \sigma^2)$, 从而 $P\{X \leqslant \mathrm{e}^{\mu}\} = 0.5$, 即 $\mathrm{LD}_{50} = \mathrm{e}^{\mu}$, 又可证明

$$\ln X \sim N(\mu, \sigma^2), \text{ 即有 } Y = \dfrac{\ln X - \mu}{\sigma} \sim N(0, 1).$$

记为 $y = a + b \ln x \sim N(0,1)$, 其中 $a = -\dfrac{\mu}{\sigma}$, $b = \dfrac{1}{\sigma}$.

由 $p = P\{X \leqslant x\} = P\left\{\dfrac{\ln X - \mu}{\sigma} \leqslant \dfrac{\ln x - \mu}{\sigma}\right\} = P\{Y \leqslant y\}$, 其中 $y = a + b \ln x$. 知:

当 $p = 0.5$ 时, $y = 0$, $\ln x = -\dfrac{a}{b}$, $x = \mathrm{e}^{-\frac{a}{b}} = \mathrm{e}^{\mu}$, 即 $\mathrm{LD}_{50} = \mathrm{e}^{-\frac{a}{b}}$. 故当 n 样本 (x_i, y_i) 估计 LD_{50} 时, 只需估计 $y = a + b \ln x$ 中的参数 a, b.

为此, 应将 n 样本 (x_i, y_i) 做概率对数变换为 $(\ln x_i, y_i)$, 其中 y_i 由 $p_i = \displaystyle\int_{-\infty}^{y_i} \varphi(t) \mathrm{d}t$ 确定, $\varphi(t)$ 是标准正态分布随机变量的密度函数, 可由标准正态分布表 (附表 1) 查得的 y_i 的值, 应用线性回归的方法得 $\widehat{a}, \widehat{b}$, 即有 $\mathrm{LD}_{50} = \mathrm{e}^{-\frac{\widehat{a}}{\widehat{b}}}$.

在应用中, 也常取 $(\lg x_i, y_i)$, 这时 $\mathrm{LD}_{50} = 10^{-\frac{\widehat{a}}{\widehat{b}}}$.

例 5.5 用 X 射线照射豚鼠 14 天, 测得死亡率与照射剂量的数据如表 5.11 所示, 求照射剂量对豚鼠的半致死剂量的回归方程.

解 对原始数据做概率变换的结果在表 5.1 的右边两列, 由此, 求得 $y = -12.20 + 5.066x'$.

令 $y = 0$, 得 $x' = \lg x = 2.41$, $\mathrm{LD}_{50} = 10^{2.41} = 257$. 由上述分析可知, 半致死剂量 LD_{50} 并不是平均致死剂量, 且可求得平均致死剂量 $EX = \mathrm{e}^{\mu + \frac{\sigma^2}{2}}$ 要大于 LD_{50}, 这是由有少数抗毒性甚强的个体所致的.

表 5.11 豚鼠死亡率与照射剂量的数据汇总

剂量 (x)	死亡率/%	$x' = \lg x$	$y\left(p = \int_{-\infty}^{y} \varphi(x)\mathrm{d}x\right)$
100	2	2.00	-2.05
200	24	2.30	-0.71
300	70	2.48	0.52
400	83	2.60	0.95
600	98	2.78	2.06
800	99	2.90	2.33

5.7 多元线性回归

若随机变量 Y 与 p 个变量 $X_1, X_2, \cdots, X_p$ 有关, 这 p 个变量 $X_1, X_2, \cdots, X_p$ 的取值 $x_1, x_2, \cdots, x_p$ 可确定 Y 的条件期望 $E(y|x_1, x_2, \cdots, x_p) = \mu(x_1, x_2, \cdots, x_p)$ 时, 得回归模型

$$Y = \mu(x_1, x_2, \cdots, x_p) + \varepsilon, \quad \varepsilon \sim N(0, \sigma^2), \tag{5.2}$$

其中, $y = \mu(x_1, x_2, \cdots, x_p)$ 叫做 Y 对于 p 个变量 $X_1, X_2, \cdots, X_p$ 的 p 元回归方程. 若 $\mu(x_1, x_2, \cdots, x_p)$ 是 $x_1, x_2, \cdots, x_p$ 的线性函数: $y = b_0 + b_1 x_1 + \cdots + b_p x_p$, 则称 为 Y 对于 p 个变量 $X_1, X_2, \cdots, X_p$ 的 p 元线性回归方程. $b_i(i = 1, 2, \cdots, p)$ 称为 偏回归系数.

总体 Y 的 p 元线性回归方程亦只能由样本依最小二乘准则估计其中所含的未 知参数.

设总体有样本 $(x_{k1}, x_{k2}, \cdots, x_{kp}, y_k)$

$$y_k = b_0 + b_1 x_{k1} + \cdots + b_p x_{kp} + \varepsilon_k, \quad \varepsilon_k \sim N(0, \sigma^2), \quad k = 1, 2, \cdots, n, \tag{5.3}$$

其中 $\varepsilon_k(k = 1, 2, \cdots, n)$ 相互独立. 为寻求使 $S(b_0, b_1, \cdots, b_p) = \sum_{k=1}^{n} \varepsilon_k^2$ 取最小的 $b_0, b_1, \cdots, b_p$, 可由 $\dfrac{\partial S}{\partial b_0} = 0, \dfrac{\partial S}{\partial b_1} = 0, \cdots, \dfrac{\partial S}{\partial b_p} = 0$ 解得.

为了简洁, 对这 $p+1$ 个回归参数的估计过程常用矩阵形式讨论.

记

$$X = \begin{pmatrix} x_{11} & \cdots & x_{1p} \\ \vdots & & \vdots \\ x_{n1} & \cdots & x_{np} \end{pmatrix} = (x_{ki})_{n \times p},$$

$$y = \begin{pmatrix} y_1 \\ \vdots \\ y_n \end{pmatrix}, \quad \varepsilon = \begin{pmatrix} \varepsilon_1 \\ \vdots \\ \varepsilon_n \end{pmatrix}, \quad b = \begin{pmatrix} b_1 \\ \vdots \\ b_p \end{pmatrix}, \quad 1 = \begin{pmatrix} 1 \\ \vdots \\ 1 \end{pmatrix}.$$

则由 (5.2) 式得到, $y = b_0 1 + Xb + \varepsilon$, $S(b_0, b) = \varepsilon'\varepsilon = (y - b_0 1 - Xb)'(y - b_0 1 - Xb)$. 注意到 $1'X = n\bar{X}$, $X'1 = n\bar{X}'$, $1'y = n\bar{y} = y'1$, $1'1 = n$, $b'\bar{X}' = \bar{X}b$, 其中 $\bar{X} = (\bar{x}_1, \bar{x}_2, \cdots, \bar{x}_p)$, $\bar{x}_i = \frac{1}{n}\sum_{k=1}^{n} x_{ki}, i = 1, 2, \cdots, p$.

$\bar{y} = \frac{1}{n}\sum_{k=1}^{n} y_k$, 将 $S(b_0, b)$ 展开后, 整理得到

$$S(b_0, b) = y'y - 2n\bar{y}b_0 + 2nb_0 b'\bar{X}' + nb_0^2 - 2y'Xb + b'(X'X)b.$$

对向量 b 的数值函数 $f(b)$, 记

$$\frac{\partial f}{\partial b} = \left(\frac{\partial f}{\partial b_1}, \frac{\partial f}{\partial b_2}, \cdots, \frac{\partial f}{\partial b_p} \right)',$$

则有

(1) 当 $f(b) = \sum_{i=1}^{p} a_i b_i = ba' = a'b, a = (a_1, a_2, \cdots, a_p)$ 为常向量时, $\frac{\partial f}{\partial b} = a$.

(2) 当 $f(b) = b'Ab$, A 是 p 阶常对称矩阵, $\frac{\partial f}{\partial b} = 2Ab$.

于是,

$$\frac{\partial S}{\partial b_0} = -2n\bar{y} + 2nb'\bar{X}' + 2nb_0, \quad \frac{\partial S}{\partial b} = 2nb_0\bar{X} - 2X'y + 2(X'X)b.$$

令 $\frac{\partial S}{\partial b_0} = 0$, 有 $b_0 = \bar{y} - b'\bar{X}' = \bar{y} - \sum_{i=1}^{p} b_i \bar{x}_i$.

令 $\frac{\partial S}{\partial b} = 0$, 并将 b_0 代入, 有 $(X'X - n\bar{X}'\bar{X})b = X'y - n1_p\bar{y}\bar{X}$.

记 $L = X'X - n\bar{X}'\bar{X} = (l_{ij})_{p \times p}$, $L_0 = X'y - n1_p\bar{y}\bar{X} = (l_{i0})_{p \times 1}$, 其中

$$l_{ij} = \sum_{k=1}^{n} x_{ki}x_{kj} - n\bar{x}_i\bar{x}_j = \sum_{k=1}^{n} (x_{ki} - \bar{x}_i)(x_{kj} - \bar{x}_j),$$

$$l_{i0} = \sum_{k=1}^{n} x_{ki}y_k - n\bar{x}_i\bar{y} = \sum_{k=1}^{n} (x_{ki} - \bar{x}_i)(y_k - \bar{y}).$$

则有 $Lb = L_0$, 当 L 可逆时, $b = L^{-1}L_0 = CL_0$, 其中 $C = L^{-1} = (c_{ij})_{p \times p}$, 即

$$\widehat{b}_i = \sum_{j=1}^{p} c_{ij}l_{j0}, \quad i = 1, 2, \cdots, p, \quad \widehat{b}_0 = \overline{y} - \sum_{i=1}^{p} \widehat{b}_i \overline{x}_i.$$

由此得到样本线性回归方程: $\widehat{y} = \widehat{b}_0 + \widehat{b}_1 x_1 + \cdots + \widehat{b}_p x_p.$

当 $p = 1$ 时, $l_{11}b_1 = l_{10}$, $b_1 = l_{11}^{-1}l_{10} = \dfrac{l_{10}}{l_{11}}$, $b_0 = \overline{y} - b_1 \overline{x}_1$.

当 $p = 2$ 时, $L = \begin{pmatrix} l_{11} & l_{12} \\ l_{21} & l_{22} \end{pmatrix}$, $L^{-1} = \dfrac{1}{l_{11}l_{22} - l_{12}^2} \begin{pmatrix} l_{22} & -l_{12} \\ -l_{21} & l_{11} \end{pmatrix}$, 由 $L^{-1}b = L_0$, 得到

$$\widehat{b}_1 = \frac{l_{22}l_{10} - l_{12}l_{20}}{l_{11}l_{22} - l_{12}^2}, \quad \widehat{b}_2 = \frac{l_{11}l_{20} - l_{12}l_{10}}{l_{11}l_{22} - l_{12}^2}, \quad \widehat{b}_0 = \overline{y} - \widehat{b}_1 \overline{x}_1 - \widehat{b}_2 \overline{x}_2.$$

5.8 显著性检验

在应用中, 选定与因变量有关的自变量后, 由其样本就可求得相应的线性回归方程. 对此, 应对诸回归因子显著性进行检验.

5.8.1 平方和分解

设回归模型: $y = b_0 + b_1 x_1 + \cdots + b_p x_p + \varepsilon$, $\varepsilon \sim N(0, \sigma^2)$.

有 n 样本 $(x_{k1}, x_{k2}, \cdots, x_{kp}, y_k)$, $k = 1, 2, \cdots, n$. 则由

$$y_k = b_0 + b_1 x_{k1} + \cdots + b_p x_{kp} + \varepsilon_k, \quad \varepsilon_k \sim N(0, \sigma^2).$$

可得 $y_k - \overline{y} = (\widehat{y}_k - \overline{y}) + (y_k - \widehat{y}_k)$, 两边平方并对 k 求和, 记为 $SST = SSR + SSr$.

其中, 总平方和 $SST = \sum\limits_{k=1}^{n} (y_k - \overline{y})^2 = l_{00}.$

回归平方和 $SSR = \sum\limits_{k=1}^{n} (\widehat{y}_k - \overline{y})^2$, 剩余平方和 $SSr = \sum\limits_{k=1}^{n} (y_k - \widehat{y}_k)^2.$

它们依次刻画了回归量 Y 的总变异及其中可由回归因子解释的变异, 除回归因子之外其他因素引起的变异. 直观可知, SSR 越大, SSr 越小, 这些回归因子 $x_1, x_2, \cdots, x_p$ 对回归量的影响越显著. 为便于计算 SSR, 记 $\widehat{y} = (\widehat{y}_1, \widehat{y}_2, \cdots, \widehat{y}_n)'$, 则

$$\begin{aligned} SSR &= (\widehat{y} - 1_n \overline{y})'(\widehat{y} - 1_n \overline{y}) \qquad (\overline{y}1_n = 1_n \overline{y}) \\ &= [(X - 1_n \overline{X})b]'(X - 1_n \overline{X})b \\ &= b'(X - 1_n \overline{X})'(X - 1_n \overline{X})b \end{aligned}$$

$$= b'(X'X - n\overline{X}'\overline{X})b$$
$$= b'Lb$$
$$= b'L_0$$
$$= \sum_{i=1}^{p} b_i l_{i0},$$
$$SSr = l_{00} - SSR.$$

5.8.2　线性回归关系的显著性检验

线性回归关系 $y = b_0 + \sum_{i=1}^{p} b_i x_i$ 的显著性检验是指在显著性水平 α 下检验 $H_0 : \forall b_i = 0, i = 1, 2, \cdots, p,$ 即 $b = 0, H_1 : \exists b_i \neq 0, i = 1, 2, \cdots, p,$ 即 $b \neq 0.$

1) F 检验

对多元线性回归模型 (5.4), 可证当 H_0 真时

$$\frac{SSR}{\sigma^2} \sim \chi^2(p), \quad \frac{SSr}{\sigma^2} \sim \chi^2(n-p-1),$$

从而

$$\frac{MSR}{MSr} \sim F(p, n-p-1),$$

其中, 回归均方 $MSR = \dfrac{SSR}{p}$, 记 $\mathrm{df}_R = p.$ 剩余均方 $MSr = \dfrac{SSr}{n-p-1}$, 记 $\mathrm{df}_r = n-p-1.$

当 $F = \dfrac{MSR}{MSr} > F_\alpha(p, n-p-1)$ 时, 否定 H_0, 表明所选回归因子的整体对因变量的影响是显著的, 基于所选回归因子整体的线性回归方程有一定的意义, 但这并不能表明所选的每一个回归因子都对因变量的影响显著. 因此, 我们还应对所选的自变量逐个地进行显著性检验.

2) 复相关系数检验

定义 $R^2 = \dfrac{SSR}{SST}$, 称为复测定系数.

$R = \sqrt{\dfrac{SSR}{SST}}$, 称为复相关系数, $0 \leqslant R \leqslant 1.$ 它们都是自变量整体与因变量的线性相关程度的度量. 由此定义, $SSR = R^2(SST), SSr = (1-R^2)(SST).$ 从而由

$$F = \frac{MSR}{MSr} = \frac{n-p-1}{p}\frac{R^2}{1-R^2} > F_\alpha(p, n-p-1).$$

解得: 当 $R > \sqrt{\dfrac{pF_\alpha}{n-p-1+pF_\alpha}} \triangleq R_\alpha(p, n-p-1)$ 时, 否定 H_0 其中 $R_\alpha(p, n-p-1)$ 可由附表 5(2) 查到. 这两个检验方法显然是等价的, 在应用中可任选其一.

5.8.3 指定自变量的显著性检验

为检验每个自变量对因变量的显著性, 应在显著性水平 α 下逐个检验

$$H_{0i} : b_i = 0, \quad H_{1i} : b_i \neq 0, \quad i = 1, 2, \cdots, p,$$

当 H_{0i} 为真时, 可证 $t_i = \dfrac{\widehat{b}_i}{\sqrt{c_{ii}(MSr)}} \sim t(n-p-1)$.

当 $|t_i| > t_{\frac{\alpha}{2}}(n-p-1)$ 时否定 H_{0i} 表明自变量 x_i 对因变量影响显著.

当 $|t_i| \leqslant t_{\frac{\alpha}{2}}(n-p-1)$ 时接受 H_{0i}, 表明自变量 x_i 对因变量的影响不显著, 对不显著的回归因子应予剔除.

又由 $F_i = t_i^2 = \dfrac{\widehat{b}_i^2}{c_{ii}(MSr)} \sim F(1, n-p-1)$, 可对 H_{0i} 做单侧检验.

常记 $SSR_i = \dfrac{\widehat{b}_i^2}{c_{ii}}$, 并称为 x_i 的偏回归平方和, 它们的统计意义在后面介绍. 则当 $F_i = \dfrac{SSR_i}{MSr} > F_\alpha(1, n-p-1)$ 时, 拒绝 H_{0i}.

例 5.6 为估算猪的体重 (y), 选取猪的身长 (x_1)、肚围 (x_2) 两个自变量, 测得数据见表 5.12, 建立猪的体重关于身长与肚围的线性回归方程.

表 5.12 猪身长、肚围与体重数据汇总

身长/cm	41	45	51	52	59	62	69	72	78	80	90	92	98	103
肚围/cm	49	58	62	71	62	74	71	74	79	84	85	94	91	95
体重/kg	28	39	41	44	43	50	51	57	63	66	70	76	80	84

解 经计算得 $\bar{x} = \begin{pmatrix} 70.86 \\ 74.93 \end{pmatrix}$, $\bar{y} = 56.57$,

$$L = \begin{pmatrix} 5251.7 & 3499.9 \\ 3499.9 & 2550.9 \end{pmatrix}, \quad C = L^{-1} = \begin{pmatrix} 0.0022235 & -0.0030507 \\ -0.0030507 & 0.0045776 \end{pmatrix},$$

$$L_0 = \begin{pmatrix} 4401.1 \\ 3036.6 \end{pmatrix}, \quad L_{00} = 3773.4,$$

得 $\hat{b} = L^{-1}L_0 = \begin{pmatrix} 0.522 \\ 0.474 \end{pmatrix}$.

$\hat{b}_0 = \bar{y} - \bar{x}\hat{b} = -15.936$, $\hat{y} = -15.936 + 0.522x_1 + 0.474x_2$ ($41 \leqslant x_1 \leqslant 103, 49 \leqslant x_2 \leqslant 95$).

又 $SSR = \hat{b}'L_0 = 3736.72, SSr = SST - SSR = 36.68$,

$$SSR_1 = \frac{\hat{b}_1^2}{c_{11}} = \frac{0.522^2}{0.0022235} = 122.55, \quad SSR_2 = \frac{\hat{b}_2^2}{c_{22}} = \frac{0.474^2}{0.0045776} = 49.08,$$

得方差分析表, 见表 5.13.

对身长与体重各自的显著性检验也可用 t 检验, 对其整体的显著性检验也可用 R 检验. 读者可自行检验.

SPSS 实现

(1) 数据输入: 打开 SPSS, 在变量窗口设置变量, 创建 "体重" "身长" "肚围" 三个变量 (图 5.6), 在数据窗口输入数据. 数据格式如表 5.13 所示.

表 5.13　数据的方差分析表

变异来源	平方和	自由度	均方	F	临界值
回归	3737.397	2	1868.699	570.42** 37.408** 14.981**	$F_{0.01}(2,11) = 7.21$ $F_{0.01}(1,11) = 9.65$
身长	122.55	1	122.55		
肚围	49.08	1	49.08		
剩余	36.032	11	3.276		
合计	3773.429	13			

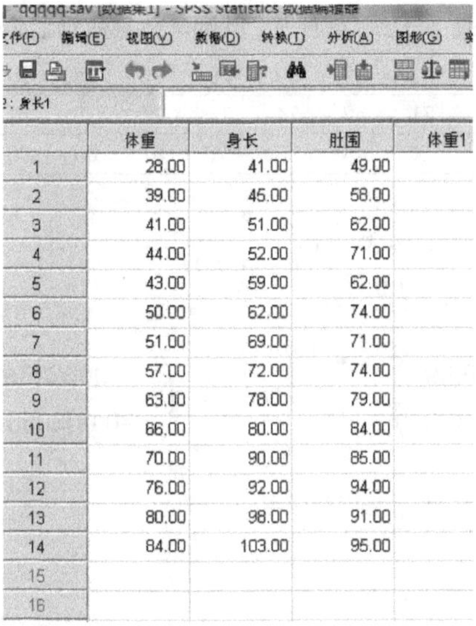

	体重	身长	肚围	体重1
1	28.00	41.00	49.00	
2	39.00	45.00	58.00	
3	41.00	51.00	62.00	
4	44.00	52.00	71.00	
5	43.00	59.00	62.00	
6	50.00	62.00	74.00	
7	51.00	69.00	71.00	
8	57.00	72.00	74.00	
9	63.00	78.00	79.00	
10	66.00	80.00	84.00	
11	70.00	90.00	85.00	
12	76.00	92.00	94.00	
13	80.00	98.00	91.00	
14	84.00	103.00	95.00	
15				
16				

图 5.6

(2) 命令选择: 在 "分析" 下拉菜单, 选择 "回归" 选项, 单击 "线性回归" 子菜单, 弹出 "线性回归" 对话框. 分析 → 回归 → 线性回归.

将 "体重" 变量选入因变量框, "身长" "肚围" 变量选入自变量框. 单击 "统计量" 按钮, 弹出 "线性回归: 统计量" 对话框, 选择 "回归系数估计" "模型拟合度" "R 方变化" "描述性" 统计. 单击 "继续", 再单击 "确定" (图 5.7).

(3) 输出与解释: 回归模型复相关系数 $R = 0.995$; 回归方差分析显示回归效果极显著; 回归方程系数 t 检验效果都是极显著 (图 5.8). 回归方程为

$$体重 = -15.938 + 0.522 \times 身高 + 0.474 \times 肚围.$$

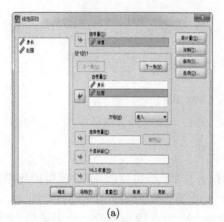
(a)

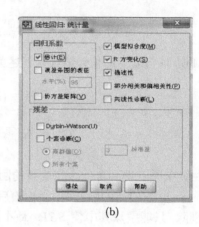
(b)

图 5.7

描述性统计量

	均值	标准 偏差	N
体重	56.5714	17.03713	14
身长	70.8571	20.09920	14
肚围	74.9286	14.00804	14

模型汇总

模型	R	R 方	调整 R 方	标准 估计的误差	更改统计量				
					R 方更改	F 更改	df1	df2	Sig. F 更改
1	.995[a]	.990	.989	1.80986	.990	570.493	2	11	.000

a. 预测变量: (常量), 肚围, 身长.

Anova[b]

模型		平方和	df	均方	F	Sig.
1	回归	3737.397	2	1868.699	570.493	.000[a]
	残差	36.031	11	3.276		
	总计	3773.429	13			

a. 预测变量: (常量), 肚围, 身长.
b. 因变量: 体重

系数[a]

模型		非标准化系数		标准系数	t	Sig.
		B	标准 误差	试用版		
1	(常量)	-15.938	3.856		-4.133	.002
	身长	.522	.085	.616	6.121	.000
	肚围	.474	.122	.390	3.870	.003

a. 因变量: 体重

图 5.8

5.9　多元线性回归中的若干问题

5.9.1　不显著因子的剔除

由选定的 p 个自变量求到线性回归方程的估计 $\hat{y} = \hat{b}_0 + \hat{b}_1 x_1 + \cdots + \hat{b}_p x_p$, 经检验后若其中含不显著的自变量 x_j, 则应将其剔除, 再求 y 对另外 $p-1$ 个自变量的回归方程. 回归参数记为 $b_i^{(j)}(i \neq j)$

$$y = b_0^{(j)} + b_1^{(j)} x_1 + \cdots + b_{j-1}^{(j)} x_{j-1} + b_{j+1}^{(j)} x_{j+1} + \cdots + b_p^{(j)} x_p,$$

可以证明 b_i 与 $b_i^{(j)}$ 的估计值具有下述关系

$$b_i^{(j)} = b_i - \frac{c_{ij}}{c_{jj}} b_j \quad (i, j = 1, 2, \cdots, p, i \neq j),$$
$$b_0^{(j)} = \bar{y} - \sum_{i \neq j} b_i^{(j)} \bar{x}_i.$$

由此关系在得到含 p 个自变量的回归方程后, 不需全部计算, 就可得到剔除不显著因子 x_j 后的新回归方程. 当检验后, 回归方程中存在几个不显著因子时, 不能同时剔除, 只能剔除其中使 SSR_j 最小的一个, 这是因为剔除一个因子后, 该因子的作用可能转移到其他的因子上, 而使之由不显著转为显著.

5.9.2　偏回归平方和

定义 5.1　设 p 个自变量的回归平方和为 $SSR(1, 2, \cdots, p)$, 剔除 x_j 后, 另 $p-1$ 个自变量的回归平方和为 $SSR(1, 2, \cdots, j-1, j+1, \cdots, p)$, 则称

$$SSR_j = SSR(1, 2, \cdots, p) - SSR(1, 2, \cdots, j-1, j+1, \cdots, p)$$

为自变量 x_j 的偏回归平方和. 偏回归平方和 SSR_j 是自变量 x_j 对因变量回归显著性的一个量度. 易证: $SSR_j = \dfrac{b_j^2}{c_{jj}}$.

证　$SSR_j = SSR(1, 2, \cdots, p) - SSR(1, 2, \cdots, j-1, j+1, \cdots, p)$

$$= \sum_{i=1}^p b_i l_{i0} - \sum_{i \neq j} b_i^{(j)} l_{i0}$$
$$= \sum_{i \neq j} (b_i - b_i^{(j)}) l_{i0} + b_j l_{j0}$$
$$= \sum_{i \neq j} \frac{c_{ij}}{c_{jj}} b_j l_{i0} + \frac{c_{jj}}{c_{jj}} b_j l_{j0}$$

$$= \sum_{i=1}^{p} \frac{c_{ij}}{c_{jj}} b_j l_{i0} = \frac{b_j}{c_{jj}} \sum_{i=1}^{p} c_{ij} l_{i0} = \frac{b_j^2}{c_{jj}}.$$

需注意在一般情况下, $SSR \neq \sum\limits_{j=1}^{p} SSR_j.$

易证当且仅当 $L = \mathrm{diag}(l_{11}, l_{22}, \cdots, l_{pp})$ 时, $SSR = \sum\limits_{j=1}^{p} SSR_j.$

因为当且仅当 $L = \mathrm{diag}(l_{11}, l_{22} \cdots, l_{pp})$ 时, $C = L^{-1} = \mathrm{diag}\left(\dfrac{1}{l_{11}}, \dfrac{1}{l_{22}}, \cdots, \dfrac{1}{l_{pp}}\right),$

$$b_j = \sum_{i=1}^{p} c_{ji} l_{i0} = c_{jj} l_{j0}.$$

可得, $SSR = \sum\limits_{j=1}^{p} b_j l_{j0} = \sum\limits_{j=1}^{p} \dfrac{b_j^2}{c_{jj}} = \sum\limits_{j=1}^{p} SSR_j.$

矩阵 L 是对角阵的统计意义是指这 p 个变量两两不相关.

5.9.3 标准回归方程

为消除量纲对回归方程的影响,常由样本 $(x_{k1}, x_{k2}, \cdots, x_{kp}, y_k)(k = 1, 2, \cdots, n)$ 对变量作标准化处理: $x_i^* = \dfrac{x_i - \bar{x}_i}{\sqrt{l_{ii}}}, i = 1, 2, \cdots, p, y^* = \dfrac{y - \bar{y}}{\sqrt{l_{00}}}$, 由标准化样本 $x_{ki}^* = \dfrac{x_{ki} - \bar{x}_i}{\sqrt{l_{ii}}}, i = 1, 2, \cdots, p, y_k^* = \dfrac{y_k - \bar{y}}{\sqrt{l_{00}}}.$ 求得标准回归方程

$$y^* = b_0^* + b_1^* x_1^* + \cdots + b_p^* x_p^*.$$

(1) $\overline{x_i^*} = 0, \overline{y^*} = 0,$ 从而 $b_0^* = 0.$

(2) $\qquad l_{ij}^* = \sum\limits_{k=1}^{n} x_{ki}^* x_{kj}^* = \sum\limits_{k=1}^{n} \dfrac{x_{ki} - \bar{x}_i}{\sqrt{l_{ii}}} \dfrac{x_{kj} - \bar{x}_j}{\sqrt{l_{jj}}} = \dfrac{l_{ij}}{\sqrt{l_{ii} l_{jj}}} = r_{ij},$

$$l_{i0}^* = \frac{l_{i0}}{\sqrt{l_{ii} l_{00}}} = r_{i0}, \quad l_{00}^* = \sum_{k=1}^{n} \left(\frac{y_k - \bar{y}}{\sqrt{l_{00}}}\right)^2 = 1.$$

从而 $L^* = (r_{ij})_{p \times p} = R$ 叫做自变量的相关阵. 它与原离差阵 $L = (l_{ij})_{p \times p}$ 有关系:

$$L^* = R = \mathrm{diag}\left(\frac{1}{\sqrt{l_{11}}}, \frac{1}{\sqrt{l_{22}}}, \cdots, \frac{1}{\sqrt{l_{pp}}}\right) L \mathrm{diag}\left(\frac{1}{\sqrt{l_{11}}}, \frac{1}{\sqrt{l_{22}}}, \cdots, \frac{1}{\sqrt{l_{pp}}}\right).$$

$$L_0^* = \frac{1}{\sqrt{l_{00}}} \mathrm{diag}\left(\frac{1}{\sqrt{l_{11}}}, \frac{1}{\sqrt{l_{22}}}, \cdots, \frac{1}{\sqrt{l_{pp}}}\right) L_0.$$

(3) $b^* = R^{-1}L_0^*$, $b_i^* = \sqrt{\dfrac{l_{ii}}{l_{00}}} b_i$, $i = 1, 2, \cdots, p$, 由此, 将求到的标准回归方程:
$$y^* = b_0^* + b_1^* x_1^* + \cdots + b_p^* x_p^*,$$

还原后与原回归方程完全相同.

(4) $SST^* = l_{00}^* = 1$, $SSR^* = \displaystyle\sum_{i=1}^{p} b_i^* r_{i0} = \dfrac{SSR}{l_{00}} = R^2$, $SSr^* = 1 - R^2$.

对例 5.6 可求得标准回归方程 $y^* = 0.616 x_1^* + 0.392 x_2^*$, $R^2 = 0.991$, 其中 $y^* = \dfrac{y - 56.57}{\sqrt{3773.4}}$, $x_1^* = \dfrac{x_1 - 70.86}{\sqrt{5251.7}}$, $x_2^* = \dfrac{x_2 - 74.93}{\sqrt{2550.9}}$.

5.9.4 自变量的选择

在实际问题中, 当讨论因变量 y 对与之有关的自变量的线性回归关系时, 我们总是依专业知识初选若干自变量 $x_1, x_2, \cdots, x_p$, 再用统计方法求得只含其中显著重要的自变量的回归方程.

目前常用下述几种方法, 由于计算过程甚繁均需利用统计软件上机完成, 故只介绍这些方法的基本思想.

1) 向前法

首先从与因变量相关系数最大的自变量的一元回归开始, 再将其他变量逐次引入并对引入变量作显著性检验, 以决定是否引入该变量, 直到遍及所有初选变量为止.

初选变量之间往往存在相关性, 可能会因后续变量的引入, 而使已选入的显著变量变为不显著, 而使最后得到的回归方程含有不显著的变量.

2) 向后法

与向前法的思想相反, 它是由含所有初选变量的回归方程开始, 逐次剔除不显著的变量, 剔除后再检验, 直到回归方程中只含显著变量为止.

3) 逐步法

本质上是向前法, 只是在引入一个新变量后要检验所有已引入的变量的显著性, 并剔除不显著的变量, 直到选入的变量均显著, 未选入的变量均不显著为止, 这是当前最通用的方法.

上述方法都是后验证性的, 对于在初选时未被选入的变量, 无论它对因变量多么重要也不可能入选. 因此, 要得到一个应用效果好的回归方程本质上依赖于所研究的问题的专业知识.

5.10 相 关 分 析

若我们所研究的问题中, 涉及的变量都是随机变量, 且处于平等地位, 不妨记

为 $X_1, X_2, \cdots, X_p$, 在回归分析中, 可讨论其一对 $p-1$ 个变量的线性回归关系. 在相关分析中将讨论这些随机变量之间的线性相关程度.

5.10.1 复相关系数

若已知 n 样本 $(x_{k1}, x_{k2}, \cdots, x_{kp})$, $k=1, 2, \cdots, n$, 由 5.8 节引入的复相关系数的概念可知 X_j 对另 $p-1$ 个随机变量的样本复相关系数记为

$$R_{j.-} = \sqrt{\frac{SSR(j)}{l_{jj}}},$$

其中 $SSR(j)$ 是以 x_j 为因变量, 另 $p-1$ 个随机变量为自变量的回归平方和. 由此, 也可类似计算 x_j 与另 $p-1$ 个随机变量中某一部分的样本复相关系数. 特别地, x_j 与 x_i 的样本相关系数

$$r_{ij} = \sqrt{\frac{SSR(j)}{l_{ii}}} = \frac{l_{ij}}{\sqrt{l_{ii}l_{jj}}}.$$

与样本相关系数 r_{ij} 是总体相关系数 $\rho_{ij} = \dfrac{\mathrm{Cov}(x_i, x_j)}{\sqrt{Dx_i}\sqrt{Dx_j}}$ 的点估计类似, $R_{j.-} = \sqrt{\dfrac{SSR(j)}{l_{jj}}}$ 也是总体复相关系数 $\rho_{j.-}$ 的点估计. 可由样本复相关系数 $R_{j.-}$ 检验总体复相关系数 $\rho_{j.-}$ 是否为零, 即检验

$$H_0: \rho_{j.-} = 0, \quad H_1: \rho_{j.-} \neq 0.$$

可以证明: 当 H_0 为真时 $\dfrac{(n-p)R_{j.-}^2}{(p-1)(1-R_{j.-}^2)} \sim F(p-1, n-p)$, 故当 $R_{j.-} >$

$$\sqrt{\frac{(p-1)F_\alpha(p-1, n-p)}{(n-p) + (p-1)F_\alpha(p-1, n-p)}} = R_\alpha(p-1, n-p)$$ 时, 否定 H_0.

特别地, H_0: $\rho_{ij} = 0$, H_1: $\rho_{ij} \neq 0$ 应是当 $|r_{ij}| > \sqrt{\dfrac{F_\alpha(1, r-2)}{n-2+F_\alpha(1, n-2)}} = r_\alpha(1, n-2)$ 时, 否定 H_0.

可见, 复相关系数的显著性与对应的多元线性回归关系的显著性一致.

5.10.2 偏相关系数

当用相关系数 ρ_{ij} 刻画 p 个随机变量 $x_1, x_2, \cdots, x_p$ 中的 x_i, x_j 的相关程度时, 由于这 p 个随机变量在所研究的问题中是一个整体, 每个变量的变动都是 p 个变量整体变动中的变动, 因此 ρ_{ij} 不可避免地要受另 $p-2$ 个变量的影响, 如在例 5.6 中猪的身长 x_1、肚围 x_2 和体重 x_3 在研究问题中是一个整体, 当随机抽样时, 三

个变量同时变动, 身长 x_1 和肚围 x_2 的相关系数 ρ_{12} 中, 必受到体重的影响, 若设想猪的体重保持不变或消除体重对身长与肚围的影响, 那么, 身长与肚围将显示另一种相关性质.

一般地, p 个随机变量 $X_1, X_2, \cdots, X_p$ 的整体中的两个随机变量 X_i, X_j 在另 $p-2$ 个随机变量保持一定, 或在 X_i, X_j 中消除另 $p-2$ 个随机变量的影响后, 它们的相关系数称为偏相关系数, 记为 $\rho_{ij.-}$, 而称 ρ_{ij} 为简单相关系数.

我们不加分析地给出, $\rho_{ij.-}$ 可由这 p 个随机变量 $X_1, X_2, \cdots, X_p$ 的相关矩阵 $\boldsymbol{\rho} = (\rho_{ij})_{p \times p}$ 求得

$$\rho_{ij.-} = \frac{-\Delta_{ij}}{\sqrt{\Delta_{ii} \Delta_{jj}}}.$$

其中点估计 $r_{ij.-}$ 由样本相关矩阵 $R = (r_{ij})_{p \times p}$ 求得

$$r_{ij.-} = \frac{\Delta_{ij}}{\sqrt{\Delta_{ii} \Delta_{jj}}},$$

其中 Δ_{ij} 分别是 ρ 与 R 的代数余子式.

对于 x_i, x_j 的偏相关性检验

$$H_0 : \rho_{ij.-} = 0, \quad H_1 : \rho_{ij.-} \neq 0,$$

可由 $|r_{ij.-}| > \dfrac{t_{\frac{\alpha}{2}}(n-p)}{\sqrt{n-p+t_{\frac{\alpha}{2}}^2(n-p)}} = \sqrt{\dfrac{F_\alpha(1, n-p)}{n-p+F_\alpha(1, n-p)}}$ 时, 否定 H_0.

对例 5.6, 若记身长 x_1、肚围 x_2 和体重 x_3, 可求得

$$R = \begin{pmatrix} 1 & 0.9562 & 0.9887 \\ & 1 & 0.9787 \\ & & 1 \end{pmatrix},$$

从而, $r_{12,3} = \dfrac{0.9562 - 0.9887 \times 0.9787}{\sqrt{(1 - 0.9787^2)(1 - 0.9887^2)}} = -0.3717.$

由 $\sqrt{\dfrac{F_{0.05}(1, 11)}{11 + F_{0.05}(1, 11)}} = 0.5527$, 知在消除体重对身长和肚围的影响后, 身长与肚围的相关性呈负相关, 但不显著. 如果增大样本容量 n, 则将会使其显著.

可类似理解 $r_{13,2} = 0.8802, r_{23,1} = 0.7613$ 的含义, 并知其显著.

5.11 可化为多元线性回归的模型

在 5.6 节中介绍了可化为一元线性回归的曲线回归, 多元线性回归方法可以解决更广泛的回归问题.

例如, $y = b_0 + b_1 x + b_2 x^2 + \cdots + b_p x^p$, 可令 $z_1 = x, z_2 = x^2, \cdots, z_p = x^p$.

$y = b_0 + b_1 x_1 + b_2 x_2^2 + b_3 x_1 x_2 + b_4 x_3 + b_5 x_3^2$, 可令 $z_1 = x_1, z_2 = x_2^2, z_3 = x_1 x_2, z_4 = x_3, z_5 = x_3^2$.

$y = b_0 + b_1 \psi_1(x) + b_2 \psi_2(x) + \cdots + b_p \psi_p(x)$, 可令 $z_1 = \psi_1(x), \cdots, z_p = \psi_p(x)$
均可化为线性回归 $y = b_0 + b_1 z_1 + b_2 z_2 + \cdots + b_p z_p$ 问题, 将原样本化为 $z_1, z_2, \cdots, z_p$ 的样本, 估计诸回归系数后, 再将原变量代入, 即得原回归方程.

5.11.1 多项式回归

由于相当一类函数 $y = \mu(x)$ 可展为幂级数, 而由多项式逼近 $\mu(x)$, 因此, 多项式回归

$$y = b_0 + b_1 x + b_2 x^2 + \cdots + b_p x^p$$

是解决一元曲线回归问题的一种方法.

基本步骤:

(1) 由样本 $(x_k, y_k)(k = 1, 2, \cdots, n)$ 作出散点图.

(2) 由散点图的形状, 初定 $y = b_0 + b_1 z_1 + b_2 z_2 + \cdots + b_p z_p$ 的次数 p.

(3) 由样本 $(x_k, y_k), k = 1, 2, \cdots, n$, 得到 $(x_k, x_k^2, \cdots, x_k^p, y_k)$ $(k = 1, 2, \cdots, n)$ 后, 利用多元线性回归方法估计初定多项式诸系数.

(4) 检验多项式中诸项的显著性, 若均显著, 可考虑再提高一次.

特别当自变量 x 的取值 $x_1, x_2, \cdots, x_n$ 是以 d 为公差的等差数列时, 可取 $k = \dfrac{x - x_0}{d}$ 为自变量, 由样本 $(x_k, y_k), k = 1, 2, \cdots, n$ 得到 (k, y_k), $X_1, X_2, \cdots, X_p$ 由上述步骤求得关于 k 的多项式回归后, 再经代换 $k = \dfrac{x - x_0}{d}$, 即得关于 x 的多项式回归方程, 这样做在计算上可以简便很多.

例 5.7 测得男中学生的年龄与对应的胸围 (单位: cm) 的数据如表 5.14 所示, 求胸围对年龄的回归方程.

表 5.14 男中学生的年龄与胸围试验数据汇总

年龄 (x)/岁	13	14	15	16	17	18	19
胸围 (y)/cm	68.4	71.4	75.5	78.9	81.8	82.4	83.6
$k = x - 12$	1	2	3	4	5	6	7
k^2	1	4	9	16	25	36	49

解 由散点图初定 $p = 2$, 由于年龄取值是公差为 1 的等差数列, 故可令 $k = x - 12$, 由样本 (k, k^2, y_k), $k = 1, 2, \cdots, 7$.

计算 $L = \begin{pmatrix} 28 & 224 \\ 224 & 1876 \end{pmatrix}$, $L_0 = \begin{pmatrix} 73.9 \\ 563.7 \end{pmatrix}$, $\overline{k} = \begin{pmatrix} 4 \\ 20 \end{pmatrix}$, $\overline{y} = 77.428$,

$$l_{00} = 205.7, \quad C = L^{-1} = \begin{pmatrix} 0.7976 & -0.0952 \\ -0.0952 & 0.0119 \end{pmatrix},$$

$$b = \begin{pmatrix} 5.2583 \\ -0.327 \end{pmatrix}, \quad b_0 = 62.943.$$

求得 $y = 62.943 + 5.2583k - 0.327k^2$, 由

$$SSR = b'L_0 \doteq 204.046,$$

$$SSR_1 = b_1^2/c_{11} = 5.2583^2/0.7976 \doteq 34.67,$$

$$SSR_2 = b_2^2/c_{22} = (-0.327^2)/0.0119 = 8.9856,$$

$$SSr = l_{00} - SSR = 205.7 - 204.046 = 1.654.$$

得方差分析表, 见表 5.15.

表 5.15   男中学生的年龄与胸围试验方差分析表

变异来源	平方和	自由度	均方	F	临界值
回归	204.046	2	102.023	246.43**	$F_{0.01}(2, 4) = 18.0$
k	34.67	1	34.67	83.74**	$F_{0.01}(1, 4) = 21.2$
k^2	8.9856	1	8.9856	21.7**	
剩余	1.654	4	0.414		
合计	205.7	6			

由于回归多项式的一次项、二次项均极显著, 故还应再求三次多项式的回归, 并检验. 检验后知三次项不显著故取上述二次多项式. 将 $k = x - 12$ 代入得到

$$y = -47.2446 + 13.1x - 0.327x^2.$$

5.11.2   正交多项式回归

在由样本 (x_k, y_k), $k = 1, 2, \cdots, n$, 求回归方程

$$y = b_0 + b_1\psi_1(x) + \cdots + b_p\psi_p(x)$$

时, 如果 $\psi_1(x), \psi_2(x), \cdots, \psi_p(x)$ 满足下列定义.

定义 5.2   若函数组 $\psi_1(x), \psi_2(x), \cdots, \psi_p(x)$ 在 x 的取值集合 $\{x_1, x_2, \cdots, x_n\}$ 上满足:

(1) $\displaystyle\sum_{k=1}^{n}\psi_i(x_k)=0, i=1,2,\cdots,p.$

(2) $\displaystyle\sum_{k=1}^{n}\psi_i(x_k)\psi_j(x_k)=0, i=1,2,\cdots,p, i\neq j.$

则称该函数组在集合 $\{x_1,x_2,\cdots,x_n\}$ 上正交.

易知, 函数组 $\varphi_i(x)=\lambda_i\psi_i(x), i=1,2,\cdots,p,$ 亦在集合 $\{x_1,x_2,\cdots,x_n\}$ 上正交. 其中 λ_i 为任意非零常数, $i=1,2,\cdots,p.$

这时, 由样本 (x_k,y_k), $k=1,2,\cdots,n,$ 得到 $(\psi_1(x_k),\cdots,\psi_p(x_k),\ y_k)$, $k=1,2,\cdots,n,$ 计算时,

(1) 离差阵 $L=(l_{ij})_{p\times p}$ 是对角阵 $l_{ij}=\begin{cases} 0, & i\neq j, \\ \displaystyle\sum_{k=1}^{p}\psi_i^2(x_k), & i=j. \end{cases}$

(2) $C=L^{-1}=\mathrm{diag}(c_{11},c_{22},\cdots,c_{pp}), c_{ii}=1/l_{ii}.$

(3) 剔除不显著项 $\psi_j(x)$ 后, 其他项的回归系数不变, 这是因为 $c_{ij}=0, i\neq j,$ 且 $\bar{\psi}_i=0$ 由 5.9.1 节可知 $b_i^{(j)}=b_i, b_0^{(j)}=\bar{y}=b_0.$

(4) $SSR=\displaystyle\sum_{i=1}^{p}SSR_i.$

因此使回归方程的计算过程大为简化. 下面给出常用的正交多项式.

在集合 $\{1,2,\cdots,n\}$ 上, 多项式组

$$\psi_0(x)=1,$$
$$\psi_1(x)=x-\bar{x},$$
$$\cdots\cdots$$
$$\psi_{p+1}(x)=\psi_1(x)\psi_p(x)-\frac{p^2(n^2-p^2)}{4(4p^2-1)}\psi_{p-1}(x)(p=1,2,\cdots,n)\text{正交}.$$

由此可递推出 $p\geqslant 2$ 的诸正交多项式的表达式, 如

$$\psi_2(x)=\psi_1^2(x)-\frac{n^2-1}{12}\psi_0(x)=(x-\bar{x})^2-\frac{n^2-1}{12},$$

$$\psi_3(x)=\psi_1(x)\psi_2(x)-\frac{4(n^2-4)}{4(16-1)}\psi_1(x)=(x-\bar{x})^3-\frac{3n^2-7}{20}(x-\bar{x}),$$

$$\psi_4(x)=(x-\bar{x})^4-\frac{3n^2-13}{14}(x-\bar{x})^2+\frac{3(n^2-1)(n^2-9)}{560},$$

$$\cdots\cdots$$

在应用时需首先计算当 $x=1,2,\cdots,n$ 时, $\psi_i(x)$ 的值, 而这些值不一定是整

数, 为简化计算, 可选用适当的 λ_i, 使 $\varphi_i(x) = \lambda_i\psi_i(x)$ 的值为整数, 由正交函数组的性质可知, 多项式组 $\varphi_i(x), i = 1, 2, \cdots, p$ 仍在集合 $\{1, 2, \cdots, n\}$ 上正交.

例如在集合 $\{1, 2, 3, 4, 5\}$ 上 $\bar{x} = \dfrac{n+1}{2} = 3$, 可构造该集合上正交多项式如下:

$\psi_1(x) = x - 3, \psi_1(x_k)$ 的取值依次为 $-2, -1, 0, 1, 2$.

$\psi_2(x) = (x - 3)^2 - 2, \psi_2(x_k)$ 的取值依次为 $2, -1, -2, -1, 2$.

$\psi_3(x) = (x - 3)^3 - \dfrac{17}{5}(x - 3), \psi_3(x_k)$ 的取值依次为 $-\dfrac{6}{5}, \dfrac{12}{5}, 0, -\dfrac{12}{5}, \dfrac{6}{5}$.

可自行验证它们的正交性.

由于 $\psi_3(x_k)$ 的取值是分数, 可取使之为整数的常数乘之, 如取 $\lambda_1 = 1, \lambda_2 = 1, \lambda_3 = \dfrac{5}{6}$, 则有

$$\varphi_1(x) = \psi_1(x),$$
$$\varphi_2(x) = \psi_2(x),$$
$$\varphi_3(x) = \frac{5}{6}\psi_3(x), \quad \varphi_3(x) \text{的取值依次为} -1, 2, 0, -2, 1.$$

虽然上述多项式组的正交性只在自然数集合 $\{1, 2, \cdots, n\}$ 上成立, 易知, 当 x 的取值 $x_1, x_2, \cdots, x_n$ 是以 d 为公差的等差级数时, 只需令 $k = \dfrac{x - x_0}{d}$, 则 k 的取值集合为 $\{1, 2, \cdots, n\}$, 由此求得关于 k 的正交多项式回归, 再代换后, 即得关于 x 的多项式回归方程.

若样本 (x_k, y_k), $k = 1, 2, \cdots, n$ 中 $x_1, x_2, \cdots, x_n$ 是以 d 为公差的等差级数时, 可利用正交多项式求多项式回归方程的一般步骤是

(1) 令 $k = \dfrac{x - x_0}{d}$, 得到样本 (k, y_k), $k = 1, 2, \cdots, n$.

(2) 依初定的次数 p, 构造正交多项式 $\psi_i(k)$(或 $\varphi_i(k) = \lambda\psi_i(k)$), $i = 1, 2, \cdots, p$, 得到 $(\psi_1(k), \psi_2(k), \cdots, \psi_p(k), y_k)$, $k = 1, 2, \cdots, n$, 并计算 $l_{ii} = \displaystyle\sum_{k=1}^{n}\psi_i^2(k)$, $l_{i0} = \displaystyle\sum_{k=1}^{n}\psi_i(k)y_k$, l_{00}.

(3) 计算偏回归系数 $b_i = \dfrac{l_{i0}}{l_{ii}}$, $i = 1, 2, \cdots, p$, $b_0 = \bar{y}$ 及偏回归平方和 $SSR_i = \dfrac{l_{i0}^2}{l_{ii}}$, $SSR = \displaystyle\sum_{i=1}^{p}SSR_i$, $SSr = l_{00} - SSR$.

(4) 编制方差分析表检验诸项的显著性, 对不显著项 $\psi_j(k)$ 可直接剔除, 并将其偏回归平方和并入剩余平方和再重新检验. 若各项均显著, 可再提高一次, 重复此过程. 最后得到只含显著项的回归方程 $y = b_0 + \displaystyle\sum_{k=1}^{n}\psi_i(k)$.

(5) 将 $k = \dfrac{x - x_0}{d}$ 代入所得的回归方程, 化简整理后, 即得关于 x 的回归多项式.

例 5.8 对例 5.7 的问题, 可求得正交多项式回归方程. 令 $k = x - 12$, 取 $p = 3$, 得到在 k 的取值集合 $\{1, 2, \cdots, 7\}$ 上的正交多项式

$$\psi_0(k) = 1,$$
$$\psi_1(k) = k - 4,$$
$$\psi_2(k) = (k - 4)^2 - 4,$$
$$\frac{1}{6}\psi_3(k) = \frac{1}{6}[(k - 4)^3 - 7(k - 4)],$$

由样本它们的取值如表 5.16 所示.

表 5.16   诸正交多项式取值

年龄 x	胸围 y	$k = x - 12$	$\psi_1(k)$	$\psi_2(k)$	$\frac{1}{6}\psi_3(k)$
13	68.4	1	-3	5	-1
14	71.4	2	-2	0	1
15	75.5	3	-1	-3	1
16	78.9	4	0	-4	0
17	81.8	5	1	-3	-1
18	82.4	6	2	0	-1
19	83.6	7	3	5	1
合计	542	28	0	0	0

求得 $L = \mathrm{diag}(28, 84, 6)$, $L_0 = (73.9, -27.5, -2.1)'$, $l_{00} = 205.65$,

$$b_1 = \frac{73.9}{28} = 2.6393, \quad b_2 = \frac{-27.5}{84} = -0.3273, \quad b_3 = \frac{-2.1}{6} = -0.35.$$

$$SSR_1 = 195.045, \quad SSR_2 = 8.999, \quad SSR_3 = 0.735, \quad SSR = \sum_{i=1}^{3} SSR_i = 204.779.$$

$$SSE = l_{00} - SSR = 0.871.$$

由此得方差分析表如表 5.17.

表 5.17   正交多项式回归方差分析表

变异来源	平方和	自由度	均方	F	临界值
回归	204.779	3	68.26	235.38**	$F_{0.01}(3, 3) = 29.5$
$\psi_1(k)$	195.045	1	195.045	672.57**	$F_{0.01}(1, 3) = 34.1$
$\psi_2(k)$	8.999	1	8.999	31.03*	$F_{0.05}(1, 3) = 10.13$
$\frac{1}{6}\psi_3(k)$	0.735	1	0.735	2.53	
剩余	0.871	3	0.29		
合计	205.65	6			

检验结果表明, 取

$$y = 77.4285 + 2.6393(k-4) - 0.3273[(k-4)^2 - 4].$$

将 $k = x - 12$ 代入整理得

$$y = 47.27 + 13.1x - 0.3273x^2.$$

对不显著项 $\frac{1}{6}\psi_3(k)$: $-0.35 \cdot \frac{1}{6}[(k-4)^3 - 7(k-4)]$ 剔除, 并不影响其他诸项的系数, 这是正交多项式回归的优点之一, 应将 SSR_3 并入原 SSr 之后再另作检验.

习 题 5

1. 测得某生物的体重与肝重的数据如表 5.18.

表 5.18　某生物的体重与肝重的试验数据

体重/10g	16.4	17.2	17.6	18.0	18.2	18.5
肝重/g	2.67	2.75	2.99	3.14	3.88	4.23

(1) 分别求体重对肝重、肝重对体重的线性回归方程, 并检验其显著性.

(2) 计算它们的相关系数.

(3) 求每个体重对应的肝重预测值及其平均值的 95% 置信区间.

(4) 求两回归方程中, 回归参数的 95% 置信区间.

2. 测得氮肥施肥量和玉米含氮量的数据如表 5.19.

表 5.19　施氮肥量与玉米含氮量的试验数据　　　　　　　　　　(单位: mg)

施氮肥量		玉米含氮量	
50	20.47	20.91	18.15
100	41.61	44.07	60.03
150	89.06	86.27	87.16
200	83.83	116.16	120.67
250	121.43	126.25	152.68

(1) 求玉米含氮量对施氮肥量的线性回归方程, 并做显著性、适合性检验, 求施氮量 100mg 时, 玉米含氮量的 95% 置信区间.

(2) 检验施氮肥量对玉米含氮量的显著性.

3. 培养皿上的微生物数 y 与培养时间 t 测得数据如表 5.20, 求培养皿上微生物数对培养时间的回归方程时, 对回归模型 $y = a + bt$ 与 $y = ae^{bt}$ 取哪一个较好.

表 5.20　培养皿上微生物数与培养时间试验数据

培养时间/小时	0	1	2	3	4	5	6
微生物数	10	15	20	40	90	150	300

4. 测得生物胚胎干重与日龄的数据如表 5.21.

表 5.21 生物胚胎干重与日龄试验数据

日龄	6	7	8	9	10	11	12	13	14	15	16
干重/g	0.03	0.05	0.08	0.13	0.18	0.26	0.43	0.74	1.13	1.88	2.81

求干重对日龄的回归方程. (取 $w = ax^b$)

5. 为落叶松苗木的苗高和地径估计苗木的鲜重, 现观测 6 株苗木, 数据如表 5.22.

表 5.22 落叶松苗高、地径、鲜重试验数据

苗高/cm	47.3	40.2	38.3	53.6	36.9	50.1
地径/cm	5.8	4.2	4.6	6.1	6.0	6.6
鲜重/g	15.6	7.0	8.7	14.9	13.8	19.1

(1) 建立鲜重对苗高、地径的线性回归方程, 并检验剔除不显著因子.

(2) 检验鲜重、苗高、地径两两之间的偏相关性的显著性.

6. 讨论分别由样本

$$(x_k, y_{ki}), \quad k = 1, 2, \cdots, n, \quad i = 1, 2, \cdots, m,$$

$$(x_k, \bar{y}_k), \quad \bar{y}_k = \frac{1}{m} \sum_{i=1}^{m} y_{ki}, \quad k = 1, 2, \cdots, n,$$

求 y 对 x 的回归方程, 两者是否相同? 并证明.

7. 若鱼类体长 (l) 的生长方程是 $l = l_\infty(1 - e^{-k(t-t_0)})$, 其中 t 为年龄, 试给出一种由样本 (t_i, l_i) 估计回归系数 l_∞, k, t_0 的方法, 以确定该生长方程. 并用给出的方法, 依下列对黄海鲱的实测数据, 求出黄海鲱的生长方程 (表 5.23). (参阅《海洋与湖泊》vol.25,"关于鱼的生长方程研究 II" 一文.)

表 5.23 黄海鲱的试验数据

年龄	1	2	3	4	5	6	7
体长/mm	217.6	306.5	351.8	404.6	435.3	476.5	459.3

8. 一种生物个体在温度 5℃ 的环境中有死亡的现象, 经试验, 年死亡的情况如表 5.24.

表 5.24 某生物个体年死亡情况

5℃ 的天数	个体数	死亡数
0	95	6
4	102	10
7	94	25
11	102	37
14	99	65
18	99	82

试求该生物在温度 5℃的环境中的半致死天数.

9. 现测一个养殖场, 养殖虾的体长、体重的生长过程, 并记录养殖天数为 10, 20, 30, · · ·,
100 时, 养殖虾的体长和体重的数据.

(1) 分别配置体长、体重关于养殖天数的 Logistic 方程.

(2) 求体长与体重的回归方程.

10. 已知由样本求得线性回归方程 $y = a + bx$ 及相关系数 r, 其中 x 与 y 的度量单位分别为厘米与克, 若将其度量单位改为米和公斤, 相应的线性回归方程及相关系数为何.

第 6 章　协方差分析

6.1　引　　言

为了探究因素 A 对反应变量 y 的影响, 常对因素 A 设置若干水平 A_i, $i = 1, 2, \cdots, a$, 经完全随机试验设计做独立重复试验, 得到变量 y 的试验结果 y_{ij}, $j = 1, 2, \cdots, n$, 依方差分析数学模型

$$y_{ij} = \mu + \alpha_i + \varepsilon_{ij}, \quad \sum_{i=1}^{a} \alpha_i = 0, \quad \varepsilon_{ij} \sim N(0, \sigma^2),$$

得到平方和的分解式为

$$SST = SSA + SSE,$$

其中

总平方和　$SST = \displaystyle\sum_{i=1}^{a} \sum_{j=1}^{n} (y_{ij} - \bar{y})^2 = l_{yy}$, $\mathrm{df}_T = an - 1$.

处理平方和　$SSA = n \displaystyle\sum_{i=1}^{a} (\bar{y}_{i \cdot} - \bar{y})^2$, $\mathrm{df}_A = a - 1$.

随机平方和　$SSE = \displaystyle\sum_{i=1}^{a} \left[\sum_{j=1}^{n} (y_{ij} - \bar{y}_{i \cdot})^2 \right] = \sum_{i=1}^{a} l_{yy_i}$, $\mathrm{df}_e = a(n-1)$.

并由此构造 F 统计量检验因素 A 对 y 影响的显著性.

这里要求 an 个试验单元的条件一致, 当这些试验单元的因素 x 的状态存在差异, 而其又对试验结果 y_{ij} 有显著影响时, 为消除影响, 作出合理的统计推断, 应以 x 为区组因素将 an 个试验单元划分成区组, 做随机完全区组试验. 但这并不总是可行的, 且同一区组内的试验单元因素 x 的状态仍可能存在少许差异. 本章介绍当因素 x 是数量时, 消除其差异对试验结果的影响, 再做方差分析, 检验因素 A 对试验结果显著性的一种方法, 叫做协方差分析.

常称可知取值又不可控, 且对试验结果有影响的变量为协变量或干扰变量. 例如, 在不同饲料对猪仔增重试验中, 猪仔的初重是协变量. 在分析不同品种的扁豆的 VC 含量时, 所采集的扁豆的成熟度是协变量.

在协方差分析中, 将协变量 x 对反应变量 y 的干扰作用视为线性关系, 即试验结果 y_{ij} 对应的协变量值为 x_{ij} 时, y_{ij} 中含协变量的作用成分为 bx_{ij}, 由此得到单

因素协方差分析的数学模型为

$$y_{ij} = \mu + \alpha_i + bx_{ij} + \varepsilon_{ij}, \quad \sum_{i=1}^{a} \alpha_i = 0, \quad \varepsilon_{ij} \sim N(0, \sigma^2). \tag{6.1}$$

更一般的模型是：$y_{ij} = \mu + \alpha_i + b_i x_{ij} + \varepsilon_{ij}$.

这是一个方差分析与回归分析相结合的模型, 由协变量 x 所引起的 y 的变异是相应的回归平方和.

存在协变量 x 的干扰时, 方差分析中的总平方和 $SST = l_{yy}$, SSA, $SSE = \sum_{i=1}^{a} l_{yy_i}$ 中, 分别含有由协变量 x 所引起的部分, 理应将此部分扣除, 再做方差分析才是合理的, 这是协方差分析的基本思想. 因此, 协方差分析是一种调整协变量的方差分析方法, 是回归分析与方差分析相结合的一种统计分析方法.

6.2   单因素协方差分析

设因素 A 有 a 个水平 A_i, $i = 1, 2, \cdots, a$, 经完全随机试验, 诸水平均独立重复 n 次, 得到变量 y 的试验结果 y_{ij}, $j = 1, 2, \cdots, n$, 各次试验对应的协变量的值为 x_{ij}, 则

$$y_{ij} = \mu + \alpha_i + bx_{ij} + \varepsilon_{ij}, \quad \sum_{i=1}^{a} \alpha_i = 0, \quad \varepsilon_{ij} \sim N(0, \sigma^2).$$

这时应在诸平方和中消除由协变量的差异所引起的部分后, 再做方差分析.

6.2.1   关于平方和的调整

1) 总平方和的调整

由模型 (6.1) 直观上可知, 原总平方和 $SST = \sum_{i=1}^{a} \sum_{j=1}^{n} (y_{ij} - \bar{y})^2 = l_{yy}$ 是由处理效应、协变量及其他随机因素的差异引起的, 应从中扣除由协变量引起的部分, 保留由处理效应及诸随机因素引起的部分. 故应将模型 (6.1) 视为

$$y_{ij} = \mu + bx_{ij} + (\alpha_i + \varepsilon_{ij}).$$

由 5.3.1 节, 一元线性回归的平方和分解, 在 $SST = l_{yy}$ 中扣除回归平方和 $SSR = \dfrac{l_{xy}^2}{l_{xx}}$ 后, 得到的剩余平方和 $SSr = l_{yy} - SSR$ 中, 恰含处理效应及诸随机因素引起的变异. 故这就是调整后的总平方和, 由方差分析的符号记为

$$SST^* = SST - SSR = SSr, \quad df_{T^*} = an - 2,$$

其中, $SSR = \dfrac{l_{xy}^2}{l_{xx}}, l_{xx} = \sum\limits_{i=1}^{a}\sum\limits_{j=1}^{n}(x_{ij} - \bar{x})^2, l_{xy} = \sum\limits_{i=1}^{a}\sum\limits_{j=1}^{n}(x_{ij} - \bar{x})(y_{ij} - \bar{y})$, 可以证明

(1) $E(SST^*) = (an - 2)\sigma^2 + n\sum\limits_{i=1}^{a}\alpha_i^2$;

(2) 当 $\alpha_i = 0(i = 1, 2, \cdots, a)$ 时, $\dfrac{SST^*}{\sigma^2} \sim \chi^2(an - 2)$.

2) 随机平方和的调整

由模型 (6.1) 直观上可知, 原随机平方和 $SSE = \sum\limits_{i=1}^{a}\sum\limits_{j=1}^{n}(y_{ij} - \bar{y}_{i\cdot})^2 = \sum\limits_{i=1}^{a}l_{yy_i}$

是由协变量 x 及其他随机因素引起的差异, 应从中扣除由协变量引起的部分, 只保留由其他随机因素引起的部分, 故应将模型 (6.1) 视为

$$y_{ij} = (\mu + \alpha_i) + bx_{ij} + \varepsilon_{ij}.$$

在由处理 A_i 的 n 个试验结果求得的 $l_{yy_i} = \sum\limits_{j=1}^{n}(y_{ij} - \bar{y}_{i\cdot})^2$ 中扣除该组的回归

平方和 bl_{xy_i}, 得到的该组的剩余平方和: $l_{yy_i} - bl_{xy_i}$, 它们的和 $\sum\limits_{i=1}^{a}l_{yy_i} - b\sum\limits_{i=1}^{a}l_{xy_i}$

就是调整后的随机平方和.

这是对各处理 A_i 组的试验数据分别作回归分析, 且在协变量 x 的回归系数相同的条件下, 对 SSE 的调整, 为此, 应由各组数据估计各组的公共回归系数, 估计准则仍为最小二乘准则.

由

$$S(\alpha_1, \alpha_2, \cdots, \alpha_a, b) = \sum\limits_{i=1}^{a}\sum\limits_{j=1}^{n}\varepsilon_{ij}^2 = \sum\limits_{i=1}^{a}\sum\limits_{j=1}^{n}[y_{ij} - (\mu + \alpha_i + bx_{ij})]^2,$$

令 $\dfrac{\partial S}{\partial(\mu + \alpha_i)} = -2\sum\limits_{j=1}^{n}[y_{ij} - (\mu + \alpha_i + bx_{ij})] = 0, i = 1, 2, \cdots, a$, 得 $\mu + \alpha_i = \bar{y}_{i\cdot} -$

$b\bar{x}_{i\cdot}$, 令 $\dfrac{\partial S}{\partial b} = -2\sum\limits_{i=1}^{a}\sum\limits_{j=1}^{n}[y_{ij} - (\mu + \alpha_i + bx_{ij})]x_{ij} = 0$, 将 $\mu + \alpha_i = \bar{y}_{i\cdot} - b\bar{x}_{i\cdot}$ 代入后

得

$$b = \frac{\sum\limits_{i=1}^{a}\sum\limits_{j=1}^{n}(y_{ij} - \bar{y}_{i\cdot})x_{ij}}{\sum\limits_{i=1}^{a}\sum\limits_{j=1}^{n}(x_{ij} - \bar{x}_{i\cdot})x_{ij}} = \frac{\sum\limits_{i=1}^{a}\sum\limits_{j=1}^{n}(y_{ij} - \bar{y}_{i\cdot})(x_{ij} - \bar{x}_{i\cdot})}{\sum\limits_{i=1}^{a}\sum\limits_{j=1}^{n}(x_{ij} - \bar{x}_{i\cdot})^2} = \frac{\sum\limits_{i=1}^{a}l_{xy_i}}{\sum\limits_{i=1}^{a}l_{xx_i}}.$$

为表示这个回归系数是各组内的公共回归系数, 记为 b_w, 即 $b_w = \dfrac{\sum\limits_{i=1}^{a} l_{xy_i}}{\sum\limits_{i=1}^{a} l_{xx_i}}$, 从

而各组的回归方程是 $y = \bar{y}_{i.} + b_w(x - \bar{x}_{i.})$, 由此得到各组内的回归平方和的和

$$SSR_w = b_w \sum_{i=1}^{a} l_{xy_i} = \frac{\left(\sum\limits_{i=1}^{a} l_{xy_i}\right)^2}{\sum\limits_{i=1}^{a} l_{xx_i}}.$$

从而 $SSr_w = \sum\limits_{i=1}^{a} (l_{yy_i} - b_w l_{xy_i}) = \sum\limits_{i=1}^{a} l_{yy_i} - SSR_w = \sum\limits_{i=1}^{a} l_{yy_i} - \dfrac{\left(\sum\limits_{i=1}^{a} l_{xy_i}\right)^2}{\sum\limits_{i=1}^{a} l_{xx_i}}.$

这就是调整后的随机平方和, 引用方差分析中的符号, 记为 SSE^*.

$$SSE^* = SSE - \frac{\left(\sum\limits_{i=1}^{a} l_{xy_i}\right)^2}{\sum\limits_{i=1}^{a} l_{xx_i}}, \quad \mathrm{df}_{e^*} = a(n-1) - 1.$$

可以证明: (1) $E(SSE^*) = (a(n-1) - 1)\sigma^2$;

(2) $\dfrac{SSE^*}{\sigma^2} \sim \chi^2(a(n-1) - 1)$.

3) 处理平方和的调整

由于调整后的处理平方和 SSA^* 仍应与调整后的 SST^*, SSE^* 保持

$$SST^* = SSA^* + SSE^*.$$

故

$$SSA^* = SST^* - SSE^* = \left(SST - \frac{l_{xy}^2}{l_{xx}}\right) - \left(SSE - \frac{\left(\sum\limits_{i=1}^{a} l_{xy_i}\right)^2}{\sum\limits_{i=1}^{a} l_{xx_i}}\right)$$

$$= SSA - \frac{l_{xy}^2}{l_{xx}} + \frac{\left(\sum_{i=1}^{a} l_{xy_i}\right)^2}{\sum_{i=1}^{a} l_{xx_i}}, \quad \mathrm{df}_{A^*} = a - 1.$$

可以证明:

(1) $E(SSA^*) = (a-1)\sigma^2 + n\sum_{i=1}^{a}\alpha_i^2$.

(2) 当 $\alpha_i = 0(i = 1, 2, \cdots, a)$ 时, $\frac{SSA^*}{\sigma^2} \sim \chi^2(a-1)$.

(3) $E(MSA^*) \geqslant E(MSE^*)$ 当且仅当 $\alpha_i = 0(i = 1, 2, \cdots, a)$ 时, 等式成立.

其中 $MSA^* = \frac{SSA^*}{a-1}$, $MSE^* = \frac{SSE^*}{a(n-1)-1}$ 分别称为调整后的处理均方、随机均方.

6.2.2 协方差分析

由前述讨论可知, 检验因素 A 对试验结果的显著性, 应由调整后的平方和检验

$$H_0 : \forall \alpha_i = 0 \Leftrightarrow E(MSA^*) = E(MSE^*),$$
$$H_1 : \exists \alpha_i \neq 0 \Leftrightarrow E(MSA^*) > E(MSE^*).$$

由 H_0 为真时, SSA^*, SSE^* 的分布知

$$F = \frac{MSA^*}{MSE^*} \sim F(a-1, a(n-1)-1).$$

故由给定的显著性水平 α, 当 $F > F_\alpha(a-1, a(n-1)-1)$ 时, 否定 H_0, 即因素 A 的诸水平效应存在显著差异, 因素 A 对反应变量有显著的影响作用.

对上述计算与检验过程可列协方差分析表, 见表 6.1.

表 6.1 协方差分析表

变异来源	平方和	自由度	均方	F	临界值
因素 A	SSA^*	$a-1$	MSA^*	MSA^*/MSE^*	$F_{0.05}(a-1, a(n-1)-1)$
随机误差	SSE^*	$a(n-1)-1$	MSE^*		$F_{0.01}(a-1, a(n-1)-1)$
总和	SST^*	$an-2$			

可见协方差分析就是平方和调整后的方差分析.

6.2.3　计算与举例

设因素 A 设置 a 个水平 A_i, $i = 1, 2, \cdots, a$, 经完全随机试验均独立重复 n 次, 得到 an 个试验结果 y_{ij}, 对应的协变量 x 的值为 $x_{ij}, i = 1, 2, \cdots, a, j = 1, 2, \cdots, n$, 做协方差分析的步骤是:

(1) 分组计算 $\overline{x}_{i\cdot}, \overline{y}_{i\cdot}$ 与 $l_{xy_i}, l_{xx_i}, l_{yy_i}$ 及其和.

(2) 由所有数据计算 $\overline{x}, \overline{y}, l_{xy}, l_{xx}, l_{yy}$.

(3) 计算各组公共回归系数 $\hat{b}_w = \dfrac{\sum\limits_{i=1}^{a} l_{xy_i}}{\sum\limits_{i=1}^{a} l_{xx_i}}$, 得到各组的回归方程 $\widehat{y_i} = \overline{y}_{i\cdot} + \hat{b}_w(x - \overline{x}_{i\cdot})$.

(4) 计算

$$SST^* = l_{yy} - \frac{l_{xy}^2}{l_{xx}}, \quad \mathrm{df}_{T^*} = an - 2,$$

$$SSE^* = \sum_{i=1}^{a} l_{yy_i} - \frac{\left(\sum\limits_{i=1}^{a} l_{xy_i}\right)^2}{\sum\limits_{i=1}^{a} l_{xx_i}}, \quad \mathrm{df}_{e^*} = a(n-1) - 1,$$

$$SSA^* = SST^* - SSE^*, \quad \mathrm{df}_{A^*} = a - 1.$$

(5) 列出协方差分析表, 并做出统计推断.

例 6.1　为比较三种饲料 A_1, A_2, A_3 对猪仔的增重效应 y, 随机取 24 只已知初重 x 的猪仔作完全随机试验, 每种饲料分别饲养 8 只猪仔, 考虑到猪仔对其增长的影响, 对下述试验结果 (表 6.2) 作协方差分析.

表 6.2　猪仔增重试验结果

饲料		初重与增重	均值	平方和	乘积和
A_1	x	15 13 11 12 12 16 14 17	13.75	31.50	110.50
	y	85 83 65 76 80 91 84 90	81.75	487.50	
A_2	x	17 16 18 18 21 22 19 18	18.625	27.875	65.0
	y	97 90 100 95 103 106 99 94	98.0	184.0	
A_3	x	22 24 20 23 25 27 30 32	25.375	115.875	245.385
	y	89 91 83 95 100 102 105 110	96.875	566.875	
合计				175.25	420.875
				1238.375	
总和			19.25	720.50	1080.75
			92.21	2555.96	

解 由表 6.2 的结果, 可求得 $b_w = \dfrac{420.875}{175.25} \doteq 2.40157$.

$$\widehat{y_1} = 81.75 - b_w(x - 13.75),$$

$$\widehat{y_2} = 98.0 - b_w(x - 18.625),$$

$$\widehat{y_3} = 96.875 - b_w(x - 25.375).$$

$$SST^* = 2555.96 - \frac{1080.75^2}{720.5} = 934.835, \quad \mathrm{df}_{T^*} = 22,$$

$$SSE^* = 1238.375 - \frac{420.875^2}{175.25} = 227.62, \quad \mathrm{df}_{e^*} = 20,$$

$$SSA^* = 934.835 - 227.62 = 707.22, \quad \mathrm{df}_{A^*} = 2.$$

其协方差分析表见表 6.3.

表 6.3 猪仔增重实验协方差分析表

变异来源	调整平方和	自由度	均方	F	临界值
饲料	707.22	2	353.61	31.07**	$F_{0.01}(2,20) = 5.72$
随机误差	227.62	20	11.38		
合计	934.835	22			

SPSS 实现

(1) 数据输入: 打开 SPSS, 在变量窗口设置变量, 创建 "初重" "增重" "饲料" 三个变量, 在数据窗口输入数据, 数据格式如图 6.1 所示.

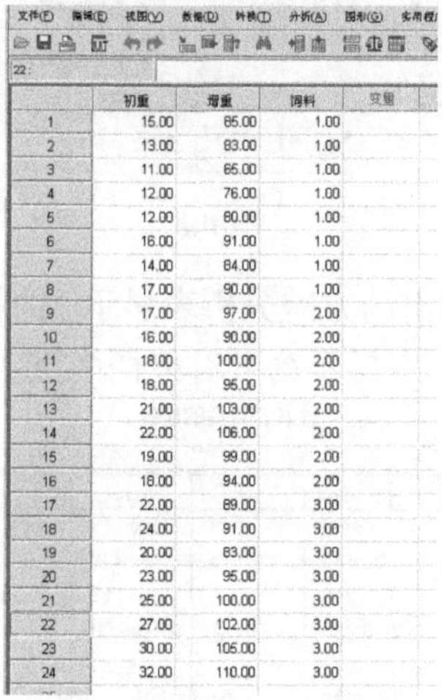

	初重	增重	饲料	变量
1	15.00	85.00	1.00	
2	13.00	83.00	1.00	
3	11.00	65.00	1.00	
4	12.00	76.00	1.00	
5	12.00	80.00	1.00	
6	16.00	91.00	1.00	
7	14.00	84.00	1.00	
8	17.00	90.00	1.00	
9	17.00	97.00	2.00	
10	16.00	90.00	2.00	
11	18.00	100.00	2.00	
12	18.00	95.00	2.00	
13	21.00	103.00	2.00	
14	22.00	106.00	2.00	
15	19.00	99.00	2.00	
16	18.00	94.00	2.00	
17	22.00	89.00	3.00	
18	24.00	91.00	3.00	
19	20.00	83.00	3.00	
20	23.00	95.00	3.00	
21	25.00	100.00	3.00	
22	27.00	102.00	3.00	
23	30.00	105.00	3.00	
24	32.00	110.00	3.00	

图 6.1

(2) 命令选择: 在"分析"下拉菜单, 选择"一般线性模型"选项, 单击"单变量", 弹出"单变量: 模型"对话框. 分析 → 一般线性模型 → 单变量 (图 6.2).

图 6.2

选择"增重"为因变量,"饲料"为固定因子,"初重"为协变因子. 单击"模型"按钮, 选择"饲料""初重"进入模型. 单击"继续", 再单击"确定"(图 6.3).

图 6.3

(3) 输出与结果解释: 输出的方差分析表显示"饲料"及"初重"对增重影响极显著. 在调整后的方差分析表中显示饲料对猪仔增重影响也极显著 (图 6.4).

主体间效应的检验

因变量:增重

变量来源	III 型平方和	df	均方	F	Sig.
校正模型	2328.344ª	3	776.115	68.196	.000
截距	980.448	1	980.448	86.150	.000
饲料	707.219	2	353.609	31.071	.000
初重	1010.760	1	1010.760	88.813	.000
误差	227.615	20	11.381		
总计	206613.000	24			
校正的总计	2555.958	23			

a. R 方 = .911 (调整 R 方 = .898)

图 6.4

6.3 平均数的调整

经协方差分析, 若检验表明因素 A 对反应变量 y 的影响作用显著, 其含义是, 因素 A 的 a 个水平 $A_i(i=1,2,\cdots,a)$ 的效应中至少有两个有显著差异, 为确知其中哪些水平效应之间有显著差异, 应对诸水平效应的估计 $\bar{y}_{i\cdot}$ 进行多重比较, 由于 $\bar{y}_{i\cdot}$ 含协变量的干扰, 故应调整 $\bar{y}_{i\cdot}$ 以消除协变量的影响. 调整的基本思想是将由不同的 $\bar{x}_{i\cdot}$ 得到的 $\bar{y}_{i\cdot}$ 调整为协变量 x 的诸均值相同时的 A_i 的效应均值, 至于 x 诸均值取哪一个相同的值并没有关系, 通常是取 $x=\bar{x}$, 这时, 由 $\hat{y}_i=\bar{y}_{i\cdot}+b_w(x-\bar{x}_{i\cdot})$ 得到 $\bar{y}_i^*=\bar{y}_{i\cdot}+b_w(\bar{x}-\bar{x}_{i\cdot})$ 就是调整的结果.

在对 $\bar{y}_i^*$ 作多重比较时, 在方差分析中介绍的几种方法中的最小显著性差数亦应做相应的调整, 下面给出一些调整结果:

1) 费希尔 (Fisher) 最小显著差法

当 $|\bar{y}_{k\cdot}^*-\bar{y}_{m\cdot}^*|>LSD$ 时, A_k 与 A_m 的效应有显著差异, 其中

$$LSD=\sqrt{(MSE^*)\left(\frac{2}{n}+\frac{(\bar{x}_{k\cdot}-\bar{x}_{m\cdot})^2}{\sum\limits_{i=1}^{a}l_{xx_i}}\right)}\,t_{\frac{\alpha}{2}}(\mathrm{df}_{e^*}).$$

2) 顿肯 (Duncan) 多重差距法

设 $\bar{y}_{1\cdot}^*\geqslant\bar{y}_{2\cdot}^*\geqslant\cdots\geqslant\bar{y}_{a\cdot}^*$. 当 $\bar{y}_{k\cdot}^*-\bar{y}_{m\cdot}^*>DMR(k<m)$ 时, A_k 与 A_m 的效应有显著的差异, 其中

$$DMR=(SSR)_\alpha\sqrt{\left(\frac{MSE^*}{n}\right)\left(1+\frac{l_{xx}-\sum\limits_{i=1}^{a}l_{xx_i}}{(a-1)\sum\limits_{i=1}^{a}l_{xx_i}}\right)}.$$

$(SSR)_\alpha$ 可以由 df_{e^*} 及 $\bar{x}_{k\cdot}$ 与 $\bar{x}_{m\cdot}$ 覆盖的均值个数 $m-k+1$ 在附表 12 中查得. 在例 6.1 中取 $x=19.25$, 调整的效应均值

$$\bar{y}_1^*=81.75+2.4\times(19.25-13.75)=94.95,$$

$$\bar{y}_2^*=98+2.4\times(19.25-18.625)=99.50,$$

$$\bar{y}_3^*=96.875+2.4\times(19.25-25.375)=82.175.$$

由顿肯多重差距法

$$DMR = (SSR)_\alpha \sqrt{\frac{11.38}{8}\left(1 + \frac{720.5 - 175.25}{(3-1)175.25}\right)} = 1.907(SSR)_\alpha,$$

由 $\mathrm{df}_{e^*} = 20$, 查附表 12 计算得到表 6.4 和表 6.5.

表 6.4　计算结果 1

覆盖数	$SSR_{0.01}$	$DMR_{0.01}$	$SSR_{0.05}$	$DMR_{0.05}$
2	4.02	7.665	2.95	5.62
3	4.22	8.046	3.10	5.91

表 6.5　计算结果 2

	$\bar{y}_3^*$	$\bar{y}_1^*$
$\bar{y}_2^*$	17.32**	4.55
$\bar{y}_1^*$	12.77**	

比较结果表明, 饲料 A_2, A_1 的增重效应均极显著地优于 A_3, 这个检验结果与未调整均值的比较显然不同.

6.4　回归关系的显著性

前述协方差分析是在协变量 x 对反应变量 y 的干扰作用显著即回归关系显著时才需要的. 如果 y 对 x 的回归关系不显著, 运用方差分析即可. 因此, 在运用协方差分析之前, 应先检验 $H_0 : b_w = 0$, $H_1 : b_w \neq 0$.

可由 $F = \dfrac{MSR_w}{MSr_w} \sim F(1, a(n-1) - 1)$ 检验. 其中, $MSR_w = \dfrac{\left(\sum\limits_{i=1}^{a} l_{xy_i}\right)^2}{\sum\limits_{i=1}^{a} l_{xx_i}}$,

$$MSr_w = \frac{\sum\limits_{i=1}^{a} l_{yy_i} - MSR_w}{\mathrm{df}_{e^*}} = MSE^*, \quad \mathrm{df}_{e^*} = a(n-1) - 1.$$

由给定的显著性水平 α, 当 $F > F_\alpha(1, a(n-1)-1)$ 时, 否定 H_0 回归关系显著, 运用协方差分析, 当 $F < F_\alpha(1, a(n-1)-1)$ 时, 接受 H_0, 回归关系不显著, 无须用协方差分析.

在例 6.1 的前述分析过程中, 应先检验 $H_0 : b_w = 0$, $H_1 : b_w \neq 0$.

由

$$SSR_w = 2.40157 \times 420.875 \doteq 1010.76, \quad \mathrm{df}_R = 1,$$

$$SSr_w = 1238.375 - 1010.76 \doteq 227.62, \quad \mathrm{df}_r = 20 = \mathrm{df}_{e*}$$

得方差分析表, 见表 6.6.

表 6.6 猪仔初重对增重回归关系的方差分析表

变异来源	平方和	自由度	均方	F	临界值
回归	1010.76	1	1010.76	88.5**	$F_{0.01}(1,20) = 8.1$
剩余	227.62	20	11.38		
合计	1238.375	21			

　　检验结果表明猪仔的初重对其增重的影响极显著, 故必须对增重作协方差分析, 才能对饲料的增重效应作出符合实际的统计推断.

　　当然, 在做此回归关系显著性检验之前, 还应先检验各组的回归系数是否相同, 在各组的回归系数 $b_i = \dfrac{l_{xy_i}}{l_{xx_i}}$ 差异不显著时, 前述的协方差分析方法才是合理的. 对此, 我们不再讨论, 一般可由问题的实际意义考虑协变量对反应变量的干扰强度是否相同即可.

　　另外, 前述的协方差分析还要求各组的方差具有齐性. 这可由 $F = \dfrac{\max\limits_{i} MSr_i}{\min\limits_{i} MSr_i} \sim$ $F(n-2, n-2)$ 作出检验.

　　上述就完全随机试验时的单因素协方差分析的基本思想与方法做了介绍, 对于更复杂的协方差分析依然如此, 只是计算更烦琐. 在应用时可用统计软件上机实现完成.

习　题　6

　　1. 为检验因素 A 对反应变量 y 影响的显著性, 对 A 设置 4 个水平 $A_i(i = 1, 2, 3, 4)$ 均独立重复 10 次, 经完全随机试验得到 y 的试验结果, 可能受到协变量 x 的干扰, 已知与 y_{ij} 对应的协变量的值为 $x_{ij}(i = 1, 2, \cdots, 4, j = 1, 2, \cdots, 10)$, 由原始数据求得

$$\overline{x}_{1.} = 24.6, \quad \overline{x}_{2.} = 22.9, \quad \overline{x}_{3.} = 23.2, \quad \overline{x}_{4.} = 24.2,$$

$$\overline{y}_{1.} = 0.755, \quad \overline{y}_{2.} = 0.674, \quad \overline{y}_{3.} = 0.588,$$

$$\overline{y}_{4.} = 0.545, \quad \sum_{i=1}^{4} l_{xx_i} = 878.5, \quad \sum_{i=1}^{4} l_{xy_i} = 6.42,$$

$$\sum_{i=1}^{4} l_{yy_i} = 0.1951, \quad l_{xx} = 897.97, \quad l_{xy} = 6.97, \quad l_{yy} = 0.4562,$$

试由此作协方差分析.

2. 为比较 11 个品种的白扁豆中的维生素 C 含量, 由经验已知, 扁豆成熟度的增加会使其维生素 C 含量降低, 而采摘扁豆的成熟度又不一致, 试依下列数据见表 6.7, 比较这 11 个品种白扁豆的维生素 C 含量, 其中, 扁豆的成熟度以 100g 新鲜扁豆的干重度量.

表 6.7　白扁豆的维生素 C 的含量 *Y 以及干物质的百分数 **X

品种	重复										品种总计数	
	1		2		3		4		5		$X_i.$	$Y_i.$
	X	Y	X	Y	X	Y	X	Y	X	Y		
1	34.0	93.0	33.4	94.8	34.7	91.7	38.9	80.0	36.1	80.2	177.1	440.5
2	39.6	47.3	39.8	51.5	51.2	33.3	52.0	27.2	56.2	20.6	238.8	179.9
3	31.7	81.4	30.1	109.0	33.8	71.6	39.6	57.5	47.8	30.1	183.0	349.6
4	37.7	66.9	38.2	74.1	40.3	64.7	39.4	69.3	41.3	63.2	196.9	338.2
5	24.9	119.5	24.1	128.5	24.9	125.6	23.5	129.0	25.1	126.2	133.4	628.8
6	30.3	106.6	29.1	111.4	31.7	99.0	28.3	126.1	34.2	95.6	153.6	538.7
7	32.7	106.1	33.8	107.2	34.8	97.5	35.4	86.0	37.8	88.8	174.5	485.6
8	34.5	61.5	31.5	86.4	31.1	93.9	36.1	69.0	38.5	46.9	171.7	354.7
9	31.4	80.5	30.5	106.5	34.6	76.7	30.9	91.8	36.8	68.2	164.2	423.7
10	21.2	149.2	25.3	151.6	23.5	170.1	24.8	155.2	24.6	146.1	119.4	772.2
11	30.8	78.7	26.4	116.9	33.2	71.8	33.5	70.3	43.8	40.9	167.7	378.6
区组总计数	348.8		342.1		373.8		382.4		422.2		1869.3	
$X_i.$	990.7		1134.9		995.9		932.2		806.8		4890.5	
$Y_i.$												

注: * 表示以每百克干重中毫克计, ** 表示每百克豆子.

3. 结合专业举出几个需要协方差分析的实际问题.

第 7 章 多元统计分析

多元统计分析 (multivariate statistical analysis) 或简称多元分析, 是 20 世纪初在数理统计基础上, 逐渐发展起来的一门应用数学学科. 因此, 它仍然是研究怎样有效地收集、整理和分析受随机因素影响的数据的一个数学分支. 数理统计一般是仅对总体的一个特征进行研究的, 但在许多实际问题中, 需要将总体的多个特征作为一个整体同时进行研究, 这就是多元统计分析的研究对象. 由于多元分析方法的计算过程复杂, 因此, 许多有效的分析方法在实际应用中受到限制, 统计计算软件的出现, 使得多元分析在实际应用中有了现实意义, 许多分析方法的计算过程均可由软件实现. 所以, 目前其在农业科学、生物科学、海洋科学及更广泛的地学领域, 都得到了广泛的应用, 成为分析试验数据的一种重要手段.

本章我们将对应用较广的主要多元分析方法, 就其统计思想、实际背景及基本计算方法加以介绍, 尽量避免过多的数学论证.

7.1 基 本 概 念

7.1.1 多元总体

对所研究问题的总体, 需同时关心其 p 个特征, 对应随机变量 $X_i, i = 1, 2, \cdots, p$, 总体是由此整体构成的随机向量 $x = (X_1, X_2, \cdots, X_p)$. 因此, 在这里总体与随机向量是同义语.

例如, 在研究某地区诸水体是否适宜养鱼时, 需同时关心水体的 pH, BOD_5, NO_3^--N, DO, PO_4^{3-}-P, T(℃) 等, 将此依次记为 $X_i (i = 1, 2, \cdots, 6)$, 则所研究的水体总体是 6 维随机向量 $x = (X_1, X_2, \cdots, X_6)'$.

在研究某人群的体形时, 需关心身高 (X_1)、体重 (X_2)、胸围 (X_3)、肩宽 (X_4)等, 该人群总体是 4 维随机向量 $x = (X_1, X_2, X_3, X_4)'$.

由于随机向量的诸分量间常存在相关性, 故不能分别单独讨论, 必须将其作为一个整体讨论. 总体 $x = (X_1, X_2, \cdots, X_p)'$ 的本质特征是随机向量 x 的概率分布, 刻画 x 的概率分布, 自然通过 x 的联合分布函数来实现

$$F(x_1, x_2, \cdots, x_p) = P\{X_1 \leqslant x_1, X_2 \leqslant x_2, \cdots, X_p \leqslant x_p\}.$$

对连续型随机向量 x 有联合概率密度函数 $f(x_1, x_2, \cdots, x_p)$, 使

$$F(x_1, x_2, \cdots, x_p) = \int_{-\infty}^{x_1} \int_{-\infty}^{x_2} \cdots \int_{-\infty}^{x_p} f(x_1, x_2 \cdots x_p) \mathrm{d}x_1 \mathrm{d}x_2 \cdots \mathrm{d}x_p.$$

对离散型随机向量 x 有联合概率分布律

$$f(x_1, x_2, \cdots, x_p) = P\{X_1 = x_1, X_2 = x_2, \cdots, X_p = x_p\}.$$

下面介绍刻画总体 x 某一特征的常用数字特征.

1) 期望 (expectation) 向量

设随机向量 $x = (X_1, X_2, \cdots, X_p)'$, 有 $EX_i = \mu_i (i = 1, 2, \cdots, p)$, 称 $Ex = (EX_1, EX_2, \cdots, EX_p)'$ 是 x 的期望向量.

可类似定义随机矩阵 $x = (X_{ij})_{n \times m}$ 的期望矩阵 $Ex = (EX_{ij})_{n \times m}$. 由随机变量数学期望的性质, 而知下述性质成立.

性质 7.1　$E(X + a) = EX + a$, a 是 p 维常向量. 因此, $E(X - EX) = 0$.

性质 7.2　$E(Ax) = A(Ex)$, A 是 $n \times p$ 常矩阵.

证　设 $A = (a_{ij})_{n \times p}$, 则 $Ax = \left(\sum\limits_{j=1}^{p} a_{ij} X_j \right)_{n \times 1}$. 于是

$$EAx = \left(E \sum_{j=1}^{p} a_{ij} X_j \right)_{n \times 1} = \left(\sum_{j=1}^{p} a_{ij} (EX_j) \right)_{n \times 1} = A(Ex).$$

一般地, 有 $E(AxB + C) = AE(x)B + C$, 其中 A, B, C 是在式中可与 x 作相应运算的常矩阵.

2) 协方差阵 (covariance matrix)

设随机向量 $x = (X_1, X_2, \cdots, X_p)'$ 具有期望向量 Ex, 称 p 维方阵 $Dx = E((x - Ex)(x - Ex)')$ 为 x 的协方差阵. 显然,

$$Dx = (E(x_i - Ex_i)(x_j - Ex_j))_{p \times p} = (\sigma_{ij})_{p \times p}.$$

其中 $\sigma_{ij} = E((x_i - Ex_i)(x_j - Ex_j)) = \mathrm{Cov}(x_i, x_j)$ 是分量 x_i 与 x_j 的协方差. 一般随机向量 $x = (X_1, X_2, \cdots, X_p)'$, $y = (Y_1, Y_2, \cdots, Y_q)'$ 的协方差阵类似定义为

$$\mathrm{Cov}(x, y) = E((x - Ex)(y - Ey)') = (\mathrm{Cov}(X_i, Y_j))_{p \times q}.$$

显然, $\mathrm{Cov}(x, x) = Dx$ 是对称矩阵. 而 $\mathrm{Cov}(x, y)$ 一般不是对称矩阵, $\mathrm{Cov}(y, x) = \mathrm{Cov}(x, y)'$.

性质 7.3　$D(x + a) = Dx$, a 是 p 维常向量.

性质 7.4　$D(Ax) = A(Dx)A'$, A 是 $n \times p$ 常矩阵.

证 $D(Ax) = E((Ax - EAx)(Ax - EAx)') = E(A(x - Ex)(x - Ex)'A') = AD(x)A'$.

类似地, 有

$\mathrm{Cov}(Ax, By) = E((Ax - EAx)(By - EBy)') = A(\mathrm{Cov}(x, y))B'$. 其中 A, B 是可进行式中相应运算的常矩阵.

性质 7.5 Dx 是非负定的对称阵.

证 显然 $(Dx)' = Dx$, 又对任意的 p 维向量 $a, D(a'x) = a'(Dx)a \geqslant 0$. 故由线性代数知

(1) Dx 的 p 个特征值 $\lambda_i (i = 1, 2, \cdots, p)$ 非负. 不妨记为 $\lambda_1 \geqslant \lambda_2 \geqslant \cdots \geqslant \lambda_p \geqslant 0$.

(2) 存在正交阵 P, 使 $P^{-1}(Dx)P = \mathrm{diag}(\lambda_1, \cdots, \lambda_p)$. 其中 P 的列向量 P_i 是 Dx 对应 λ_i 的单位特征向量且相互正交.

3) 相关阵 (correlation matrix)

由随机向量 $x = (X_1, X_2, \cdots, X_p)'$ 的诸分量两两间的相关系数

$$\rho_{ij} = \frac{\mathrm{Cov}(X_i, X_j)}{\sqrt{DX_i}\sqrt{DX_j}} = \frac{\sigma_{ij}}{\sqrt{\sigma_{ii}\sigma_{jj}}}.$$

构成的 p 维方阵 $\mathrm{Corr}\, x = (\rho_{ij})_{p \times p}$ 叫做 x 的相关阵. 显然可知

(1) $\mathrm{Corr}\, x = \mathrm{diag}^{-1}(\sqrt{DX_1}, \cdots, \sqrt{DX_p})(Dx)\mathrm{diag}^{-1}(\sqrt{DX_1}, \cdots, \sqrt{DX_p})$.

(2) x 的诸分量两两不相关, 则 $\mathrm{Corr}x$ 为单位阵 E_p 或 $Dx = \mathrm{diag}(\sigma_{11}, \cdots, \sigma_{pp})$.

(3) 若对随机向量 x 的诸分量 X_i 取标准化 $X_i^* = \dfrac{X_i - EX_i}{\sqrt{DX_i}}$, 即 $x^* = \mathrm{diag}^{-1}(\sqrt{DX_1}, \cdots, \sqrt{DX_p})(x - Ex)$, 则 $Ex^* = 0, Dx^* = \mathrm{Corr}x$.

4) 多元正态分布

随机向量 x 的众多概率分布中, 最重要的一个就是联合密度函数

$$f(x_1, \cdots, x_p) = (2\pi)^{-\frac{p}{2}} |V|^{-\frac{1}{2}} \exp\left\{ -\frac{1}{2}(x - \mu)'V^{-1}(x - \mu) \right\},$$

其中 $\mu = Ex, V = Dx$, 这时称 x 服从 p 维正态分布, 记为 $x \sim N_p(\mu, V)$ 也称为正态总体 x.

当 $p = 1$ 时, $f(x_1) = \dfrac{1}{\sqrt{2\pi}\sigma_1} \mathrm{e}^{-\frac{(x_1 - \mu_1)^2}{2\sigma_1^2}}$.

当 $p = 2$ 时, 由 $Ex = \begin{pmatrix} \mu_1 \\ \mu_2 \end{pmatrix}, Dx = \begin{pmatrix} \sigma_1^2 & \sigma_{12} \\ \sigma_{21} & \sigma_2^2 \end{pmatrix}$.

$|Dx| = \sigma_1^2\sigma_2^2(1 - r_{12}^2), \quad (Dx)^{-1} = \dfrac{1}{\sigma_1^2\sigma_2^2(1 - r_{11}^2)} \begin{pmatrix} \sigma_2^2 & -\sigma_{12} \\ -\sigma_{12} & \sigma_1^2 \end{pmatrix}$.

$$f(x_1, x_2) = \frac{1}{2\pi\sigma_1\sigma_2\sqrt{1 - r_{12}^2}} \exp\left\{ -\frac{1}{2(1 - r_{12}^2)} \right.$$
$$\left. \times \left[\frac{(x_1 - \mu_1)^2}{\sigma_1^2} - 2r_{12}\frac{(x_1 - \mu_1)(x_2 - \mu_2)}{\sigma_1\sigma_2} + \frac{(x_2 - \mu_2)^2}{\sigma_2^2} \right] \right\}.$$

7.1.2　多元样本

在总体 $x = (X_1, X_2, \cdots, X_p)$ 中抽样, 得到 n 样本 $x_{(i)} = (x_{i1}, x_{i2}, \cdots, x_{ip})', i = 1, 2, \cdots, n$, 它同样具有二重性, 在抽样前是随机向量, 抽样后是随机向量的实现, 即样本观察值. 今后对此二重意义均用小写字母表示, 其意义可由上下文理解.

常将 n 样本 $x_{(i)}, i = 1, 2, \cdots, n$, 记为矩阵形式

$$X = \begin{pmatrix} x_{11} & \cdots & x_{1p} \\ \vdots & & \vdots \\ x_{n1} & \cdots & x_{np} \end{pmatrix} = (x_{ij})_{n \times p} \text{ 称为样本阵.}$$

X 的每个行向量 $x'_{(i)} = (x_{i1}, \cdots, x_{ip})(i = 1, 2, \cdots, n)$ 是第 i 个样品的状态, 比较它们可看出这些样品之间的差异与联系.

X 的每个列向量 $x_j = (x_{1j}, \cdots, x_{nj})', j = 1, 2, \cdots, p$ 是 x 的第 j 个分量 x_j 在 n 样本上的实现, 比较它们可看出在 n 样本上诸变量间的关系. 样本来自总体 x, 因此 n 样本与总体同分布. 样本阵含有我们所需要的关于总体的信息, 因此, 样本阵 X 是我们对总体 x 进行各种统计分析的基础.

1) 样本均值向量

$$\bar{x} = \frac{1}{n}\sum_{i=1}^{n} x_{(i)} = (\bar{x}_1, \bar{x}_2, \cdots, \bar{x}_p)' \left(\text{其中 } \bar{x}_j = \frac{1}{n}\sum_{i=1}^{n} x_{ij} \right) \text{ 叫做样本均值向量.}$$

常作为 Ex 的估计, 即 $E\hat{x} = \bar{x}$. 显然 $\sum_{i=1}^{n} (x_{(i)} - \bar{x}) = 0$.

2) 样本协方差阵

矩阵 $L = (l_{ij})_{p \times p} = \sum_{k=1}^{n} (x_{(k)} - \bar{x})(x_{(k)} - \bar{x})'$ 叫做样本离差阵. 其中, $s_{ij} = \frac{1}{n-1}\sum_{k=1}^{n} (x_{ki} - \bar{x}_i)(x_{kj} - \bar{x}_j)$ 是 x_i 与 x_j 的样本协方差.

当 $i = j$ 时, $s_{ii} = s_i^2 = \frac{1}{n-1}\sum_{k=1}^{n} (x_{ki} - \bar{x}_i)^2$ 是 x_i 的样本方差, 样本协方差阵 S 常作为总体协方差阵 Dx 的估计, 即 $D\hat{x} = S$.

3) 样本相关阵

矩阵 $R = (r_{ij})_{p \times p}$ 叫做样本相关阵, 其中 $r_{ij} = \dfrac{s_{ij}}{\sqrt{s_{ii}}\sqrt{s_{jj}}} = \dfrac{l_{ij}}{\sqrt{l_{ii}}\sqrt{l_{jj}}}$ 是 x_i 与 x_j 的样本相关系数. 它常作为总体相关阵 $\mathrm{Corr}x$ 的估计. 样本相关阵、样本协方差阵 S 与样本离差阵 L 之间有下述关系

$$R = \mathrm{diag}^{-1}(\sqrt{s_{11}}, \cdots, \sqrt{s_{pp}})S\mathrm{diag}^{-1}(\sqrt{s_{11}}, \cdots, \sqrt{s_{pp}})$$
$$= \mathrm{diag}^{-1}(\sqrt{l_{11}}, \cdots, \sqrt{l_{pp}})L\mathrm{diag}^{-1}(\sqrt{l_{11}}, \cdots, \sqrt{l_{pp}}).$$

由总体 x 的样本阵 $X = (x_{ij})_{n \times p}$, 可得标准化总体 x^* 的样本阵 $X^* = (x_{ij}^*)_{n \times p}$, 其中

$$x_{ij}^* = \frac{x_{ij} - \bar{x}_j}{s_j} \quad \left(\text{有时取 } x_{ij}^* = \frac{x_{ij} - \bar{x}_j}{\sqrt{l_{ii}}}\right).$$

显然 $x^* = 0, s^* = R$.

7.2 主成分分析

在实际问题中, 为充分获得与研究目的有关的信息, 常将与之有关的指标尽力选入, 致使研究的总体 x 维数过高, 这不仅造成分析处理上的不便, 且常由诸分量间的相关性造成有关信息上的重叠, 致使总体的基本特征难以刻画. 例如, 为刻画湖库的营养型, 国际通用的指标体系有 8 个: 初级产量、浮游植物量、浮游动物量、有机物耗氧量、总氮、无机氮、总磷、活性磷, 所研究的湖库总体是一个 8 维总体. 由此依标准划分湖库的营养型时, 不仅常出现同一湖库的诸指标所属营养型不一的情况, 而且由这些指标间的相关性, 使得某些信息出现重叠. 解决这些问题的一个想法是由总体 x 的诸分量构造尽可能少的相互独立 (或无关) 的综合指标, 且尽可能多地包含原总体的所有信息. 这就是主成分分析所要解决的问题.

7.2.1 基本模型

前述主成分分析直观背景的数学描述如下:

设总体 $x = (x_1, x_2, \cdots, x_p)'$, 寻求线性变换

$$A = (a_1, a_2, \cdots, a_p), \quad a_i = (a_{i1}, a_{i2}, \cdots, a_{ip})', \quad \|a_i\|^2 = a_i'a_i = 1, \quad i = 1, 2, \cdots, p,$$

使

$$y_1 = a_{11}x_1 + a_{12}x_2 + \cdots + a_{1p}x_p = a_1'x,$$
$$y_2 = a_{21}x_1 + a_{22}x_2 + \cdots + a_{2p}x_p = a_2'x,$$

······

$$y_p = a_{p1}x_1 + a_{p2}x_2 + \cdots + a_{pp}x_p = a_p'x.$$

记, $y = (y_1, y_2, \cdots, y_p)'$, 则 $y = A'x$, 也即在 $x_1, x_2, \cdots, x_p$ 的线性函数中寻找新的综合因子 (综合指标), 满足:

(1) $\forall i \neq j$, $\mathrm{Cov}(y_i, y_j) = \mathrm{Cov}(a_i'x, a_j'x) = a_i'(Dx)a_j = 0$, 即 $Dy = D(A'x) = A'(Dx)A$ 是对角阵, 这保证 y 的诸分量两两线性无关 (或独立).

(2) $Dy_1 = D(a_1'x) = a_1'(Dx)a_1$ 尽可能大, 并依要求 $Dy_2, Dy_3, \cdots$ 均依次尽可能大.

这是由于 Dy_k 刻画了总体内 y_k 的差异, 故用此表示 y_k 提供的信息量. 又知在 a_k 满足条件 (1) 时, ca_k (c 为任意常数) 亦满足, 这时 $Dy_k = D(ca_k'x) = c^2 a_k'(Dx)a_k$ 可随 c 的增大而增大. 故应对 $\|a_k\|$ 有所限制, 常限制 $\|a_k\|^2 = a_k'a_k = 1$.

由此给出主成分的定义.

定义 7.1   设总体 $x = (x_1, x_2, \cdots, x_p)'$, a 为任意 p 维单位列向量

若 $\max D(a'x) = D(a_1'x)$, 则称 $y_1 = a_1'x$, 是总体 x 的第一主成分.

若 $\displaystyle\max_{a'(Dx)a_1=0} D(a'x) = D(a_2'x)$, 则称 $y_2 = a_2'x$ 是总体 x 的第二主成分.

······

若 $\displaystyle\max_{\substack{a'(Dx)a_i=0 \\ i=1,2,\cdots,k-1}} D(a'x) = D(a_k'x)$, 则称 $y_k = a_k'x$ 是 x 的第 k 个主成分.

由此, 可由第一主成分开始, 逐次选取, 可用最少的相互独立的主成分包含原总体信息达到所要求的程度.

7.2.2   总体主成分

欲求总体 $x = (x_1, x_2, \cdots, x_p)'$ 的主成分, 由 7.2.1 节知关键在于求出满足条件的单位列向量 $a_1, a_2, \cdots, a_p$. 而由 Dx 是非负定的实对称阵知, 必存在正交阵

$$U = (U_1, U_2, \cdots, U_p), \quad U_i'U_j = \begin{cases} 1, & i = j, \\ 0, & i \neq j, \end{cases} \quad \text{使 } U'(Dx)U = \mathrm{diag}(\lambda_1, \lambda_2, \cdots, \lambda_p),$$

其中 λ_j 是 Dx 的特征值, U 的每个列向量 U_j 是 Dx 对应于 λ_j 的单位特征向量, 即 $(Dx)U_j = \lambda_j U_j$.

若取 $y_j = U_j'x$, 则 $Dy_j = D(U_j'x) = U_j'(Dx)U_j = \lambda_j$, 且诸 $y_j (j = 1, 2, \cdots, p)$ 两两不相关.

若将诸特征值排序为 $\lambda_1 \geqslant \lambda_2 \geqslant \cdots \geqslant \lambda_p \geqslant 0$, 则 $Dy_1 = \lambda_1$ 与其他的 $Dy_j = \lambda_j$ 相比为最大. 但是否存在另外的 a, 使 $D(a'x) > \lambda_1$ 呢?

定理 7.1   若 a 是任意 p 维单位向量, 则 $\displaystyle\max_{a'a=1} D(a'x) = \lambda_1$.

证 由 $U'(Dx)U = \mathrm{diag}(\lambda_1, \lambda_2, \cdots, \lambda_p)$, 知 $Dx = \sum\limits_{i=1}^{p} \lambda_i U_i U_i'$, 所以 $D(a'x) =$

$a'(Dx)a = a'\left(\sum\limits_{i=1}^{p} \lambda_i U_i U_i'\right) a \leqslant \lambda_1 \sum\limits_{i=1}^{p} a'U_2 U_i' a$, 而 $\sum\limits_{i=1}^{p} U_i U_i' = E_{p \times p}$, $a'a = 1$, 故

$D(a'x) \leqslant \lambda_1$, 即 $\max\limits_{a'a=1} D(a'x) = D(U_1'x) = \lambda_1$, 故 $y_1 = U_1'x$ 是 x 的第一主成分. 类似可证如下定理.

定理 7.2 若 a 是任意单位向量, 且与 $U_1, U_2, \cdots, U_{j-1}$ 正交, 则 $\max\limits_{\substack{a'U_i=0 \\ 1\leqslant i\leqslant j}} D(a'x) = \lambda_j$, 即 $y_j = U_j'x$ 是总体 x 的第 j 个主成分.

由此可知, 欲依次求出总体 x 的主成分, 只需求出 Dx 的特征值 λ_i, 并依由大到小排序 $\lambda_1 \geqslant \lambda_2 \geqslant \cdots \geqslant \lambda_p \geqslant 0$, 再依次求出它们对应的单位特征向量 $U_1, U_2, \cdots, U_p$, 则总体 x 的第一主成分 $y_1 = U_1'x$, 第二主成分 $y_2 = U_2'x, \cdots$, 第 p 主成分 $y_p = U_p'x$, 它们对总体 x 原有信息 $\sum\limits_{i=1}^{p} Dx_i$ 的贡献依次是 $\lambda_1, \lambda_2, \cdots, \lambda_p$. 由线性代数可知 $\sum\limits_{i=1}^{p} Dx_i = \sum\limits_{i=1}^{p} \lambda_i$, 故可定义如下.

定义 7.2 $f_k = \dfrac{\lambda_k}{\sum\limits_{i=1}^{p} \lambda_i}$ 称为主成分 y_k 的贡献率. $\sum\limits_{i=1}^{k} f_i = \sum\limits_{i=1}^{k} \lambda_i \Big/ \sum\limits_{i=1}^{p} \lambda_i$ 称为主成分 $y_1, y_2, \cdots, y_k$ 的累积贡献率.

所以, 只要前 k 个主分量的累积贡献率近于 1, 即已将原总体 x 的所有信息 $\sum\limits_{i=1}^{p} Dx_i$ 几乎全部提取, 可将剩余的 $p-k$ 个主成分略去, 一般常取累积贡献率大于 0.8 或 0.85 即可.

每个主成分对总体的贡献率是提取自原分量 $x_1, x_2, \cdots, x_p$ 中所含主成分方面的信息, 但提取的程度不同, 故仅依累积贡献率选取 K 个主成分时, 可能对某个原分量的信息提取甚少, 这也可能使主成分所提取的信息不够全面. 因此, 还需具体分析在所取的 K 个主成分中, 来自 $x_1, x_2, \cdots, x_p$ 的信息各有多少.

定理 7.3 主成分 $y_j = U_j'x$ 与 x_k 的相关系数 $r(y_j, x_k) = \dfrac{\sqrt{\lambda_j} u_{jk}}{\sqrt{Dx_k}}$.

证 由 $\mathrm{Cov}(y_j, x) = \mathrm{Cov}(U_j'x, x) = U_j'(Dx) = ((Dx)U_j)' = \lambda_j U_j'$, 知 $\mathrm{Cov}(y_j, x_k) = \lambda_j u_{jk}$, 从而 $r(y_j, x_k) = \dfrac{\lambda_j u_{jk}}{\sqrt{Dy_i}\sqrt{Dx_k}} = \dfrac{\sqrt{\lambda_j} u_{jk}}{\sqrt{Dx_k}}$.

这表明 $r(y_j, x_k)$ 具有在主成分 y_j 所提取的信息量 λ_j 中来自原分量 x_k 信息

量比例的意义.

定义 7.3　主成分 y_j 与原分量 x_k 的相关系数 $r(y_j, x_k)$ 叫做原分量 x_k 在第 j 个主成分 y_j 上的因子负荷量.

因子负荷量具有下述两个性质.

(1) $\sum\limits_{k=1}^{p} (Dx_k) r^2(y_j, x_k) = \lambda_j.$

(2) $\sum\limits_{j=1}^{p} r^2(y_j, x_k) = 1.$

证　(1) 由定理 7.3 知

$$\sum_{k=1}^{p} (Dx_k) r^2(y_j, x_k) = \lambda_j \sum_{k=1}^{p} u_{jk}^2 = \lambda_j.$$

(2) 由 $U'(Dx)U = \mathrm{diag}(\lambda_1, \lambda_2, \cdots, \lambda_p)$, $Dx = U\mathrm{diag}(\lambda_1, \lambda_2, \cdots, \lambda_p)U' = \sum\limits_{j=1}^{p} \lambda_j U_j U_j'$, 知 $Dx_k = \sum\limits_{j=1}^{p} \lambda_j u_{jk}^2$, 所以 $\sum\limits_{j=1}^{p} r^2(y_j, x_k) = \sum\limits_{j=1}^{p} \dfrac{\lambda_j u_{jk}^2}{Dx_k} = \dfrac{1}{Dx_k} \sum\limits_{j=1}^{p} \lambda_j u_{jk}^2 = 1.$

这两个性质的统计意义是

(1) 主成分 y_j 的贡献 λ_j 来自原分量 $x_1, x_2, \cdots, x_p$, 且分别从中提取了它们方差 (Dx_k) 的 $r^2(y_j, x_k)$ 倍.

(2) 第 k 个原分量 x_k 的方差 (Dx_k) 被主成分 $y_1, y_2, \cdots, y_p$ 全部提取, 且被分别提取 $r^2(y_j, x_k)$ 倍, 即 (Dx_k) 依比例 $r^2(y_j, x_k)$ 分配到主成分 $y_1, y_2, \cdots, y_p$ 之中.

定义 7.4　$r^2(y_j, x_k)$ 叫做主成分 y_j 对 x_k 的贡献率.

定义 7.5　m 个主成分 $y_1, y_2, \cdots, y_m$ 与 x_k 的相关系数的平方和, 叫做这 m 个主成分对 x_k 的贡献率 v_k, 即 $v_k = \sum\limits_{j=1}^{m} r^2(y_j, x_k) = \sum\limits_{j=1}^{m} \dfrac{\lambda_j u_{jk}^2}{Dx_k}.$

因此, 主成分 $y_j = U_j' x = u_{j1}x_1 + u_{j2}x_2 + \cdots + u_{jp}x_p$ 中的系数 u_{jk} 是与 y_j 所含 x_k 中的信息有关的一个量, u_{jk} 也刻画了原分量 x_k 对 y_j 的重要性.

主成分 y_j 的系数 u_{jk} 的符号反映了 x_k 与 y_j 的相关性质, 而 u_{jk}^2 反映了 x_k 对主成分 y_j 的权重. 上述分析是依据原分量的实际意义, 分析主分量 y_j 的实际意义的基础.

一般来说, 在实际问题中, 应依据 u_{jk} 的符号及 $|u_{jk}|$ 的大小, 结合 x_k 的实际意义来分析主成分的实际意义.

例 7.1 设有总体 $x = (x_1, x_2, x_3)'$, 已知协方差阵 $Dx = \begin{pmatrix} 1 & -2 & 0 \\ -2 & 5 & 0 \\ 0 & 0 & 2 \end{pmatrix}$, 对总体 x 做主成分分析.

解 由 Dx 求得其特征值及对应的特征向量如下:

$$\lambda_1 = 5.8284, \quad U_1 = (0.3827, -0.9239, 0)',$$
$$\lambda_2 = 2, \qquad U_2 = (0, 0, 1)',$$
$$\lambda_3 = 0.1716, \quad U_3 = (0.9239, 0.3827, 0)',$$

得总体的三个主成分表达式与贡献率如下:

$$y_1 = 0.3827x_1 - 0.9239x_2, \quad f_1 = \frac{5.8284}{8} = 72.855\%,$$

$$y_2 = x_3, \qquad\qquad\qquad f_2 = \frac{2}{8} = 25\%,$$

$$y_3 = 0.9239x_1 + 0.3827x_2, \quad f_3 = \frac{0.1716}{8} = 2.145\%.$$

再计算 x_1, x_2, x_3 在各主成分上的负荷量及诸主成分对 x_1, x_2, x_3 的贡献率. x_k 在主成分 y_j 上的负荷量 $r(y_j, x_k) = \dfrac{\sqrt{\lambda_j}u_{jk}}{\sqrt{Dx_k}}$,

$$(\lambda_1, \lambda_2, \lambda_3) = (5.8284, 2, 0.1716),$$
$$(Dx_1, Dx_2, Dx_3) = (1, 5, 2).$$

依次可求出

$$r(y_1, x_1) = 0.9239, \quad r^2(y_1, x_1) = 0.8536;$$
$$r(y_2, x_1) = 0, \quad r^2(y_2, x_1) = 0;$$
$$r(y_3, x_1) = 0.3827, \quad r^2(y_3, x_1) = 0.1465;$$
$$r(y_1, x_2) = -0.9975, \quad r^2(y_1, x_2) = 0.995;$$
$$r(y_2, x_2) = 0, \quad r^2(y_2, x_2) = 0;$$
$$r(y_3, x_2) = 0.0709, \quad r^2(y_3, x_2) = 0.0056;$$
$$r(y_1, x_3) = 0, \quad r^2(y_1, x_3) = 0;$$
$$r(y_2, x_3) = 1, \quad r^2(y_2, x_3) = 1;$$
$$r(y_3, x_3) = 0, \quad r^2(y_3, x_3) = 0.$$

常将上述结果列表示之, 见表 7.1.

由上述计算可知, 若仅取第一主成分 y_1, 虽然其贡献率已达 72.855%, 但其未包含原分量 x_3 的信息, 若取两个主成分 y_1, y_2, 则累积贡献率已达 97.875%, 且对三个原分量的贡献率已分别达到 85.5%, 99.5%, 100%. 因此, 取 y_1, y_2 两个主成分:

表 7.1　原分量在各主成分上的负荷量及诸主成分对原分量的贡献率

主成分 原分量	系数			对原分量的贡献率			
	y_1	y_2	y_3	y_1	y_2	y_3	合计
x_1	0.3827	0	0.9239	0.8556	0.000	0.1465	1
x_2	-0.9239	0	0.3827	0.995	0.000	0.005	1
x_3	0.000	1	0.000	0.000	1.000	0.000	1
贡献率/%	72.855	25	2.145				
累积贡献率/%	72.855	97.875	100.00				

$y_1 = 0.3827x_1 - 0.9239x_2$, $y_2 = x_3$, 几乎反映了原总体三个分量所反映的信息.

y_1 与 x_1 呈正相关, y_1 与 x_2 呈负相关, 且其意义应主要由 x_2 的实际意义来分析. 若为了分析此主分量实际意义的方便, 也可取 $y_1 = -0.3824x_1 + 0.9239x_2$, y_2 与 x_3 的实际意义完全相同.

在实际问题中, 也常将总体标准化后, 依据标准化总体 $x^* = \left(\dfrac{x_1 - Ex_1}{\sqrt{Dx_1}}, \cdots,\right.$ $\left.\dfrac{x_p - Ex_p}{\sqrt{Dx_p}}\right)'$ 的协方差阵 Dx^*, 即原总体 x 的相关阵 $\mathrm{Corr}x = R$, 作主成分分析, 以消除诸分量间量纲的差异. 分析过程与前述完全相同.

7.2.3　样本主成分

在实际问题中, 总体的协方差阵 Dx 常是未知的, 故只能依据样本阵 $D\hat{x} = S = \dfrac{1}{n-1}L$, 或经样本标准化后, 由样本相关阵 $\mathrm{Corr}\hat{x}$ 进行主成分分析.

计算步骤如下:

(1) 依据对总体的研究目的, 选定总体的各分量 $x = (x_1, x_2, \cdots, x_p)'$, 经随机抽样得 n 样本 $x_{(i)} = (x_{i1}, x_{i2}, \cdots, x_{ip})'$, 样本阵

$$X = (x_{(1)}, x_{(2)}, \cdots, x_{(n)})' = \begin{pmatrix} x_{11} & \cdots & x_{1p} \\ \vdots & & \vdots \\ x_{n1} & \cdots & x_{np} \end{pmatrix} = (x_{ij})_{n \times p}.$$

(2) 由样本阵 X 求样本协方差阵 $D\hat{x}$ 或相关阵 $\hat{R}$.

(3) 求 $D\hat{x}$ 或 $\hat{R}$ 的特征值及对应的正交单位特征向量.

(4) 依据主成分的累积贡献率, 并结合所取主成分对原分量的贡献率, 确定选取主成分的个数 m.

(5) 写出所选主成分的表达式, 并依据其系数的符号与绝对值, 结合对应原分量的实际意义, 分析所选主成分的实际意义.

例 7.2 为讨论马夫鱼的外行特征, 测定 20 尾马夫鱼的外形, 每尾马夫鱼测定了 4 个变量值、变量名称及测量值列于表 7.2.

表 7.2 马夫鱼观测值

变量 \ 样本号	1	2	3	4	5	6	7	8	9	10	11	12	13	14
体长 x_1	108	90	130	114	113	120	87	94	115	90	117	134	150	140
$\frac{2}{3}$ 处高 x_2	95	95	95	85	87	90	67	66	84	75	60	73	73	64
$\frac{1}{3}$ 处高 x_3	118	117	140	113	121	122	97	88	118	103	84	104	110	95
$\frac{1}{2}$ 处高 x_4	110	110	125	108	110	114	88	86	106	96	76	92	96	87

变量 \ 样本号	15	16	17	18	19	20	平均数 $\bar{x}_j$	方差 S_{ij}	标准差 s_j
体长 x_1	126	118	136	145	161	155	122.15	482.029	21.9552
$\frac{2}{3}$ 处高 x_2	75	43	55	63	64	60	73.45	216.576	14.7165
$\frac{1}{3}$ 处高 x_3	96	59	89	97	112	100	104.15	306.134	17.4967
$\frac{1}{2}$ 处高 x_4	90	52	75	84	94	83	94.10	279.779	16.7266

解 计算样本相关阵如表 7.3 所示.

表 7.3 样本相关阵各变量相关系数表

变量	x_1	x_2	x_3	x_4
x_1	1	-0.3355	0.0143	-0.1733
x_2	-0.3355	1	0.8866	0.9577
x_3	0.0143	0.8866	1	0.9707
x_4	-0.1733	0.9577	0.9707	1

计算样本相关阵 $\hat{R}$ 的特征值和对应的单位特征向量, 以及诸主成分贡献率及累积贡献率如表 7.4 所示.

由此可见, 依据累积贡献率仅取

$$y_1 = -0.1485x_1 + 0.5735x_2 + 0.5577x_3 + 0.5814x_4,$$

$$y_2 = 0.9544x_1 - 0.0984x_2 + 0.2695x_3 + 0.0824x_4,$$

它们的累积贡献率已经达到 98.6%, 几乎已提取了全部信息, 略去后两个主成分仅损失了 1.4% 的信息. 由于本例是由样本相关阵计算, 故此处的诸分量均是标准化的分量.

表 7.4   样本相关阵特征值和对应的单位特征向量及诸主成分贡献率与累积贡献率表

变量 \ 主成分	y_1	y_2	y_3	y_4
x_1	−0.1485	0.9544	0.2516	−0.0612
x_2	0.5735	−0.0984	0.7733	0.2519
x_3	0.5577	0.2695	−0.5589	0.5513
x_4	0.5814	0.0824	−0.1624	−0.7930
特征根	2.920	1.024	0.049	0.007
贡献率	0.730	0.256	0.012	0.002
累积贡献率	0.730	0.986	0.998	1.000

再分别计算 4 个原分量 x_1, x_2, x_3, x_4 在主成分 y_1, y_2 上的因子负荷 $r(y_j, x_k)$ $(j = 1, 2, k = 1, 2, 3, 4)$ 及这两个主成分 y_1, y_2 对 4 个原分量 x_1, x_2, x_3, x_4 的贡献率 $r^2(y_j, x_k)(j = 1, 2, k = 1, 2, 3, 4)$, 如表 7.5 所示.

表 7.5   因子负荷量与贡献率

原分量 \ 主成分	因子负荷量		贡献率		
	y_1	y_2	y_1	y_2	合计
x_1	−0.254	0.966	0.065	0.933	0.998
x_2	0.980	−0.100	0.960	0.010	0.970
x_3	0.953	0.273	0.908	0.075	0.983
x_4	0.993	0.083	0.986	0.007	0.993

由此可见, 仅取两个主成分 y_1, y_2 时, 对原 4 个分量的贡献率亦均大于等于 97%. 因此, 仅取主成分 y_1, y_2 是适宜的.

对所取的两个主成分 y_1, y_2 的实际意义, 解释如下:

第一主成分 y_1 中, x_2, x_3, x_4 的系数绝对值相近, 且 x_1 的系数较小, 而 x_2, x_3, x_4 三个分量都是马夫鱼体高的指标, 所以第一主成分 y_1 是表示体高的综合因子.

第二主成分 y_2 主要由 x_1 确定, 它是表示体长的综合因子.

对于第三、第四两个主成分

$$y_3 = 0.2516x_1 + 0.7733x_2 - 0.5589x_3 - 0.1624x_4,$$

$$y_4 = -0.0612x_1 + 0.2519x_2 + 0.5513x_3 - 0.7930x_4.$$

本已略去, 可不做解释, 这里为了说明问题, 暂且解释如下:

第三主成分 y_3 主要由 x_2, x_3 确定, 而两者的系数符号相反. 这个主成分表示该鱼 $\frac{1}{3}$ 体高 x_3 与 $\frac{2}{3}$ 处体高的对比度, 表示鱼形由最高处 "逐渐变小" 程度的因子.

第四主成分 y_4 主要由 x_3, x_4 确定, 两者的系数符号相反, y_4 表示鱼形由最高处到其中部 $\frac{1}{2}$ 处 "逐渐变小" 程度的综合因子.

总之, y_3, y_4 两个主成分是表示鱼形的综合因子, 但其贡献率甚小, 说明这些马夫鱼外行差异很小, 之间的差异主要表现为体高, 其次为体长.

SPSS 实现

(1) 数据的输入: 打开 SPSS, 在变量窗口设置变量, 创建 "体长" "高 32" "高31" "高 21" 四个变量, 在数据窗口输入数据, 格式如图 7.1 所示.

	体长	高32	高31	高21	变量
1	108.00	95.00	118.00	110.00	
2	90.00	95.00	117.00	110.00	
3	130.00	95.00	140.00	125.00	
4	114.00	85.00	113.00	108.00	
5	113.00	87.00	121.00	110.00	
6	120.00	90.00	122.00	114.00	
7	87.00	67.00	97.00	88.00	
8	94.00	66.00	88.00	86.00	
9	115.00	84.00	118.00	106.00	
10	90.00	75.00	103.00	96.00	
11	117.00	60.00	84.00	76.00	
12	134.00	73.00	104.00	92.00	
13	150.00	73.00	110.00	96.00	
14	140.00	64.00	95.00	87.00	
15	126.00	75.00	96.00	90.00	
16	118.00	43.00	59.00	52.00	
17	136.00	55.00	89.00	75.00	
18	145.00	63.00	97.00	84.00	
19	161.00	64.00	112.00	94.00	
20	155.00	60.00	100.00	83.00	

图 7.1

(2) 命令选择: 打开 "分析" 下拉菜单, 选择 "降维" 选项, 单击 "因子分析", 弹出 "因子分析" 对话框. 分析 → 降维 → 因子分析 (图 7.2).

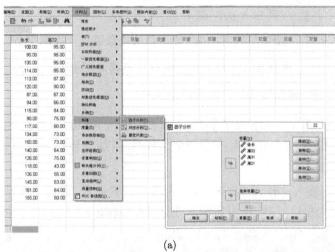

(a)

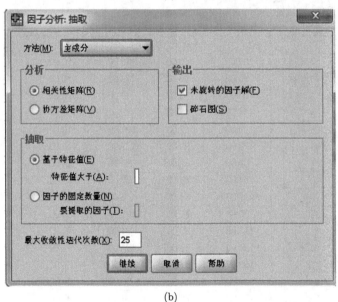

(b)

图 7.2

把 "体长" "高 32" "高 31" "高 21" 选入变量框. 点击 "抽取" 按钮. 方法选择 "主成分", 分析选择相关性矩阵, 输出选择未旋转的因子解, 抽取选择基于特征值. 单击 "继续", 再单击 "确定".

(3) 输出与解释: 从输出结果 (图 7.3, 图 7.4) 显示相关矩阵的最大特征值对总方差的贡献率为 73%, 第二大特征值贡献率为 25.59%, 累积贡献率为 98.59%. 所以可以取

描述统计量

	均值	标准差	分析 N
体长	122.1500	21.95516	20
高32	73.4500	14.71653	20
高31	104.1500	17.49669	20
高21	94.1000	16.72659	20

相关矩阵

		体长	高32	高31	高21
相关	体长	1.000	-.335	.014	-.173
	高32	-.335	1.000	.887	.958
	高31	.014	.887	1.000	.971
	高21	-.173	.958	.971	1.000
Sig.（单侧）	体长		.074	.476	.232
	高32	.074		.000	.000
	高31	.476	.000		.000
	高21	.232	.000	.000	

公因子方差

	初始	提取
体长	1.000	.997
高32	1.000	.970
高31	1.000	.982
高21	1.000	.994

提取方法：主成份分析。

图 7.3

解释的总方差

成份	初始特征值			提取平方和载入			旋转平方和载入		
	合计	方差的 %	累积 %	合计	方差的 %	累积 %	合计	方差的 %	累积 %
1	2.920	73.000	73.000	2.920	73.000	73.000	2.857	71.429	71.429
2	1.024	25.592	98.591	1.024	25.592	98.591	1.086	27.162	98.591
3	.049	1.223	99.814						
4	.007	.186	100.000						

提取方法：主成份分析。

成份矩阵[a]

	成份	
	1	2
体长	-.254	.966
高32	.980	-.100
高31	.953	.273
高21	.994	.083

提取方法:主成分分析法。

a. 已提取了 2 个成份。

图 7.4

$$y_1 = -0.1485x_1 + 0.5735x_2 + 0.5577x_3 + 0.5814x_4,$$

$$y_2 = 0.9544x_1 - 0.0984x_2 + 0.2695x_3 + 0.0824x_4,$$

它们几乎提取了全部信息, 省略的两个主成分, 仅损失了 1.41% 的信息, 其中系数是对应特征值 λ_i 的特征向量 P_i 除 $\sqrt{\lambda_i}$ 得到. 比如

$$(\ -0.254 \quad 0.980 \quad 0.953 \quad 0.994 \ )/\sqrt{2.92} = (\ -0.1485 \quad 0.5735 \quad 0.5577 \quad 0.5814 \ ),$$

$$(\ 0.966 \quad -0.1 \quad 0.273 \quad 0.083 \ )/\sqrt{1.024} = (\ 0.9544 \quad -0.0984 \quad 0.2695 \quad 0.0824 \ ).$$

7.2.4   关于主成分分析应用中的几个问题

1) 主成分分析的应用

当刻画总体的某些相互独立的基本特征时, 需选用与之有关的多个具有相关性的变量, 这些变量均不同程度地反映这些基本特征的信息, 可用主成分分析法从这些变量中分别提出其中所含每个基本特征的信息, 构成刻画该总体每个基本特征的主成分. 一般总体基本特征的个数与意义, 需由主成分分析的结果来确定.

在例 7.2 中, 刻画马夫鱼外形的基本特征, 应有体长、体高、体形等, 选用了例中 4 个变量, 但通常意义下的体长 (x_1) 中又必含体高的信息, 三个体高 (x_2, x_3, x_4) 中也必含体长的信息. 经主成分分析得到刻画基本特征体长、体高的主成分 y_1, y_2. 而刻画体形的主成分 y_3, y_4 的贡献率甚小, 表明马夫鱼的体形差异甚微.

例 7.3   1939 年 Kendall 为刻画英国 48 个郡的农业生产能力, 选用了小麦、大麦、燕麦、豌豆、菜豆、马铃薯、萝卜、饲料甜菜、临时牧场干草和永久牧场干草这 10 种农作物的产量. 考虑到这些产量所含农业生产能力的信息不同, 且各郡这些农作物产量不一, 故依 48 个郡的诸农作物产量情况, 经主成分分析, 得到贡献率为 47.60% 的第一主成分

$$y_1 = 0.39x_1 + 0.37x_2 + 0.39x_3 + 0.27x_4 + 0.22x_5 + 0.30x_6$$

$$+ 0.32x_7 + 0.26x_8 + 0.24x_9 + 0.34x_{10}.$$

由于诸系数均为正, 故将 y_1 解释为农业生产能力. 若计算诸郡的 y_1 值排序, 结果与以每郡作物的总金额和卡路里当量排序基本相同.

又在本例中, y_1 的贡献率 47.60% 不是很大, 还应取第二主成分来解释诸郡农业生产状况的差异. 这由 C. H Banks 于 1954 年给出, 在此不做介绍.

2) 主成分的实际意义

在实际问题中, 总体 x 的原分量的实际意义是明确的, 由此得到的主成分的实际意义需由该问题涉及的专业知识及其中的诸项系数的符号与绝对值来解释.

3) 主成分的应用方式

在实际问题中, 常对所取主成分计算诸样本的主成分值后:

(1) 依第一主成分值或诸主成分值以贡献率为权的和 $\sum f_i y_i$, 将样本排序, 如例 7.3.

(2) 当只取两个主成分 y_1, y_2 时, 可依 n 样本的主成分值 $(y_{i1}, y_{i2})(i = 1, 2, \cdots, n)$ 在 y_1, y_2 构成的平面上作出样本点集, 依其聚集情况, 作为对该类样本分出子类的参考. 在例 7.2 中, 如果做出所取样本在平面上的样本点, 可以看出样本被 I, III 象限的对角线明显的分为两部分, 这为马夫鱼的进一步分类提供了参考.

4) 主成分的分析

在主成分分析的讨论中, 并未对总体 x 的分布提出要求, 因此, 主成分分析可用于任何总体, 且 Dx 或 $\mathrm{Corr}x$ 的诸特征值差异越大, 主成分分析的效率越高.

7.3 因子分析

对总体 $x = (x_1, x_2, \cdots, x_p)'$ 诸分量间存在相关性的另一分析角度, 认为是由诸总体存在能控制这些分量的更深层次的本质因子所致的. 因此, 可由总体 x 出发分析控制其诸分量的本质因子及其对诸分量的控制作用而认识总体的本质特征, 这是因子分析所研究的问题.

例如, 常用数学 (x_1)、物理 (x_2)、化学 (x_3)、语文 (x_4)、历史 (x_5)、地理 (x_6)、外语 (x_7) 等课程的学习成绩刻画学生的学习质量 (x). 一般情况下, 可设想这些成绩都受到逻辑思维能力 (y_1)、形象思维能力 (y_2) 等因子的影响, 这是刻画学习质量的本质因子, 称为公共因子. 每门课程成绩还受特殊因子的影响. 若能分析出公共因子 y_1, y_2 对各门课程成绩的影响作用并能由学生各门课程的学习成绩得到其在 y_1, y_2 因子上表现的度量, 必对学习质量有重要意义.

再如, 五个生理指标: 收缩压 (x_1)、舒张压 (x_2)、心跳间隔 (x_3)、呼吸间隔 (x_4)、舌下温度 (x_5), 由生理学知识知其均受植物神经支配, 植物神经又分为交感神经 (y_1) 和副交感神经 (y_2). 分析公共因子 y_1, y_2 对五个可度量生理指标的控制作用, 显然是有意义的.

这些都属因子分析的问题, 还有一些公共因子未知的问题, 若能分析出存在的公共因子并结合问题的专业知识做出合理的解释, 对认识问题的本质更有意义.

7.3.1 因子模型

设总体 $x = (x_1, x_2, \cdots, x_p)'$ 有公共因子 $y = (y_1, y_2, \cdots, y_m)'$ 和特殊因子 $\varepsilon =$

$(\varepsilon_1, \varepsilon_2, \cdots, \varepsilon_p)'$, 它们与总体 x 有线性关系

$$x_i = a_{i1}y_1 + \cdots + a_{im}y_m + \varepsilon_i, \quad i = 1, 2, \cdots, p.$$

或记为矩阵形式:

$$x = Ay + \varepsilon, \tag{7.1}$$

其中 $A = (a_{ij})_{p \times m}$ 叫做因子载荷阵, a_{ij} 叫做 x_i 在公共因子 y_j 上的载荷量, A 的列向量 $a_j = (a_{1j}, \cdots, a_{pj})'$ 叫做 x 在 y_j 上的载荷向量.

由问题的实际背景可假设:

(1) $Ey = 0, Dy = E_m$.

(2) $E\varepsilon = 0, D\varepsilon = \text{diag}(\sigma_1^2, \sigma_2^2, \cdots, \sigma_p^2)$.

(3) $\text{Cov}(y, \varepsilon) = 0_{m \times p}$.

这些假设的统计意义是公共因子之间不相关且具有单位方差, 特殊因子彼此不相关且与公共因子也不相关. 这显然与所论问题的实际背景相符.

(7.1) 式连同这些假设一起叫做因子模型.

因此, $Dx = A(Dy)A' + D\varepsilon = AA' + D\varepsilon$, 对标准化总体有 $R = AA' + D\varepsilon$.

7.3.2　因子载荷阵的统计意义

1) 因子载荷 a_{ij} 是 x_i 与公共因子 y_j 的协方差 $\text{Cov}(x_i, y_j)$, 即 $\text{Cov}(x_i, y_j) = a_{ij}$. 由因子模型及协方差的性质可知

$$\text{Cov}(x_i, y_j) = \text{Cov}\left(\sum_{k=1}^{m} a_{ik}y_k + \varepsilon_i, y_j\right) = \text{Cov}\left(\sum_{k=1}^{m} a_{ik}y_k, y_j\right) + \text{Cov}(\varepsilon_i, y_j)$$

$$= \sum_{k=1}^{m} a_{ik}\text{Cov}(y_k, y_j) = a_{ij}\text{Cov}(y_j, y_j) = a_{ij}.$$

可见 a_{ij} 与 x_i, y_j 的相关系数 $r(x_i, y_j)$ 有关的一个量, 特别对标准化总体 $a_{ij} = r(x_i, y_j)$, 故 a_{ij} 的符号表明 x_i 与 y_j 的相关性质, $|a_{ij}|$ 反映了其间的相关程度.

2) 公共变差与特殊变差

由 $Dx = AA' + D\varepsilon$ 知 $\text{Cov}(x_i, x_j) = \displaystyle\sum_{k=1}^{m} a_{ik}a_{jk} + \sigma_{ij}, \sigma_{ij} = \begin{cases} \sigma_i^2, & i = j, \\ 0, & i \neq j. \end{cases}$

故 $Dx_i = \displaystyle\sum_{k=1}^{m} a_{ik}^2 + \sigma_i^2 = h_i^2 + \sigma_i^2$, 其中 $h_i^2 = \displaystyle\sum_{k=1}^{m} a_{ik}^2$ 叫做 x_i 的公共度或公共方差, 它是公共因子 y 对 Dx_i 的贡献, 反映了公共因子 y 对 x_i 的影响, σ_i^2 是特殊因子 ε_i 的方差. 特别对标准化总体 $Dx_i = h_i^2 + \sigma_i^2 = 1$, 上述统计意义更为明显.

3) 公共因子的重要度

$g_j^2 = \sum_{i=1}^{p} a_{ij}^2$ 叫做公共因子 y_j 对总体 x 的重要度.

由 x_i 的公共度 $h_i^2 = \sum_{j=1}^{m} a_{ij}^2$ 的统计意义可知 a_{ij}^2 是公共因子 y_j 对总体 x 的所有分量提供的方差贡献, 因此 g_j^2 反映了公共因子 y_j 对总体 x 的影响. 今后为了方便不妨设

$$g_1^2 \geqslant g_2^2 \geqslant \cdots \geqslant g_m^2 > 0.$$

7.3.3 总体因子载荷阵

1) 总体因子载荷阵的求法

下面就总体 $x = (x_1, \cdots, x_p)'$ 讨论因子模型 $x = Ay + \varepsilon$ 中 A 的求法. 由 $R = AA' + D\varepsilon$, 令 $R^* = R - D\varepsilon = (r_{ij}^*)_{p \times p}$ 并称 R^* 为约相关阵. 其中 $r_{ij}^* = \begin{cases} r_{ij}, & i \neq j, \\ h_i^2, & i = j, \end{cases}$ $h_i^2 = 1 - \sigma_i^2$.

在 $AA' = R^*$, 即 $\sum_{k=1}^{m} a_{ik} a_{jk} = r_{ij}^*$ 的条件下求 A 时, 由于 A 的每个列向量 $a_j = (a_{1j}, \cdots, a_{kj})'$ 的模的平方 $\|a_j\|^2 = a_j' a_j = \sum_{i=1}^{p} a_{ij}^2 = g_j$ 是公共因子 y_j 的重要度, 我们自然期望先求到最重要的公共因子 y_1 对应的列向量 a_1, 然后再依次求 $a_2, \cdots, a_m$ 得到 $A = (a_1, a_2, \cdots, a_m)$.

定理 7.4 在 $AA' = R^*$ 的条件下, 使 $g_1^2 = a_1' a_1$ 取得最大值的 a_1 是 R^* 的最大特征值 $\lambda_{\max}$ 对应的特征向量, 且 $g_1^2 = a_1' a_1$ 的最大值就是 $\lambda_{\max}$.

证 由 Lagrange 乘数法, 令 $Q = g_1^2 - \sum_{i=1}^{p} \sum_{j=1}^{p} \lambda_{ij} \left(\sum_{k=1}^{m} a_{ik} a_{jk} - r_{ij}^* \right)$, 其中

$$\lambda_{ij} = \lambda_{ji} = \sum_{i=1}^{p} a_{i1}^2 - \sum_{i=1}^{p} \sum_{j=1}^{p} \lambda_{ij} \left(\sum_{k=1}^{m} a_{ik} a_{jk} - r_{ij}^* \right).$$

将 Q 对每个 $a_{i1}(i = 1, 2, \cdots, p)$ 求偏导:

$$\frac{\partial Q}{\partial a_{i1}} = 2 \left(a_{i1} - \sum_{j=1}^{p} \lambda_{ij} a_{j1} \right), \quad i = 1, 2, \cdots, p, \tag{7.2}$$

将 Q 对每个 $a_{ik}(k \neq 1)$ 求偏导

$$\frac{\partial Q}{\partial a_{ik}} = -2\sum_{j=1}^{p}\lambda_{ij}a_{jk}, \quad i = 1, 2, \cdots, p, \; k \neq 1. \tag{7.3}$$

令

$$\frac{\partial Q}{\partial a_{i1}} = 0, \quad \frac{\partial Q}{\partial a_{ik}} = 0, \quad \delta_{1k} = \begin{cases} 1, & k = 1, \\ 0, & k \neq 1, \end{cases}$$

则由 (7.2), (7.3) 式有

$$\delta_{1k}a_{ik} - \sum_{j=1}^{p}\lambda_{ij}a_{jk} = 0, \quad i, j = 1, 2, \cdots, p, \tag{7.4}$$

用 a_{i1} 乘 (7.4) 式两端, 并对 i 求和, 则有

$$\delta_{1k}\sum_{i=1}^{p}a_{i1}^2 - \sum_{i=1}^{p}\sum_{j=1}^{p}\lambda_{ij}a_{i1}a_{jk} = 0, \tag{7.5}$$

由 $a_{i1} = \sum_{j=1}^{p}\lambda_{ij}a_{j1}$, 有 $a_{j1} = \sum_{i=1}^{p}\lambda_{ji}a_{jk}$, 并注意到 $\lambda_{ij} = \lambda_{ji}$, 代入 (7.5) 式, 得

$$\delta_{1k}\sum_{i=1}^{p}a_{i1}^2 - \sum_{j=1}^{p}a_{j1}a_{jk} = 0, \quad k = 1, 2, \cdots, m,$$

即

$$\delta_{1k}g_1^2 - \sum_{j=1}^{p}a_{j1}a_{jk} = 0, \quad k = 1, 2, \cdots, m, \tag{7.6}$$

再用 a_{ik} 乘 (7.6) 式两端, 并对 k 求和, 则有

$$a_{i1}g_1^2 - \sum_{j=1}^{p}a_{j1}\left(\sum_{k=1}^{m}a_{ik}a_{jk}\right) = 0, \quad i = 1, 2, \cdots, p, \tag{7.7}$$

又由 $r_{ij}^* = \sum_{k=1}^{m}a_{ik}a_{jk}, \quad i, j = 1, 2, \cdots, p,$ 代入 (7.7) 式, 得

$$\sum_{j=1}^{p}a_{j1}r_{ij}^* - g_1^2 a_{i1} = 0, \quad i = 1, 2, \cdots, p, \tag{7.8}$$

将 (7.8) 式写为矩阵形式, 则有

$$(r_{i1}^*, \cdots, r_{ip}^*)\begin{pmatrix} a_{11} \\ \vdots \\ a_{p1} \end{pmatrix} = g_1^2 a_{i1}, \quad i = 1, 2, \cdots, p \quad \text{或} \quad R^* a_1 = g_1^2 a_1. \tag{7.9}$$

这表明 g_1^2 是 R^* 的特征值, a_1 是 g_1^2 对应的特征向量. 故 g_1^2 的最大值就是 R^* 的最大特征值, a_1 是最大特征值 $\lambda_{\max} = g_1^2$ 对应的 $\|a_1\|^2 = g_1^2$ 的特征向量.

由此可知, 求得 R^* 的最大特征值 $\lambda_{\max} = \lambda_1$ 对应的任一特征向量 b, 则 $a_1 = \frac{\sqrt{\lambda_1}}{\|b\|}b$. 从而求得 A 的第一列向量 a_1, 并选出重要度 $g_1^2 = \lambda_1$, 最大的公共因子 y_1.

再经过适当的讨论可知, 只需依次求得 R^* 的特征值 $\lambda_1 \geqslant \lambda_2 \geqslant \cdots \geqslant \lambda_m > 0$ 及其对应的模为 $\sqrt{\lambda_j}$ 的特征向量 a_j, 即求得因子载荷阵 $A = (a_1, a_2, \cdots, a_m)$, 并选出重要度为 $g_j^2 = \lambda_j$ 不相关的公共因子 $y_j, j = 1, 2, \cdots, m$, 即

$$x_i = a_{i1}y_1 + a_{i2}y_2 + \cdots + a_{im}y_m + \varepsilon_i \quad (i = 1, 2, \cdots, p).$$

2) 公共因子个数的确定

在一般情况下, 控制总体 x 诸相关分量的公共因子的个数是未知的, 对公共因子的个数 m 一般常用下述准则确定.

准则 1 依 $R^* - a_1a_1' - a_2a_2' - \cdots - a_ma_m'$ 应接近对角阵来确定 m.

求到 R^* 的诸特征值后, 先求 a_1, 看 $R^* - a_1a_1'$ 是否接近于对角阵, 如果接近于对角阵, 表明诸分量的公共因子方差近于被分解完, 剩下的都是特殊因子的影响, 这时只取一个公共因子 y_1 就够了. 若否, 可再求 a_2, 看 $R^* - a_1a_1' - a_2a_2'$ 是否接近对角阵, 如果接近就取第二个公共因子 y_1, y_2, 若否, 再继续, 直至接近对角阵为止.

准则 2 对 R^* 的特征值 $\lambda_1 \geqslant \lambda_2 \geqslant \cdots \geqslant \lambda_m > 0$, 若 $\sum\limits_{k=1}^{m} \lambda_k \Big/ \sum \lambda_k > 85\%$, 则取 m 个公共因子.

7.3.4 样本因子载荷阵

在实际问题中, 总体 x 的相关阵, 约相关阵均未知, 只能由样本阵 X 求它们的估计, 再依总体因子载荷阵的求法, 对总体 x 做因子分析. 一般步骤如下:

(1) 由样本阵 X 求样本相关阵 $\hat{R}$.

(2) 由样本相关阵 $\hat{R}$ 求样本约相关阵 $\hat{R}^*$, 这主要是确定 $\hat{R}^*$ 的主对角线上的元素 $1 - \sigma_i^2 = h_i^2$ 的估计, 一般常用下述方法:

(i) 在样本相关阵 R 的第 i 行上, 取其主对角线外的最大元素为 $\hat{h}_i^2$.

(ii) 在样本相关阵 $\hat{R}$ 的第 i 行上, 取其主对角线外的平均值为 $\hat{h}_i^2$.

(iii) 在样本相关阵 $\hat{R}$ 的第 i 行上, 取其主对角线外两个最大值, 例如 r_{ik} 及 r_{it}, 以 $\frac{r_{ik}r_{it}}{r_{kt}^2}$ 作为 $\hat{h}_i^2$.

(3) 求样本约相关阵 $\hat{R}^* = (r_{ij}^*)_{p \times p}$, 其中 $r_{ij}^* = \begin{cases} r_{ij}, & i \neq j, \\ \hat{h}_i^2, & i = j \end{cases}$ 的特征值,

$$\lambda_1 \geqslant \lambda_2 \geqslant \cdots \geqslant \lambda_s > 0.$$

(4) 依次求出 $\lambda_1, \lambda_2, \cdots$ 对应的模为 $\sqrt{\lambda_1}, \sqrt{\lambda_2}, \cdots$ 的特征向量 $a_1, a_2, \cdots$, 并逐次依确定因子个数的原则, 选定因子个数 m, 即得 $A = (a_1, a_2, \cdots, a_m)$.

(5) 由 $x = Ay + \varepsilon$ 得原分量关于公共因子 y 与特殊因子 ε 的表达式. 并计算诸公共度 $\hat{h}_i^2$.

(6) 分析并解释公共因子的实际意义.

例 7.4　对 44 名学生进行考试, 有两门课程用闭卷考试、三门课程用开卷考试, 考试成绩见表 7.6, 并求得样本相关阵 $\hat{R}$, 试做因子分析.

表 7.6　学生闭卷与开卷考试成绩表

	力学 (闭)	物理 (闭)	代数 (开)	分析 (开)	统计 (开)
1	77	82	67	67	81
2	63	78	80	70	81
3	75	73	71	68	81
4	55	72	63	70	68
5	63	63	65	70	63
6	53	61	72	64	73
7	51	67	65	65	68
8	59	70	68	62	56
9	62	60	58	62	70
10	64	72	60	62	45
11	52	64	60	63	54
12	55	67	59	62	44
13	50	50	64	55	63
14	65	53	58	56	37
15	31	55	60	57	73
16	60	64	56	54	40
17	44	69	53	53	53
18	42	69	61	55	45
19	62	46	61	57	45
20	31	49	62	68	62
21	41	61	52	62	46
22	49	41	61	49	64
23	12	58	61	63	67
24	49	53	49	62	47
25	54	49	56	47	53
26	54	63	46	59	44
27	44	56	55	61	36
28	18	44	50	57	81
29	46	52	65	50	35

续表

	力学 (闭)	物理 (闭)	代数 (开)	分析 (开)	统计 (开)
30	32	45	49	57	64
31	30	69	50	52	45
32	46	49	53	59	37
33	40	27	54	61	61
34	31	42	48	54	63
35	36	59	51	45	51
36	56	40	55	54	35
37	46	56	57	49	32
38	45	42	55	56	40
39	42	60	54	49	33
40	40	63	53	54	25
41	23	55	59	53	44
42	48	48	49	51	37
43	41	63	49	46	34
44	46	52	53	41	40

解 变量之间相关系数矩阵:

$$\hat{R} = \begin{pmatrix} 1 & 0.400 & 0.469 & 0.330 & 0.077 \\ 0.400 & 1 & 0.476 & 0.377 & 0.191 \\ 0.469 & 0.476 & 1 & 0.555 & 0.516 \\ 0.330 & 0.377 & 0.555 & 1 & 0.575 \\ 0.077 & 0.191 & 0.516 & 0.575 & 1 \end{pmatrix}.$$

取 $\hat{h}_i^2 = \max_{j \neq i} |r_{ij}|$, 即 $\hat{h}_1^2 = 0.469, \hat{h}_2^2 = 0.476, \hat{h}_3^2 = 0.555, \hat{h}_4^2 = 0.575, \hat{h}_5^2 = 0.575$. 从而得样本约相关阵 $\hat{R}^*$.

$$\hat{R}^* = \begin{pmatrix} 0.531 & 0.400 & 0.469 & 0.330 & 0.077 \\ 0.400 & 0.524 & 0.476 & 0.377 & 0.191 \\ 0.469 & 0.476 & 0.445 & 0.555 & 0.516 \\ 0.330 & 0.377 & 0.555 & 0.425 & 0.575 \\ 0.077 & 0.191 & 0.516 & 0.575 & 0.425 \end{pmatrix}.$$

计算约相关阵特征向量与特征值: [e,d]=eig ($\hat{R}^*$) (利用 MATLAB 计算特征值、特征向量)

$$e =$$

0.3245	−0.0946	0.5973	−0.6142	0.3896
0.1874	−0.0551	−0.7918	−0.3931	0.4247
−0.5244	0.6643	0.0903	0.0404	0.5234
−0.3946	−0.7220	0.0761	0.2848	0.4858
0.6548	0.1595	0.0488	0.6209	0.3974

$$d =$$

−0.2419	0	0	0	0
0	−0.1406	0	0	0
0	0	0.1200	0	0
0	0	0	0.5253	0
0	0	0	0	2.0873

求得 $\hat{R}^*$ 的特征值, 依次为 2.0873, 0.5253, 0.12, −0.1406, −0.2419. 特征值总和: 2.7326, 前两个特征值和占总和 95.6%.

由于特征值中负值较大, 为此设置 $\hat{h}_i^2 =$ 所在行非主对角线元素的其他元素平均值, 得到 $\hat{h}_1^2 = 0.319$, $\hat{h}_2^2 = 0.361$, $\hat{h}_3^2 = 0.504$, $\hat{h}_4^2 = 0.45925$, $\hat{h}_5^2 = 0.33975$.

得到约相关阵

$$\hat{R}^* = \begin{pmatrix} 0.681 & 0.400 & 0.469 & 0.330 & 0.077 \\ 0.400 & 0.639 & 0.476 & 0.377 & 0.191 \\ 0.469 & 0.476 & 0.496 & 0.555 & 0.516 \\ 0.330 & 0.377 & 0.555 & 0.54075 & 0.575 \\ 0.077 & 0.191 & 0.516 & 0.575 & 0.66025 \end{pmatrix}.$$

继续求其特征值与特征向量

$$e1 =$$

0.3203	0.0921	0.5982	−0.6148	0.3914
0.2280	0.0641	−0.7918	−0.3741	0.4208
−0.7959	0.3246	0.0596	0.0151	0.5074
−0.0221	−0.8372	0.0702	0.2406	0.4856
0.4599	0.4256	0.0825	0.6511	0.4202

$$d1 =$$

$$\begin{pmatrix} -0.1119 & 0 & 0 & 0 & 0 \\ 0 & -0.0319 & 0 & 0 & 0 \\ 0 & 0 & 0.2476 & 0 & 0 \\ 0 & 0 & 0 & 0.7022 & 0 \\ 0 & 0 & 0 & 0 & 2.2109 \end{pmatrix}$$

特征值负的部分减小, 总和: 3.0167, 前两个特征值之和 2.9131, 占总和的 96.56%. $\lambda = 2.2109$ 对应的模为 $\sqrt{2.2109}$ 的特征向量为 e1(:,5)*sqrt(2.2109), 如下:

$$(0.5820, 0.6257, 0.7545, 0.7220, 0.6248);$$

$\lambda = 0.7022$ 对应的模为 $\sqrt{0.7022}$ 的特征向量为 e1(:,4)*sqrt(0.7022), 如下:

$$(-0.5152, -0.3135, 0.0126, 0.2016, 0.5456);$$

若又考虑到第二个特征值 $\lambda_2 = 0.7022$ 虽远小于 2.2109, 但它明显大于其他的特征值, 同时 $R - a_1 a_1'$ 又与对角阵相差较大, 可再计算 $\lambda_3 = 0.2476$ 对应的模为 $\sqrt{0.2476}$ 的特征向量

$$e1(:,3) * sqrt(0.2476) = (0.2976, -0.3940, 0.0297, 0.0349, 0.0410).$$

由此得到取一个或二个、三个公共因子的计算结果如表 7.7~表 7.9.

由于 x 的诸分量在公共因子 y_1 上的载荷均为正且相差不多, 可认为 y_1 是影响各门课程成绩的一个因子, 再结合这五门课程的性质, 可认为这个因子的主要意义是逻辑思维能力, 他影响代数成绩 x_3 的作用最大, 占到其总差异的 75.44%. 由 x 在第二个公共因子 y_2 上的因子载荷向量 a 来看, 闭卷的两门课程为负, 开卷的三门课程为正, 可认为它反映了开卷与闭卷之间的差异的效应, 由闭卷与开卷的命

表 7.7 $m = 1$ 时计算结果

x \ y	a_1	h^2
x_1	0.5820	0.3387
x_2	0.6256	0.3914
x_3	0.7544	0.5692
x_4	0.7220	0.5213
x_5	0.6247	0.3903
g^2	2.2109	2.2109

表 7.8 $m = 2$ 时计算结果

x＼y	a_1	a_2	h^2
x_1	0.5820	−0.5152	0.6041
x_2	0.6256	−0.3135	0.4897
x_3	0.7544	0.0126	0.5694
x_4	0.7220	0.2016	0.5619
x_5	0.6247	0.5456	0.6880
g^2	2.2109	0.7022	2.9131

表 7.9 $m = 3$ 时计算结果

x＼y	a_1	a_2	a_3	h^2
x_1	0.5820	−0.5152	0.2976	0.6927
x_2	0.6256	−0.3135	−0.3940	0.6449
x_3	0.7544	0.0126	0.0297	0.5702
x_4	0.7220	0.2016	0.0349	0.5631
x_5	0.6247	0.5456	0.0410	0.6897
g^2	2.2109	0.7022	0.2476	3.1607

题性质要求的差异, 可认为它的主要意义在于独立灵活运用知识的能力. 还应结合实际情况由上述结果, 作出一些与教学有关的分析. 再由 x 在第三个公共因子 y_3 上的因子载荷向量 a_3 来看, 闭卷的两门课程, 物理为负, 开卷的三门课程为正, 可认为它反映了物理学对于一般的学生的压力较大, 与其他课程相比内容相对难以理解. 不妨可理解为理论应用于自然的理解与解释能力.

　　SPSS 实现

　　(1) 创建数据文件 (图 7.5).

　　(2) 选择 "降维" → 因子分析.

　　在因子提取方法中, 选择 "因子分解法".

　　(3) 输出与解释. 因子不同的提取方法, 给出的因子有所差异, 利用 α 因子分解法得到的因子与前述计算结论相似 (图 7.6, 图 7.7).

	力学闭卷	物理闭卷	代数开卷	分析开卷	统计开卷	变量
1	77.00	82.00	67.00	67.00	81.00	
2	63.00	78.00	80.00	70.00	81.00	
3	75.00	73.00	71.00	68.00	81.00	
4	55.00	72.00	63.00	70.00	68.00	
5	63.00	63.00	65.00	70.00	63.00	
6	53.00	61.00	72.00	64.00	73.00	
7	51.00	67.00	65.00	65.00	68.00	
8	59.00	70.00	68.00	62.00	56.00	
9	62.00	60.00	58.00	62.00	70.00	
10	64.00	72.00	60.00	62.00	45.00	
11	52.00	64.00	60.00	63.00	54.00	
12	55.00	67.00	59.00	62.00	44.00	
13	50.00	50.00	64.00	55.00	63.00	
14	65.00	53.00	58.00	56.00	37.00	
15	31.00	55.00	60.00	57.00	73.00	
16	60.00	64.00	56.00	54.00	40.00	
17	44.00	69.00	53.00	53.00	53.00	
18	42.00	69.00	61.00	55.00	45.00	
19	62.00	46.00	61.00	57.00	45.00	
20	31.00	49.00	62.00	68.00	62.00	
21	41.00	61.00	52.00	62.00	46.00	
22	49.00	41.00	61.00	49.00	64.00	

图 7.5

相关矩阵

		力学	物理	代数	分析	统计
相关	力学	1.000	.410	.469	.330	.077
	物理	.410	1.000	.442	.381	.179
	代数	.469	.442	1.000	.555	.516
	分析	.330	.381	.555	1.000	.575
	统计	.077	.179	.516	.575	1.000

公因子方差

	初始	提取
力学	.320	.480
物理	.274	.373
代数	.509	.632
分析	.465	.534
统计	.440	.944

提取方法：α因子分解。

图 7.6

解释的总方差

因子	初始特征值			提取平方和载入		
	合计	方差的 %	累积 %	合计	方差的 %	累积 %
1	2.610	52.206	52.206	2.170	43.403	43.403
2	1.055	21.110	73.316	.793	15.851	59.254
3	.594	11.873	85.190			
4	.425	8.504	93.694			
5	.315	6.306	100.000			

提取方法: α 因子分解。

因子矩阵ª

	因子	
	1	2
力学	.584	-.372
物理	.574	-.210
代数	.794	.026
分析	.705	.190
统计	.609	.757

提取方法 :Alpha 因子分解。

图 7.7

7.3.5　因子分析中的几个问题

1) 因子载荷的不唯一性

因子模型 $x = Ay + \varepsilon$ 对任意的正交矩阵 $\Gamma_{m \times m}$, 由于 $\Gamma\Gamma' = E_{m \times m}$. 故有

$$x = A\Gamma\Gamma'y = (A\Gamma)(\Gamma'y) + \varepsilon = A^*y^* + \varepsilon,$$

其中, $A^* = A\Gamma$, $y^* = \Gamma'y$, 由于

$$Ey^* = E(\Gamma'y) = \Gamma'E(y) = 0, \quad Dy^* = \Gamma'Dy\Gamma = E_{m \times m},$$

$$\mathrm{Cov}(y^*, \varepsilon) = \mathrm{Cov}(\Gamma'y, \varepsilon) = \Gamma'\mathrm{Cov}(y, \varepsilon) = 0,$$

故 $x = A^*y^* + \varepsilon$ 仍是因子模型, 且 $Dx = A^*A^{*\prime} + D\varepsilon$.

可将 $y^* = \Gamma'y$ 看成公共因子, $A^* = A\Gamma$ 是相应的因子载荷矩阵, 这个变换叫做因子的正交旋转. 因子载荷是不唯一的, 这从表面上看是不利的, 但对分析公共因子的实际意义时是有利的.

2) 因子旋转

由于因子载荷不唯一, 因此, 在实际问题中, 由样本所得的公共因子 y, 若其实际意义不易解释, 故选取适当的 $m \times m$ 维正交阵 Γ, 得到新的因子模型 $x = A^*y^* + \varepsilon$,

使公共因子 y^* 易于解释. 这叫做因子的正交旋转. 问题是如何选择 Γ, 最常用的方法是最大方差旋转法.

令 $A^* = A\Gamma = (a_{ij}^*)_{p \times m}, (d_{ij})^2 = \left(\dfrac{a_{ij}^*}{h_i}\right)^2, \bar{d}_j^2 = \dfrac{1}{p}\sum\limits_{i=1}^{p} d_{ij}^2.$ 选择 Γ, 使得 $\Phi =$

$$\sum_{j=1}^{m}\sum_{i=1}^{p}(d_{ij}^2 - \bar{d}_j^2)^2 = \max.$$

这个方法的直观意义是希望经过旋转后, 因子的贡献越分散越好, 即希望 $\dfrac{a_{ij}^*}{h_i}$ 尽可能拉开距离, 使得第一公共因子 y_1^* 明显地代表一部分变量, 第二公共因子 y_2^* 明显地代表另一部分变量, 一般只能用迭代方法求得 Γ, 计算过程复杂, 现在有统计软件可上机完成.

3) 因子分析的作用

因子分析是为认识总体存在的公共因子 (本质因子) 的一种统计分析方法. 在实际应用中, 总体是否存在公共因子, 存在几个, 它们的意义如何, 常是未知的. 因此, 由样本确定因子模型后, 必须对所取的公共因子 $y = (y_1, y_2, \cdots, y_m)'$ 给出符合实际问题的合理解释. 对公共因子 y_j 的实际意义, 需由其对应的因子载荷向量 $a_j = (a_{1j}, a_{2j}, \cdots, a_{pj})'$ 中诸载荷量 a_{ij} 的符号、绝对值, 结合 x 对应的分量 x_i 的实际意义来解释, 而且必须结合问题涉及的专业知识, 才可能给出合理的解释. 有时依问题的专业知识对其本质因子有些定性认识, 但难以度量, 也常选用一些与之有关的, 又可以度量的表层因子构成总体 x, 由因子分析得到对这些本质的公共因子的定量分析.

4) 因子得分

由样本确定因子模型并对公共因子 $y = (y_1, y_2, \cdots, y_m)$ 给出合理解释后, 应由 A 与 $D\varepsilon$ 给出公共因子 $y = (y_1, y_2, \cdots, y_m)$ 在诸样本上的度量, 叫做因子得分. 以对无法度量的公共因子 $y = (y_1, y_2, \cdots, y_m)$ 得到一些定量的分析. 在例 7.4 中就是由每个学生的成绩 $x = (x_1, x_2, \cdots, x_5)$ 来估计其关于公共因子的得分 $y = (y_1, y_2, y_3)$.

这可对每个学生的逻辑思维能力 (y_1) 与独立灵活运用知识的能力 (y_2) 以及对自然理解与解释的能力 (y_3) 得到一些定量分析.

由 $x = (x_1, x_2, \cdots, x_5)'$ 计算其因子得分 $y = (y_1, y_2, \cdots, y_m)$, 方法很多, 难分优劣, 对正态总体 x, 常用的方法有

(1) 巴特莱特得分

$$y = (A'(D\varepsilon)^{-1}A)^{-1}A'(D\varepsilon)^{-1}x.$$

(2) 汤姆森得分

$$y = (E_{m \times m} + A'(D\varepsilon)^{-1}A)^{-1}A'(D\varepsilon)^{-1}x.$$

还有一些其他的方法不再一一介绍, 另外, 对估计 A 的方法也有多种, 诸如极大似然法等等, 计算过程均复杂, 均需用软件上机实现. 但它们的统计意义及在分析公共因子实际意义基础上的种种定量分析, 都是相同的.

7.4 典型相关分析

主成分分析、因子分析都是由一个总体 $x = (x_1, x_2, \cdots, x_p)'$ 内诸分量的相关性, 而建立的多元统计分析方法.

本节将讨论分析两个多元总体 $x = (x_1, x_2, \cdots, x_p)'$ 与 $y = (y_1, y_2, \cdots, y_q)'$ 之间相关性的统计分析方法. 当两个总体均为一元总体时, 只需求出 x 与 y 的相关系数 $\mathrm{Corr}(x, y)$, 即可表明它们之间的线性相关性. 对两个多元总体 x, y, 虽然可以求出它们的相关阵 $\mathrm{Corr}(x, y)$, 但是不仅计算烦琐, 而且不易看出之间相关的本质, 我们希望能概括且简明地反映出两个多元总体间的相关程度.

例如, 一种生物的 p 种性状与环境的 q 个因子之间相关性, 一种产品原料的 p 个指标与产品的 q 个主要质量指标之间的相关性, 以及某些商品的价格 $x = (x_1, x_2, \cdots, x_p)'$ 及其销售量 $y = (y_1, y_2, \cdots, y_q)'$ 之间的相关性等, 均属此类问题. 这就是典型相关分析中所要研究的问题.

7.4.1 典型相关分析的数学模型

设总体 $x = (x_1, x_2, \cdots, x_p)'$, $y = (y_1, y_2, \cdots, y_q)'$, 依照主成分分析的思想, 将两个多元总体之间的相关性化为两个变量之间的相关性, 这就是要找出二组系数 $a = (a_1, a_2, \cdots, a_p)'$ 及 $b = (b_1, b_2, \cdots, b_q)'$, 使得新变量

$$Z = a_1 x_1 + a_2 x_2 + \cdots + a_q x_p = a'x,$$

$$W = b_1 y_1 + b_2 y_2 + \cdots + b_q y_q = b'y$$

之间有最大的相关系数.

由于 $\mathrm{Cov}(a'x, b'y) = a'\mathrm{Cov}(x, y)b$, $D(a'x) = a'(Dx)a$, $D(b'y) = b'(Dy)b$. 因此

$$\mathrm{Corr}(a'x, b'y) = \frac{a'\mathrm{Cov}(x, y)b}{\sqrt{(a'(Dx)a)(b'(Dy)b)}},$$

这表明 $\mathrm{Corr}(ca'x, cb'y) = \mathrm{Corr}(a'x, b'y), \forall c \neq 0$.

故可对 a 及 b 加以适当限制, 防止不必要的结果重复出现, 显然最好的限制是

$$D(a'x) = a'(Dx)a = 1, \quad D(b'y) = b'(Dy)b = 1, \tag{7.10}$$

因此, 我们要解决的问题就是在约束条件 (7.10) 下, 寻求 a, b 使

$$\text{Cov}(Z, W) = \text{Cov}(a'x, b'y) = a'\text{Cov}(x, y)b \tag{7.11}$$

取最大值的问题. 满足 (7.11) 式的变量 $Z = a'x$ 与 $W = b'y$ 分别称为总体 x, y 的典型变量.

7.4.2 总体典型相关

对总体 $x = (x_1, \cdots, x_p)'$, $y = (y_1, \cdots, y_q)'$ 的典型变量 Z 与 W, 由 (7.10) 与 (7.11) 式, 可依拉格朗日乘数法求得.

令 $\varphi(a, b) = a'\text{Cov}(x, y)b - \dfrac{\lambda}{2}(a'(Dx)a - 1) - \dfrac{\mu}{2}(b'(Dy)b - 1)$, 对 a, b 分别求偏导, 并令其为零, 得到 a, b 必须满足的方程组

$$\frac{\partial \varphi}{\partial a} = \text{Cov}(x, y)b - \lambda(Dx)a = 0, \tag{7.12}$$

$$\frac{\partial \varphi}{\partial b} = \text{Cov}(y, x)a - \mu(Dy)b = 0, \tag{7.13}$$

将 (7.12) 式左乘 a', (7.13) 式左乘 b' 得

$$a'\text{Cov}(x, y)b = \lambda,$$

$b'\text{Cov}(y, x)a = \mu$ 取转置得 $a'\text{Cov}(x, y)b = \mu$, 因此 $\lambda = \mu$, 这样可将 (7.12), (7.13) 式改写为

$$\text{Cov}(x, y)b = \lambda(Dx)a, \tag{7.14}$$

$$\text{Cov}(y, x)a = \lambda(Dx)b, \tag{7.15}$$

将 (7.14) 式左乘 $\text{Cov}(y, x)(Dx)^{-1}$ 得

$$\text{Cov}(y, x)(Dx)^{-1}\text{Cov}(x, y)b = \lambda\text{Cov}(x, y)b = \lambda\text{Cov}(y, x)a = \lambda^2(Dy)b, \tag{7.16}$$

类似可得

$$\text{Cov}(x, y)(Dy)^{-1}\text{Cov}(y, x)a = \lambda\text{Cov}(x, y)b = \lambda^2(Dx)a, \tag{7.17}$$

再将 (7.16), (7.17) 式分别左乘 $(Dy)^{-1}, (Dx)^{-1}$ 得

$$M_1 b = \lambda^2 b, \quad M_1 = (Dy)^{-1}\text{Cov}(y, x)(Dx)^{-1}\text{Cov}(x, y). \tag{7.18}$$

$$M_2 a = \lambda^2 a, \quad M_2 = (Dx)^{-1}\text{Cov}(x, y)(Dy)^{-1}\text{Cov}(y, x). \tag{7.19}$$

可证 M_1 与 M_2 有相同的非零特征值, 且其正特征值 $\lambda_1^2 \geqslant \lambda_2^2 \geqslant \cdots \geqslant \lambda_r^2 > 0$ 均在 0 与 1 之间.

这表明 λ^2 是 M_1 (或 M_2) 的特征值, 且 b (或 a) 是 λ^2 对应的特征向量. 应取满足条件 (7.10) 的那个特征向量.

由此, 对总体 x 与总体 y, 可确定 r 对典型变量 $Z_j = a_j'x$ 与 $W_j = b_j'y, j = 1, 2, \cdots, r$. 而

$$\mathrm{Cov}(Z_j, W_j) = \mathrm{Cov}(a_j'x, b_j'y) = a_j'\mathrm{Cov}(x, y)b_j,$$

由式 (7.14) 可得 $\mathrm{Cov}(Z_j, W_j) = a_j'\lambda_j(Dx)a_j = \lambda_j$.

可见 λ_j 的统计意义, 正是一对典型变量 Z_j 与 W_j 的相关系数. 由 λ_j 的大小, 依次称为第一对典型变量 Z_1 与 W_1, 第二对典型变量 Z_2 与 $W_2, \cdots$. 总体 x 与 y 的 r 对典型变量 Z_j 与 $W_j(j = 1, 2, \cdots, r)$ 具有下述性质.

定理 7.5　对总体 x 的各典型变量 $Z_j(j = 1, 2, \cdots, r)$ 互不相关, 总体 y 的各典型变量 $W_j(j = 1, 2, \cdots, r)$ 互不相关.

证　设 λ_j^2 和 λ_k^2 是 (7.18) 式的两个不同的非零特征值. 则

$$\mathrm{Cov}(W_j, W_k) = \mathrm{Cov}(b_j'y, b_k'y) = b_j'(Dy)b_k.$$

由 (7.18) 式 $b_k = \dfrac{1}{\lambda_k^2}M_1b_k$, 得

$$\mathrm{Cov}(W_j, W_k) = \frac{1}{\lambda_k^2}b_j'\mathrm{Cov}(y, x)(Dx)^{-1}\mathrm{Cov}(x, y)b_k.$$

类似可得

$$\mathrm{Cov}(W_k, W_j) = \frac{1}{\lambda_j^2}b_k'\mathrm{Cov}(y, x)(Dx)^{-1}\mathrm{Cov}(x, y)b_j,$$

由 $\mathrm{Cov}(W_j, W_k) = \mathrm{Cov}(W_k, W_j)'$, 得

$$\frac{1}{\lambda_k^2}b_j'\mathrm{Cov}(y, x)(Dx)^{-1}\mathrm{Cov}(x, y)b_k = \frac{1}{\lambda_j^2}b_j'\mathrm{Cov}(y, x)(Dx)^{-1}\mathrm{Cov}(x, y)b_k,$$

$$\left(\frac{1}{\lambda_k^2} - \frac{1}{\lambda_j^2}\right)b_j'\mathrm{Cov}(y, x)(Dx)^{-1}\mathrm{Cov}(x, y)b_k = 0.$$

因为 $\dfrac{1}{\lambda_k^2} - \dfrac{1}{\lambda_j^2} \neq 0$, 故 $b_j'\mathrm{Cov}(y, x)(Dx)^{-1}\mathrm{Cov}(x, y)b_k = 0$, 即 $\mathrm{Cov}(W_j, W_k) = 0$.

同理可证: $\mathrm{Cov}(Z_j, Z_k) = 0$.

定理 7.6　总体 x 和 y 的同一对典型变量 Z_j 和 W_j 的相关系数为 λ_j, 不同组的典型变量 Z_j 和 $W_k(j \neq k)$ 的协方差为 0, 即

$$\mathrm{Cov}(Z_j, W_k) = \begin{cases} \lambda_j, & j = k, \\ 0, & j \neq k. \end{cases}$$

证 当 $j = k$ 时, $\text{Corr}(Z_j, W_j) = \text{Cov}(Z_j, W_j) = \lambda_j$ 在前面已证. 下面证明, 当 $j \neq k$ 时, $\text{Cov}(Z_j, W_k) = 0$.

对 $\text{Cov}(Z_j, W_k) = \text{Cov}(a_j' x, b_k' y) = a_j' \text{Cov}(x, y) b_k$, 由 (7.14) 知 $\text{Cov}(x, y) b_k = \lambda_k (Dx) a_k$, 即得

$$\text{Cov}(Z_j, W_k) = a_j' \lambda_k (Dx) a_k = \lambda_k \text{Cov}(a_j' x, a_k' x).$$

由定理 7.5 知 $\text{Cov}(Z_j, W_k) = 0$.

由上述分析可知, 在分析总体 x 与 y 的相关性时, 只需分析对应于同一特征值 λ_j^2 的两典型变量 $Z_j = a_j' x$ 与 $W_j = b_j' y$ 的相关性, 而它们的相关系数恰为 λ_j, 故在实际上, 只需选取前几个典型变量做相关性分析即可, 相关系数很小的那些典型变量可以略去.

7.4.3 样本典型相关

由前述, 欲求总体 x 与 y 的典型变量 Z 与 W, 必须已知 M_1 与 M_2, 而总体 x 与 y 的协方差阵 Dx, Dy, 以及 $\text{Cov}(x, y)$ 一般均未知. 只能由两总体的样本阵: $X = (x_{ij})_{n \times p}, Y = (y_{ij})_{n \times p}$ 计算 $\hat{Dx} = S_{xx}, \hat{Dy} = S_{yy}, \widehat{\text{Cov}(x, y)} = S_{xy}$ 来估计.

由典型相关的讨论过程, 可知典型相关分析的计算步骤如下:

(1) 计算样本协方差阵 S_{xx}, S_{yy}, S_{xy}, 或样本相关阵 R_{xx}, R_{yy}, R_{xy} (这时, 后面应做相应改变).

(2) 计算 $\hat{M}_2 = S_{xx}^{-1} S_{xy} S_{yy}^{-1} S_{yx}$ (也可计算 $\hat{M}_1 = S_{yy}^{-1} S_{yx} S_{xx}^{-1} S_{xy}$, 右面也做相应改变).

(3) 求 $\hat{M}_2$ 的特征值 $\lambda_1^2 \geqslant \lambda_2^2 \geqslant \cdots \geqslant \lambda_k^2 > 0$ 及它们的特征向量 $a_1, a_2, \cdots, a_k$ 并使之满足条件 (7.10), $a_j' S_{xx} a_j = 1$.

具体方法是对任取的特征向量 $a_j (j = 1, 2, \cdots, k)$, 令 $a_j' S_{xx} a_j = c_j$, 则 $\dfrac{1}{\sqrt{c_j}} a_j$ 满足条件 $\dfrac{1}{\sqrt{c_j}} a_j' S_{xx} \dfrac{1}{\sqrt{c_j}} a_j = 1$.

在应用中, 也可不对 a_j 做此处理, 因为, 这并不影响典型变量的相关系数.

(4) 由 (7.15) 知, $b_j = \dfrac{1}{\lambda_j} S_{yy}^{-1} S_{yx} a_j$. 则 a_j, b_j 是相应 λ_j^2 的一对典型变量的系数向量.

(5) 计算典型变量 $Z_j = a_j' x, W_j = b_j' y$, 它们的相关系数为 λ_j.

(6) 结合 x 与 y 的实际意义, 分析对应的典型变量的实际意义.

例 7.5 设已知两总体 (或其样本) $x = (x_1, x_2)', y = (y_1, y_2)'$ 的相关阵

$$R_{xx} = \begin{pmatrix} 1 & \alpha \\ \alpha & 1 \end{pmatrix}, \quad R_{yy} = \begin{pmatrix} 1 & \gamma \\ \gamma & 1 \end{pmatrix}, \quad R_{xy} = R_{yx} = \begin{pmatrix} \beta & \beta \\ \beta & \beta \end{pmatrix} = \beta 11',$$

其中 $|\alpha|, |\beta|, |\gamma|$ 均小于 1, $1' = (1, 1)$, 试对两总体做典型相关分析.

解   由 $R_{xx}^{-1} = \dfrac{1}{1-\alpha^2}\begin{pmatrix} 1 & -\alpha \\ -\alpha & 1 \end{pmatrix}$, $R_{yy}^{-1} = \dfrac{1}{1-\gamma^2}\begin{pmatrix} 1 & -\gamma \\ -\gamma & 1 \end{pmatrix}$, 得

$$M_1 = R_{xx}^{-1} R_{xy} R_{yy}^{-1} R_{yx} = \frac{2\beta^2}{(1+\alpha)(1+\gamma)}\begin{pmatrix} 1 & 1 \\ 1 & 1 \end{pmatrix} = \frac{2\beta^2}{(1+\alpha)(1+\gamma)} 11'.$$

由于 $11'$ 的特征值为 2 和 0, 故 M_1 的正特征值仅有 $\lambda^2 = 4\beta^2/(1+\alpha)(1+\gamma)$, 任取关于 M_1, λ 对应的一个特征向量 $\begin{pmatrix} 1 \\ 1 \end{pmatrix}$, 在约束条件 $a'R_{xx}a = 1$ 下, $c = 1(1+\alpha)$, 故应取 $a = (2(1+\alpha))^{-\frac{1}{2}} 1$.

由 $b = \dfrac{1}{\lambda} R_{yy}^{-1} R_{yx} a$ 及约束条件 $b'R_{yy}b = 1$, 求得 $b = (2(1+\gamma))^{-\frac{1}{2}} 1$, 从而总体 x, y 的第一典型变量是

$$Z = \frac{1}{\sqrt{2(1+\alpha)}}(x_1 + x_2), \quad W = \frac{1}{\sqrt{2(1+\alpha)}}(y_1 + y_2).$$

它们的相关系数为 $r(Z, W) = \dfrac{2\beta}{\sqrt{(1+\alpha)(1+\beta)}} = \lambda$.

例 7.6   为分析某海湾地区生物物种与地理环境之间的相关性, 取 7 个生物物种与 8 个环境因子在该地区设置 272 块样地调查取样, 依原始数据计算诸环境因子与物种的平均值及标准差如表 7.10 所示.

表 7.10   某海湾地区调查因子一览表

环境因子/%	平均	标准差	物种		平均/(个/m²)	标准差
$> 250\mu m$ 颗粒 x_1	1.21	4.479	*Macoma balthica*	y_1	2325	5966
$125 \sim 250\mu m$ 颗粒 x_2	20.31	23.27	*Tellina tenuis*	y_2	49.2	544
$62.5 \sim 125\mu m$ 颗粒 x_3	53.67	21.36	*Hydrobia ulvae*	y_3	374.3	1014
$< 62.5\mu m$ 颗粒 x_4	27.74	20.77	*Corophium volutator*	y_4	540.5	1180
燃烧损失 x_5	1.504	0.555	*Nereis diversicolor*	y_5	63.5	116
钙 x_6	2.401	0.704	*Arenicola marina*	y_6	16.7	26
磷 x_7	0.028	0.056	*Nephthys homerii*	y_7	4.94	17
氮 x_8	0.013	0.009				

解   (1) 依据原始数据计算的环境因子 x, 物种因子 y 及环境因子 x 与物种因子 y 的相关阵 R_{xx}, R_{yy}, R_{yx} 见表 7.11~表 7.13.

(2) 计算 $M_1 = R_{yy}^{-1} R_{yx} R_{xx}^{-1} R_{xy}$ 如表 7.14.

(3) 求 M_1 的特征值与特征向量.

由于 $\text{tr}M_1 = 0.8944$, 其他三个特征值 $\lambda_1^2 = 0.4802, \lambda_2^2 = 0.2193, \lambda_3^2 = 0.1084$ 已占全部特征值的 90.3%, 故只取三个特征值及特征向量进行分析, 得三组对应的物种典型变量 $W_j = b_j'y$ 及环境典型变量 $Z_j = a_j'x, j = 1, 2, 3$. 结果如表 7.15 和表 7.16 所示.

表 7.11 环境变量之间的相关系数 R_{xx}

	x_1	x_2	x_3	x_4	x_5	x_6	x_7	x_8
x_1	1							
x_2	0.147**	1						
x_3	−0.283**	−0.565**	1					
x_4	−0.095	−0.572**	−0.330**	1				
x_5	−0.001	−0.462**	0.127*	0.388**	1			
x_6	0.713**	−0.253**	−0.051	0.175**	0.359**	1		
x_7	−0.418*	−0.405**	0.217**	0.264**	0.566**	0.167**	1	
x_8	0.072	−0.426**	0.005	0.453**	0.735	0.421**	0.436**	1

表 7.12 物种变量之间的相关系数 R_{yy}

	y_1	y_2	y_3	y_4	y_5	y_6	y_7
y_1	1						
y_2	−0.028	1					
y_3	0.358**	0.032	1				
y_4	0.051	0.054	0.313**	1			
y_5	0.569**	0.009	0.302**	0.162**	1		
y_6	0.174**	−0.003	0.081	−0.095	0.084	1	
y_7	−0.170**	0.000	−0.099	−0.118*	−0.092	−0.011	1

表 7.13 环境与物种变量之间的相关系数 R_{yx}

物种 ＼ 环境	x_1	x_2	x_3	x_4	x_5	x_6	x_7	x_8
y_1	−0.04	−0.289**	0.159**	0.113	0.402**	0.158**	−0.023	0.516**
y_2	−0.016	0.022	0.055	−0.077	−0.016	−0.035	−0.006	−0.063
y_3	−0.068	−0.232**	0.201**	0.071	0.171	0.038	−0.022	0.194**
y_4	−0.064	−0.256**	0.68	0.224**	0.698	0.66	−0.024	0.133*
y_5	0.011	−0.152	0.056	0.114	0.299**	0.106	0.006	0.401**
y_6	0.244	−0.048	−0.027	0.032	0.096	0.230**	0.08	0.139*
y_7	−0.050	0.095	0.113	−0.209	−0.068	−0.090	−0.020	−0.110

表 7.14 $M_1 = R_{yy}^{-1} R_{yx} R_{xx}^{-1} R_{xy}$ 的计算结果

	1	2	3	4	5	6	7
1	0.4007	−0.0141	0.1697	0.1326	0.2755	0.0214	−0.0099
2	−0.0150	0.0104	−0.0010	−0.0229	−0.01501	−0.0106	0.0209
3	−0.0150	0.0158	0.0320	−0.0056	−0.0226	−0.0318	0.0174
4	0.1031	−0.0161	0.0901	0.2377	0.0588	0.0587	−0.0243
5	0.0675	−0.0117	−0.0066	−0.0406	0.0641	0.0104	−0.0206
6	−0.0260	−0.0084	−0.0168	0.0458	−0.0142	0.1008	−0.0151
7	0.0566	0.0165	0.0365	0.0209	0.0268	−0.0059	0.0487

表 7.15   物种典型变量 $W = b_y' y$

		第一	第二	第三
特征根 λ^2 典型		0.4802	0.2193	0.1084
相关系数 λ		0.6930	0.4683	0.3292
	y_1	0.855	−0.249	−0.126
	y_2	−0.042	−0.099	−0.179
	y_3	−0.033	−0.070	−0.548
特征向量 W	y_4	0.359	0.997	−0.175
	y_5	0.098	−0.319	0.472
	y_6	−0.022	0.502	0.748
	y_7	0.132	−0.053	−0.427

表 7.16   环境典型变量 $Z = a_j' x$

		第一	第二	第三
特征根 λ^2 典型		0.4802	0.2193	0.1084
相关系数 λ		0.6930	0.4683	0.3292
	x_1	1.1518	4.673	0.195
	x_2	7.120	23.473	−2.575
	x_3	6.828	21.744	−2.826
	x_4	6.347	21.586	−2.734
特征向量 Z	x_5	0.261	−0.471	−0.304
	x_6	0.094	0.379	−0.098
	x_7	−0.689	0.106	0.433
	x_8	0.865	−0.190	0.588

至此, 典型相关分析的计算已经完成, 下面根据计算结果, 做一些专业分析. 环境与物种的第一对典型变量是

物种 $W_1 = 0.855y_1 - 0.042y_2 - 0.033y_3 + 0.359y_4 + 0.098y_5 - 0.022y_6 + 0.132y_7$,

环境 $Z_1 = 1.158x_1 + 7.120x_2 + 6.828x_3 + 6.347x_4 + 0.261x_5$

$\qquad\qquad + 0.094x_6 - 0.689x_7 + 0.865x_8.$

$r(Z_1, W_1) = 0.6930$, 这表明环境的第一典型变量 Z_1 对物种的第一典型变量 W_1 影响最大, 而 Z_1 中起主要作用的是 x_2, x_3, x_4 三个因子, W_1 中起主要作用的物种是 y_1. 由此得到的第一个结论是环境因子 x_2, x_3, x_4 或综合称为中细质地土壤对物种 y_1 (*Macoma balthica*) 有较大的影响.

由环境与物种的第二对典型变量 Z_2 与 W_2 的相关系数 0.4682 及对其中起主要作用的环境因子与物种因子的类似分析, 可知中细质土壤对物种 y_4 和 y_6 有中等程度的影响.

同样可以分析第三对典型变量 Z_3 与 W_3, 得到中细质土壤和物种 y_5, y_6 与 y_3, y_7 的对比之间有一定的相关关系, 相关系数为 0.3292. (一般经验认为典型相关系数大于 0.3, 则相关关系显著.)

由上述分析, 对该海湾地区土壤和生物之间的关系有一个较概括的认识.

7.5 聚 类 分 析

在实际问题中常需将诸多的事物进行分类, 以便对问题进行研究与处理. 聚类分析正是研究分类问题的一种统计分析方法. "分类" 是对众多事物的整体而言, "聚类" 是对事物的个体而言, 将众多的事物分类就是将其中相同或相近的个体聚为一类. 而个体之间相同或相近与否, 由分类要求确定, 相同或相近是基于个体间特征的比较, 特征可以通过定性或定量的指标 (可称为分类变量) 来刻画, 构成分类的依据, 不同的分类要求, 有不同的分类结果, 因此, 在所有的分类问题中, 应首先依据研究目的确定分类要求, 分类要求的数学刻画称为聚类变量, 记为 $x = (x_1, x_2, \cdots, x_p)'$. 例如, 当要求对某类产品质量状态分类时, 可取与其质量状态有关的若干质量指标为聚类变量.

7.5.1 聚类统计量

设聚类变量 $x = (x_1, x_2, \cdots, x_p)'$, 对 n 样本 $x_{(i)} = (x_{i1}, x_{i2}, \cdots, x_{ip})'$ 进行分类时, 它们的各分量间的差异或相近程度不一, 难以比较. 故需寻求一个函数 f, 得到 $f(x_{(i)}, x_{(j)}) = f_{ij}$, 作为 $x_{(i)}, x_{(j)}$ 关于 x 整体的差异或相近程度的刻画, 并依 f_{ij} 进行分类. 此函数 f 称为聚类统计量. 常用的聚类统计量有下列两类:

1) 距离

定义 7.6 设样本 $x_{(i)} = (x_{i1}, x_{i2}, \cdots, x_{ip})'$, 若函数 $d(x_{(i)}, x_{(j)}) = d_{ij}$ 满足

(1) 非负性: $d_{ij} \geqslant 0$, 当且仅当 $x_{(i)} = x_{(j)}$ 时, $d_{ij} = 0 (\forall i, j)$.

(2) 对称性: $d_{ij} = d_{ji} (\forall i, j)$.

(3) 三角不等式: $d_{ij} \leqslant d_{ik} + d_{kj} (\forall i, j, k)$.

则称 d_{ij} 为 $x_{(i)}, x_{(j)}$ 的距离.

满足此定义的函数 d 有许多, 常用的距离有

(i) 欧氏 (Euclidean) 距离 $d_{ij} = \sqrt{\sum\limits_{k=1}^{p} (x_{ik} - x_{jk})^2}.$

(ii) 汉明 (Hamming) 距离 $d_{ij} = \sum\limits_{k=1}^{p} |x_{ik} - x_{jk}|.$

(iii) 闵可夫斯基 (Minkowski) 距离 $d_{ij} = \left[\sum\limits_{k=1}^{p} |x_{ik} - x_{jk}|^q \right]^{\frac{1}{q}}, q > 0.$

显然当 $q = 1$ 时就是汉明距离. 当 $q = 2$ 时, 就是欧氏距离.

(iv) 马氏 (Mahalanobis) 距离 $d_{ij} = [(x_{(i)} - x_{(j)})'S^{-1}(x_{(i)} - x_{(j)})]^{\frac{1}{2}}$, 其中 S 是样本协方差阵.

显然 $S^{-1} = E$ 时, 就是欧氏距离. 由此, p 维正态分布 $N_p(\mu, V)$ 的密度函数可记为

$$f(x_1, \cdots, x_p) = (2\pi)^{-\frac{p}{2}} |V|^{\frac{1}{2}} \exp \left\{ -\frac{1}{2} D_M^2(x, \mu) \right\},$$

其中 $D_M^2(x, \mu) = (x - \mu)'V^{-1}(x - \mu)$ 是 x 与 μ 的马氏距离.

在许多问题中都常用距离这个概念, 在实际应用中, 需依其实际背景与要求选用. 例如, 欧氏距离的实际背景是两点间的直线距离; 二维汉明距离的一个实际背景是街道相互垂直的城市中, 两地间的实际距离. 而马氏距离的特点是与概率相联系且与度量单位无关.

距离 d_{ij} 刻画了两样本点 $x_{(i)}$ 和 $x_{(j)}$ 关于聚类变量 x 的整体差异, 因此, d_{ij} 越小意味着 $x_{(i)}$ 与 $x_{(j)}$ 越相近, 越应聚为一类.

2) 相似系数

与距离 d 这类聚类统计量相反, 若函数 f 使得 $f(x_{(i)}, x_{(j)}) = f_{ij}$ 越大, $x_{(i)}$ 与 $x_{(j)}$ 越相近, 称 f 为相似系数. 一般要求 f 满足

(1) $0 \leqslant |f_{ij}| \leqslant 1.$

(2) $f_{ij} = f_{ji}.$

常用的相似系数有下列三种:

(1) 相关系数 $r_{ij} = \dfrac{l_{ij}}{\sqrt{l_{ii} l_{jj}}}.$

(2) 夹角余弦 $f_{ij} = \dfrac{\sum\limits_{k=1}^{p} x_{ik} y_{jk}}{\sqrt{\sum\limits_{k=1}^{p} x_{ik}^2} \sqrt{\sum\limits_{k=1}^{p} x_{jk}^2}}.$

(3) 绝对值减法 $f_{ij} = \begin{cases} 1, & i = j, \\ 1 - c \sum\limits_{k=1}^{p} |x_{ik} - x_{jk}|, & i \neq j, \end{cases}$ 其中 c 是适当选择的常

数, 使 $0 \leqslant f_{ij} \leqslant 1$.

相似系数 $|f_{ij}|$ 刻画了两样本点 $x_{(i)}, x_{(j)}$ 的相近程度, 因此, $|f_{ij}|$ 越大, $x_{(i)}$ 与 $x_{(j)}$ 越相近, 越应聚为一类.

7.5.2 系统聚类法

设聚类变量 $x = (x_1, \cdots, x_p)'$, 其 n 样本 $\boldsymbol{x}_{(i)} = (x_{i1}, \cdots, x_{ip})', i = 1, 2, \cdots, n$.

系统聚类法的基本思想以 n 个样品各自是一类, 共 n 类为初始分类. 然后将其中最相近的类并为一类, 如此不断地并类, 直到对 n 个样品均归为一类为止, 得到对 n 样本一个由细到粗的动态聚类过程与结果, 再依实际需要从中选用一个适当的分类结果. 为实现这个过程, 在选用距离为聚类统计量时, 还应解决两个问题: 一是类间距离, 二是系统聚类过程.

1) 类间距离

设类 G_r 与类 G_k 中分别有 n_r, n_k 个样品, 它们之间的距离记为 $D(r, k)$, 常用下述方法确定.

(1) 最短距离法

$$D(r, k) = \min\{d_{ij} \,|\, x_{(i)} \in G_r, x_{(j)} \in G_k\}.$$

(2) 最长距离法

$$D(r, k) = \max\{d_{ij} \,|\, x_{(i)} \in G_r, x_{(j)} \in G_k\}.$$

(3) 重心法

$$D(r, k) = d(\bar{x}_r, \bar{x}_k), \quad \text{其中} \quad \bar{x}_r = \frac{1}{n_r} \sum_{x_{(i)} \in G_r} x_{(i)}, \quad \bar{x}_k = \frac{1}{n_k} \sum_{x_{(j)} \in G_k} x_{(j)}.$$

(4) 类平均法

$$D(r, k) = \frac{1}{n_r n_k} \sum_{x_{(r)} \in G_r} \sum_{x_{(j)} \in G_k} d_{ij}.$$

还有一些定义类间距离的方法. 1967 年 Lance 和 Williams 给出一个统一的公式: $D(r, k) = \alpha_s D(k, s) + \alpha_t D(k, t) + \beta D(s, t) + \gamma |D(k, s) - D(k, t)|$, 其中 G_r 是由 G_s, G_t 合并而成的.

对参数 α_s, α_t, β, γ 取适当值, 即可得到相应的类间距离 $D(r, k)$, 如表 7.17 所示.

表 7.17　不同参数的类间距离

方法	α_s	α_t	β	γ
最短距离法	$1/2$	$1/2$	0	$-1/2$
最长距离法	$1/2$	$1/2$	0	$1/2$
中间距离法	$1/2$	$1/2$	$-1/4$	0
重心法	n_s/n_r	n_t/n_r	$-\alpha_s\alpha_t$	0
类平均法	n_s/n_r	n_t/n_r	0	0
可变平均法	$(1-\beta)n_s/n_r$	$(1-\beta)n_t/n_r$	<1	0
可变法	$(1-\beta)/2$	$(1-\beta)/2$	<1	0
离差平方和法	$(n_k+n_s)/(n_k+n_t)$	$(n_k+n_t)/(n_k+n_r)$	$-n_k/(n_k+n_r)$	0

其中 n_s, n_t, n_r, n_k 依次是类 G_s, G_t, G_r, G_k 中样品的个数. 显然 $n_r = n_s + n_t$.

例如, 当 $\alpha_s = \alpha_t = \dfrac{1}{2}, \beta = 0, \gamma = -\dfrac{1}{2}$ 时, 有

$$
\begin{aligned}
D(r,k) &= \frac{1}{2}(D(k,s) + D(k,t)) - \frac{1}{2}\left|D(k,s) - D(k,t)\right| \\
&= \begin{cases} D(k,t), & D(k,s) \geqslant D(k,t), \\ D(k,s), & D(k,s) < D(k,t) \end{cases} \\
&= \min\{D(k,t), D(k,s)\} \\
&= \min\left\{\min\left\{d_{ij}\big|x_{(i)} \in G_t, x_{(j)} \in G_k\right\}, \min\left\{d_{ij}\big|x_{(i)} \in G_s, x_{(j)} \in G_k\right\}\right\} \\
&= \min\left\{d_{ij}\big|x_{(i)} \in G_r, x_{(j)} \in G_k\right\},
\end{aligned}
$$

若改取 $\gamma = \dfrac{1}{2}$, 即有 $D(r,k) = \max\{d_{ij}\,|\,x_{(i)} \in G_r, x_{(j)} \in G_k\}$.

2) 系统聚类

系统聚类法是目前最常用的聚类法, 它的主要步骤如下:

(1) 选定距离, 计算 n 样本 $x_{(i)}$ 两两之间的距离 $d_{ij}(i,j = 1,2,\cdots,n)$, 得到初始矩阵

$$
D^{(0)} = (d_{ij})_{n \times n_0}.
$$

(2) 构造 n 个类, 每类只含一个样本.

(3) 合并距离最近的两类为一新类.

(4) 依选定的类间距离, 计算新类与各类的类间距离, 得到当前的距离阵 D, 再合并距离最近的两类为一新类, 若并类后, 类数为 1, 则转入步骤 (5). 否则再重复本步骤.

(5) 画出动态聚类图.

(6) 依需要选定类数和分类.

例 7.7 设有 5 个样品, 欲以 x 为聚类变量进行分类, 5 个样品的测定值分别为

$$x_{(1)} = 1, \quad x_{(2)} = 2, \quad x_{(3)} = 4.5, \quad x_{(4)} = 6, \quad x_{(5)} = 8.$$

解 选定欧氏距离为聚类统计量, 计算 5 个样品两两之间的距离, 得到初始距离阵

$$D^{(0)} = \begin{pmatrix} 0 & 1 & 3.5 & 5 & 7 \\ 1 & 0 & 2.5 & 4 & 6 \\ 3.5 & 2.5 & 0 & 1.5 & 3.5 \\ 5 & 4 & 1.5 & 0 & 2 \\ 7 & 6 & 3.5 & 2 & 0 \end{pmatrix}.$$

初始分类为 $G_1 = \{x_{(1)}\}, G_2 = \{x_{(2)}\}, G_3 = \{x_{(3)}\}, G_4 = \{x_{(4)}\}, G_5 = \{x_{(5)}\}$ 5 类. 由 $D(1,2) = \min\{d_{ij}\} = 1$, 应将 G_1, G_2 并为一新类 $G_6 = G_1 \cup G_2 = \{x_1, x_2\}$.

选定最短距离法计算 G_6 与 G_3, G_4, G_5 的类间距离 $D(6,k) = \min\{d_{ij} | i = 1, 2, j = k\} = \min\{d_{1k}, d_{2k}\}, k = 3, 4, 5$, 有 $D(6,3) = 2.5, D(6,4) = 4, D(6,5) = 6$, 得到 $D^{(1)}$ (表 7.18).

表 7.18

$D^{(1)}$	G_6	G_3	G_4	G_5
G_6	0	2.5	4	6
G_3	2.5	0	1.5	3.5
G_4	4	1.5	0	2
G_5	6	3.5	2	0
$D^{(2)}$	G_6	G_7	G_5	
G_6	0	2.5	6	
G_7	2.5	0	2	
G_5	6	2	0	

由 $\min\limits_{i \neq j} D(i,j) = D(3,4) = 1.5, i, j = 3, 4, 5, 6$, 故应将 G_3, G_4 并为一新类 $G_7 = G_3 \cup G_4 = \{x_{(3)}, x_{(4)}\}$, 其他类不变, 再由 $D(7,6) = \min\{d_{ij} | i = 3, 4, j = 1, 2\} = 2.5, D(7,5) = \min\{d_{ij} | i = 3, 4, j = 5\} = 2$ 得到 $D^{(2)}$. 由 $\min\limits_{i \neq j} D(i,j) = D(5,7) = 2, i, j = 5, 6, 7$, 故应将 G_5, G_7 并为一新类 $G_8 = G_5 \cup G_7 = \{x_3, x_4, x_5\}$. $G_6 = \{x_1, x_2\}$ 不变. 最后, 将 G_6, G_8 并为一类 $G_9 = G_6 \cup G_8 = \{x_1, x_2, x_3, x_4, x_5\}$, 聚类结束. 画出动态聚类图 (图 7.8).

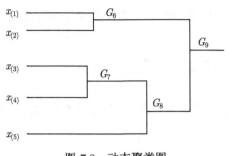

图 7.8　动态聚类图

最后, 应需要选定欲分的类数与分类结果.

如选用其他的距离、类间距离进行聚类, 方法相同, 但分类结果一般是不同的. 在应用中应依问题的实际背景选用. 也常多选几种类间距离进行聚类, 对聚类结果结合实际问题的专业知识选用.

在应用中, 还常对选用的聚类变量 $x_1, x_2, \cdots, x_p$, 依其在 n 样本上的表现 $x_j = (x_{1j}, x_{2j}, \cdots, x_{nj})'$ 进行聚类, 这时, 常选用相似系数为聚类统计量, 系统聚类过程中, 自然取相似系数最大的两类合并为一类.

7.5.3　有序样本的分类

在前面介绍的分类方法中, 样本中各个样品是平等的, 任何两个样品只要符合聚类原则, 均可被分为一类. 在一些实际问题中, 依实际意义, 样本中的各样品有一定的次序, 分类时不能打乱这个次序, 这时称该样本为有序样本. 例如, 为了解养殖鱼类的生长规律, 按其生长时间测得的体重或体长就是一个有序样本.

对有序样本 $\{x_1, x_2, \cdots, x_n\}$ 分类时, 只能按原次序将其分为几段, 每一类必须是 $\{x_i, x_{i+1}, \cdots, x_j\}(i \leqslant j)$ 的形式. 因此, 对有序样本的分类, 就是确定每一类合适的起点. 将 n 样本分为 k 类 $p_1, p_2, \cdots, p_k$, 只记下标, 每类的形式依次为

$$\{i_1 = 1, 2, \cdots, i_2 - 1\}, \quad \{i_2, i_3, \cdots, i_3 - 1\}, \cdots, \{i_{k-1}, \cdots, i_k - 1\}, \quad \{i_k, i_{k+1}, \cdots, n\},$$

其中 $1 \leqslant i_1 < i_2 < \cdots < i_k \leqslant n$.

由于 n 个有序样品分成 k 类的一切可能分法有 C_{n-1}^{k-1} 种, 这些分法均记为 $b_{n,k}$. 我们就是要在所有的 $b_{n,k}$ 中, 依据一个准则确定其中的一个最优分类, 下面介绍费希尔法.

1) 聚类原则

(1) 类的直径.

设某一类为 $\{x_i, x_{i+1}, \cdots, x_j\}$ $(i \leqslant j)$, 它的平均值是 $\bar{x}_{ij} = \dfrac{1}{j - i + 1} \sum\limits_{t=i}^{j} x_t$, 该

类中样本的离差平方和叫做该类的直径, 记为 $D(i,j)$, 即

$$D(i,j) = \sum_{t=i}^{j} (x_t - \bar{x}_{ij})'(x_t - \bar{x}_{ij}).$$

(2) 损失函数.

对于一种分法 $b_{n,k}$, 各类直径的和, 叫做这个分法的损失函数, 记为 $L(b_{n,k})$.

$$L(b_{n,k}) = \sum_{j=1}^{k} D(i_j, i_{j+1} - 1), \quad \text{其中} \quad i_{k+1} - 1 = n.$$

(3) 聚类准则.

当 n, k 确定时, $L(b_{n,k})$ 取最小值时, 对应的分法 $b_{n,k}^*$ 为最优分法.

$L(b_{n,k}^*) = \min\{L(b_{n,k})\}$, 即损失函数值越小, 表示类内的离差平方和越小, 分类越合理.

2) 最优分类的求法

设 $b_{n,k}$ 的最优分法为 $b_{n,k}^*$, 对应各类 $p_1, p_2, \cdots, p_{k-1}, p_k$ 的起点为 $1 = i_1, i_2, \cdots, i_k$.

若能求到 i_k, 则问题化为再寻求将前 i_{k-1} 个样本点分为 $k-1$ 类的一切分类 $b_{i_k-1,k-1}$ 中的最优分类 $b_{i_k-1,k-1}^*$. 而最优分点 i_k 相当于 $b_{n,2}$ 中的最优分点, 如此类推, 即可求得所有的最优分点, 因此, 费希尔法的核心是下面两个递推公式

$$L(b_{n,,2}^*) = \min_{2 \leqslant j \leqslant n} \{D(1, j-1) + D(j, n)\}, \tag{7.20}$$

$$L(b_{n,k}^*) = \min_{k \leqslant j \leqslant n} \{L(b_{j-1,k-1}^*) + D(j, n)\}. \tag{7.21}$$

(7.20) 式是对 $k = 2$ 而言的, 这时

$$b_{n,2} = \{1, 2, \cdots, j-1\}, \quad \{j, j+1, \cdots, n\}, \quad 2 \leqslant j \leqslant n,$$

$$L(b_{n,2}) = D(1, j-1) + D(j, n).$$

故最优的分法是上式对 j 求极小, 即 (7.20) 式. (7.21) 式是对 $k > 2$ 而言的, 这时等价于将它先分为两类 $\{1, 2, \cdots, j-1\}, \{j, \cdots, n\}$. $\{j, \cdots, n\}$ 为一类, 以后再将 $\{1, 2, \cdots, j-1\}$ 分为 $k-1$ 类, 显然 $k \leqslant j \leqslant n$, 即 (7.21) 式.

由 (7.20), (7.21) 式知, 若 k 已知, 欲求最优分法 $b_{n,k}^*$, 当 $k = 2$ 时, 只由 (7.20) 式, 即可求得.

当 $k > 2$ 时, 由 (7.21) 式求 i_k, 使 $L(b_{n,k}^*) = L(b_{i_k-1,k-1}) + D(i_k, n)$, 则得到第 k 类 $P_k^* = \{i_k, i_{k+1}, \cdots, n\}$. 然后再求 i_{k-1}, 使它满足 $L(b_{i_k-1,k-1}^*) = L(b_{i_k-1,k-2}) + D(i_{k-1}, i_k - 1)$, 得到第 $k-1$ 类 $p_{k-1}^* = \{i_{k-1}, i_{k-1} + 1, \cdots, i_k - 1\}$. 依次下去, 得到最优分法 $b_{n,k}^* = (p_1^*, \cdots, p_k^*)$.

由于在实际问题中, k 通常是未知的, 因此是将所有可能分法的最小损失函数值及对应的分点均求出列表, 再结合实际背景, 选定 k 后, 从此表中查出对应的最优分类. 为此应首先求出各种可能类的直径 $D(i,j), i \leqslant j$, 并列表.

为说明具体的算法, 下面以例示之.

例 7.8　为了解儿童的生长发育规律, 今统计了男孩从出生到 11 岁, 平均每年增长的重量见表 7.19, 试对此有序样本聚类.

表 7.19　不同年龄男孩年增重数据

年龄	1	2	3	4	5	6	7	8	9	10	11
增重/千克	9.3	1.8	1.9	1.7	1.5	1.3	1.4	2.0	1.9	2.3	2.1

解　这是一个有序样本的聚类问题, 计算程序如下:

(1) 计算一切可能的直径, 现聚类变量仅一维, 故类 $\{i, i+1, \cdots, j\}$ 的直径 $D(i,j) = \sum\limits_{t=i}^{j} (x_t - \bar{x}_{ij})^2$, 其中 $\bar{x}_{ij} = \dfrac{1}{j-i+1} \sum\limits_{t=i}^{j} x_t$, 全部直径列于表 7.20.

表 7.20　直径 $D(i,j)$ 数据表

j \ i	1	2	3	4	5	6	7	8	9	10
2	28.125									
3	37.007	0.005								
4	42.208	0.020	0.020							
5	45.992	0.088	0.080	0.020						
6	49.128	0.232	0.200	0.080	0.020					
7	51.000	0.280	0.232	0.088	0.020	0.005				
8	51.529	0.417	0.393	0.303	0.290	0.287	0.180			
9	51.980	0.469	0.454	0.393	0.388	0.370	0.207	0.005		
10	52.029	0.802	0.800	0.774	0.773	0.708	0.420	0.087	0.080	
11	52.182	0.909	0.909	0.895	0.889	0.793	0.452	0.088	0.080	0.020

(2) 计算最小损失函数, 用 b_{ij}^* 表示将前 i 个样品分成 j 类的最优分法, 它的损失函数 $L(b_{ij}^*)$ 简称最小损失函数. 当 $j \leqslant i \leqslant 11, 1 \leqslant j \leqslant 11$ 时, 所有结果列于表 7.21.

在计算时先计算 $j = 2$ 的一列, 由 (7.20) 式得

$$L(b_{2,2}^*) = \min_{2 \leqslant j \leqslant 2} \{D(1, j-1) + D(j, 2)\} = \min\{D(1,1) + D(2,2)\} = 0,$$

$$L(b_{3,2}^*) = \min_{2 \leqslant j \leqslant 3} \{D(1, j-1) + D(j, 3)\} = \min\{D(1,1) + D(2,3), D(1,2) + D(3,3)\}$$

$$= \min\{0 + 0.005, 28.125 + 0\} = 0.005.$$

表 7.21　损失函数 $L(b_{ij}^*)$ 值表

i \ j	2	3	4	5	6	7	8	9	10
3	0.005(2)								
4	0.020(2)	0.005(4)							
5	0.088(2)	0.020(5)	0.005(5)						
6	0.232(2)	0.040(5)	0.020(6)	0.005(6)					
7	0.280(2)	0.040(5)	0.025(6)	0.010(6)	0.005(6)				
8	0.417(2)	0.280(8)	0.040(8)	0.025(8)	0.010(8)	0.005(8)			
9	0.469(2)	0.285(8)	0.045(8)	0.030(8)	0.015(8)	0.010(8)	0.005(8)		
10	0.802(2)	0.367(8)	0.127(8)	0.045(10)	0.030(10)	0.015(10)	0.010(10)	0.005(10)	
11	0.909(2)	0.368(8)	0.128(8)	0.065(11)	0.045(11)	0.030(11)	0.015(11)	0.010(11)	0.005(11)

这表明当 $j = 2$ 时达到极小值, 即最优分点应为 $j = 2$, 对应分类为 $\{1\}, \{2,3\}$, 故在 0.005 后面标记 (2), 即表中记为 0.005(2).

$$
\begin{aligned}
L(b_{4,2}^*) &= \min_{2 \leqslant j \leqslant 4}\{D(1, j-1) + D(j, 4)\} \\
&= \min\{D(1,1) + D(2,4), D(1,2) + D(3,4), D(1,3) + D(4,4)\} \\
&= \min\{0 + 0.020, 28.125 + 0.020, 37.007 + 0\} = 0.020.
\end{aligned}
$$

极小值 0.020 是在 $j = 2$ 时达到的, 在 0.020 后面标记 (2), 记为 0.020(2). 表示对应的分类为 $\{1\}, \{2, 3, 4\}$.

类似可求到 $L(b_{11,2}^*) = 0.909(2)$. 该列括号内的数字都是 2, 表明将 $\{1, \cdots, i\}$ 分成两类时, 都以 $p_1 = \{1\}, p_2 = \{2, 3, \cdots, i\}$ 为最优.

再计算 $j = 3$ 的一列, 由 (7.21) 式得

$$
L(b_{3,3}^*) = \min_{3 \leqslant j \leqslant 3}\{L(b_{j-1,2}^*) + D(j, 3)\} = \min\{L(b_{2,2}^*) + D(3,3)\} = 0,
$$

$$
\begin{aligned}
L(b_{4,3}^*) &= \min_{3 \leqslant j \leqslant 4}\{L(b_{j-1,2}^*) + D(j, 4)\} = \min\{L(b_{3,2}^*) + D(4,4), L(b_{2,2}^*) + D(3,4)\} \\
&= \min\{0.005 + 0, 0 + 0.020\} = 0.005(4).
\end{aligned}
$$

极小值 0.005 是当 $j = 4$ 时取得的, 这对应的分类是 $\{1, 2, 3\}, \{4\}$, 又由 $b_{3,2}^* = 0.005(2)$ 知, 应将 $\{1, 2, 3\}$ 再分为 $\{1\}, \{2, 3\}$ 两类, 于是对应的分类为 $\{1\}, \{2, 3\}, \{4\}$ 三类.

$$
\begin{aligned}
L(b_{5,3}^*) &= \min_{3 \leqslant j \leqslant 5}\{L(b_{j-1,2}^*) + D(j, 5)\} \\
&= \min\{L(b_{4,2}^*) + D(5,5), L(b_{3,2}^*) + D(4,5), L(b_{2,2}^*) + D(3,5)\} \\
&= \min\{0.020 + 0, 0.005 + 0.020, 0 + 0.080\} = 0.02(5).
\end{aligned}
$$

极小值 0.02 是在 $j = 5$ 时取得, 对应的分类是 $\{1, 2, 3, 4\}$, $\{5\}$, 再由 $b_{4,2}^*$ 知, $\{1, 2, 3, 4\}$ 应分为 $\{1\}$, $\{2, 3, 4\}$ 两类, 于是知 $b_{5,3}^* = (\{1\}, \{2, 3, 4\}, \{5\})$.

类似可求到 $L(b_{11,3}^*) = 0.368(8)$.

一般再求 $L(b_{i,j}^*) = \min\limits_{j \leqslant i_j \leqslant i} \{L(b_{i_j-1,j-1}^*) + D(i_j, i)\}$ 时, $L(b_{i_j-1,j-1}^*)$ 已经求出.

故可递推地求出 j 个分点 $i_j > i_{j-1} > \cdots > i_1 = 1$, 得到对应的分类

$$\{1, \cdots, i_2 - 1\}, \{i_2, \cdots, i_3\}, \cdots, \{i_j, \cdots, i\}.$$

上述计算过程可以通过 MATLAB 程序实现.

```
d=zeros(11,11);  %计算类直径矩阵
x=[9.3,1.8,1.9,1.7,1.5,1.3,1.4,2.0,1.9,2.3,2.1];
for i=1:11
    for j=i:11
        if(i==j)
            d(i,j)=0;
        else
            d(i,j)=var(x(i:j))*(j-i);
        end
    end
end


lb=zeros(11,11) %计算损失函数矩阵
for i=1:11
    for j=1:i
        if(j==1)
            lb(i,j)=dd(1,i);
        elseif(j==2)
            for k=1:i-1
                e(k)= dd(1,k)+dd(k+1,i);
            end
            [m,s]=min(e)
            lb(i,j)=m
        else
            ee=[];
            for k=j-1:i-1
                ee=[ee,lb(k,j-1)+dd(k+1,i)]
```

```
            end
            [m,s]=min(ee)
            lb(i,j)=m
        end
    end
end
```

(3) 确定类数.

表 7.21 的最后一行, 表明将 11 个样本点, 分为 2 类, 3 类, $\cdots$, 10 类, 11 类的最小损失函数, 可见分为 2 类时, 损失函数太大, 分为 5 类以上时, 损失函数相差不多, 故以分为 3 类或 4 类为宜.

(4) 求最优分类.

取 $k = 3$ 时, 由表 4.2 的最后一行查得 $L(b_{11,3}^*) = 0.368(8)$, 这表明 $i_3 = 8, p_3^* = \{8, 9, 10, 11\}$, 再由表 4.2 查得 $L(b_{7,2}^*) = 0.280(2)$, 这表明 $i_2 = 2, p_2^* = \{2, 3, 4, 5, 6, 7\}$, 显然, $i_1 = 1$. 从而求得最优分类:

$$b_{11,3}^* = \{\{1\}, \{2, 3, 4, 5, 6, 7\}, \{8, 9, 10, 11\}\}.$$

用类似的方法可求得 $k = 4$ 时的最优分类.

$$b_{11,4}^* = \{\{1\}, \{2, 3, 4\}, \{5, 6, 7\}, \{8, 9, 10, 11\}\}.$$

究竟分三类好还是四类好, 要从专业上去研究.

7.6 判别分析

聚类分析所处理的问题是在分类前没有关于类的知识, 对样本依分类要求确定的聚类变量 x 进行分类, 类是分类的结果.

在一些实际问题中, 常已有关于类的知识, 需要判定一个体应属于这些已知类中的哪一类. 例如, 已知一种蠓虫可依其触角长度、翼长分为 A_f 蠓、A_{pf} 蠓两类, 对一只该种蠓虫已知其触角长度和翼长时, 判别其应属哪一类; 又如湖库的营养型已根据其若干性状特征分为贫营养型、中营养型、富营养型三类, 对一湖库已知其这些性状特征时, 判别其营养型等. 这类问题就是判别分析所要处理的问题, 其数学表述如下:

在同一 p 维空间 R^p 中, 已知 m 个 p 维总体 $G_1, G_2, \cdots, G_m$. 对给定的一个样品 $x = (x_1, x_2, \cdots, x_p)'$, 判别它来自哪一个总体. 其中 $x_1, x_2, \cdots, x_p$ 称为判别变量.

解决这类问题的困难在于, 已知的 m 个总体是同一 p 维空间上的总体, 只是概率分布不同而已, 因此, 同一样品 x 对所有总体只有概率上的差异, 或通俗地说,

m 个类 $G_1, G_2, \cdots, G_m$ 的边界相互重叠, 难以判别 x 应归属的类别. 解决这一困难的基本思想是依据一定的准则 (称为判别准则), 将此 p 维空间 R^p 作出硬性划分, 划分为

$$R_1, R_2, \cdots, R_m, \quad \bigcup_{i=1}^{m} R_i = R^p \quad \text{且} \quad R_i \cap R_j = \varnothing \quad (i \neq j).$$

若 $x \in R_k$, 则认为 x 来自 G_k, 即 x 应归属 G_k 这一类. 常称为判别规则.

显然, 由此所得判别结果可能有误, 因此对 p 维空间的划分应使误判尽可能少或误判损失尽可能小, 这就要求划分的准则即判别准则有某种最优意义, 有多种判别分析方法, 但均不能绝对避免误判, 尽管如此, 判别分析仍具有重要的实际意义, 例如患者的某些外表症状与多种体内疾病有关, 欲由外表症状诊断其体内疾病; 今天的若干气象特征与明天的多种气象状态有关, 欲由今天的气象特征预报明天的气象状态都是判别分析问题, 虽可能出现误诊或误报但也需要诊断或预报, 只能尽力减少误报率.

7.6.1 距离判别

设已知 p 维空间 R^p 的 m 个总体 $G_1(\mu_1, V_1), \cdots, G_m(\mu_m, V_m)$, 其中 $\mu_i, V_i (i = 1, 2, \cdots, m)$ 是总体 G_i 的期望和协方差阵.

判别来自这 m 个总体 $G_1(\mu_1, V_1), \cdots, G_m(\mu_m, V_m)$ 之一的样品 $x = (x_1, x_2, \cdots, x_p)'$, 究竟来自哪一个总体 G_k, $k \in \{1, 2, \cdots, m\}$.

一个直观想法是 x 与 μ_i 的距离 $D(x, \mu_i)$ 越小, 一般说来, x 对 G_i 的概率密度越大, 故判定 x 来自 $D(x, \mu_i)$ 最小的总体 G_i 最为合理. 由此给出判别准则.

最小距离准则 设 x 与 G_i 的距离 $D(x, G_i) = D(x, \mu_i)$, 若 $\min\{D(x, G_i) | i = 1, 2, \cdots, m\} = D(x, G_k)$, 则判定 x 来自总体 G_k.

由此, 可将 R^p 划分, 得到判别规则 $R = (R_1, R_2, \cdots, R_m)$, 其中 $R_k = \{x | D(x, G_k) = \min\limits_{i=1,\cdots,m} \{D(x, G_i)\}$. 若 $x \in R_k$, 则判定 x 来自总体 G_k.

$D(x, \mu_i)$ 常用欧氏距离或马氏距离, 为了计算上的方便, 常用 $D(x, \mu_i)$ 进行讨论.

对于两个总体 $G_1(\mu_1, V_1), G_2(\mu_2, V_2)$ 的情况, 可由 $W(x) = D^2(x, G_1) - D^2(x, V_2)$ 判别.

当 $W(x) > 0$ 时, 判定 x 来自 G_2.

当 $W(x) < 0$ 时, 判定 x 来自 G_1.

当 $W(x) = 0$ 时, 待判.

例 7.9 已知一种害虫, 依其外部特征 x_1, x_2 可分为两类 G_1, G_2, 且 $\mu_1 = \begin{pmatrix} 2 \\ 6 \end{pmatrix}, \mu_2 = \begin{pmatrix} 4 \\ 2 \end{pmatrix}, V_1 = V_2 = \begin{pmatrix} 1 & 1 \\ 1 & 4 \end{pmatrix}$, 现有一只该种害虫 $x = \begin{pmatrix} 3 \\ 5 \end{pmatrix}$, 判别

其属哪一类.

解 取马氏距离 $D_M^2(x, G_i) = (x - \mu_i)' V_i^{-1} (x - \mu_i)$, 由 $V_i^{-1} = \dfrac{1}{3} \begin{pmatrix} 4 & -1 \\ -1 & 1 \end{pmatrix}$, 得

$$D_M^2(x, G_1) = \frac{1}{3}(4x_1^2 + x_2^2 - 2x_1x_2 - 4x_1 - 8x_2 + 2) = \frac{7}{3},$$

$$D_M^2(x, G_2) = \frac{1}{3}(4x_1^2 + x_2^2 - 2x_1x_2 - 28x_1 + 4x_2 + 52) = \frac{19}{3}.$$

由 $D_M^2(x, G_1) < D_M^2(x, G_2)$, 判定 x 来自 G_1.

或由 $W(x) = D_M^2(x, G_1) - D_M^2(x, G_2) = 4(2x_1 - x_2 - 2) = -4 < 0$, 判定 x 来自 G_1.

本例由欧氏距离所得判别结果相同.

在实际问题中, 一般各总体的期望与协方差均未知, 只能先在各个总体 G_i 分别取样本 $x_{(1)}^{(i)}, \cdots, x_{(n)}^{(i)} (i = 1, 2, \cdots, m)$ 分别称为来自总体 G_i 的训练样本. 并把它们的样本均值 $\bar{x}^{(i)}$ 与样本协方差阵 $S^{(i)}$ 作为 G_i 的期望 μ_i 与协方差阵 V_i 的估计, $i = 1, 2, \cdots, m$. 再做判别分析. 距离判别的主要步骤如下:

(1) 由每个总体 G_i 的训练样本 $x_{(j)}^{(i)}, j = 1, 2, \cdots, n_i$, 计算

$$\hat{\mu}_i = \bar{x}^{(i)} = \frac{1}{n_i} \sum_{j=1}^{n_i} x_{(j)}^{(i)}, \quad i = 1, 2, \cdots, m,$$

$$\hat{V}_i = S^{(i)} = \frac{1}{n_i - 1} \sum_{j=1}^{n_i} (x_{(j)}^{(i)} - \bar{x}^{(i)})(x_{(j)}^{(i)} - \bar{x}^{(i)})' = \frac{1}{n_i - 1} L^{(i)}, \quad i = 1, 2, \cdots, m.$$

(2) 选取距离并计算 $D_M^2(x_{(j)}^{(i)}, G_i) = D_M^2(x_{(j)}^{(i)}, \bar{x}^{(i)})$, $i = 1, 2, \cdots, m$.

(3) 依距离判别准则, 判别每个训练样本 $x_{(j)}^{(i)} (i = 1, 2, \cdots, m, j = 1, 2, \cdots, n_i)$ 来自的总体 G_k, 叫做对训练样本的后报.

当 $k = i$ 时, 判别正确. 当 $k \neq i$ 时, 判别错误, 叫做误报. 并计算误报率 (注意这不是误报概率).

(4) 当误报率甚小时, 可对待判样品 x 依 $D^2(x, \bar{x}^{(i)})$ 做距离判别, 叫做对 x 的预报. 当误报率较大时, 不宜用于预报.

7.6.2 贝叶斯判别

距离判别方法简单、直观, 是一种常用的判别方法. 在实际问题中, 如果诸已知总体各自出现的概率不同或出现错判时造成的损失不同, 在实际判别时自然应有一定的倾向性. 这时, 最小距离准则的最优意义就与实际要求不符, 需要建立体现上述要求的判别准则.

设有已知 p 维空间 R^p 中的 m 个总体 $G_1, G_2, \cdots, G_m$, 其分布密度依次是 $f_1(x), f_2(x), \cdots, f_m(x)$, 各自出现的概率依次为 $q_1, q_2, \cdots, q_m \left(q_i > 0, \sum\limits_{i=1}^{m} q_i = 1 \right)$. 将来自总体 G_i 的样品判为来自总体 G_j 时的错判损失为 $C(j\,|i), C(j\,|i) \geqslant 0$, 显然 $C(i\,|i) = 0$. 又将来自总体 G_i 的样品判为来自 G_j 的概率为 $P(j\,|i), P(j\,|i) \geqslant 0, \sum\limits_{j=1}^{m} P(j\,|i) = 1, i = 1, 2, \cdots, m$.

贝叶斯提出以错判期望损失 (expected cost of misclassifiation, ECM) 最小为判别准则, 建立判别规则: $R = (R_1, \cdots, R_m)$.

贝叶斯准则　　ECM$.R = \min$.

其中, ECM$.R = \sum\limits_{i=1}^{m} q_i \sum\limits_{j=1}^{m} c(j\,|i) P(j\,|i)$. 可以证明满足贝叶斯准则的判别规则是

若 $\min\{h_j(x)\,|j = 1, 2, \cdots, m\} = h_k(x)$, 则判定 x 来自总体 G_k. 其中

$$h_j(x) = \sum_{i=1}^{m} q_i c(j\,|i) f_i(x), \quad j = 1, 2, \cdots, m.$$

对于两个总体 $G_1 : f_1(x), G_2 : f_2(x)$ 的情况

$$h_1(x) = q_1 c(1|1) f_1(x) + q_2 c(1|2) f_2(x) = q_2 c(1|2) f_2(x),$$
$$h_2(x) = q_1 c(2|1) f_1(x) + q_2 c(2|2) f_2(x) = q_1 c(2|1) f_1(x).$$

当 $h_1(x) < h_2(x), q_2 c(1|2) f_2(x) < q_1 c(2|1) f_1(x), \dfrac{f_2(x)}{f_1(x)} < \dfrac{q_1 c(2|1)}{q_2 c(1|2)}$ 时, 判定 x 来自 G_1.

当 $h_2(x) < h_1(x), q_1 c(2|1) f_1(x) < q_2 c(1|2) f_2(x), \dfrac{f_2(x)}{f_1(x)} > \dfrac{q_1 c(2|1)}{q_2 c(1|2)}$ 时, 判定 x 来自 G_2.

常记 $w(x) = \dfrac{f_2(x)}{f_1(x)}$ 并称为判别函数, $k = \dfrac{q_1 c(2\,|1)}{q_2 c(1\,|2)}$ 为临界值. 由此

当 $w(x) < k$ 时, 判定 x 来自 G_1,

当 $w(x) > k$ 时, 判定 x 来自 G_2,

当 $w(x) = k$ 时, 待判.

由 $k = \dfrac{q_1 c(2\,|1)}{q_2 c(1\,|2)}$ 可见, 当 $c(2\,|1) = c(1\,|2)$ 时, 若 q_1 增大, q_2 减少, 则 k 增大. 意味着在判断时倾向于出现概率大的总体 G_1; 当 $q_1 = q_2$ 时, 若 $c(2\,|1)$ 增大, $c(1\,|2)$

减小, 则 k 值增大. 意味着在判断时倾向于错判损失较小的 G_1. 特别地, 当 G_1, G_2 分别为 p 维正态总体 $N_p(\mu_1, V_1), N_p(\mu_2, V_2)$ 时

$$f_i(x) = (2\pi)^{-\frac{p}{2}} |V_i|^{-\frac{1}{2}} e^{-\frac{1}{2} D_M^2(x, \mu_i)}, \quad i = 1, 2,$$

$$w(x) = \frac{f_2(x)}{f_1(x)} = \frac{|V_1|^{\frac{1}{2}}}{|V_2|^{\frac{1}{2}}} e^{\frac{1}{2}[D_M^2(x, \mu_1) - D_M^2(x, \mu_2)]},$$

于是

$$D_M^2(x, \mu_1) - D_M^2(x, \mu_2) < 2\ln\left(\frac{|V_2|}{|V_1|}\right)^{\frac{1}{2}} k \ \text{时, 判定 } x \text{ 来自 } G_1,$$

$$D_M^2(x, \mu_1) - D_M^2(x, \mu_2) > 2\ln\left(\frac{|V_2|}{|V_1|}\right)^{\frac{1}{2}} k \ \text{判定 } x \text{ 来自 } G_2.$$

如果 $V_2 = V_1$, 则当

$$D_M^2(x, \mu_1) - D_M^2(x, \mu_2) < 2\ln k \ \text{时, 判定 } x \text{ 来自 } G_1,$$

$$D_M^2(x, \mu_1) - D_M^2(x, \mu_2) > 2\ln k, \ \text{判定 } x \text{ 来自 } G_2.$$

可见, 贝叶斯判别与取马氏距离的距离判别的差别仅在于临界值的差异. 取马氏距离的距离判别是 $k = \dfrac{q_1 c(2\,|1)}{q_2 c(1\,|2)} = 1$, 即当 $q_1 c(2\,|1) = q_2 c(1\,|2)$ 时的贝叶斯判别. 在实际应用中, 诸已知总体 G_i 出现的概率 q_i 及错误损失 $c(j\,|i)$, 需依问题的实际意义及各种要求给出.

在例 7.9 中, 若已知此种害虫分为两类 G_1, G_2 中, G_1 类出现较少, 且为害虫甚小可暂不防治, G_2 类经常出现, 且危害较大应予以防治. 依据有关记录与专业知识估计

$$\frac{q_1}{q_2} = \frac{1}{3}, \quad \frac{c(2\,|1)}{c(1\,|2)} = \frac{1}{4}.$$

依贝叶斯判别法, 判别害虫 $x = \begin{pmatrix} 3 \\ 5 \end{pmatrix}$ 应属哪一类时, 由 $k = \dfrac{q_1 c(2\,|1)}{q_2 c(1\,|2)} = \dfrac{1}{12}$, $2\ln k = -4.97$, $D^2(x, G_1) - D^2(x, G_2) = -4 > -4.97$, 故应判定 x 来自 G_2 及此害虫属危害较大的一类, 应予防治. 虽可能是误判, 但仅损失防治费用, 不会酿成大灾. 当然, 在决策防治与否时, 不能仅由一只而定, 还要结合各种情况考虑.

7.6.3 费希尔判别

距离判别与贝叶斯判别的共性是将 p 维变量 x, 依判别准则得到一维变量进行判别.

　　费希尔判别的思想是取一向量 a, 对于来自不同总体的样本 x 与 μ_i 在 a 上的投影 $\mathrm{Proj}_a x, \mathrm{Proj}_a \mu_i$ 都是一维的, 可依 $|\mathrm{Proj}_a x - \mathrm{Proj}_a \mu_i|$ 判别 x 来自这些距离最小的总体. 又考虑到判别过程与 $\|a\|$ 无关, 只与 a 方向有关, 故可依 $|a'x - a'\mu_i|$ 判别, 那应取怎样的 a 最为合理呢? 一个直观的想法是应使样本的投影 $a'\mu_i$ 尽可能分散, 且同一总体内的样本投影 $a'x$ 尽可能集中.

　　设已知 p 维空间 R^p 的 m 个总体 $G_1(\mu_1, V_1), \cdots, G_m(\mu_m, V_m)$.

$$\bar{\mu} = \frac{1}{m}\sum_{i=1}^m \mu_i, \quad V = \sum_{i=1}^m V_i.$$

$$SSG = \sum_{i=1}^m (a'\mu_i - a'\bar{\mu})^2 = a'\left[\sum_{i=1}^m (\mu_i - \bar{\mu})(\mu_i - \bar{\mu})'\right]a = a'Ba$$ 叫做总体间平方和, 其中 $B = \sum_{i=1}^m (\mu_i - \bar{\mu})(\mu_i - \bar{\mu})'$ 叫做期望离差阵. 且 $B' = B$.

$$SSE = \sum_{i=1}^m a'V_i a = a'\left(\sum_{i=1}^m V_i\right)a = a'Va$$ 为总体内平方和.

　　它们分别刻画了总体间与总体内在 a 上投影的差异. 由前述直观思想, 自然应取使 $\phi(a) = \dfrac{SSG}{SSE}$ 最大的 a 最为合理.

　　费希尔准则　由 $\phi(a) = \dfrac{SSG}{SSE}$ 取最大, 确定 a, 若 $\min\{|a'x - a'\mu_i|, i = 1, \cdots, m\} = |a'x - a'\mu_k|$, 则判定 x 来自总体 G_k.

　　记 $w(x) = a'x$, 并称为费希尔判别函数.

　　定理 7.7　满足费希尔准则的 a 是 $V^{-1}B$ 的最大特征值 $\lambda_{\max}$ 对应的特征向量.

　　证　由 $\phi(a) = \dfrac{SSG}{SSE} = \dfrac{a'Ba}{a'Va}$, 其中 B, V 均为 p 阶对称阵.

　　令 $\phi'(a) = \dfrac{2Ba(a'Va) - 2Va(a'Ba)}{(a'Va)^2} = 0$, 得 $Ba(a'Va) = Va(a'Ba)$, $(V^{-1}B)a = \phi(a)a$.

　　可知, $\phi(a)$ 是 $V^{-1}B$ 的特征值, a 是特征值 $\phi(a)$ 对应的特征向量. 故依费希尔准则应取 $\phi(a)$ 为 $V^{-1}B$ 的最大特征值 $\lambda_{\max}$, a 是 $\lambda_{\max}$ 对应的特征向量.

　　推论 7.1　当 $m = 2$ 时, $a = V^{-1}(\mu_1 - \mu_2)$.

　　证　当 $m = 2$ 时

$$B = (\mu_1 - \bar{\mu})(\mu_1 - \bar{\mu})' + (\mu_2 - \bar{\mu})(\mu_2 - \bar{\mu})' = \frac{1}{2}(\mu_1 - \mu_2)(\mu_1 - \mu_2)'.$$

其中 $\bar{\mu} = \dfrac{1}{2}(\mu_1 + \mu_2)$. 由 $(V^{-1}B)a = \lambda_{\max}a, B = \dfrac{1}{2}(\mu_1 - \mu_2)(\mu_1 - \mu_2)'$ 可得到

$$V^{-1}(\mu_1 - \mu_2) = \frac{2\lambda_{\max}}{(\mu_1 - \mu_2)'a}a,$$

可知 a 与 $V^{-1}(\mu_1 - \mu_2)$ 平行, 不计 $\|a\|$ 可取 $a = V^{-1}(\mu_1 - \mu_2)$. 显然, 满足费希尔准则的 a 及判别函数 $w(x) = a'x$ 不唯一. 对例 7.9, 若由费希尔准则, $a = V^{-1}(\mu_1 - \mu_2) = \begin{pmatrix} -4 \\ 2 \end{pmatrix}$, 不计 $\|a\|$ 可取

$$a = V^{-1}(\mu_1 - \mu_2) = \begin{pmatrix} -2 \\ 1 \end{pmatrix}, \quad 得 \quad w(x) = -2x_1 + x_2,$$

$$w(\mu_1) = 2, \quad w(\mu_2) = -6, \quad x = \begin{pmatrix} 3 \\ 5 \end{pmatrix}, \quad w(x) = -1.$$

由 $|-1-2| < |-1+6|$, 故 $x = \begin{pmatrix} 3 \\ 5 \end{pmatrix}$ 来自 G_1.

也可求得 $V^{-1}B = \begin{pmatrix} 2 & -4 \\ -1 & 2 \end{pmatrix}$ 的 $\lambda_{\max} = 4$ 对应的特征向量 $a = \begin{pmatrix} -2 \\ 1 \end{pmatrix}$

后, 得到 $w(x) = -2x_1 + x_2$.

在实际应用中, 诸已知总体 G_i 的期望与协方差阵均未知时, 与距离判别相同应取每个总体 G_i 的训练样本 $x_{(1)}^{(i)}, \cdots, x_{(n_i)}^{(i)}$, 并以它们的样本均值 $\bar{x}^{(i)}$、样本协方差阵 $S^{(i)}$ 作为 G_i 的期望 μ_i 与协方差阵 V_i 的估计 $(i = 1, 2, \cdots, m)$, 再做费希尔判别. 步骤如下:

(1) 求 $V = \sum\limits_{i=1}^{m} V_i, V^{-1}, \bar{\mu} = \dfrac{1}{m} \sum\limits_{i=1}^{m} \mu_i, B = \sum\limits_{i=1}^{m} (\mu_i - \bar{\mu})(\mu_i - \bar{\mu})'.$

(2) 求 $V^{-1}B$ 的最大特征值 $\lambda_{\max}$ 对应的任一特征向量 a, 得到费希尔判别函数.

(3) 依费希尔准则, 若 $\min |w(x) - w(\mu_i)| = |w(x) - w(\mu_k)|$, 则 x 来自 G_k. 对训练样本做后报, 并计算误报率.

(4) 当误报率甚小时, 对待判样品作出预报, 当误报率较大时, 不宜用于预报.

例 7.10 已知对两种鸢尾植物: 变色鸢尾 (G_1) 和弗吉尼西鸢尾 (G_2), 可由其萼片长 (x_1)、萼片宽度 (x_2)、花瓣长度 (x_3) 和花瓣宽度 (x_4) 进行判别. 由此建立费希尔判别函数, 并判别来自这两种鸢尾植物的样品 $x = (6.0, 3.0, 4.0, 2.0)'$ 是来自哪一种.

解 首先对两种鸢尾植物分别取容量 50 的训练样本, 并测出它们的判别变量: $x = (x_1, x_2, x_3, x_4)'$ 的值. 得到原始数据 (从略), 由此计算两总体的样本均值与

样本协方差阵分别为

$$\bar{x}^{(1)} = (5.936, \quad 2.770, \quad 4.260, \quad 1.326)', \quad \bar{x}^{(2)} = (6.588, \quad 2.974, \quad 5.552, \quad 2.026)',$$

$$V^{-1} = \begin{pmatrix} 9.8851 & -3.2760 & -8.8663 & 2.9280 \\ & 17.4597 & 0.4770 & -11.0494 \\ & & 13.4812 & -6.6025 \\ & & & 30.7346 \end{pmatrix}.$$

$$a = V^{-1}(\bar{x}^{(1)} - \bar{x}^{(2)}) = (3.6289 \quad 5.6925 \quad -7.1124 \quad -12.6388),$$

得到费希尔判别函数

$$w(x) = 3.6289x_1 + 5.6925x_2 - 7.1124x_3 - 12.6388x_4,$$

$$w(\bar{x}^{(1)}) = -9.7485, \quad w(\bar{x}^{(2)}) = -24.2576.$$

经对诸训练样本后报后, 知误报率为 3%, 可用于预报, 将待判样品 $x = (6.0, 3.0, 4.0, 2.0)'$ 代入后, 得 $w(x) = -14.8763$.

由 $\left| w(x) - w(\bar{x}^{(1)}) \right| = 5.1278, \left| w(x) - w(\bar{x}^{(2)}) \right| = 9.3813$, 该样品应来自变色鸢尾.

7.6.4 应用中的几个问题

(1) 聚类分析与判别分析都是用于分类问题. 在将样本分类前, 没有关于类的知识, 所分得的类作为分类结果时, 用聚类分析, 故聚类分析常称为无监督分类. 当分类前已有类的知识, 将不知类别的样本分入相应的类时用判别分析, 故判别分析常称为有监督分类. 在应用中也常对样本做聚类分析, 将样本分为若干类后, 再用判别分析判别另一些样本应分入哪一类.

(2) 在实际问题中, 应用聚类分析或判别分析时, 关键在于依问题的实际意义选出足以区分类别性状特征, 即聚类变量或判别变量. 从根本上说, 这依赖于所论问题涉及的专业知识, 数学方法只能对初选的诸变量进行统计量显著检验, 再结合专业知识保留显著的变量, 剔除不显著的变量之后, 做聚类分析或判别分析. 具体的计算过程甚繁, 只能应用统计软件上机完成, 基本思想方法与多元回归分析类似, 不再叙述.

(3) 聚类分析与判别分析的方法有多种, 在一个实际问题中选用哪一种方法为宜, 难以给出定论. 事实上, 在不同的问题中, 类的含义不尽相同, 如图 7.9 表现的二维空间中 3 种不同形式的类.

因此, 在实际问题中常用多种方法, 再结合专业知识选用.

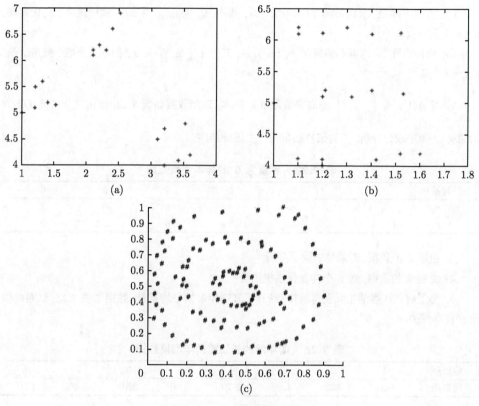

图 7.9   分类类型示意图

习 题 7

1. 对总体 $x = (x_1, x_2, x_3)'$ 抽样, 得 5 样本阵 $X = \begin{pmatrix} 9 & 12 & 3 \\ 2 & 8 & 4 \\ 6 & 6 & 0 \\ 5 & 4 & 2 \\ 8 & 10 & 1 \end{pmatrix}$.

(1) 求 $\bar{x}, \mathrm{Cov}(x), R$.

(2) 计算标准化样本阵 X^*, 并由标准化样本阵计算其标准样本均值向量、标准样本协方差阵及相关阵.

(3) 设 $A = \begin{pmatrix} 2 & 1 & -1 \\ 0 & -1 & 1 \end{pmatrix}$, 对 x 做线性变换 $y = Ax$, 求 $\bar{y}, \mathrm{Cov}(y), R$. 并分别求 $\mathrm{Cov}(y), R$ 的特征值与对应的单位特征向量.

(4) 由样本阵 X 求距离阵 $D = (d_{ij})_{5 \times 5}$, 其中 d_{ij} 是 $x_{(i)}$ 与 $x_{(j)}$ 欧氏距离、马氏距离. $i, j = 1, 2, \cdots, 5$.

(5) 由样本阵 X 求其相似阵 $C = (c_{ij})_{3 \times 3}$, 其中 c_{ij} 是 x_i 与 x_j 的相关系数、夹角余弦, $i, j = 1, 2, 3$.

2. 对总体 $x = \begin{pmatrix} x_1 \\ x_2 \end{pmatrix}$ 抽取容量为 6 的样本, 观测数据如表 7.22, 试由此分别依 $D\hat{x}, \hat{R}$ 对总体 x 做主成分分析, 并对诸样品依第一主成分排序.

表 7.22　容量为 6 的样本观测数据

样品号	1	2	3	4	5	6
x_1	5	6	4	6	0	3
x_2	11	8	7	6	2	2

3. 由题 2 的数据, 对总体做因子分析.

4. 由题 2 的数据, 对 6 个样品做系统聚类.

5. 为了解长江鱅的生长发育规律, 统计了其诸年龄的平均重量, 数据如表 7.23, 试对此做有序样本聚类.

表 7.23　诸年龄的长江鱅的年增重数据

年龄/年	1	2	3	4	5	6	7	8
增重/kg	0.27	2.33	4.80	2.70	3.40	3.10	3.40	1.50

6. 设有两个二维总体 G_1, G_2. 来自 G_1 的训练样本 $x_{(1)}^{(1)} = \begin{pmatrix} 1 \\ 2 \end{pmatrix}, x_{(2)}^{(1)} = \begin{pmatrix} 3 \\ 1 \end{pmatrix}, x_{(3)}^{(1)} = \begin{pmatrix} 3 \\ 3 \end{pmatrix}$, 来自 G_2 的训练样本 $x_{(1)}^{(2)} = \begin{pmatrix} 5 \\ 5 \end{pmatrix}, x_{(2)}^{(2)} = \begin{pmatrix} 6 \\ 2 \end{pmatrix}, x_{(3)}^{(2)} = \begin{pmatrix} 5 \\ 4 \end{pmatrix}$. 试分别用距离判别法、贝叶斯判别法、费希尔判别法, 判别样品 $x = \begin{pmatrix} 2 \\ 4 \end{pmatrix}$ 来自哪一个总体.

7. 已知 6 样本依聚类变量的观测值求得距离阵

$$D^{(0)} = \begin{pmatrix} 0 \\ 1 & 0 \\ 4 & 3 & 0 \\ 6 & 5 & 2 & 0 \\ 8 & 7 & 4 & 2 & 0 \\ 9 & 8 & 5 & 3 & 1 & 0 \end{pmatrix}.$$

用最短距离法、最长距离法、类平均法对此 6 样本做系统聚类.

8. 两种蠓 A_f 和 A_{pf} 已由生物学家 W. L. Grogan 在 1981 年根据它们的触角长度和翼长加以区分, 现已知 9 只 A_f 蠓和 6 只 A_{pf} 蠓的数据如表 7.24.

表 7.24 分类样本数据表

编号	1	2	3	4	5	6	7	8	9	10	11	12	13	14	15
种类	A_f	A_f	A_f	A_f	A_f	A_f	A_f	A_f	A_f	A_{pf}	A_{pf}	A_{pf}	A_{pf}	A_{pf}	A_{pf}
触角长度	1.24	1.36	1.38	1.38	1.38	1.40	1.48	1.54	1.56	1.14	1.18	1.20	1.26	1.28	1.96
翼长	1.72	1.74	1.64	1.82	1.90	1.70	1.82	1.82	2.08	1.78	1.96	1.86	2.00	2.00	1.96

试用距离判别法, 贝叶斯判别法和费希尔判别法判别下列三只蠓虫 (数据见表 7.25) 各属于哪一种?

表 7.25 待判样品数据

编号	1	2	3
触角长度	1.24	1.28	1.40
翼长	1.80	1.84	2.04

部分习题参考解答

习 题 1

2. 0.12, 95

3. 0.021, 0.001, 0.979

4. 0.161, 0.269

5. 5, $N(804, 50)$

6. 3.6, 2.88, 0.536

9. $N(0, 2)$, $N(0, 2)$, $\chi^2(1)$, $\chi^2(2)$, $F(1, 1)$

10. $t(4)$, $F(1, 4)$, $F(4, 1)$

习 题 2

1. $2X$

2. $\overline{X}$

3. μ 的无偏估计为 $\hat{\mu}_1, \hat{\mu}_3$; $\hat{\mu}_3$ 比 $\hat{\mu}_1$ 有效

5. (1) $[25.34, 30.45]$; (2) 能; (3)$[24.2, 31.6]$, 不能; (4)16

6. $[0.19, 0.21]$

7. $[-0.38, 0.98]$, 差异不显著

8. $[0.66, 0.9]$

9. $[2, 4]$

10. $[0.01, 2.19]$

11. $[-12.98, 3.87]$, $[-9.66, 0.54]$

12. $[0.13, 38.44]$

13. 28.32, $[2.67, 3.29]$

14. 由 $\left| \dfrac{(\hat{p}_1 - \hat{p}_2) - (p_1 - p_2)}{\sqrt{\hat{p}_1(1-\hat{p}_1)/n_1 + \hat{p}_2(1-\hat{p}_2)/n_2}} \right| \leqslant z_{\frac{\alpha}{2}}$ 解出 $p_1 - p_2$, 得到

$$\hat{p}_1 - \hat{p}_2 \pm z_{\frac{\alpha}{2}} \sqrt{\hat{p}_1(1-\hat{p}_1)/n + \hat{p}_2(1-\hat{p}_2)/n}$$

习 题 3

1. 差异不显著

2. 没有显著变化

3. 正常

4. 是

5. 服从泊松分布

6. 服从正态分布

7. 能

8. 有效

9. 否

10. 能

习 题 4

1. 差异显著

2. 差异极显著

3. 差异极显著

4. 对于酒精产量, 三种原料和发酵温度差异极显著, 最适宜的处理为 (A_2, B_1)

5. 否

6. 品种和地区的发病率都存在极显著差异

7. 43.4

8. 环境对发病率影响显著, 年龄组对发病率影响不显著

习 题 5

1. (1) 设肝重为 y, 体重为 x, 两回归方程为 $y = -9.46 + 0.72x, x = 14.24 + 1.04y$; (2) $r = 0.867$; (3) $\bar{y}$ 的 95% 的置信区间 $[2.88, 3.68]$; (4) $[-19.62, 0.6979], [0.1466, 1.297], [11.47, 17], [0.2116, 1.872]$

2. (1) 设施氮肥量为 x, 玉米含氮量为 y, 则回归方程为 $y = -6.41 + 0.57x$, 玉米含氮量的 95% 置信区间为 $[41.3, 60.09]$; (2) 适合且显著

3. 取 $y = ae^{bt}$ 较好, $y = 6.205e^{0.6455t}$

4. $w = e^{-12}x^{4.6}$

5. (1) 设鲜重为 y, 苗高为 x_1, 地径为 x_2, 剔除不显著因子 x_1 后, $y = -12.887 + 4.697x_2$; (2) $r_{23,1} = 0.9581, r_{13,2} = -0.5366, r_{12,3} = 0.242$

7. $l = 499.36(1 - e^{-0.364(t+0.527)})$

8. 11.8 天

9. (1) $y = 10^{-3}a + 10^{-1}bx, r$ 不变

习 题 6

1. A 对 y 的影响极显著

习 题 7

1. (1) $\bar{x} = \begin{pmatrix} 6 \\ 8 \\ 2 \end{pmatrix}$, $\mathrm{Cov}(x) = \begin{pmatrix} 7.5 & 5 & -1.75 \\ & 10 & 1.5 \\ & & 2.5 \end{pmatrix}$, $R = \begin{pmatrix} 1 & 0.577 & -0.404 \\ & 1 & 0.3 \\ & & 1 \end{pmatrix}$;

(2) $X^* = (X - \bar{x})' \mathrm{diag}^{-1}(\sqrt{7.5}, \sqrt{10}, \sqrt{2.5})$;

(3) $\bar{y} = \begin{pmatrix} 18 \\ -6 \end{pmatrix}$, $\mathrm{Cov}(y) = \begin{pmatrix} 66.5 & -23 \\ & 9.5 \end{pmatrix}$, $R = \begin{pmatrix} 1 & -0.915 \\ & 1 \end{pmatrix}$;

(4) 欧氏距离阵 $D = \begin{pmatrix} 0 & 8.12 & 7.35 & 9 & 3 \\ & 0 & 6 & 5.39 & 7 \\ & & 0 & 3 & 4.58 \\ & & & 0 & 6.78 \\ & & & & 0 \end{pmatrix}$,

马氏距离阵 $D = \begin{pmatrix} 0 & 2.72 & 2.81 & 2.54 & 1.79 \\ & 0 & 2.61 & 2.79 & 2.45 \\ & & 0 & 2.36 & 1.32 \\ & & & 0 & 2.67 \\ & & & & 0 \end{pmatrix}$

2. $y_1 = 0.486x_1 + 0.875x_2$, $f_1 = 0.8775$, $f_2 = 0.112$

3. 有重要度为 1.445 的公共因子, x_1, x_2 公共度均为 0.85^2

4. 取欧氏最短距离法, 系统聚类过程是: $\{2, 4\}, \{1\}, \{3\}, \{5\}, \{6\}$; $\{2, 3, 4\}, \{1\}, \{5\}$, $\{6\}$; $\{1, 2, 3, 4\}, \{5\}, \{6\}$; $\{1, 2, 3, 4\}, \{5, 6\}$

6. 依马氏距离判别, x 来自 G_1

7. 用最短距离法的系统聚类过程: $\{1, 2\}, \{3\}, \{4\}, \{5, 6\}$; $\{1, 2\}, \{3, 4\}, \{5, 6\}$; $\{1, 2, 3, 4\}, \{5, 6\}$

8. 依费希尔准则, 3 只蠓虫均属 A_{pf} 类

参 考 文 献

陈希孺, 倪国熙. 2009. 数理统计学教程. 合肥: 中国科学技术大学出版社.

陈希孺. 1992. 概率论与数理统计. 合肥: 中国科学技术大学出版社.

杨纪珂, 齐翔林. 1985. 现代生物统计. 合肥: 安徽教育出版社.

耿旭, 希尔斯 F J. 1988. 农业科学生物统计. 高明尉, 等译: 北京: 农业出版社.

方开泰. 1989. 实用多元统计分析. 上海: 华东师范大学出版社.

肯德尔 M. 1983. 多元分析. 中国科学院计算中心概率统计组译. 北京: 科学出版社.

Iversen G R, Gergen M. 2000. 统计学. 吴喜之, 等译. 北京: 高等教育出版社; 柏林: 施普林
    格出版社.

苏良军. 2007. 高等数理统计. 北京: 北京大学出版社.

茆诗松, 程依明, 濮晓龙. 2011. 概率论与数理统计教程. 2 版. 北京: 高等教育出版社.

徐克学. 1999. 生物数学. 北京: 科学出版社.

卢纹岱, 朱红兵. 2015. SPSS 统计分析. 5 版. 吴喜之审校. 北京: 电子工业出版社.

附　　录

附表 1　标准正态分布函数 $\Phi(x) = \dfrac{1}{\sqrt{2\pi}} \displaystyle\int_{-\infty}^{x} e^{-\frac{u^2}{2}} du$ 数值表

x	0.00	0.01	0.02	0.03	0.04	0.05	0.06	0.07	0.08	0.09
0.0	0.5000	0.5040	0.5080	0.5120	0.5160	0.5199	0.5239	0.5279	0.5319	0.5359
0.1	0.5398	0.5438	0.5478	0.5517	0.5557	0.5596	0.5636	0.5675	0.5714	0.5753
0.2	0.5793	0.5832	0.5871	0.5910	0.5948	0.5987	0.6026	0.6064	0.6103	0.6141
0.3	0.6179	0.6217	0.6255	0.6293	0.6331	0.6368	0.6406	0.6443	0.6480	0.6517
0.4	0.6554	0.6591	0.6628	0.6664	0.6700	0.6736	0.6772	0.6808	0.6844	0.6879
0.5	0.6915	0.6950	0.6985	0.7019	0.7054	0.7088	0.7123	0.7157	0.7190	0.7224
0.6	0.7257	0.7291	0.7324	0.7357	0.7389	0.7422	0.7454	0.7485	0.7517	0.7549
0.7	0.7580	0.7611	0.7642	0.7673	0.7703	0.7734	0.7764	0.7794	0.7823	0.7852
0.8	0.7881	0.7910	0.7939	0.7967	0.7995	0.8023	0.8051	0.8078	0.8106	0.8133
0.9	0.8159	0.8186	0.8212	0.8238	0.8264	0.8289	0.8315	0.8340	0.8365	0.8389
1.0	0.8413	0.8438	0.8461	0.8485	0.8508	0.8531	0.8554	0.8577	0.8599	0.8621
1.1	0.8643	0.8665	0.8686	0.8708	0.8729	0.8749	0.8770	0.8790	0.8810	0.8830
1.2	0.8849	0.8869	0.8888	0.8907	0.8925	0.8944	0.8962	0.8980	0.8997	0.9015
1.3	0.9032	0.9049	0.9066	0.9082	0.9099	0.9115	0.9131	0.9147	0.9162	0.9177
1.4	0.9192	0.9207	0.9222	0.9236	0.9251	0.9265	0.9278	0.9292	0.9306	0.9319
1.5	0.9932	0.9345	0.9357	0.9370	0.9382	0.9394	0.9406	0.9418	0.9430	0.9441
1.6	0.9452	0.9465	0.9474	0.9484	0.9495	0.9505	0.9515	0.9525	0.9535	0.9545
1.7	0.9554	0.9564	0.9573	0.9582	0.9591	0.9599	0.9608	0.9616	0.9625	0.9633
1.8	0.9641	0.9648	0.9656	0.9664	0.9671	0.9678	0.9686	0.9693	0.9700	0.9706
1.9	0.9712	0.9719	0.9726	0.9732	0.9738	0.9744	0.9750	0.9756	0.9762	0.9767
2.0	0.9772	0.9778	0.9783	0.9788	0.9793	0.9798	0.9803	0.9808	0.9812	0.9817
2.1	0.9821	0.9826	0.9830	0.9834	0.9838	0.9842	0.9864	0.9850	0.9854	0.9857
2.2	0.9861	0.9864	0.9868	0.9871	0.9874	0.9878	0.9881	0.9884	0.9887	0.9890
2.3	0.9893	0.9896	0.9898	0.9901	0.9904	0.9906	0.9909	0.9911	0.9913	0.9916
2.4	0.9918	0.9920	0.9922	0.9925	0.9927	0.9929	0.9931	0.9932	0.9934	0.9936
2.5	0.9938	0.9940	0.9941	0.9943	0.9945	0.9946	0.9948	0.9940	0.9951	0.9952
2.6	0.9953	0.9955	0.9956	0.9957	0.9959	0.9960	0.9961	0.9962	0.9963	0.9964
2.7	0.9965	0.9966	0.9967	0.9968	0.9969	0.9970	0.9971	0.9972	0.9973	0.9974
2.8	0.9974	0.9975	0.9976	0.9977	0.9977	0.9978	0.9979	0.9979	0.9980	0.9981
2.9	0.9981	0.9982	0.9982	0.9983	0.9984	0.9984	0.9985	0.9985	0.9986	0.9986
3.0	0.9987	0.9987	0.9987	0.9988	0.9988	0.9989	0.9989	0.9989	0.9990	0.9990
3.1	0.9990	0.9991	0.9991	0.9991	0.9992	0.9992	0.9992	0.9992	0.9993	0.9993
3.2	0.9993	0.9993	0.9994	0.9994	0.9994	0.9994	0.9994	0.9995	0.9995	0.9995
3.3	0.9995	0.9995	0.9995	0.9996	0.9996	0.9996	0.9996	0.9996	0.9996	0.9997
3.4	0.9997	0.9997	0.9997	0.9997	0.9997	0.9997	0.9997	0.9997	0.9997	0.9998
3.5	0.9998	0.9998	0.9998	0.9998	0.9998	0.9998	0.9998	0.9998	0.9998	0.9998

附表 2　　t 分布百分位数 $P(t \geqslant t_\alpha) = \alpha$ 及自由度 n 的 t_α 的数值表

n ＼ α (单侧)	0.250	0.100	0.050	0.025	0.010	0.00833	0.00625	0.005	0.0025
1	1.0000	3.0777	6.3138	12.7062	31.8205	38.2037	50.9230	63.6567	127.3213
2	0.8165	1.8856	2.9200	4.3027	6.9646	7.6504	8.8602	9.9248	14.0890
3	0.7649	1.6377	2.3534	3.1824	4.5407	4.8574	5.3919	5.8409	7.4533
4	0.7407	1.5332	2.1318	2.7764	3.7469	3.9613	4.3147	4.6041	5.5976
5	0.7267	1.4759	2.0150	2.5706	3.3649	3.5345	3.8100	4.0321	4.7733
6	0.7176	1.4398	1.9432	2.4469	3.1427	3.2878	3.5212	3.7074	4.3168
7	0.7111	1.4149	1.8946	2.3646	2.9980	3.1278	3.3353	3.4995	4.0293
8	0.7064	1.3968	1.8595	2.3060	2.8965	3.0160	3.2060	3.3554	3.8325
9	0.7027	1.3830	1.8331	2.2622	2.8214	2.9336	3.1109	3.2498	3.6897
10	0.6998	1.3722	1.8125	2.2281	2.7638	2.8703	3.0382	3.1693	3.5814
11	0.6974	1.3634	1.7959	2.2010	2.7181	2.8203	2.9809	3.1058	3.4966
12	0.6955	1.3562	1.7823	2.1788	2.6810	2.7797	2.9345	3.0545	3.4284
13	0.6938	1.3502	1.7709	2.1604	2.6503	2.7461	2.8961	3.0123	3.3725
14	0.6924	1.3450	1.7613	2.1448	2.6245	2.7180	2.8640	2.9768	3.3257
15	0.6912	1.3406	1.7531	2.1314	2.6025	2.6939	2.8366	2.9467	3.2860
16	0.6901	1.3368	1.7459	2.1199	2.5835	2.6732	2.8131	2.9208	3.2520
17	0.6892	1.3334	1.7396	2.1098	2.5669	2.6552	2.7925	2.8982	3.2224
18	0.6884	1.3304	1.7341	2.1009	2.5524	2.6393	2.7745	2.8784	3.1966
19	0.6876	1.3277	1.7291	2.0930	2.5395	2.6253	2.7586	2.8609	3.1737
20	0.6870	1.3253	1.7247	2.0860	2.5280	2.6128	2.7444	2.8453	3.1534
21	0.6864	1.3232	1.7207	2.0796	2.5176	2.6015	2.7316	2.8314	3.1352
22	0.6858	1.3212	1.7171	2.0739	2.5083	2.5914	2.7201	2.8188	3.1188
23	0.6853	1.3195	1.7139	2.0687	2.4999	2.5822	2.7097	2.8073	3.1040
24	0.6848	1.3178	1.7109	2.0639	2.4922	2.5738	2.7002	2.7969	3.0905
25	0.6844	1.3163	1.7081	2.0595	2.4851	2.5662	2.6916	2.7874	3.0782
26	0.6840	1.3150	1.7056	2.0555	2.4786	2.5591	2.6836	2.7787	3.0669
27	0.6837	1.3137	1.7033	2.0518	2.4727	2.5526	2.6763	2.7707	3.0565
28	0.6834	1.3125	1.7011	2.0484	2.4671	2.5466	2.6695	2.7633	3.0469
29	0.6830	1.3114	1.6991	2.0452	2.4620	2.5411	2.6632	2.7564	3.0380
30	0.6828	1.3104	1.6973	2.0423	2.4573	2.5359	2.6574	2.7500	3.0298
40	0.6807	1.3031	1.6839	2.0211	2.4233	2.4990	2.6157	2.7045	2.9712
60	0.6786	1.2958	1.6706	2.0003	2.3901	2.4631	2.5752	2.6603	2.9146
120	0.6765	1.2886	1.6577	1.9799	2.3578	2.4282	2.5359	2.6174	2.8599
∞	0.6745	1.2816	1.6449	1.9600	2.3263	2.3941	2.4977	2.5758	2.8070
n ＼ α (双侧)	0.500	0.200	0.100	0.050	0.020	0.0166	0.0125	0.010	0.005

附表 3　对应于概率 $P(\chi^2 > \chi_\alpha^2) = \alpha$ 及自由度 n 的 χ_α^2 的数值表

n＼α	0.990	0.950	0.900	0.500	0.100	0.050	0.025	0.010	0.005
1	0.0002	0.0039	0.0158	0.4549	2.7055	3.8415	5.0239	6.6349	7.8794
2	0.0201	0.1026	0.2107	1.3863	4.6052	5.9915	7.3778	9.2103	10.5966
3	0.1148	0.3518	0.5844	2.3660	6.2514	7.8147	9.3484	11.3449	12.8382
4	0.2971	0.7107	1.0636	3.3567	7.7794	9.4877	11.1433	13.2767	14.8603
5	0.5543	1.1455	1.6103	4.3515	9.2364	11.0705	12.8325	15.0863	16.7496
6	0.8721	1.6354	2.2041	5.3481	10.6446	12.5916	14.4494	16.8119	18.5476
7	1.2390	2.1673	2.8331	6.3458	12.0170	14.0671	16.0128	18.4753	20.2777
8	1.6465	2.7326	3.4895	7.3441	13.3616	15.5073	17.5345	20.0902	21.9550
9	2.0879	3.3251	4.1682	8.3428	14.6837	16.9190	19.0228	21.6660	23.5894
10	2.5582	3.9403	4.8652	9.3418	15.9872	18.3070	20.4832	23.2093	25.1882
11	3.0535	4.5748	5.5778	10.3410	17.2750	19.6751	21.9200	24.7250	26.7568
12	3.5706	5.2260	6.3038	11.3403	18.5493	21.0261	23.3367	26.2170	28.2995
13	4.1069	5.8919	7.0415	12.3398	19.8119	22.3620	24.7356	27.6882	29.8195
14	4.6604	6.5706	7.7895	13.3393	21.0641	23.6848	26.1189	29.1412	31.3193
15	5.2293	7.2609	8.5468	14.3389	22.3071	24.9958	27.4884	30.5779	32.8013
16	5.8122	7.9616	9.3122	15.3385	23.5418	26.2962	28.8454	31.9999	34.2672
17	6.4078	8.6718	10.0852	16.3382	24.7690	27.5871	30.1910	33.4087	35.7185
18	7.0149	9.3905	10.8649	17.3379	25.9894	28.8693	31.5264	34.8053	37.1565
19	7.6327	10.1170	11.6509	18.3377	27.2036	30.1435	32.8523	36.1909	38.5823
20	8.2604	10.8508	12.4426	19.3374	28.4120	31.4104	34.1696	37.5662	39.9968
21	8.8972	11.5913	13.2396	20.3372	29.6151	32.6706	35.4789	38.9322	41.4011
22	9.5425	12.3380	14.0415	21.3370	30.8133	33.9244	36.7807	40.2894	42.7957
23	10.1957	13.0905	14.8480	22.3369	32.0069	35.1725	38.0756	41.6384	44.1813
24	10.8564	13.8484	15.6587	23.3367	33.1962	36.4150	39.3641	42.9798	45.5585
25	11.5240	14.6114	16.4734	24.3366	34.3816	37.6525	40.6465	44.3141	46.9279
26	12.1981	15.3792	17.2919	25.3365	35.5632	38.8851	41.9232	45.6417	48.2899
27	12.8785	16.1514	18.1139	26.3363	36.7412	40.1133	43.1945	46.9629	49.6449
28	13.5647	16.9279	18.9392	27.3362	37.9159	41.3371	44.4608	48.2782	50.9934
29	14.2565	17.7084	19.7677	28.3361	39.0875	42.5570	45.7223	49.5879	52.3356
30	14.9535	18.4927	20.5992	29.3360	40.2560	43.7730	46.9792	50.8922	53.6720
40	22.1643	26.5093	29.0505	39.3353	51.8051	55.7585	59.3417	63.6907	66.7660
50	29.7067	34.7643	37.6886	49.3349	63.1671	67.5048	71.4202	76.1539	79.4900
60	37.4849	43.1880	46.4589	59.3347	74.3970	79.0819	83.2977	88.3794	91.9517
70	45.4417	51.7393	55.3289	69.3345	85.5270	90.5312	95.0232	100.4252	104.2149
80	53.5401	60.3915	64.2778	79.3343	96.5782	101.8795	106.6286	112.3288	116.3211
90	61.7541	69.1260	73.2911	89.3342	107.5650	113.1453	118.1359	124.1163	128.2989
100	70.0649	77.9295	82.3581	99.3341	118.4980	124.3421	129.5612	135.8067	140.1695

附表 4　对应于概率 $P(F \geqslant F_\alpha) = \alpha$ 及自由度 (n_1, n_2) 的 F_α 的数值表

$$\alpha = 0.10$$

n_2＼n_1	1	2	3	4	5	6	7	8	9	10	12	15	20	25	30	40	60
1	39.86	49.50	53.59	55.83	57.24	58.20	58.91	59.44	59.86	60.19	60.71	61.22	61.74	62.05	62.26	62.53	62.69
2	8.53	9.00	9.16	9.24	9.29	9.33	9.35	9.37	9.38	9.39	9.41	9.42	9.44	9.45	9.46	9.47	9.47
3	5.54	5.46	5.39	5.34	5.31	5.28	5.27	5.25	5.24	5.23	5.22	5.20	5.18	5.17	5.17	5.16	5.15
4	4.54	4.32	4.19	4.11	4.05	4.01	3.98	3.95	3.94	3.92	3.90	3.87	3.84	3.83	3.82	3.80	3.80
5	4.06	3.78	3.62	3.52	3.45	3.40	3.37	3.34	3.32	3.30	3.27	3.24	3.21	3.19	3.17	3.16	3.15
6	3.78	3.46	3.29	3.18	3.11	3.05	3.01	2.98	2.96	2.94	2.90	2.87	2.84	2.81	2.80	2.78	2.77
7	3.59	3.26	3.07	2.96	2.88	2.83	2.78	2.75	2.72	2.70	2.67	2.63	2.59	2.57	2.56	2.54	2.52
8	3.46	3.11	2.92	2.81	2.73	2.67	2.62	2.59	2.56	2.54	2.50	2.46	2.42	2.40	2.38	2.36	2.35
9	3.36	3.01	2.81	2.69	2.61	2.55	2.51	2.47	2.44	2.42	2.38	2.34	2.30	2.27	2.25	2.23	2.22
10	3.29	2.92	2.73	2.61	2.52	2.46	2.41	2.38	2.35	2.32	2.28	2.24	2.20	2.17	2.16	2.13	2.12
11	3.23	2.86	2.66	2.54	2.45	2.39	2.34	2.30	2.27	2.25	2.21	2.17	2.12	2.10	2.08	2.05	2.04
12	3.18	2.81	2.61	2.48	2.39	2.33	2.28	2.24	2.21	2.19	2.15	2.10	2.06	2.03	2.01	1.99	1.97
13	3.14	2.76	2.56	2.43	2.35	2.28	2.23	2.20	2.16	2.14	2.10	2.05	2.01	1.98	1.96	1.93	1.92
14	3.10	2.73	2.52	2.39	2.31	2.24	2.19	2.15	2.12	2.10	2.05	2.01	1.96	1.93	1.91	1.89	1.87
15	3.07	2.70	2.49	2.36	2.27	2.21	2.16	2.12	2.09	2.06	2.02	1.97	1.92	1.89	1.87	1.85	1.83
16	3.05	2.67	2.46	2.33	2.24	2.18	2.13	2.09	2.06	2.03	1.99	1.94	1.89	1.86	1.84	1.81	1.79
17	3.03	2.64	2.44	2.31	2.22	2.15	2.10	2.06	2.03	2.00	1.96	1.91	1.86	1.83	1.81	1.78	1.76
18	3.01	2.62	2.42	2.29	2.20	2.13	2.08	2.04	2.00	1.98	1.93	1.89	1.84	1.80	1.78	1.75	1.74
19	2.99	2.61	2.40	2.27	2.18	2.11	2.06	2.02	1.98	1.96	1.91	1.86	1.81	1.78	1.76	1.73	1.71
20	2.97	2.59	2.38	2.25	2.16	2.09	2.04	2.00	1.96	1.94	1.89	1.84	1.79	1.76	1.74	1.71	1.69
21	2.96	2.57	2.36	2.23	2.14	2.08	2.02	1.98	1.95	1.92	1.87	1.83	1.78	1.74	1.72	1.69	1.67
22	2.95	2.56	2.35	2.22	2.13	2.06	2.01	1.97	1.93	1.90	1.86	1.81	1.76	1.73	1.70	1.67	1.65
23	2.94	2.55	2.34	2.21	2.11	2.05	1.99	1.95	1.92	1.89	1.84	1.80	1.74	1.71	1.69	1.66	1.64
24	2.93	2.54	2.33	2.19	2.10	2.04	1.98	1.94	1.91	1.88	1.83	1.78	1.73	1.70	1.67	1.64	1.62
25	2.92	2.53	2.32	2.18	2.09	2.02	1.97	1.93	1.89	1.87	1.82	1.77	1.72	1.68	1.66	1.63	1.61
26	2.91	2.52	2.31	2.17	2.08	2.01	1.96	1.92	1.88	1.86	1.81	1.76	1.71	1.67	1.65	1.61	1.59
27	2.90	2.51	2.30	2.17	2.07	2.00	1.95	1.91	1.87	1.85	1.80	1.75	1.70	1.66	1.64	1.60	1.58
28	2.89	2.50	2.29	2.16	2.06	2.00	1.94	1.90	1.87	1.84	1.79	1.74	1.69	1.65	1.63	1.59	1.57
29	2.89	2.50	2.28	2.15	2.06	1.99	1.93	1.89	1.86	1.83	1.78	1.73	1.68	1.64	1.62	1.58	1.56
30	2.88	2.49	2.28	2.14	2.05	1.98	1.93	1.88	1.85	1.82	1.77	1.72	1.67	1.63	1.61	1.57	1.55
40	2.84	2.44	2.23	2.09	2.00	1.93	1.87	1.83	1.79	1.76	1.71	1.66	1.61	1.57	1.54	1.51	1.48
60	2.79	2.39	2.18	2.04	1.95	1.87	1.82	1.77	1.74	1.71	1.66	1.60	1.54	1.50	1.48	1.44	1.41
120	2.75	2.35	2.13	1.99	1.90	1.82	1.77	1.72	1.68	1.65	1.60	1.55	1.48	1.44	1.41	1.37	1.34
∞	2.71	2.30	2.08	1.94	1.85	1.77	1.72	1.67	1.63	1.60	1.55	1.49	1.42	1.38	1.34	1.30	1.24

$\alpha = 0.05$ 　　　　　　　　　　　　　　　　续表

n_2 \ n_1	1	2	3	4	5	6	7	9	10	12	15	20	24	30	40	60
1	161.4	199.5	215.7	224.6	230.2	234.0	236.8	240.5	241.9	243.9	245.9	248.0	249.1	250.1	251.1	252.2
2	18.51	19.00	19.16	19.25	19.30	19.33	19.35	19.38	19.40	19.41	19.43	19.45	19.45	19.46	19.47	19.48
3	10.13	9.55	9.28	9.12	9.01	8.94	8.89	8.81	8.79	8.74	8.70	8.66	8.64	8.62	8.59	8.57
4	7.71	6.94	6.59	6.39	6.26	6.16	6.09	6.00	5.96	5.91	5.86	5.80	5.77	5.75	5.72	5.69
5	6.61	5.79	5.41	5.19	5.05	4.95	4.88	4.77	4.74	4.68	4.62	4.56	4.53	4.50	4.46	4.43
6	5.99	5.14	4.76	4.53	4.39	4.28	4.21	4.10	4.06	4.00	3.94	3.87	3.84	3.81	3.77	3.74
7	5.59	4.74	4.35	4.12	3.97	3.87	3.79	3.68	3.64	3.57	3.51	3.44	3.41	3.38	3.34	3.30
8	5.32	4.46	4.07	3.84	3.69	3.58	3.50	3.39	3.35	3.28	3.22	3.15	3.12	3.08	3.04	3.01
9	5.12	4.26	3.86	3.63	3.48	3.37	3.29	3.18	3.14	3.07	3.01	2.94	2.90	2.86	2.83	2.79
10	4.96	4.10	3.71	3.48	3.33	3.22	3.14	3.02	2.98	2.91	2.85	2.77	32.74	2.70	2.66	2.62
11	4.84	3.98	3.59	3.36	3.20	3.09	3.01	2.90	2.85	2.79	2.72	2.65	2.61	2.57	2.53	2.49
12	4.75	3.89	3.49	3.26	3.11	3.00	2.91	2.80	2.75	2.69	2.62	2.54	2.51	2.47	2.43	2.38
13	4.67	3.81	3.41	3.18	3.03	2.92	2.83	2.71	2.67	2.60	2.53	2.46	2.42	2.38	2.34	2.30
14	4.60	3.74	3.34	3.11	2.96	2.85	2.76	2.65	2.6	2.53	2.46	2.39	2.35	2.31	2.27	2.22
15	4.54	3.68	3.29	3.06	2.90	2.79	2.71	2.59	2.54	2.48	2.40	2.33	2.29	2.25	2.20	2.16
16	4.49	3.63	3.24	3.01	2.85	2.74	2.66	2.54	2.49	2.42	2.35	2.28	2.24	2.19	2.15	2.11
17	4.45	3.59	3.20	2.96	2.81	2.70	2.61	2.49	2.45	2.38	2.31	2.23	2.19	2.15	2.10	2.06
18	4.41	3.55	3.16	2.93	2.77	2.66	2.58	2.46	2.41	2.34	2.27	2.19	2.15	2.11	2.06	2.02
19	4.38	3.52	3.13	2.90	2.74	2.63	2.54	2.42	2.38	2.31	2.23	2.16	2.11	2.07	2.03	1.98
20	4.35	3.49	3.10	2.87	2.71	2.60	2.51	2.39	2.35	2.28	2.20	2.12	2.08	2.04	1.99	1.95
21	4.32	3.47	3.07	2.84	2.68	2.57	2.49	2.37	2.32	2.25	2.18	2.10	2.05	2.01	1.96	1.92
22	4.30	3.44	3.05	2.82	2.66	2.55	2.46	2.34	2.30	2.23	2.15	2.07	2.03	1.98	1.94	1.89
23	4.28	3.42	3.03	2.80	2.64	2.53	2.44	2.32	2.27	2.20	2.13	2.05	2.01	1.96	1.91	1.86
24	4.26	3.40	3.01	2.78	2.62	2.51	2.42	2.30	2.25	2.18	2.11	2.03	1.98	1.94	1.89	1.84
25	4.24	3.39	2.99	2.76	2.60	2.49	2.40	2.28	2.24	2.16	2.09	2.01	1.96	1.92	1.87	1.82
26	4.23	3.37	2.98	2.74	2.59	2.47	2.39	2.27	2.22	2.15	2.07	1.99	1.95	1.90	1.85	1.80
27	4.21	3.35	2.96	2.73	2.57	2.46	2.37	2.25	2.20	2.13	2.06	1.97	1.93	1.88	1.84	1.79
28	4.20	3.34	2.95	2.71	2.56	2.45	2.36	2.24	2.19	2.12	2.04	1.96	1.91	1.87	1.82	1.77
29	4.18	3.33	2.93	2.70	2.55	2.43	2.35	2.22	2.18	2.10	2.03	1.94	1.90	1.85	1.81	1.75
30	4.17	3.32	2.92	2.69	2.53	2.42	2.33	2.21	2.16	2.09	2.01	1.93	1.89	1.84	1.79	1.74
40	4.08	3.23	2.84	2.61	2.45	2.34	2.25	2.12	2.08	2.00	1.92	1.84	1.79	1.74	1.69	1.64
60	4.00	3.15	2.76	2.53	2.37	2.25	2.17	2.04	1.99	1.92	1.84	1.75	1.70	1.65	1.59	1.53
120	3.92	3.07	2.68	2.45	2.29	2.17	2.09	1.96	1.91	1.83	1.75	1.66	1.61	1.55	1.50	1.43
∞	3.84	3.00	2.60	2.37	2.21	2.10	2.01	1.88	1.83	1.75	1.67	1.57	1.52	1.46	1.39	1.32

$\alpha = 0.01$　　　　　　　续表

n_2 \ n_1	1	2	3	4	5	6	7	8	9	12	15	20	24	30	40	60
1	4052	4999.5	5403	5625	5764	5859	5928	5982	6022	6106	6157	6209	6235	6261	6287	6313
2	98.50	99.00	99.17	99.25	99.30	99.33	99.36	99.37	99.39	99.42	99.43	99.45	99.46	99.47	99.47	99.48
3	34.12	30.82	29.46	28.71	28.24	27.91	27.67	27.49	27.35	27.05	26.87	26.69	26.60	26.50	26.41	26.32
4	21.20	18.00	16.69	15.98	15.52	15.21	14.98	14.80	14.66	14.37	14.20	14.02	13.93	13.84	13.75	13.65
5	16.26	13.27	12.06	11.39	10.97	10.67	10.46	10.29	10.16	9.89	9.72	9.55	9.47	9.38	9.29	9.20
6	13.75	10.92	9.78	9.15	8.75	8.47	8.26	8.10	7.98	7.72	7.56	7.40	7.31	7.23	7.14	7.06
7	12.25	9.55	8.45	7.85	7.46	7.19	6.99	6.84	6.72	6.47	6.31	6.16	6.07	5.99	5.91	5.82
8	11.26	8.65	7.59	7.01	6.63	6.37	6.18	6.03	5.91	5.67	5.52	5.36	5.28	5.20	5.12	5.03
9	10.56	8.02	6.99	6.42	6.06	5.80	5.61	5.47	5.35	5.11	4.96	4.81	4.73	4.65	4.57	4.48
10	10.04	7.56	6.55	5.99	5.64	5.39	5.20	5.06	4.94	4.71	4.56	4.41	4.33	4.25	4.17	4.08
11	9.65	7.21	6.22	5.67	5.32	5.07	4.89	4.74	4.63	4.40	4.25	4.10	4.02	3.94	3.86	3.78
12	9.33	6.93	5.95	5.41	5.06	4.82	4.64	4.50	4.39	4.16	4.01	3.86	3.78	3.70	3.62	3.54
13	9.07	6.70	5.74	5.21	4.86	4.62	4.44	4.30	4.19	3.96	3.82	3.66	3.59	3.51	3.43	3.34
14	8.86	6.51	5.56	5.04	4.69	4.46	4.28	4.14	4.03	3.80	3.66	3.51	3.43	3.35	3.27	3.18
15	8.68	6.36	5.42	4.89	4.56	4.32	4.14	4.00	3.89	3.67	3.52	3.37	3.29	3.21	3.13	3.05
16	8.53	6.23	5.29	4.77	4.44	4.20	4.03	3.89	3.78	3.55	3.41	3.26	3.18	3.10	3.02	2.93
17	8.40	6.11	5.18	4.67	4.34	4.10	3.93	3.79	3.68	3.46	3.31	3.16	3.08	3.00	2.92	2.83
18	8.29	6.01	5.09	4.58	4.25	4.01	3.84	3.71	3.60	3.37	3.23	3.08	3.00	2.92	2.84	2.75
19	8.18	5.93	5.01	4.50	4.17	3.94	3.77	3.63	3.52	3.30	3.15	3.00	2.92	2.84	2.76	2.67
20	8.10	5.85	4.94	4.43	4.10	3.87	3.70	3.56	3.46	3.23	3.09	2.94	2.86	2.78	2.69	2.61
21	8.02	5.78	4.87	4.37	4.04	3.81	3.64	3.51	3.40	3.17	3.03	2.88	2.80	2.72	2.64	2.55
22	7.95	5.72	4.82	4.31	3.99	3.76	3.59	3.45	3.35	3.12	3.98	2.83	2.75	2.67	2.58	2.50
23	7.88	5.66	4.76	4.26	3.94	3.71	3.54	3.41	3.30	3.07	3.93	2.78	2.70	2.62	2.54	2.45
24	7.82	5.61	4.72	4.22	3.90	3.67	3.50	3.36	3.26	3.03	3.89	2.74	2.66	2.58	2.49	2.40
25	7.77	5.57	4.68	4.18	3.85	3.63	3.46	3.32	3.22	2.99	3.85	2.70	2.62	2.54	2.45	2.36
26	7.72	5.53	4.64	4.14	3.82	3.59	3.42	3.29	3.18	2.96	2.81	2.66	2.58	2.50	2.42	2.33
27	7.68	5.49	4.60	4.11	3.78	3.56	3.39	3.26	3.15	2.93	2.78	2.63	2.55	2.47	2.38	2.29
28	7.64	5.45	4.57	4.07	3.75	3.53	3.36	3.23	3.12	2.90	2.75	2.60	2.52	2.44	2.35	2.26
29	7.60	5.42	4.54	4.04	3.73	3.50	3.33	3.20	3.09	2.87	2.73	2.57	2.49	2.41	2.33	2.26
30	7.56	5.39	4.51	4.02	3.70	3.47	3.30	3.17	3.07	2.84	2.70	2.55	2.47	2.39	2.30	2.21
40	7.31	5.18	4.31	3.83	3.51	3.29	3.12	2.99	2.89	2.66	2.52	2.37	2.29	2.20	2.11	2.02
60	7.08	4.98	4.13	3.65	3.34	3.12	2.95	2.82	2.72	2.50	2.35	2.20	2 .12	2.03	1.94	1.84
120	6.85	4.79	3.95	3.48	3.17	2.96	2.79	2.66	2.56	2.34	2.19	2.03	1.95	1.86	1.76	1.66
∞	6.63	4.61	3.78	3.32	3.02	2.80	2.64	2.51	2.41	2.18	2.04	1.88	1.79	1.70	1.59	1.47

附表 5(1)　　相关系数 r 的显著性水平表

自由度 df	0.10	0.05	0.02	0.01
1	0.988	0.997	1.000	1.000
2	0.900	0.950	0.980	0.990
3	0.805	0.878	0.934	0.959
4	0.729	0.811	0.882	0.917
5	0.669	0.755	0.833	0.875
6	0.621	0.707	0.789	0.834
7	0.582	0.666	0.750	0.798
8	0.549	0.632	0.715	0.765
9	0.521	0.602	0.685	0.735
10	0.497	0.576	0.658	0.708
11	0.476	0.553	0.634	0.684
12	0.457	0.532	0.612	0.661
13	0.441	0.514	0.592	0.641
14	0.426	0.497	0.574	0.623
15	0.412	0.482	0.558	0.606
16	0.400	0.468	0.542	0.590
17	0.389	0.456	0.529	0.575
18	0.378	0.444	0.515	0.561
19	0.369	0.433	0.503	0.549
20	0.360	0.423	0.492	0.537
25	0.323	0.381	0.445	0.487
30	0.296	0.349	0.409	0.449
35	0.275	0.325	0.381	0.418
40	0.257	0.304	0.358	0.393
45	0.243	0.288	0.338	0.372
50	0.231	0.273	0.322	0.354

附表 5(2)　相关系数 r 与 k 的显著性值

误差项 df	P	1	2	3	4	误差项 df	P	1	2	3	4
1	0.05	0.997	0.999	0.999	0.999	24	0.05	0.388	0.470	0.523	0.562
	0.01	1.000	1.000	1.000	1.000		0.01	0.496	0.565	0.609	0.642
2	0.05	0.950	0.975	0.983	0.987	25	0.05	0.381	0.462	0.514	0553
	0.01	0.990	0.995	0.997	0.998		0.01	0.487	0.555	0.600	0.633
3	0.05	0.878	0.930	0.950	0.961	26	0.05	0.374	0.454	0.506	0.545
	0.01	0.959	0.976	0.983	0.987		0.01	0.478	0.546	0.590	0.624
4	0.05	0.811	0.881	0.912	0.930	27	0.05	0.367	0.446	0.498	0.536
	0.01	0.917	0.949	0.962	0.970		0.01	0.470	0.538	0.582	0.615
5	0.05	0.754	0.836	0.874	0.898	28	0.05	0.361	0.439	0.490	0.529
	0.01	0.874	0.917	0.937	0.949		0.01	0.463	0.530	0.573	0.606
6	0.05	0.707	0.795	0.839	0.867	29	0.05	0.355	0.432	0.482	0.521
	0.01	0.834	0.886	0.911	0.927		0.01	0.456	0.522	0.565	0.598
7	0.05	0.666	0.758	0.807	0.838	30	0.05	0.349	0.426	0.476	0.514
	0.01	0.798	0.855	0.885	0.904		0.01	0.449	0.514	0.558	0.591
8	0.05	0.632	0.726	0.777	0.811	35	0.05	0.325	0.397	0.445	0.482
	0.01	0.765	0.827	0.860	0.882		0.01	0.418	0.481	0.523	0.556
9	0.05	0.602	0.697	0.750	0.786	40	0.05	0.304	0.373	0.419	0.455
	0.01	0.735	0.800	0.836	0.861		0.01	0.393	0.454	0.494	0.526
10	0.05	0.576	0.671	0.726	0.763	45	0.05	0.288	0.353	0.397	0.432
	0.01	0.708	0.776	0.814	0.840		0.01	0.372	0.430	0.470	0.501
11	0.05	0.553	0.648	0.703	0.741	50	0.05	0.273	0.336	0.379	0.412
	0.01	0.684	0.753	0.793	0.821		0.01	0.354	0.410	0.449	0.479
12	0.05	0.532	0.627	0.683	0.722	60	0.05	0.250	0.308	0.348	0.380
	0.01	0.661	0.732	0.773	0.802		0.01	0.325	0.377	0.414	0.442
13	0.05	0.514	0.608	0.664	0.703	70	0.05	0.232	0.286	0.324	0.354
	0.01	0.641	0.712	0.755	0.785		0.01	0.302	0.351	0.386	0.413
14	0.05	0.497	0.590	0.646	0.686	80	0.05	0.217	0.269	0.304	0.332
	0.01	0.623	0.694	0.737	0.768		0.01	0.283	0.330	0.362	0.389
15	0.05	0.482	0.574	0.630	0.670	90	0.05	0.205	0.254	0.288	0.315
	0.01	0.606	0.677	0.721	0.752		0.01	0.267	0.312	0.343	0.368
16	0.05	0.468	0.559	0.615	0.655	100	0.05	0.195	0.241	0.274	0.300
	0.01	0.590	0.662	0.706	0.738		0.01	0.254	0.297	0.327	0.351
17	0.05	0.456	0.545	0.601	0.641	125	0.05	0.174	0.216	0.246	0.269
	0.01	0.575	0.647	0.691	0.724		0.01	0.228	0.266	0.294	0.316
18	0.05	0.444	0.532	0.587	0.628	150	0.05	0.159	0.198	0.225	0.247
	0.01	0.561	0.633	0.678	0.710		0.01	0.208	0.244	0.270	0.290
19	0.05	0.433	0.520	0.575	0.615	200	0.05	0.138	0.172	0.196	0.215
	0.01	0.549	0.620	0.665	0.698		0.01	0.181	0.212	0.234	0.253
20	0.05	0.423	0.509	0.562	0.604	300	0.05	0.113	0.141	0.160	0.176
	0.01	0.537	0.608	0.652	0.685		0.01	0.148	0.174	0.192	0.208
21	0.05	0.413	0.498	0.522	0.592	400	0.05	0.098	0.122	0.139	0.153
	0.01	0.526	0.596	0.641	0.674		0.01	0.128	0.151	0.167	0.180
22	0.05	0.404	0.488	0.542	0.582	500	0.05	0.088	0.109	0.124	0.137
	0.01	0.515	0.585	0.630	0.663		0.01	0.115	0.135	0.150	0.162
23	0.05	0.396	0.479	0.532	0.572	1000	0.05	0.062	0.077	0.088	0.097
	0.01	0.505	0.574	0.619	0.652		0.01	0.081	0.096	0.106	0.115

注：自变量系数栏表头标示 1、2、3、4（自变量系数）。

附表 6　正态性检验统计量 W 的系数 $a_i(n)$ 的值

i \ n	1	2	3	4	5	6	7	8	9	10
1	—	0.7071	0.7071	0.6872	0.6646	0.6431	0.6233	0.6052	0.5888	0.5739
2	—	—	0.0000	0.1677	0.2413	0.2806	0.3031	0.3164	0.3244	0.3291
3	—	—	—	—	0.0000	0.0875	0.1401	0.1743	0.1976	0.2141
4	—	—	—	—	—	—	0.0000	0.0561	0.0947	0.1224
5	—	—	—	—	—	—	—	—	0.0000	0.0399

i \ n	11	12	13	14	15	16	17	18	19	20
1	0.5601	0.5475	0.5359	0.5251	0.5150	0.5056	0.4968	0.4886	0.4808	0.4734
2	0.3315	0.3325	0.3325	0.3318	0.3306	0.3290	0.3273	0.3253	0.3232	0.3211
3	0.2260	0.2347	0.2412	0.2460	0.2495	0.2521	0.2540	0.2553	0.2561	0.2565
4	0.1429	0.1586	0.1707	0.1802	0.1878	0.1939	0.1988	0.2027	0.2059	0.2085
5	0.0695	0.0922	0.1099	0.1240	0.1353	0.1447	0.1524	0.1587	0.1641	0.1686
6	0.0000	0.0303	0.0539	0.0727	0.0880	0.1005	0.1109	0.1197	0.1271	0.1334
7	—	—	0.0000	0.0240	0.0433	0.0593	0.0725	0.0837	0.0932	0.1013
8	—	—	—	—	0.0000	0.0196	0.0359	0.0496	0.0612	0.0711
9	—	—	—	—	—	—	0.0000	0.0163	0.0303	0.0422
10	—	—	—	—	—	—	—	—	0.0000	0.0140

i \ n	21	22	23	24	25	26	27	28	29	30
1	0.4643	0.4590	0.4542	0.4493	0.4450	0.4407	0.4366	0.4328	0.4291	0.4254
2	0.3158	0.3156	0.3126	0.3098	0.3069	0.3043	0.3018	0.2992	0.2968	0.2944
3	0.2578	0.2571	0.2563	0.2554	0.2543	0.2533	0.2522	0.2510	0.2499	0.2487
4	0.2119	0.2131	0.2139	0.2145	0.2148	0.2151	0.2152	0.2151	0.2150	0.2148
5	0.1736	0.1764	0.1787	0.1807	0.1822	0.1836	0.1848	0.1857	0.1864	0.1870
6	0.1399	0.1443	0.1480	0.1512	0.1539	0.1563	0.1584	0.1601	0.1616	0.1630
7	0.1092	0.1150	0.1201	0.1245	0.1283	0.1316	0.1346	0.1372	0.1395	0.1415
8	0.0804	0.0878	0.0941	0.0997	0.1046	0.1089	0.1128	0.1162	0.1192	0.1219
9	0.0530	0.0618	0.0696	0.0764	0.0823	0.0876	0.0923	0.0965	0.1002	0.1036
10	0.0263	0.0368	0.0459	0.0539	0.0610	0.0672	0.0728	0.0778	0.0822	0.0862
11	0.0000	0.0122	0.0228	0.0321	0.0403	0.0476	0.0540	0.0598	0.0650	0.0697
12	—	—	0.0000	0.0107	0.0200	0.0284	0.0358	0.0424	0.0483	0.0537
13	—	—	—	—	0.0000	0.0094	0.0178	0.0253	0.0320	0.0381
14	—	—	—	—	—	—	0.0000	0.0084	0.0159	0.0227
15	—	—	—	—	—	—	—	—	0.0000	0.0076

续表

i \ n	31	32	33	34	35	36	37	38	39	40
1	0.4220	0.4188	0.4156	0.4127	0.4096	0.4068	0.4040	0.4015	0.3989	0.3964
2	0.2921	0.2829	0.2876	0.2854	0.2834	0.2813	0.2794	0.2774	0.2755	0.2737
3	0.2475	0.2463	0.2451	0.2439	0.2427	0.2415	0.2403	0.2391	0.2380	0.2368
4	0.2145	0.2141	0.2137	0.2132	0.2127	0.2121	0.2116	0.2110	0.2104	0.2098
5	0.1874	0.1878	0.1880	0.1882	0.1883	0.1883	0.1883	0.1881	0.1880	0.1878
6	0.1641	0.1651	0.1660	0.1667	0.1673	0.1678	0.1683	0.1686	0.1689	0.1691
7	0.1433	0.1449	0.1463	0.1475	0.1487	0.1496	0.1505	0.1513	0.1520	0.1526
8	0.1243	0.1265	0.1284	0.1301	0.1317	0.1331	0.1344	0.1356	0.1366	0.1376
9	0.1066	0.1093	0.1118	0.1140	0.1160	0.1179	0.1196	0.1211	0.1225	0.1237
10	0.0899	0.0931	0.0961	0.0988	0.1013	0.1036	0.1056	0.1075	0.1092	0.1108
11	0.0739	0.0777	0.0812	0.0844	0.0873	0.0900	0.0924	0.0947	0.0967	0.0986
12	0.0585	0.0629	0.0669	0.0706	0.0739	0.0770	0.0798	0.0824	0.0848	0.0870
13	0.0435	0.0485	0.0530	0.0572	0.0610	0.0645	0.0677	0.0706	0.0733	0.0759
14	0.0289	0.0344	0.0395	0.0441	0.0484	0.0523	0.0559	0.0592	0.0622	0.0651
15	0.0144	0.0206	0.0262	0.0314	0.0361	0.0404	0.0444	0.0481	0.0515	0.0546
16	0.0000	0.0068	0.0131	0.0187	0.0239	0.0287	0.0331	0.0372	0.0409	0.0444
17	—	—	0.0000	0.0062	0.0119	0.0172	0.0220	0.0264	0.0305	0.0343
18	—	—	—	—	0.0000	0.0057	0.0110	0.0158	0.0203	0.0244
19	—	—	—	—	—	—	0.0000	0.0053	0.0101	0.0146
20	—	—	—	—	—	—	—	—	0.0000	0.0049

i \ n	41	42	43	44	45	46	47	48	49	50
1	0.3940	0.3917	0.3894	0.3872	0.3850	0.3830	0.3808	0.3789	0.3770	0.3751
2	0.2719	0.2701	0.2684	0.2667	0.2651	0.2635	0.2620	0.2604	0.2589	0.2574
3	0.2357	0.2345	0.2334	0.2323	0.2313	0.2302	0.2291	0.2281	0.2271	0.2260
4	0.2091	0.2085	0.2078	0.2072	0.2065	0.2058	0.2052	0.2045	0.2038	0.2032
5	0.1876	0.1874	0.1871	0.1868	0.1865	0.1862	0.1859	0.1855	0.1851	0.1847
6	0.1693	0.1694	0.1695	0.1695	0.1695	0.1695	0.1695	0.1693	0.1692	0.1691
7	0.1531	0.1535	0.1539	0.1542	0.1545	0.1548	0.1550	0.1551	0.1553	0.1554
8	0.1384	0.1392	0.1398	0.1405	0.1410	0.1415	0.1420	0.1423	0.1427	0.1430
9	0.1249	0.1259	0.1269	0.1278	0.1286	0.1293	0.1300	0.1306	0.1312	0.1317
10	0.1123	0.1136	0.1149	0.1160	0.1170	0.1180	0.1189	0.1197	0.1205	0.1212
11	0.1004	0.1020	0.1035	0.1049	0.1062	0.1073	0.1085	0.1095	0.1105	0.1113
12	0.0891	0.0909	0.0927	0.0943	0.0959	0.0972	0.0986	0.0998	0.1010	0.1020
13	0.0782	0.0804	0.0824	0.0842	0.0860	0.0876	0.0892	0.0906	0.0919	0.0932
14	0.0677	0.0701	0.0724	0.0745	0.0765	0.0783	0.0801	0.0817	0.0832	0.0846
15	0.0575	0.0602	0.0628	0.0651	0.0673	0.0694	0.0713	0.0731	0.0748	0.0764
16	0.0476	0.0506	0.0534	0.0560	0.0584	0.0607	0.0628	0.0648	0.0667	0.0685
17	0.0379	0.0411	0.0442	0.0471	0.0497	0.0522	0.0546	0.0568	0.0588	0.0608
18	0.0283	0.0318	0.0352	0.0383	0.0412	0.0439	0.0465	0.0489	0.0511	0.0532
19	0.0188	0.0227	0.0263	0.0296	0.0328	0.0357	0.0385	0.0411	0.0436	0.0459
20	0.0094	0.0136	0.0175	0.0211	0.0245	0.0277	0.0307	0.0335	0.0361	0.0386
21	0.0000	0.0045	0.0087	0.0126	0.0163	0.0197	0.0229	0.0259	0.0288	0.0314
22	—	—	0.0000	0.0042	0.0081	0.0118	0.0153	0.0185	0.0215	0.0244
23	—	—	—	—	0.0000	0.0039	0.0076	0.0111	0.0143	0.0174
24	—	—	—	—	—	—	0.0000	0.0037	0.0071	0.0104
25	—	—	—	—	—	—	—	—	0.0000	0.0035

附表 7　正态性检验统计量 W 的 α 分位数 W_α 表

n \ α	0.01	0.05	0.10	n \ α	0.01	0.05	0.10
3	0.753	0.767	0.789	27	0.894	0.923	0.935
4	0.687	0.748	0.792	28	0.896	0.924	0.936
5	0.686	0.762	0.806	29	0.898	0.926	0.937
6	0.713	0.788	0.826	30	0.900	0.927	0.939
7	0.730	0.803	0.838	31	0.902	0.929	0.940
8	0.749	0.818	0.851	32	0.904	0.930	0.941
9	0.764	0.829	0.859	33	0.906	0.931	0.942
10	0.781	0.842	0.869	34	0.908	0.933	0.943
11	0.792	0.850	0.876	35	0.910	0.934	0.944
12	0.805	0.859	0.883	36	0.912	0.935	0.945
13	0.814	0.866	0.889	37	0.914	0.936	0.946
14	0.825	0.874	0.895	38	0.916	0.938	0.947
15	0.835	0.881	0.901	39	0.917	0.939	0.948
16	0.844	0.887	0.906	40	0.919	0.940	0.949
17	0.851	0.892	0.910	41	0.920	0.941	0.950
18	0.858	0.897	0.914	42	0.922	0.942	0.951
19	0.863	0.901	0.917	43	0.923	0.943	0.951
20	0.868	0.905	0.920	44	0.924	0.944	0.952
21	0.873	0.908	0.923	45	0.926	0.945	0.953
22	0.878	0.911	0.926	46	0.927	0.945	0.953
23	0.881	0.914	0.928	47	0.928	0.946	0.954
24	0.884	0.916	0.930	48	0.929	0.947	0.954
25	0.888	0.918	0.931	49	0.929	0.947	0.955
26	0.891	0.920	0.933	50	0.930	0.947	0.955

附表 8　正态性检验统计量 y 的 α 分位数 y_α 表

n ＼ α	0.005	0.025	0.05	0.95	0.975	0.995
50	−3.91	−2.74	−2.21	0.937	1.06	1.24
60	−3.81	−2.68	−2.17	0.997	1.13	1.34
70	−3.73	−2.64	−2.14	1.05	1.19	1.42
80	−3.67	−2.60	−2.11	1.08	1.24	1.48
90	−3.61	−2.57	−2.09	1.12	1.28	1.54
100	−3.57	−2.54	−2.07	1.14	1.31	1.59
150	−3.41	−2.45	−2.00	1.23	1.42	1.75
200	−3.30	−2.39	−1.96	1.29	1.50	1.85
250	−3.23	−2.35	−1.93	1.33	1.55	1.93
300	−3.17	−2.32	−1.91	1.36	1.58	1.98
350	−3.13	−2.29	−1.89	1.38	1.61	2.03
400	−3.09	−2.27	−1.87	1.40	1.63	2.06
450	−3.06	−2.25	−1.86	1.41	1.65	2.09
500	−3.04	−2.24	−1.85	1.42	1.67	2.11
550	−3.02	−2.23	−1.84	1.43	1.68	2.14
600	−3.00	−2.22	−1.83	1.44	1.69	2.15
650	−2.98	−2.21	−1.83	1.45	1.70	2.17
700	−2.97	−2.20	−1.82	1.46	1.71	2.18
750	−2.96	−2.19	−1.81	1.47	1.72	2.20
800	−2.94	−2.18	−1.81	1.47	1.73	2.21
850	−2.93	−2.18	−1.80	1.48	1.74	2.22
900	−2.92	−2.17	−1.80	1.48	1.74	2.23
950	−2.91	−2.16	−1.80	1.49	1.75	2.24
1000	−2.91	−2.16	−1.79	1.49	1.75	2.25

附表 9 G_{max} 的分位数表

$$\alpha = 0.05$$

r \ f	1	2	3	4	5	6	7
2	0.9985	0.9750	0.9392	0.9057	0.8772	0.8534	0.8332
3	0.9669	0.8709	0.7977	0.7457	0.7071	0.6771	0.6530
4	0.9065	0.7679	0.6841	0.6287	0.5895	0.5598	0.5365
5	0.8412	0.6838	0.5981	0.5441	0.5065	0.4783	0.4564
6	0.7808	0.6161	0.5321	0.4803	0.4447	0.4184	0.3980
7	0.7271	0.5612	0.4800	0.4307	0.3974	0.3726	0.3535
8	0.6798	0.5157	0.4377	0.3910	0.3595	0.3362	0.3185
9	0.6385	0.4775	044027	0.3584	0.3286	0.3067	0.2901
10	0.6020	0.4450	0.3733	0.3311	0.3029	0.2823	0.2666
12	0.5410	0.3924	0.3264	0.2880	0.2624	0.2439	0.2299
15	0.4709	0.3346	0.2758	0.2419	0.2195	0.2034	0.1911
20	0.3894	0.2705	0.2205	0.1921	0.1735	0.1602	0.1501
24	0.3434	0.2354	0.1907	0.1656	0.1493	0.1374	0.1286
30	0.2929	0.1980	0.1593	0.1377	0.1237	0.1137	0.1061
40	0.2370	0.1576	0.1259	0.1082	0.0968	0.0887	0.0827
60	0.1737	0.1131	0.0895	0.0765	0.0682	0.0623	0.0583
120	0.0998	0.0632	0.0495	0.0419	0.0371	0.0337	0.0312
∞	0	0	0	0	0	0	0

r \ f	8	9	10	16	36	144	∞
2	0.8159	0.8010	0.7880	0.7341	0.6602	0.5813	0.5000
3	0.6333	0.6167	0.6025	0.5466	0.4748	0.4031	0.3333
4	0.5175	0.5017	0.4884	0.4366	0.3720	0.3093	0.2500
5	0.4387	0.4241	0.4118	0.3645	0.3066	0.2513	0.2000
6	0.3817	0.3682	0.3568	0.3135	0.2612	0.2119	0.1667
7	0.3384	0.3259	0.3154	0.2756	0.2278	0.1833	0.1429
8	0.3043	0.2926	0.2829	0.2462	0.2022	0.1616	0.1250
9	0.2768	0.2659	0.2568	0.2226	0.1820	0.1446	0.1111
10	0.2541	0.2439	0.2353	0.2032	0.1655	0.1308	0.1000
12	0.2187	0.2098	0.2020	0.1737	0.1403	0.1100	0.0833
15	0.1815	0.1736	0.1671	0.1429	0.1144	0.0889	0.0667
20	0.1422	0.1357	0.1303	0.1108	0.0879	0.0675	0.0500
24	0.1216	0.1160	0.1113	0.0942	0.0743	0.0567	0.0417
30	0.1002	0.0958	0.0921	0.0771	0.0604	0.0457	0.0333
40	0.0780	0.0745	0.0713	0.0595	0.0462	0.0347	0.0250
60	0.0552	0.0520	0.0497	0.0411	0.0316	0.0234	0.0167
120	0.0292	0.0279	0.0266	0.0218	0.0165	0.0120	0.0083
∞	0	0	0	0	0	0	0

$$\alpha = 0.01 \qquad\qquad 续表$$

r \ f	1	2	3	4	5	6	7
2	0.9999	0.9950	0.9794	0.9586	0.9373	0.9172	0.8999
3	0.9933	0.9423	0.8831	0.8335	0.7933	0.7606	0.7335
4	0.9676	0.8643	0.7814	0.7212	0.6761	0.6410	0.6129
5	0.9279	0.7885	0.6957	0.6329	0.5875	0.5531	0.5259
6	0.8828	0.7218	0.6258	0.5635	0.5195	0.4866	0.4608
7	0.8376	0.6644	0.5685	0.5080	0.4659	0.4347	0.4105
8	0.7945	0.6152	0.5209	0.4627	0.4226	0.3932	0.3704
9	0.7544	0.5721	0.4810	0.4251	0.3870	0.3592	0.3378
10	0.7175	0.5358	0.4469	0.3934	0.3572	0.3308	0.3106
12	0.6528	0.4751	0.3919	0.3428	0.3099	0.2861	0.2680
15	0.5747	0.4069	0.3317	0.2882	0.2593	0.2386	0.2228
20	0.799	0.3297	0.2654	0.2288	0.2048	0.1877	0.1748
24	0.4247	0.2871	0.2295	0.1970	0.1759	0.1608	0.1495
30	0.3632	0.2412	0.1913	0.1635	0.1454	0.1327	0.1232
40	0.2940	0.1915	0.1508	0.1281	0.1135	0.1033	0.0957
60	0.2151	0.1171	0.1069	0.0902	0.0796	0.0722	0.0668
120	0.1225	0.0759	0.0585	0.0489	0.0429	0.0387	0.0357
∞	0	0	0	0	0	0	0

r \ f	8	9	10	16	36	144	∞
2	0.8823	0.9674	0.8539	0.7949	0.7067	0.6062	0.5000
3	0.7107	0.6912	0.6743	0.6059	0.5153	0.4230	0.3333
4	0.5897	0.5702	0.5536	0.4884	0.4057	0.3251	0.2500
5	0.5037	0.4854	0.4697	0.4094	0.3351	0.2644	0.2000
6	0.4401	0.4229	0.4084	0.3529	0.2858	0.2229	0.1667
7	0.3911	0.3751	0.3616	0.3105	0.2494	0.1929	0.1429
8	0.3522	0.3373	0.3248	0.2779	0.2214	0.1700	0.1250
9	0.3207	0.3067	0.2950	0.2514	0.1992	0.1521	0.1111
10	0.2945	0.2813	0.2704	0.2297	0.1811	0.1376	0.1000
12	0.2535	0.2419	0.2320	0.1961	0.1535	0.1157	0.0833
15	0.2104	0.2002	0.1918	0.1612	0.1251	0.0934	0.0667
20	0.1646	0.1567	0.1501	0.1248	0.0960	0.0709	0.0500
24	0.1406	0.1338	0.1283	0.1060	0.0810	0.0595	0.0417
30	0.1157	0.1100	0.1054	0.0867	0.0658	0.0480	0.0333
40	0.0898	0.0853	0.0816	0.0668	0.0503	0.0363	0.0250
60	0.0625	0.0594	0.0567	0.0461	0.0344	0.0245	0.0167
120	0.0334	0.0316	0.0302	0.0242	0.0178	0.0125	0.0083
∞	0	0	0	0	0	0	0

附表 10　$F_{\max}$ 的分位数表

$\alpha = 0.05$

f＼r	2	3	4	5	6	7	8	9	10	11	12
2	39.0	87.5	142	202	266	333	403	475	550	526	704
3	15.4	27.8	39.2	50.7	62.0	72.9	83.5	93.9	104	114	124
4	9.60	15.5	20.6	25.2	29.5	33.6	37.5	41.1	44.6	48.0	51.4
5	7.15	10.8	13.7	16.3	18.7	20.8	22.9	24.7	26.5	28.2	29.9
6	5.82	8.38	10.4	12.1	13.7	15.0	16.3	17.5	18.6	19.7	20.7
7	4.99	6.94	8.44	9.70	10.8	11.8	12.7	13.5	14.3	15.1	15.8
8	4.43	6.00	7.18	8.12	9.03	9.78	10.5	11.1	11.7	12.2	12.7
9	4.03	5.34	6.31	7.11	7.80	8.41	8.95	9.45	9.91	10.3	10.7
10	3.72	4.85	5.67	6.34	6.92	7.42	7.87	8.28	8.66	9.01	9.34
12	3.28	4.16	4.79	5.30	5.72	6.09	6.42	6.72	7.00	7.25	7.48
15	2.86	3.54	4.01	4.37	4.68	4.95	5.19	5.40	5.59	5.77	5.93
20	2.46	2.95	3.29	3.54	3.76	3.94	4.10	4.24	4.37	4.49	4.59
30	2.07	2.40	2.61	2.78	2.91	3.02	3.12	3.21	3.29	3.36	3.39
60	1.67	1.85	1.96	2.04	2.11	2.17	2.22	2.26	2.30	2.33	2.36
∞	1.00	1.00	1.00	1.00	1.00	1.00	1.00	1.00	1.00	1.00	1.00

$\alpha = 0.01$

f＼r	2	3	4	5	6	7	8	9	10	11	12
2	199	448	729	1036	1362	1705	2063	2432	2813	3204	3605
3	47.5	85	120	151	184	216	249	281	310	337	361
4	23.2	37	49	59	69	79	89	97	106	113	120
5	14.9	22	28	33	38	42	46	50	54	57	60
6	11.1	15.5	19.1	22	25	27	30	32	34	36	37
7	8.89	12.1	14.5	16.5	18.4	20	22	23	24	26	27
8	7.50	9.9	11.7	13.2	14.5	15.8	16.9	17.9	18.9	19.8	21
9	6.54	8.5	9.9	11.1	12.1	13.1	13.9	14.7	15.3	16.0	16.6
10	5.85	7.4	8.6	9.6	10.4	11.1	11.8	12.4	12.9	13.4	13.9
12	4.91	6.1	6.9	7.6	8.2	8.7	9.1	9.5	9.9	10.2	10.6
15	4.07	4.9	5.5	6.0	6.4	6.7	7.1	7.3	7.5	7.8	8.0
20	3.32	3.8	4.3	4.6	4.9	5.1	5.3	5.5	5.6	5.8	5.9
30	2.63	3.0	3.3	3.4	3.6	3.7	3.8	3.9	4.0	4.1	4.2
60	1.96	2.2	2.3	2.4	2.4	2.5	2.5	2.6	2.6	2.7	2.7
∞	1.00	1.00	1.00	1.00	1.00	1.00	1.00	1.00	1.00	1.00	1.00

附表 11　比较处理与一个控制的 Dunnett 检验法的临界值 $t_\alpha^*(a-1, f)$ 比较

双边, $\alpha = 0.05$

f \ $a-1$	1	2	3	4	5	6	7	8	9
5	2.57	3.03	3.29	3.48	3.62	3.73	3.82	3.90	3.97
6	2.45	2.86	3.10	3.26	3.39	3.49	3.57	3.64	3.71
7	2.36	2.75	2.97	3.12	3.24	3.33	3.41	3.47	3.53
8	2.31	2.67	2.88	3.02	3.13	3.22	3.29	3.35	3.41
9	2.26	2.61	2.81	2.95	3.05	3.14	3.20	3.26	3.32
10	2.23	2.57	2.76	2.89	2.99	3.07	3.14	3.19	3.24
11	2.20	2.53	2.72	2.84	2.94	3.02	3.08	3.14	3.19
12	2.18	2.50	2.68	2.81	2.90	2.98	3.04	3.09	3.14
13	2.16	2.48	2.65	2.78	2.87	2.94	3.00	3.06	3.10
14	2.14	2.46	2.63	2.75	2.84	2.91	2.97	3.02	3.07
15	2.13	2.44	2.61	2.73	2.82	2.89	2.95	3.00	3.04
16	2.12	2.42	2.59	2.71	2.80	2.87	2.92	2.97	3.02
17	2.11	2.41	2.58	2.69	2.78	2.85	2.90	2.95	3.00
18	2.10	2.40	2.56	2.68	2.76	2.83	2.89	2.94	2.98
19	2.09	2.39	2.55	2.66	2.75	2.81	2.87	2.92	2.96
20	2.09	2.38	2.54	2.65	2.73	2.80	2.86	2.90	2.95
24	2.06	2.35	2.51	2.61	2.70	2.76	2.81	2.86	2.90
30	2.04	2.32	2.47	2.58	2.66	2.72	2.77	2.82	2.86
40	2.02	2.29	2.44	2.54	2.62	2.68	2.73	2.77	2.81
60	2.00	2.27	2.41	2.51	2.58	2.64	2.69	2.73	2.77
120	1.98	2.24	2.38	2.47	2.55	2.60	2.65	2.69	2.73
∞	1.96	2.21	2.35	2.44	2.51	2.57	2.61	2.65	2.69

注: $a-1=$ 处理均值 (不包括控制) 的个数

双边, $\alpha = 0.01$ 续表

f \ $a-1$	1	2	3	4	5	6	7	8	9
5	4.03	4.63	4.98	5.22	5.41	5.56	5.69	5.80	5.89
6	3.71	4.21	4.51	4.71	4.87	5.00	5.10	5.20	5.28
7	3.50	3.95	4.21	4.39	4.53	4.64	4.74	4.82	4.89
8	3.36	3.77	4.00	4.17	4.29	4.40	4.48	4.56	4.62
9	3.25	3.63	3.85	4.01	4.12	4.22	4.30	4.37	4.43
10	3.17	3.53	3.74	3.88	3.99	4.08	4.16	4.22	4.28
11	3.11	3.45	3.65	3.79	3.89	3.98	4.05	4.11	4.16
12	3.05	3.39	3.58	3.71	3.81	3.89	3.96	4.02	4.07
13	3.01	3.33	3.52	3.65	3.74	3.82	3.89	3.94	3.99
14	2.98	3.29	3.47	3.59	3.69	3.76	3.83	3.88	3.93
15	2.95	3.25	3.43	3.55	3.64	3.71	3.78	3.83	3.88
16	2.92	3.22	3.39	3.51	3.60	3.67	3.73	3.78	3.83
17	2.90	3.19	3.36	3.47	3.56	3.63	3.69	3.74	3.79
18	2.88	3.17	3.33	3.44	3.53	3.60	3.66	3.71	3.75
19	2.86	3.15	3.31	3.42	3.50	3.57	3.63	3.68	3.72
20	2.85	3.13	3.29	3.40	3.48	3.55	3.60	3.65	3.69
24	2.80	3.07	3.22	3.32	3.40	3.47	3.52	3.57	3.61
30	2.75	3.01	3.15	3.25	3.33	3.39	3.44	3.49	3.52
40	2.70	2.95	3.09	3.19	3.26	3.32	3.37	3.41	3.44
60	2.66	2.90	3.03	3.12	3.19	3.25	3.29	3.33	3.37
120	2.62	2.85	2.97	3.06	3.12	3.18	3.22	3.26	3.29
∞	2.58	2.79	2.92	3.00	3.06	3.11	3.15	3.19	3.22

单边, $\alpha = 0.05$　　　　　　　　　　　　　续表

f \ $a-1$	1	2	3	4	5	6	7	8	9
5	2.02	2.44	2.68	2.85	2.98	3.08	3.16	3.24	3.30
6	1.94	2.34	2.56	2.71	2.83	2.92	3.00	3.07	3.12
7	1.89	2.27	2.48	2.62	2.73	2.82	2.89	2.95	3.01
8	1.86	2.22	2.42	2.55	2.66	2.74	2.81	2.87	2.92
9	1.83	2.18	2.37	2.50	2.60	2.68	2.75	2.81	2.86
10	1.81	2.15	2.34	2.47	2.56	2.64	2.70	2.76	2.81
11	1.80	2.13	2.31	2.44	2.53	2.60	2.67	2.72	2.77
12	1.78	2.11	2.29	2.41	2.50	2.58	2.64	2.69	2.74
13	1.77	2.09	2.27	2.39	2.48	2.55	2.61	2.66	2.71
14	1.76	2.08	2.25	2.37	2.46	2.53	2.59	2.64	2.69
15	1.75	2.07	2.24	2.36	2.44	2.51	2.57	2.62	2.67
16	1.75	2.06	2.23	2.34	2.43	2.50	2.56	2.61	2.65
17	1.74	2.05	2.22	2.33	2.42	2.49	2.54	2.59	2.64
18	1.73	2.04	2.21	2.32	2.41	2.48	2.53	2.58	2.62
19	1.73	2.03	2.20	2.31	2.40	2.47	2.52	2.57	2.61
20	1.72	2.03	2.19	2.30	2.39	2.46	2.51	2.56	2.60
24	1.71	2.01	2.17	2.28	2.36	2.43	2.48	2.53	2.57
30	1.70	1.99	2.15	2.25	2.33	2.40	2.45	2.50	2.54
40	1.68	1.97	2.13	2.23	2.31	2.37	2.42	2.47	2.51
60	1.67	1.95	2.10	2.21	2.28	2.35	2.39	2.44	2.48
120	1.66	1.93	2.08	2.18	2.26	2.32	2.37	2.41	2.45
∞	1.64	1.92	2.06	2.16	2.23	2.29	2.34	2.38	2.42

单边, $\alpha = 0.01$ 续表

f \ $a-1$	1	2	3	4	5	6	7	8	9
5	3.37	3.90	4.21	4.43	4.60	4.73	4.85	4.94	5.03
6	3.14	3.61	3.88	4.07	4.21	4.33	4.43	4.51	4.59
7	3.00	3.42	3.66	3.83	3.96	4.07	4.15	4.23	4.30
8	2.90	3.29	3.51	3.67	3.79	3.88	3.96	4.03	4.09
9	2.82	3.19	3.40	3.55	3.66	3.75	3.82	3.89	3.94
10	2.76	3.11	3.31	3.45	3.56	3.64	3.71	3.78	3.83
11	2.72	3.06	3.25	3.38	3.48	3.56	3.63	3.69	3.74
12	2.68	3.01	3.19	3.32	3.42	3.50	3.56	3.62	3.67
13	2.65	2.97	3.15	3.27	3.37	3.44	3.51	3.56	3.61
14	2.62	2.94	3.11	3.23	3.32	3.40	3.46	3.51	3.56
15	2.60	2.91	3.08	3.20	3.29	3.36	3.42	3.47	3.52
16	2.58	2.88	3.05	3.17	3.26	3.33	3.39	3.44	3.48
17	2.57	2.86	3.03	3.14	3.23	3.30	3.36	3.41	3.45
18	2.55	2.84	3.01	3.12	3.21	3.27	3.33	3.38	3.42
19	2.54	2.83	2.99	3.10	3.18	3.25	3.31	3.36	3.40
20	2.53	2.81	2.97	3.08	3.17	3.23	3.29	3.34	3.38
24	2.49	2.77	2.92	3.03	3.11	3.17	3.22	3.27	3.31
30	2.46	2.72	2.87	2.97	3.05	3.11	3.16	3.21	3.24
40	2.42	2.68	2.82	2.92	2.99	3.05	3.10	3.14	3.18
60	2.39	2.64	2.78	2.87	2.94	3.00	3.04	3.08	3.12
120	2.36	2.60	2.73	2.82	2.89	2.94	2.99	3.03	3.06
∞	2.33	2.56	2.68	2.77	2.84	2.89	2.93	2.97	3.00

附表 12　Duncan 多重极差检验法的显著性极差 $SSR_\alpha(p, f)$

$$\alpha = 0.01$$

f \ p	2	3	4	5	6	7	8	9	10	20	50
1	90.0	90.0	90.0	90.0	90.0	90.0	90.0	90.0	90.0	90.0	90.0
2	14.0	14.0	14.0	14.0	14.0	14.0	14.0	14.0	14.0	14.0	14.0
3	8.26	8.5	8.6	8.7	8.8	8.9	8.9	9.0	9.0	9.3	9.3
4	6.51	6.8	6.9	7.0	7.1	7.1	7.2	7.2	7.3	7.5	7.5
5	5.70	5.96	6.11	6.18	6.26	6.33	6.40	6.44	6.5	6.8	6.8
6	5.24	5.51	5.65	5.73	5.81	5.88	5.95	6.00	6.00	6.3	6.3
7	4.95	5.22	5.37	5.45	5.53	5.61	5.69	5.73	5.8	6.0	6.0
8	4.74	5.00	5.14	5.23	5.32	5.40	5.47	5.51	5.5	5.8	5.8
9	4.60	4.86	4.99	5.08	5.17	5.25	5.32	5.36	5.4	5.7	5.7
10	4.48	4.73	4.88	4.96	5.06	5.13	5.20	5.24	5.28	5.55	5.55
11	4.39	4.63	4.77	4.86	4.94	5.01	5.06	5.12	5.15	5.39	5.39
12	4.32	4.55	4.68	4376	4.84	4.92	4.96	5.02	5.07	5.26	5.26
13	4.26	4.48	4.62	4.69	4.74	4.84	4.88	4.94	4.98	5.15	5.15
14	4.21	4.42	4.55	4.63	4.70	4.78	4.83	4.87	4.91	5.07	5.07
15	4.17	4.37	4.50	4.58	4.64	4.72	4.77	4.81	4.84	5.00	5.00
16	4.13	4.34	4.45	4.54	4.60	4.67	4.72	4.76	4.79	4.94	4.94
17	4.10	4.30	4.41	4.50	4.56	4.63	4.68	4.73	4.75	4.89	4.89
18	4.07	4.27	4.38	4.46	4.53	4.59	4.64	4.68	4.71	4.85	4.85
19	4.05	4.24	4.35	4.43	4.50	4.56	4.61	4.64	4.67	4.82	4.82
20	4.02	4.22	4.33	4.40	4.47	4.53	4.58	4.61	4.65	4.79	4.79
30	3.89	4.06	4.16	4.22	4.32	4.36	4.41	4.45	4.48	4.65	4.71
40	3.82	3.99	4.10	4.17	4.24	4.30	4.34	4.37	4.41	4.59	4.69
60	3.76	3.92	4.03	4.12	4.17	4.23	4.27	4.31	4.34	4.53	4.66
100	3.71	3.86	3.98	4.06	4.11	4.17	4.21	4.25	4.29	4.48	4.64
∞	3.64	3.80	3.90	3.98	4.04	4.09	4.14	4.17	4.20	4.41	4.60

$\alpha = 0.05$ 续表

f \ p	2	3	4	5	6	7	8	9	10	20	50	100
1	18.0	18.0	18.0	18.0	18.0	18.0	18.0	18.0	18.0	18.0	18.0	18.0
2	6.09	6.09	6.09	6.09	6.09	6.09	6.09	6.09	6.09	6.09	6.09	6.09
3	4.50	4.50	4.50	4.50	4.50	4.50	4.50	4.50	4.50	4.50	4.50	4.50
4	3.93	4.01	4.02	4.02	4.02	4.02	4.02	4.02	4.02	4.02	4.02	4.02
5	3.64	3.74	3.79	3.83	3.83	3.83	3.83	3.83	3.83	3.83	3.83	3.83
6	3.46	3.58	3.64	3.68	3.68	3.68	3.68	3.68	3.68	3.68	3.68	3.68
7	3.35	3.47	3.54	3.58	3.60	3.61	3.61	3.61	3.61	3.61	3.61	3.61
8	3.26	3.39	3.47	3.52	3.55	3.56	3.56	3.56	3.56	3.56	3.56	3.56
9	3.20	3.34	3.41	3.47	3.50	3.52	3.52	3.52	3.52	3.52	3.52	3.52
10	3.15	3.30	3.37	3.43	3.46	3.47	3.47	3.47	3.47	3.47	3.47	3.47
11	3.11	3.27	3.35	3.39	3.43	3.44	3.45	3.46	3.46	3.48	3.48	3.48
12	3.08	3.23	3.33	3.36	3.40	3.42	3.44	3.44	3.46	3.48	3.48	3.48
13	3.06	3.21	3.30	3.35	3.38	3.41	3.42	3.44	3.45	3.47	3.47	3.47
14	3.03	3.18	3.27	3.33	3.37	3.39	3.41	3.42	3.44	3.47	3.47	3.47
15	3.01	3.16	3.25	3.31	3.36	3.38	3.40	42	3.43	3.47	3.47	3.47
16	3.00	3.15	3.23	3.30	3.34	3.37	3.39	3.41	3.43	3.47	3.47	3.47
17	2.98	3.13	3.22	3.28	3.33	3.36	3.38	3.40	3.42	3.47	3.47	3.47
18	2.97	3.12	3.21	3.27	3.32	3.35	3.37	3.39	3.41	3.47	3.47	3.47
19	2.96	3.11	3.19	3.26	3.31	3.35	3.37	3.39	3.41	3.47	3.47	3.47
20	2.95	3.10	3.18	3.25	3.30	3.34	3.36	3.38	3.40	3.47	3.47	3.47
30	2.89	3.04	3.12	3.20	3.25	3.29	3.32	3.35	3.37	3.47	3.47	3.47
40	2.86	3.01	3.10	3.17	3.22	3.27	3.30	3.33	3.35	3.47	3.47	3.47
60	2.83	2.98	3.08	3.14	3.20	3.24	3.28	3.31	3.33	3.47	3.48	3.48
100	2.80	2.95	3.05	3.12	3.18	3.22	3.26	3.29	3.32	3.47	3.53	3.53
∞	2.77	2.92	3.02	3.09	3.15	3.19	3.23	3.26	3.29	3.47	3.61	3.67

附表 13　百分数反正弦 $X = \arcsin(\sqrt{p})$ 变换表

%	0.0	0.1	0.2	0.3	0.4	0.5	0.6	0.7	0.8	0.9
0	0.00	1.81	2.56	3.14	3.63	4.05	4.44	4.80	5.13	5.44
1	5.74	6.02	6.29	6.55	6.80	7.03	7.27	7.49	7.71	7.92
2	8.13	8.33	8.53	8.72	8.91	9.10	9.28	9.46	9.63	9.80
3	9.97	10.14	10.30	10.47	10.63	10.78	10.94	11.09	11.24	11.39
4	11.54	11.68	11.83	11.97	12.11	12.25	12.38	12.52	12.66	12.79
5	12.92	13.05	13.18	13.31	13.44	13.56	13.69	13.81	13.94	14.06
6	14.18	14.30	14.42	14.54	14.65	14.77	14.89	15.00	15.12	15.23
7	15.34	15.45	15.56	15.68	15.79	15.89	16.00	16.11	16.22	16.32
8	16.43	16.54	16.64	16.74	16.85	16.95	17.05	17.15	17.26	17.36
9	17.46	17.56	17.66	17.76	17.85	17.95	18.05	18.15	18.24	18.34
10	18.43	18.53	18.63	18.72	18.81	18.91	19.00	19.09	19.19	19.28
11	19.37	19.46	19.55	19.64	19.73	19.82	19.91	20.00	20.09	20.18
12	20.27	20.36	20.44	20.53	20.62	20.70	20.79	20.88	20.96	21.05
13	21.13	21.22	21.30	21.39	21.47	21.56	21.64	21.72	21.81	21.89
14	21.97	22.06	22.14	22.22	22.30	22.38	22.46	22.54	22.63	22.71
15	22.79	22.87	22.95	23.03	23.11	23.18	23.26	23.34	23.42	23.50
16	23.58	23.66	23.73	23.81	23.89	23.97	24.04	24.12	24.20	24.27
17	24.35	24.43	24.50	24.58	24.65	24.73	24.80	24.88	24.95	25.03
18	25.10	25.18	25.25	25.33	25.40	25.47	25.55	25.62	25.70	25.77
19	25.84	25.91	25.99	26.06	26.13	26.21	26.28	26.35	26.42	26.49
20	26.57	26.64	26.71	26.78	26.85	26.92	26.99	27.06	27.13	27.20
21	27.27	27.35	27.42	27.49	27.56	27.62	27.69	27.76	27.83	27.90
22	27.97	28.04	28.11	28.18	28.25	28.32	28.39	28.45	28.52	28.59
23	28.66	28.73	28.79	28.86	28.93	29.00	29.06	29.13	29.20	29.27
24	29.33	29.40	29.47	29.53	29.60	29.67	29.73	29.80	29.87	29.93
25	30.00	30.07	30.13	30.20	30.26	30.33	30.40	30.46	30.53	30.59
26	30.66	30.72	30.79	30.85	30.92	30.98	31.05	31.11	31.18	31.24
27	31.31	31.37	31.44	31.50	31.56	31.63	31.69	31.76	31.82	31.88
28	31.95	32.01	32.08	32.14	32.20	32.27	32.33	32.39	32.46	32.52
29	32.58	32.65	32.71	32.77	32.83	32.90	32.96	33.02	33.09	33.15
30	33.21	33.27	33.34	33.40	33.46	33.52	33.58	33.65	33.71	33.77
31	33.83	33.90	33.96	34.02	34.08	34.14	34.20	34.27	34.33	34.39
32	34.45	34.51	34.57	34.63	34.70	34.76	34.82	34.88	34.94	35.00
33	35.06	35.12	35.18	35.24	35.30	35.37	35.43	35.49	35.55	35.61
34	35.67	35.73	35.79	35.85	35.91	35.97	36.03	36.09	36.15	36.21
35	36.27	36.33	36.39	36.45	36.51	36.57	36.63	36.69	36.75	36.81
36	36.87	36.93	36.99	37.05	37.11	37.17	37.23	37.29	37.35	37.41
37	37.46	37.52	37.58	37.64	37.70	37.76	37.82	37.88	37.94	38.00
38	38.06	38.12	38.17	38.23	38.29	38.35	38.41	38.47	38.53	38.59
39	38.65	38.70	38.76	38.82	38.88	38.94	39.00	39.06	39.11	39.17
40	39.23	39.29	39.35	39.41	39.47	39.52	39.58	39.64	39.70	39.76

%	0.0	0.1	0.2	0.3	0.4	0.5	0.6	0.7	0.8	0.9
41	39.82	39.87	39.93	39.99	40.05	40.11	40.16	40.22	40.28	40.34
42	40.40	40.45	40.51	40.57	40.63	40.69	40.74	40.80	40.86	40.92
43	40.98	41.03	41.09	41.15	41.21	41.27	41.32	41.38	41.44	41.50
44	41.55	41.61	41.67	41.73	41.78	41.84	41.90	41.96	42.02	42.07
45	42.13	42.19	42.25	42.30	42.36	42.42	42.48	42.53	42.59	42.65
46	42.71	42.76	42.82	42.88	42.94	42.99	43.05	43.11	43.17	43.22
47	43.28	43.34	43.39	43.45	43.51	43.57	43.62	43.68	43.74	43.80
48	43.85	43.91	43.97	44.03	44.08	44.14	44.20	44.26	44.31	44.37
49	44.43	44.48	44.54	44.60	44.66	44.71	44.77	44.83	44.89	44.94
50	45.00	45.06	45.11	45.17	45.23	45.29	45.34	45.40	45.46	45.52
51	45.57	45.63	45.69	45.74	45.80	45.86	45.92	45.97	46.03	46.09
52	46.15	46.20	46.26	46.32	46.38	46.43	46.49	46.55	46.61	46.66
53	46.72	46.78	46.83	46.89	46.95	47.01	47.06	47.12	47.18	47.24
54	47.29	47.35	47.41	47.47	47.52	47.58	47.64	47.70	47.75	47.81
55	47.87	47.93	47.98	48.04	48.10	48.16	48.22	48.27	48.33	48.39
56	48.45	48.50	48.56	48.62	48.68	48.73	48.79	48.85	48.91	48.97
57	49.02	49.08	49.14	49.20	49.26	49.31	49.37	49.43	49.49	49.55
58	49.60	49.66	49.72	49.78	49.84	49.89	49.95	50.01	50.07	50.13
59	50.18	50.24	50.30	50.36	50.42	50.48	50.53	50.59	50.65	50.71
60	50.77	50.83	50.89	50.94	51.00	51.06	51.12	51.18	51.24	51.30
61	51.35	51.41	51.47	51.53	51.59	51.65	51.71	51.77	51.83	51.88
62	51.94	52.00	52.06	52.12	52.18	52.24	52.30	52.36	52.42	52.48
63	52.54	52.59	52.65	52.71	52.77	52.83	52.89	52.95	53.01	53.07
64	53.13	53.19	53.25	53.31	53.37	53.43	53.49	53.55	53.61	53.67
65	53.73	53.79	53.85	53.91	53.97	54.03	54.09	54.15	54.21	54.27
66	54.33	54.39	54.45	54.51	54.57	54.63	54.70	54.76	54.82	54.88
67	54.94	55.00	55.06	55.12	55.18	55.24	55.30	55.37	55.43	55.49
68	55.55	55.61	55.67	55.73	55.80	55.86	55.92	55.98	56.04	56.10
69	56.17	56.23	56.29	56.35	56.42	56.48	56.54	56.60	56.66	56.73
70	56.79	56.85	56.91	56.98	57.04	57.10	57.17	57.23	57.29	57.35
71	57.42	57.48	57.54	57.61	57.67	57.73	57.80	57.86	57.92	57.99
72	58.05	58.12	58.18	58.24	58.31	58.37	58.44	58.50	58.56	58.63
73	58.69	58.76	58.82	58.89	58.95	59.02	59.08	59.15	59.21	59.28
74	59.34	59.41	59.47	59.54	59.60	59.67	59.74	59.80	59.87	59.93
75	60.00	60.07	60.13	60.20	60.27	60.33	60.40	60.47	60.53	60.60
76	60.67	60.73	60.80	60.87	60.94	61.00	61.07	61.14	61.21	61.27
77	61.34	61.41	61.48	61.55	61.61	61.68	61.75	61.82	61.89	61.96
78	62.03	62.10	62.17	62.24	62.31	62.38	62.44	62.51	62.58	62.65
79	62.73	62.80	62.87	62.94	63.01	63.08	63.15	63.22	63.29	63.36
80	63.43	63.51	63.58	63.65	63.72	63.79	63.87	63.94	64.01	64.09

%	0.0	0.1	0.2	0.3	0.4	0.5	0.6	0.7	0.8	0.9
81	64.16	64.23	64.30	64.38	64.45	64.53	64.60	64.67	64.75	64.82
82	64.90	64.97	65.05	65.12	65.20	65.27	65.35	65.42	65.50	65.57
83	65.65	65.73	65.80	65.88	65.96	66.03	66.11	66.19	66.27	66.34
84	66.42	66.50	66.58	66.66	66.74	66.82	66.89	66.97	67.05	67.13
85	67.21	67.29	67.37	67.46	67.54	67.62	67.70	67.78	67.86	67.94
86	68.03	68.11	68.19	68.28	68.36	68.44	68.53	68.61	68.70	68.78
87	68.87	68.95	69.04	69.12	69.21	69.30	69.38	69.47	69.56	69.64
88	69.73	69.82	69.91	70.00	70.09	70.18	70.27	70.36	70.45	70.54
89	70.63	70.72	70.81	70.91	71.00	71.09	71.19	71.28	71.37	71.47
90	71.57	71.66	71.76	71.85	71.95	72.05	72.15	72.24	72.34	72.44
91	72.54	72.64	72.74	72.85	72.95	73.05	73.15	73.26	73.36	73.46
92	73.57	73.68	73.78	73.89	74.00	74.11	74.21	74.32	74.44	74.55
93	74.66	74.77	74.88	75.00	75.11	75.23	75.35	75.46	75.58	75.70
94	75.82	75.94	76.06	76.19	76.31	76.44	76.56	76.69	76.82	76.95
95	77.08	77.21	77.34	77.48	77.62	77.75	77.89	78.03	78.17	78.32
96	78.46	78.61	78.76	78.91	79.06	79.22	79.37	79.53	79.70	79.86
97	80.03	80.20	80.37	80.54	80.72	80.90	81.09	81.28	81.47	81.67
98	81.87	82.08	82.29	82.51	82.73	82.97	83.20	83.45	83.71	83.98
99	84.26	84.56	84.87	85.20	85.56	85.95	86.37	86.86	87.44	88.19

附表 14　从百分数的坐标变换为概率坐标表 p

$p\%$	X	$p\%$	X	$p\%$	X	$p\%$	X
1	-2.326	26	-0.643	51	0.025	76	0.706
2	-2.054	27	-0.613	52	0.050	77	0.739
3	-1.881	28	-0.583	53	0.075	78	0.72
4	-1.751	29	-0.553	54	0.100	79	0.806
5	-1.645	30	-0.524	55	0.126	80	0.842
6	-1.555	31	-0.496	56	0.151	81	0.878
7	-1.476	32	-0.468	57	0.176	82	0.915
8	-1.405	33	-0.440	58	0.202	83	0.954
9	-1.341	34	-0.413	59	0.238	84	0.995
10	-1.282	35	-0.385	60	0.253	85	1.036
11	-1.227	36	-0.359	61	0.279	86	1.080
12	-1.175	37	-0.332	62	0.306	87	1.126
13	-1.126	38	-0.306	63	0.332	88	1.175
14	-1.080	39	-0.279	64	0.359	89	1.227
15	-1.036	40	-0.253	65	0.385	90	1.282
16	-0.995	41	-0.228	66	0.413	91	1.341
17	-0.954	42	-0.202	67	0.440	92	1.405
18	-0.915	43	-0.176	68	0.468	93	1.476
19	-0.878	44	-0.151	69	0.496	94	1.555
20	-0.842	45	-0.126	70	0.524	95	1.645
21	-0.806	46	-0.100	71	0.552	96	1.751
22	-0.772	47	-0.075	72	0.583	97	1.881
23	-0.739	48	-0.050	73	0.613	98	2.054
24	-0.706	49	-0.025	74	0.643	99	2.326
25	-0.675	50	0.000	75	0.675		

附表 15　Poisson 频率分布用的上下置信界限

总的计数 X	$p=0.01$ 下限	$p=0.01$ 上限	$p=0.05$ 下限	$p=0.05$ 上限	总的计数 X	$p=0.01$ 下限	$p=0.01$ 上限	$p=0.05$ 下限	$p=0.05$ 上限
0	0.0	5.3	0.0	3.7	26	14.7	42.2	17.0	38.0
1	0.0	7.4	0.1	5.6	27	15.4	43.5	17.8	39.2
2	0.1	9.3	0.2	7.2	28	16.2	44.8	18.6	40.4
3	0.3	11.0	0.6	8.8	29	17.0	46.0	19.4	41.6
4	0.6	12.6	1.0	10.2	30	17.7	47.2	20.2	42.8
5	1.0	14.1	1.6	11.7	31	18.5	48.4	21.0	44.0
6	1.5	15.6	2.2	13.1	32	19.3	49.6	21.8	45.1
7	2.0	17.1	2.8	14.4	33	20.0	50.8	22.7	46.3
8	2.5	18.5	3.4	15.8	34	20.8	52.1	23.5	47.5
9	3.1	20.0	4.0	17.1	35	21.6	53.3	24.3	48.7
10	3.7	21.3	4.7	18.4	36	22.4	54.5	25.1	49.8
11	4.3	22.6	5.4	19.7	37	23.2	55.7	26.0	51.0
12	4.9	24.0	6.2	21.0	38	24.0	56.9	26.8	52.2
13	5.5	25.4	6.9	22.3	39	24.8	58.1	27.7	53.3
14	6.2	26.7	7.7	23.5	40	25.6	59.3	28.6	54.5
15	6.8	28.1	8.4	24.8	41	26.4	60.5	29.4	56.6
16	7.5	29.4	9.4	26.0	42	27.2	61.7	30.3	56.8
17	8.2	30.7	9.9	27.2	43	28.0	62.9	31.1	57.9
18	8.9	32.0	10.7	28.4	44	28.8	64.1	32.0	59.0
19	9.6	33.3	11.5	29.6	45	29.6	65.3	32.8	60.2
20	10.3	34.6	12.2	30.8	46	30.4	66.5	33.6	61.3
21	11.0	35.9	13.0	32.0	47	31.2	67.7	34.5	62.5
22	11.8	37.2	13.8	33.2	48	32.0	68.9	35.3	63.6
23	12.5	38.4	14.6	34.4	49	32.8	70.1	36.1	64.8
24	13.2	39.7	15.4	35.6	50	33.6	71.3	37.0	65.9
25	14.0	41.0	16.2	36.8					

附表 16　二项分布用的上下置信界限

$$p = 0.05$$

X	n=10		n=15		n=20		n=30	
0	0	31	0	22	0	17	0	12
1	0	45	0	32	0	25	0	17
2	3	56	2	40	1	31	1	22
3	7	65	4	48	3	38	2	27
4	12	74	8	55	6	44	4	31
5	19	81	12	62	9	49	6	35
6	26	88	16	68	12	54	8	39
7	35	93	21	73	15	59	10	43
8	44	97	27	79	19	64	12	46
9	55	100	32	84	23	68	15	50
10	69	100	38	88	27	73	17	53
11			45	92	32	77	20	56
12			52	96	36	81	23	60
13			60	98	41	85	25	63
14			68	100	46	88	28	66
15			78	100	51	91	31	69
16					56	94	34	72
17					62	97	37	75
18					69	99	40	77
19					75	100	44	80
20					83	100	47	83
21							50	85
22							54	88
23							57	90
24							61	92
25							65	94
26							69	96
27							73	98
28							78	99
29							83	100
30							88	100

X/n	n=50		n=100		n=250		n=1000	
0.00	0	7	0	4	0	1	0	0
0.02	0	11	0	7	1	5	1	3
0.04	0	14	1	10	2	7	3	5
0.06	1	17	2	12	3	10	5	8
0.08	2	19	4	15	5	12	6	10
0.10	3	22	5	18	7	14	8	12
0.12	5	24	6	20	8	17	10	14
0.14	6	27	8	22	10	19	12	16
0.16	7	29	9	25	11	21	14	18
0.18	9	31	11	27	13	23	16	21
0.20	10	34	13	29	15	26	18	23
0.22	12	36	14	31	17	28	19	25
0.24	13	38	16	33	19	30	21	27
0.26	15	41	18	36	20	32	23	29
0.28	16	43	19	38	22	34	25	31
0.30	18	44	21	40	24	36	27	33
0.32	20	46	23	42	26	38	29	35
0.34	21	48	25	44	28	40	31	37
0.36	23	50	27	46	30	42	33	39
0.38	25	53	28	48	32	44	35	41
0.40	27	55	30	50	34	46	37	43
0.42	28	57	32	52	36	48	39	45
0.44	30	59	34	54	38	50	41	47
0.46	32	61	36	56	40	52	43	49
0.48	34	63	38	58	42	54	45	51
0.50	36	64	40	60	44	56	47	58

$$p = 0.01 \qquad\qquad \text{续表}$$

X	n=10		n=15		n=20		n=30		X/n	n=50		n=100		n=250		n=1000	
0	0	41	0	30	0	23	0	16	0.00	0	10	0	5	0	2	0	1
1	0	54	0	40	0	32	0	22	0.02	0	14	0	9	1	6	1	3
2	1	65	1	49	1	39	0	28	0.04	0	17	1	12	2	9	3	6
3	4	74	2	56	2	45	1	32	0.06	1	20	2	14	3	11	4	8
4	8	81	5	63	4	51	3	36	0.08	1	23	3	17	4	14	6	10
5	13	87	8	69	6	56	4	40	0.10	2	26	4	19	6	16	8	13
6	19	92	12	74	8	61	6	44	0.12	3	29	5	21	7	18	9	15
7	26	96	16	79	11	66	8	48	0.14	4	31	6	24	9	20	11	17
8	35	99	21	84	15	70	10	52	0.16	6	33	8	27	11	23	13	19
9	46	100	26	88	18	74	12	55	0.18	7	36	9	30	12	25	15	21
10	59	100	31	92	22	78	14	58	0.20	8	38	11	32	14	27	17	23
11			37	95	26	82	16	62	0.22	10	40	12	34	16	30	19	26
12			44	98	30	85	18	65	0.24	11	43	14	36	18	32	21	28
13			51	99	34	89	21	68	0.26	12	45	16	39	19	34	22	30
14			60	100	39	92	24	71	0.28	14	47	17	41	21	36	24	32
15			70	100	44	94	26	74	0.30	15	49	19	43	23	38	26	34
16					49	96	29	76	0.32	17	51	21	45	25	40	28	36
17					55	98	32	79	0.34	18	53	22	47	26	42	30	38
18					61	99	35	82	0.36	20	55	24	49	28	44	32	40
19					68	100	38	84	0.38	21	57	26	51	30	46	34	42
20					77	100	42	86	0.40	23	59	28	53	32	48	36	44
21							45	88	0.42	24	61	29	55	34	51	38	46
22							48	90	0.44	26	63	31	57	36	53	40	48
23							52	92	0.46	28	65	33	59	38	55	42	50
24							56	94	0.48	29	67	35	61	40	56	44	52
25							60	96	0.50	31	69	37	63	42	58	46	54
26							64	97									
27							68	99									
28							72	100									
29							78	100									
30							84	100									

注: n 为样本含量, X 为实计数, X/n 为实计数分数

附表 17　随机数表

53	74	23	99	67	61	32	28	69	84	94	62	67	86	24	98	33	41	19	95	47	53	53	38	09
63	38	06	86	54	99	00	65	26	94	02	82	90	23	07	79	62	67	80	60	75	91	12	81	19
35	80	53	21	46	06	72	17	10	91	25	21	31	75	96	49	28	24	00	49	55	65	79	78	07
63	43	36	82	69	65	51	18	37	88	61	38	44	12	45	32	92	85	88	65	54	34	81	85	35
98	25	37	55	26	01	91	82	81	46	74	71	12	94	97	24	02	71	37	07	03	92	13	66	75
02	63	21	17	69	71	50	80	89	56	38	15	70	11	48	43	40	45	86	98	00	83	26	91	03
64	55	22	21	82	48	22	28	06	00	61	54	13	43	91	82	78	12	23	29	06	66	24	12	27
85	07	26	13	89	01	10	07	82	04	59	63	69	36	03	69	11	15	83	80	13	29	54	19	28
58	54	16	24	15	51	54	44	82	00	62	61	65	04	69	38	18	65	18	97	85	72	13	49	21
35	85	27	84	87	61	48	64	56	26	90	18	48	13	26	37	70	15	42	57	65	65	80	39	07
03	92	18	27	46	57	99	16	96	56	30	33	72	85	22	84	64	38	56	98	99	01	30	98	64
62	63	30	27	59	37	75	41	66	48	86	97	80	61	45	23	53	04	01	63	45	76	08	64	27
08	45	93	15	22	60	21	75	46	91	93	77	27	85	42	23	88	61	08	84	69	62	03	42	73
07	08	55	18	40	45	44	75	13	90	24	94	96	61	02	57	55	66	83	15	73	42	37	11	61
01	85	89	95	66	51	10	19	34	88	15	84	97	19	75	12	76	39	46	78	64	63	91	08	25
72	84	71	14	35	19	11	58	49	26	50	11	17	17	76	86	31	57	20	18	95	60	78	46	75
88	78	28	16	84	13	52	53	94	53	75	45	69	30	96	73	89	65	70	31	99	17	43	48	76
45	17	75	65	57	23	40	19	72	12	25	12	74	75	67	60	40	60	81	19	24	62	01	61	16
96	76	28	12	54	22	01	11	94	25	71	96	16	16	83	68	64	36	74	45	19	59	50	88	92
43	31	67	72	30	24	02	94	03	63	38	32	36	66	02	69	36	38	25	39	48	03	45	15	22
50	44	66	44	21	66	06	53	05	62	68	15	54	35	02	42	35	48	96	32	14	52	41	52	48
22	66	22	15	86	26	63	75	41	99	58	42	36	72	24	58	37	52	18	51	03	37	18	39	11
96	24	40	14	51	23	22	30	88	57	95	67	47	29	83	94	69	40	06	07	18	16	36	78	86
31	73	91	61	19	60	20	72	93	48	98	57	07	23	69	65	95	39	69	58	56	80	30	19	44
78	60	73	99	84	43	89	94	36	45	56	69	47	07	41	90	22	91	07	12	78	35	34	08	72

附表 18　常用的正交表

$$L_4(2^3)$$

试验号 \ 列号	1	2	3
1	1	1	1
2	1	2	2
3	2	1	2
4	2	2	1

注：任意两列之间的交互作用出现于另一列

$$L_8(2^7)$$

试验号 \ 列号	1	2	3	4	5	6	7
1	1	1	1	1	1	1	1
2	1	1	1	2	2	2	2
3	1	2	2	1	1	2	2
4	1	2	2	2	2	1	1
5	2	1	2	1	2	1	2
6	2	1	2	2	1	2	1
7	2	2	1	1	2	2	1
8	2	2	1	2	1	1	2

$$L_8(2^7)\ 二列间的交互作用$$

试验号 \ 列号	1	2	3	4	5	6	7
1	(1)	3	2	5	4	7	6
2		(2)	1	6	7	4	5
3			(3)	7	6	5	4
4				(4)	1	2	3
5					(5)	3	2
6						(6)	1
7							(7)

$$L_{12}(2^{11})$$

试验号 \ 列号	1	2	3	4	5	6	7	8	9	10	11
1	1	1	1	1	1	1	1	1	1	1	1
2	1	1	1	1	1	2	2	2	2	2	2
3	1	1	2	2	2	1	1	1	2	2	2
4	1	2	1	2	2	1	2	2	1	1	2
5	1	2	2	1	2	2	1	2	1	2	1
6	1	2	2	2	1	2	2	1	2	1	1
7	2	1	2	2	1	1	2	2	1	2	1
8	2	1	2	1	2	2	2	1	1	1	2
9	2	1	1	2	2	2	1	2	2	1	1
10	2	2	2	1	1	1	1	2	2	1	2
11	2	2	1	2	1	2	1	1	1	2	2
12	2	2	1	1	2	1	2	1	2	2	1

$$L_{16}(2^{15})$$

试验号 \ 列号	1	2	3	4	5	6	7	8	9	10	11	12	13	14	15
1	1	1	1	1	1	1	1	1	1	1	1	1	1	1	1
2	1	1	1	1	1	1	1	2	2	2	2	2	2	2	2
3	1	1	1	2	2	2	2	1	1	1	1	2	2	2	2
4	1	1	1	2	2	2	2	2	2	2	2	1	1	1	1
5	1	2	2	1	1	2	2	1	1	2	2	1	1	2	2
6	1	2	2	1	1	2	2	2	2	1	1	2	2	1	1
7	1	2	2	2	2	1	1	1	1	2	2	2	2	1	1
8	1	2	2	2	2	1	1	2	2	1	1	1	1	2	2
9	2	1	2	1	2	1	2	1	2	1	2	1	2	1	2
10	2	1	2	1	2	1	2	2	1	2	1	2	1	2	1
11	2	1	2	2	1	2	1	1	2	1	2	2	1	2	1
12	2	1	2	2	1	2	1	2	1	2	1	1	2	1	2
13	2	2	1	1	2	2	1	1	2	2	1	1	2	2	1
14	2	2	1	1	2	2	1	2	1	1	2	2	1	1	2
15	2	2	1	2	1	1	2	1	2	2	1	2	1	1	2
16	2	2	1	2	1	1	2	2	1	1	2	1	2	2	1

$L_{16}(2^{15})$ 两列间的交互作用

试验号 \ 列号	1	2	3	4	5	6	7	8	9	10	11	12	13	14	15
1	(1)	3	2	5	4	7	6	9	8	11	10	13	12	15	14
2		(2)	1	6	7	4	5	10	11	8	9	14	15	12	13
3			(3)	7	6	5	4	11	10	9	8	15	14	13	12
4				(4)	1	2	3	12	13	14	15	8	9	10	11
5					(5)	3	2	13	12	15	14	9	8	11	10
6						(6)	1	14	15	12	13	10	11	8	9
7							(7)	15	14	13	12	11	10	9	8
8								(8)	1	2	3	4	5	6	7
9									(9)	1	6	7	4	7	6
10										(10)	7	6	7	4	5
11											(11)	1	6	5	4
12												(12)	1	2	3
13													(13)	3	2
14														(14)	1

$L_9(3^4)$

试验号 \ 列号	1	2	3	4
1	1	1	1	1
2	1	2	2	2
3	1	3	3	3
4	2	1	2	3
5	2	2	3	1
6	2	3	1	2
7	3	1	3	2
8	3	2	1	3
9	3	3	2	1

$$L_{18}(3^7)$$

列号 试验号	1	2	3	4	5	6	7
1	1	1	1	1	1	1	1
2	1	2	2	2	2	2	2
3	1	3	3	3	3	3	3
4	2	1	1	2	2	3	3
5	2	2	2	3	3	1	1
6	2	3	3	1	1	2	2
7	3	1	2	1	3	2	3
8	3	2	3	2	1	3	1
9	3	3	1	3	2	1	2
10	1	1	3	3	2	2	1
11	1	2	1	1	3	3	2
12	1	3	2	2	1	1	3
13	2	1	2	3	1	3	2
14	2	2	3	1	2	1	3
15	2	3	1	2	3	2	1
16	3	1	3	2	3	1	2
17	3	2	1	3	1	2	3
18	3	3	2	1	2	3	1

$$L_{27}(3^{13})$$

列号 试验号	1	2	3	4	5	6	7	8	9	10	11	12	13
1	1	1	1	1	1	1	1	1	1	1	1	1	1
2	1	1	1	1	2	2	2	2	2	2	2	2	2
3	1	1	1	1	3	3	3	3	3	3	3	3	3
4	1	2	2	2	1	1	1	2	2	2	3	3	3
5	1	2	2	2	2	2	2	3	3	3	1	1	1
6	1	2	2	2	3	3	3	1	1	1	2	2	2
7	1	3	3	3	1	1	1	3	3	3	2	2	2
8	1	3	3	3	2	2	2	1	1	1	3	3	3
9	1	3	3	3	3	3	3	2	2	2	1	1	1
10	2	1	2	3	1	2	3	1	2	3	1	2	3
11	2	1	2	3	2	3	1	2	3	1	2	3	1
12	2	1	2	3	3	1	2	3	1	2	3	1	2
13	2	2	3	1	1	2	3	2	3	1	3	1	2
14	2	2	3	1	2	3	1	3	1	2	1	2	3
15	2	2	3	1	3	1	2	1	2	3	2	3	1
16	2	3	1	2	1	2	3	3	1	2	2	3	1
17	2	3	1	2	2	3	1	1	2	3	3	1	2
18	2	3	1	2	3	1	2	2	3	1	1	2	3
19	3	1	3	2	1	3	2	1	3	2	1	3	2
20	3	1	3	2	2	1	3	2	1	3	2	1	3
21	3	1	3	2	3	2	1	3	2	1	3	2	1
22	3	2	1	3	1	3	2	2	1	3	3	2	1
23	3	2	1	3	2	1	3	3	2	1	1	3	2
24	3	2	1	3	3	2	1	1	3	2	2	1	3
25	3	3	2	1	1	3	2	3	2	1	2	1	3
26	3	3	2	1	2	1	3	1	3	2	3	2	1
27	3	3	2	1	3	2	1	2	1	3	1	3	2

$L_{27}(3^{13})$ 二列间的交互作用

列号／试验号	1	2	3	4	5	6	7	8	9	10	11	12	13
1		(1){ 3	2	2	6	5	5	9	8	8	12	11	11
1		4	4	3	7	7	6	10	10	9	13	13	12
2			(2){ 1	1	8	9	10	5	6	7	5	6	7
2			4	3	11	12	13	11	12	13	8	9	10
3				(3){ 1	9	10	8	7	5	6	6	7	5
3				2	13	11	12	12	13	11	10	8	9
4					(4){ 10	8	9	6	7	5	7	5	6
4					12	13	11	13	11	12	9	10	8
5						(5){ 1	1	2	3	4	2	4	3
5						7	6	11	13	12	8	10	9
6							(6){ 1	4	2	3	3	2	4
6							5	13	12	11	10	9	8
7								(7){ 3	4	2	4	3	2
7								12	11	13	9	8	10
8									(8){ 1	1	2	3	4
8									10	9	5	7	6
9										(9){ 1	4	2	3
9										8	7	6	5
10											(10){ 3	4	2
10											6	5	7
11												(11){ 1	1
11												13	2
12													(12){ 1
													11

列号 试验号	1	2	3	4	5
1	1	1	1	1	1
2	1	2	2	2	2
3	1	3	3	3	3
4	1	4	4	4	4
5	2	1	2	3	4
6	2	2	1	4	3
7	2	3	4	1	2
8	2	4	3	2	1
9	3	1	3	4	2
10	3	2	4	3	1
11	3	3	1	2	4
12	3	4	2	1	3
13	4	1	4	2	3
14	4	2	3	1	4
15	4	3	2	4	1
16	4	4	1	3	2

$L_{16}(4^5)$

$$L_{25}(5^6)$$

列号 试验号	1	2	3	4	5	6
1	1	1	1	1	1	1
2	1	2	2	2	2	2
3	1	3	3	3	3	3
4	1	4	4	4	4	4
5	1	5	5	5	5	5
6	2	1	2	3	4	5
7	2	2	3	4	5	1
8	2	3	4	5	1	2
9	2	4	5	1	2	3
10	2	5	1	2	3	4
11	3	1	3	5	2	4
12	3	2	4	1	3	5
13	3	3	5	2	4	1
14	3	4	1	3	5	2
15	3	5	2	4	1	3
16	4	1	4	2	5	3
17	4	2	5	3	1	4
18	4	3	1	4	2	5
19	4	4	2	5	3	1
20	4	5	3	1	4	2
21	5	1	5	4	3	2
22	5	2	1	5	4	3
23	5	3	2	1	5	4
24	5	4	3	2	1	5
25	5	5	4	3	2	1

注: 任意两列的交互作用出现在另外四列

$$L_8(4 \times 2^4)$$

列号 试验号	1	2	3	4	5
1	1	1	1	1	1
2	1	2	2	2	2
3	2	1	1	2	2
4	2	2	2	1	1
5	3	1	2	1	2
6	3	2	1	2	1
7	4	1	2	2	1
8	4	2	1	1	2

$L_8(4 \times 2^4)$ 表头设计

试验号 \ 列号	1	2	3	4	5
2	A	B	$(A \times B)_1$	$(A \times B)_2$	$(A \times B)_3$
3	A	B	C		
4	A	B	C	D	
5	A	B	C	D	E

$L_{16}(4 \times 2^{12})$

试验号 \ 列号	1	2	3	4	5	6	7	8	9	10	11	12	13
1	1	1	1	1	1	1	1	1	1	1	1	1	1
2	1	1	1	1	1	2	2	2	2	2	2	2	2
3	1	2	2	2	2	1	1	1	1	2	2	2	2
4	1	2	2	2	2	2	2	2	2	1	1	1	1
5	2	1	1	2	2	1	1	2	2	1	1	2	2
6	2	1	1	2	2	2	2	1	1	2	2	1	1
7	2	2	2	1	1	1	1	2	2	2	2	1	1
8	2	2	2	1	1	2	2	1	1	1	1	2	2
9	3	1	2	1	2	1	2	1	2	1	2	1	2
10	3	1	2	1	2	2	1	2	1	2	1	2	1
11	3	2	1	2	1	1	2	1	2	2	1	2	1
12	3	2	1	2	1	2	1	2	1	1	2	1	2
13	4	1	2	2	1	1	2	2	1	1	2	2	1
14	4	1	2	2	1	2	1	1	2	2	1	1	2
15	4	2	1	1	2	1	2	2	1	2	1	1	2
16	4	2	1	1	2	2	1	1	2	1	2	2	1

$L_{16}(4 \times 2^{12})$ 的表头设计

试验号 \ 列号	1	2	3	4	5	6	7
3	A	B	$(A \times B)_1$	$(A \times B)_2$	$(A \times B)_3$	C	$(A \times C)_1$
4	A	B	$(A \times B)_1$ $C \times D$	$(A \times B)_2$	$(A \times B)_3$	C	$(A \times C)_1$ $B \times D$
5	A	B	$(A \times B)_1$ $C \times D$	$(A \times B)_2$ $C \times E$	$(A \times B)_3$	C	$(A \times C)_1$ $B \times D$

试验号 \ 列号	8	9	10	11	12	13
3	$(A \times C)_2$	$(A \times C)_3$	$B \times C$			
4	$(A \times C)_2$	$(A \times C)_3$	$B \times C$ $(A \times D)_1$	D	$(A \times D)_3$	$(A \times D)_2$
5	$(A \times C)_2$ $B \times E$	$(A \times C)_3$	$B \times C$ $(A \times D)_1$ $(A \times E)_2$	D $(A \times E)_3$	E $(A \times C)_3$	$(A \times E)_1$ $(A \times D)_2$

$L_{16}(4 \times 2^9)$

列号 试验号	1	2	3	4	5	6	7	8	9	10	11
1	1	1	1	1	1	1	1	1	1	1	1
2	1	2	1	1	1	2	2	2	2	2	2
3	1	3	2	2	2	1	1	1	2	2	2
4	1	4	2	2	2	2	2	2	1	1	1
5	2	1	1	2	2	1	2	2	1	2	2
6	2	2	1	2	2	2	1	1	2	1	1
7	2	3	2	1	1	1	2	2	2	1	1
8	2	4	2	1	1	2	1	1	1	2	2
9	3	1	2	1	2	2	1	2	2	1	2
10	3	2	2	1	2	1	2	1	1	2	1
11	3	3	1	2	1	2	1	2	1	2	1
12	3	4	1	2	1	1	2	1	2	1	2
13	4	1	2	2	1	2	2	1	2	2	1
14	4	2	2	2	1	1	1	2	1	1	2
15	4	3	1	1	2	2	2	1	1	1	2
16	4	4	1	1	2	1	1	2	2	2	1

$L_{16}(4^3 \times 2^6)$

列号 试验号	1	2	3	4	5	6	7	8	9
1	1	1	1	1	1	1	1	1	1
2	1	2	2	1	1	2	2	2	2
3	1	3	3	2	2	1	1	2	2
4	1	4	4	2	2	2	2	1	1
5	2	1	2	2	2	1	2	1	2
6	2	2	1	2	2	2	1	2	1
7	2	3	4	1	1	1	2	2	1
8	2	4	3	1	1	2	1	1	2
9	3	1	3	1	2	2	2	2	1
10	3	2	4	1	2	1	1	1	2
11	3	3	1	2	1	2	2	1	2
12	3	4	2	2	1	1	1	2	1
13	4	1	4	2	1	2	1	2	2
14	4	2	3	2	1	1	2	1	1
15	4	3	2	1	2	2	1	1	1
16	4	4	1	1	2	1	2	2	2

$$L_{16}(4^4 \times 2^3)$$

试验号 \ 列号	1	2	3	4	5	6	7
1	1	1	1	1	1	1	1
2	1	2	2	2	1	2	2
3	1	3	3	3	2	1	2
4	1	4	4	4	2	2	1
5	2	1	2	3	2	2	1
6	2	2	1	4	2	1	2
7	2	3	4	1	1	2	2
8	2	4	3	2	1	1	1
9	3	1	3	4	1	2	2
10	3	2	4	3	1	1	1
11	3	3	1	2	2	2	1
12	3	4	2	1	2	1	2
13	4	1	4	2	2	1	2
14	4	2	3	1	2	2	1
15	4	3	2	4	1	1	1
16	4	4	1	3	1	2	2

$$L_{12}(3 \times 2^4)$$

试验号 \ 列号	1	2	3	4	5
1	1	1	1	1	1
2	1	1	1	2	2
3	1	2	2	1	2
4	1	2	2	2	1
5	2	1	2	1	1
6	2	1	2	2	2
7	2	2	1	1	1
8	2	2	1	2	2
9	3	1	2	1	2
10	3	1	1	2	1
11	3	2	1	1	2
12	3	2	2	2	1

$$L_{12}(6 \times 2^2)$$

列号 试验号	1	2	3
1	2	1	1
2	5	1	2
3	5	2	1
4	2	2	2
5	4	1	1
6	1	1	2
7	1	2	1
8	4	2	2
9	3	1	1
10	6	1	2
11	6	2	1
12	3	2	2

$$L_{18}(2 \times 3^7)$$

列号 试验号	1	2	3	4	5	6	7	8
1	1	1	1	1	1	1	1	1
2	1	1	2	2	2	2	2	2
3	1	1	3	3	3	3	3	3
4	1	2	1	1	2	2	3	3
5	1	2	2	2	3	3	1	1
6	1	2	3	3	1	1	2	2
7	1	3	1	2	1	3	2	3
8	1	3	2	3	2	1	3	1
9	1	3	3	1	3	2	1	2
10	2	1	1	3	3	2	2	1
11	2	1	2	1	1	3	3	2
12	2	1	3	2	2	1	1	3
13	2	2	1	2	3	1	3	2
14	2	2	2	3	1	2	1	3
15	2	2	3	1	2	3	2	1
16	2	3	1	3	2	3	1	2
17	2	3	2	1	3	1	2	3
18	2	3	3	2	1	2	3	1

$$L_{24}(3 \times 4 \times 2^4)$$

列号 试验号	1	2	3	4	5	6
1	1	1	1	1	1	1
2	1	2	1	1	2	2
3	1	3	1	2	2	1
4	1	4	1	2	1	2
5	1	1	2	2	2	2
6	1	2	2	2	1	1
7	1	3	2	1	1	2
8	1	4	2	1	2	1
9	2	1	1	1	1	2
10	2	2	1	1	2	1
11	2	3	1	2	2	2
12	2	4	1	2	1	1
13	2	1	2	2	2	1
14	2	2	2	2	1	2
15	2	3	2	1	1	1
16	2	4	2	1	2	2
17	3	1	1	1	1	2
18	3	2	1	1	2	1
19	3	3	1	2	2	2
20	3	4	1	2	1	1
21	3	1	2	2	2	1
22	3	2	2	2	1	2
23	3	3	2	1	1	1
24	3	4	2	1	2	2